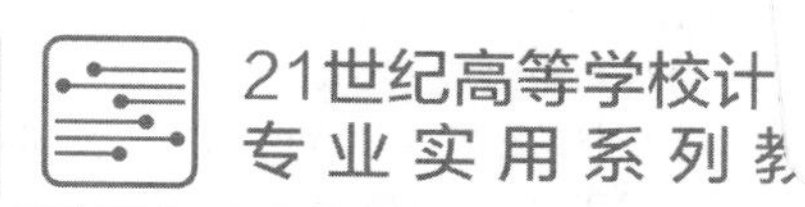

Ubuntu操作系统实用教程

◎ 吴全玉 刘晓杰 潘玲佼 主 编

王田虎 诸一琦 张 琳 副主编

清华大学出版社

北京

内容简介

本书采用通俗易懂的语言，由浅入深地介绍了计算机的基础知识、操作系统的原理及特征、计算机网络基础知识和Ubuntu操作系统使用等多方面内容。全书共分13章，首先介绍了微处理器基础知识、操作系统的分类和发展、Linux和Ubuntu操作系统等有关计算机的基础知识。其次讲述了安装Ubuntu操作系统、Ubuntu操作系统的常用命令、用户和组的管理、文件系统以及进程和线程管理等有关Ubuntu操作系统的基本应用。最后还介绍了Linux编程工具GCC和GDB以及shell编程、Linux网络基础、网络信息安全、服务器的配置和搭建等相关高级应用。

本书通过大量的操作图例进行讲解，可以帮助初学者在较短的时间内掌握Ubuntu操作系统窗口操作和字符命令行应用，解除对Linux类操作系统的神秘感，对免费开源代码的应用和传播有一个较全面的认识。

本书可以作为普通高等学校计算机科学与技术、电子科学与技术、仪器科学与技术、信息与通信工程、控制科学与工程和机械工程等专业Linux操作系统相关课程的教材，也可以作为开源操作系统爱好者和开发者的入门教材。

图书在版编目(CIP)数据

Ubuntu操作系统实用教程/吴全玉，刘晓杰，潘玲佼主编. —北京：清华大学出版社，2023.1
21世纪高等学校计算机专业实用系列教材
ISBN 978-7-302-61554-5

Ⅰ. ①U…　Ⅱ. ①吴…　②刘…　③潘…　Ⅲ. ①Linux操作系统－高等学校－教材　Ⅳ. ①TP316.85

中国版本图书馆CIP数据核字(2022)第148798号

责任编辑：黄　芝　张爱华
封面设计：刘　键
责任校对：申晓焕
责任印制：沈　露

出版发行：清华大学出版社
　　网　　址：http://www.tup.com.cn，http://www.wqbook.com
　　地　　址：北京清华大学学研大厦A座　　**邮　　编**：100084
　　社 总 机：010-83470000　　**邮　　购**：010-62786544
　　投稿与读者服务：010-62776969，c-service@tup.tsinghua.edu.cn
　　质量反馈：010-62772015，zhiliang@tup.tsinghua.edu.cn
　　课件下载：http://www.tup.com.cn，010-83470236
印 装 者：三河市铭诚印务有限公司
经　　销：全国新华书店
开　　本：185mm×260mm　　**印　　张**：22.25　　**字　　数**：546千字
版　　次：2023年1月第1版　　**印　　次**：2023年1月第1次印刷
印　　数：1～1500
定　　价：79.80元

产品编号：093885-01

前 言

目前国内大多数计算机用户安装微软公司的Windows操作系统，该操作系统是要付费使用的，而对免费的Ubuntu操作系统知识知之甚少。考虑国外高技术对我国的封锁、未来社会的发展和国家对操作系统研发技术的重视，不用付费就能安装和更新的Ubuntu操作系统应用必将得到更好的发展。Ubuntu就是一个流行的免费Linux操作系统，Ubuntu这个单词源于非洲，音译为班图精神，即我的存在是因为大家的存在，大家必须分享物品并且互相关心，就如同习近平主席提出在全世界构建人类命运共同体的思想，是真正的开源精神。Ubuntu操作系统基于Debian发行版和GNOME桌面环境，和其他Linux操作系统发行版本相比，Ubuntu非常易用，并且对不同的用户提供很多版本。

Linux操作系统原理及应用已经成为计算机专业、物联网工程专业和信息安全等电类大专业的必修课程。目前图书市场上关于Linux操作系统的书籍很多，但真正从初学者角度入手，精炼并且实用的书籍却很少。这也是本书推出的原因。本书内容由浅入深、循序渐进，针对不同计算机基础层次的学习者，即使没有Linux操作系统基础的初学者，通过书中配备的大量实际操作图例，也能很快上手操作。

全书共分为13章，涵盖了计算机软硬件系统基础知识和Ubuntu操作系统在实际应用方面的各种知识技能，具体内容如下。

第1章介绍微处理器基础知识，从计算机中数的表示讲起，到8086的基本结构和哈佛结构的微处理器，使初学者全面掌握计算机的硬件基础知识。

第2章讲述操作系统的分类和发展，人类创造了计算机的硬件系统，那么如何控制这个硬件装置呢？通过编程语言的发展到操作系统的逐步完善，实现了人能够智能控制硬件系统的愿望。了解整个软件控制系统的发展历程，有助于更好地学习后续章节的内容。

第3章主要介绍Linux和Ubuntu操作系统的发展历史，以及两者之间的关系。初步介绍在字符操作界面下常用的命令和常用的编辑软件Emacs和Vim。

第4章介绍两种安装Ubuntu操作系统的方式：一种是直接分区安装，跟Windows操作系统分开独立启动；另一种是安装虚拟机VMware在Windows操作系统下运行，类似Windows操作系统环境下的一个应用程序。

第5章详细介绍Ubuntu操作系统下常用命令的使用，其中包括学习系统的管理与维护、目录结构、文件名与类型、目录的基本操作、文件的基本操作、改变访问权限与归属、文件内容的查看、文件内容的查询、文件的查找、备份与压缩和gedit编辑器等常用命令的使用。

第6章介绍在Ubuntu操作系统中，用户分为三类，分别是超级用户、系统用户和普通用户。在Ubuntu操作系统下，用户拥有的权限限制了用户对资源访问的机制，以避免文件遭受非法用户修改。

第7章讲述文件系统，内容相对较多，具体包括文件系统基础、创建文件系统、文件系统的安装和卸载以及文件系统的管理等知识，理解计算机组织和存储数据的方法。

第8章讲述进程和线程的基本概念，以及两者之间的区别和联系。着重介绍进程状态和控制之间的转换。

第9章主要介绍与Linux编程相关的知识点，首先是介绍了Vi编辑器的使用，接着是GCC编译器和GDB调试工具的使用，最后是makefile文件撰写的介绍以及集成开发环境等。

第10章介绍shell编程。在UNIX和Linux操作系统下，shell编程是较为重要的学习内容。作为系统与用户之间的交互接口，shell编程是把多个Linux命令适当地组合到一起，使其协同工作，以便我们更加高效地处理身边的大量数据。

第11章介绍Linux网络基础，主要包括TCP/IP和配置网络IP地址、DHCP服务器的配置和DNS的配置。通过一些常用网络操作命令的介绍和对网络配置文件的分析，帮助用户更好地理解网络的工作原理，提高网络管理的综合能力。

第12章介绍网络信息安全存在的问题和防护措施、常见的网络攻击类型，例如遇到的各种病毒和木马等。另外，本章还介绍防火墙的概念及作用和入侵检测系统，例如UFW防火墙和Snort入侵检测系统。

第13章介绍服务器的配置和搭建，主要介绍Ubuntu操作系统下的Apache服务器、Nginx网站服务器、FTP服务器、邮件服务器和samba服务器的配置和使用方法。

要想用好Ubuntu操作系统，需要不断地实践操作，不怕遇到问题，喜欢折腾计算机的软硬件系统，就能不断提高解决实际问题的能力。为此，本书配有相应的习题、实验操作供教师参考和学生练习使用。

本书由吴全玉、刘晓杰和潘玲佼任主编，王田虎、诸一琦和张琳任副主编。全书编写分工如下：吴全玉、刘晓杰编写第1～4章，吴全玉、潘玲佼编写第5、6章，潘玲佼、王田虎编写第7～9章，王田虎、诸一琦编写第10、11章，第12章由诸一琦、张琳编写，第13章由诸一琦、张琳和吴全玉编写，附录由张琳和吴全玉编写。全书由吴全玉统稿，其他参与资料整理的人员有涂必林、柳青、李姝、孙玉彬、张煜、李科岐、徐文杰、黄婷婷、丁志根、朱事成、尤长伟、丁胜、张文强、王烨、刘美君和张文悉。

本书配套课件和教学大纲等电子资源，读者可从清华大学出版社官方网站下载，也可通过“书圈”公众号下载。本书还为部分难点内容配套微课视频，请读者先扫描封底刮刮卡内二维码获得权限，再扫描书中章节旁的二维码即可观看教学视频。

在本书的编写过程中吸取了许多Ubuntu方面的专著、论文的框架思想，得到了很多老师的帮助，在此一并感谢。

虽然编者拥有多年的教学经验，并对本书的编写付出了很大努力，但是由于水平有限，疏漏之处在所难免，希望广大读者批评指正。

编　者

2022年2月

目　　录

第1章　微处理器基础知识

随着各类微型处理器的发展，世界万物互联化的程度不断提高，在其诞生的新领域中对芯片的要求也在不断提高。传统 CPU 与 MCU、GPU、DSP 和 FPGA 等处理器深度融合，已经形成异构多核心处理器的发展趋势，微型处理器进入 CPU+的时代，再加上 AI(人工智能)编程技术发展的浪潮，AI 能够为万物互联之后的应用问题提供最完美的解决方案。下面以 Intel 8086 为代表学习微型计算机原理与接口技术的相关基础知识。

1.1　计算机中数的表示

在现实生活中，我们从小学习的是使用十进制来表示生活中的计数问题，要有十个符号来表示数字(0、1、2、3、4、5、6、7、8、9)，并且加运算时逢十进一。例如 9+1，遇到一个十了，那么就应该进 1，结果为 10。因此，任意进制的数都很容易被理解。目前存在的进制有二进制(0、1)、八进制(0、1、2、3、4、5、6、7)和十六进制(0、1、2、3、4、5、6、7、8、9、A、B、C、D、E、F)等。微处理器中使用“0”和“1”表示数字的二进制。为什么计算机要用二进制？因为计算机内都是由数字电路构成，只有 1 和 0 两种状态，就像我们每天使用的开关一样，只有两种状态，所以采用二进制。当这些 0 和 1 的序列足够长和足够多时，就可以表示自然界的万事万物，再加上微处理器的频率足够快，处理的位宽足够宽，所以平常看用微处理器处理过的大量数据和数字视频都非常的流畅。

1.1.1　逻辑符号和逻辑门

逻辑符号是逻辑学中用来表示逻辑形式和逻辑运算的各种人工语言符号。逻辑符号的主要特点和作用在于它能精确和单义地解释其所表示的对象，从而可以简明地表示各种逻辑公理、定理和逻辑运算过程。在数理逻辑中，不同体系所采用的逻辑符号是有所不同的，因此同一个逻辑概念常常可以有几个不同的逻辑符号。常用逻辑符号如表 1-1 所示。

表 1-1　常用逻辑符号

名　　称	国际标准符号	曾 用 符 号	国外流行符号
与	A, B —[&]— Y	A, B —[ ]— Y	A, B —D— Y

续表

名　　称	国际标准符号	曾 用 符 号	国外流行符号
或	A B ≥1 Y	A B + Y	A B Y
非	A 1 Y	A Y	A Y
与非	A B & Y	A B Y	A B Y
或非	A B ≥1 Y	A B + Y	A B Y
与或非	A B C D & ≥1 Y	A B C D + Y	A B C D Y
异或	A B =1 Y	A B ⊕ Y	A B Y
同或	A B = Y	A B ⊙ Y	A B Y

1. 半加器

半加器是只进行加法运算，没有进位的组合逻辑门。半加器的逻辑图和逻辑符号如图 1-1 所示，A、B 是输入加数，S 是输出，C 是进位，同时包含一个异或门和与门。

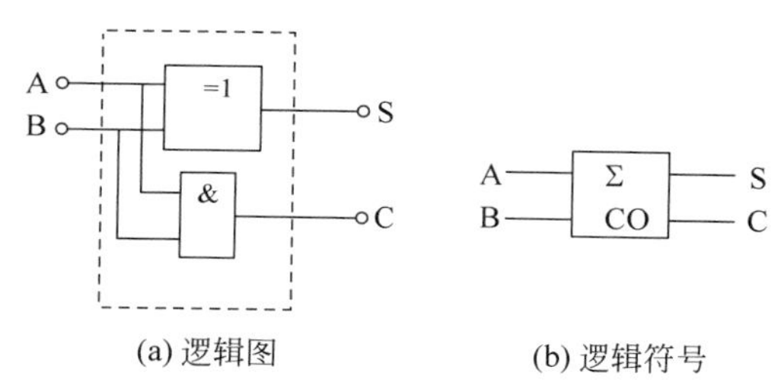

(a) 逻辑图　　(b) 逻辑符号

图 1-1　半加器的逻辑图和逻辑符号

2. 全加器

计算机是用全加器来进行两个位(b)的加法，除本位两个数相加外，还加上从低位来的进位。计算机每天主要的工作是做加法运算，它要把减法、乘法和除法都变成加法来完成。全加器的逻辑图和逻辑符号如图 1-2 所示，A_i、B_i 是输入加数，C_{i-1} 是来自低位的进位，S_i 是输出，C_i 是进位，同时包含两个异或门和三个与门。

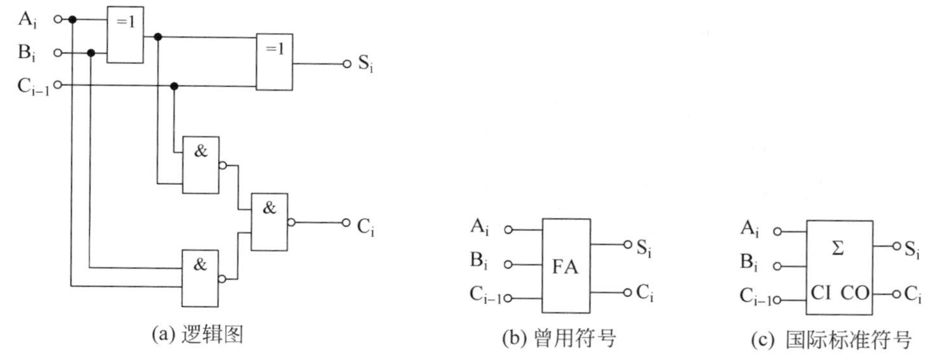

图 1-2 全加器的逻辑图和逻辑符号

1.1.2 不同进制的换算

1. 十进制转换为二进制

1) 十进制整数转换为二进制

十进制整数转换为二进制采用“除以 2 倒取余”法。例如，求整数 135D=________ B，如图 1-3 所示，将 135 除以 2，得余数，直到不能整除，然后再将余数从下至上倒取，构成二进制序列。

得到的结果是 1000 0111B。

2) 十进制小数转换为二进制

十进制小数转换为二进制小数采用“乘以 2 取整，顺序排列”法，注意，跟整数转换排列方法不同。采用 2 乘以十进制小数，可以得到积，将积的整数部分取出，再用 2 乘以余下的小数部分，又得到一个积，再将积的整数部分取出，如此进行，直到积中的小数部分为零，或者达到所要求的精度为止，即要求保留 8 位还是 16 位二进制数。然后把取出的整数部分按顺序排列起来，先计算的整数作为二进制小数的高位有效位，后计算的整数作为低位有效位。例如，求小数 0.68D=________ B(精确到小数点后 8 位)，如图 1-4 所示，0.68 乘以 2，取整，然后再将小数乘以 2，取整，直到达到题目要求的精度为止。

得到的结果是 0.10101110B，精确到小数点后 8 位。

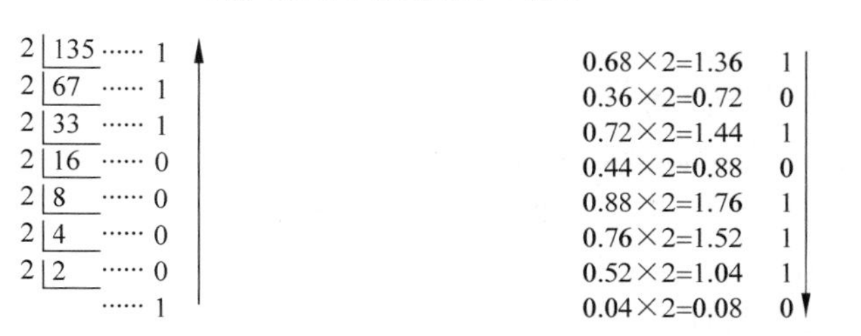

图 1-3 十进制整数转换为二进制　　图 1-4 十进制小数转换为二进制

2. 十进制转换为八进制

同上述十进制转换为二进制的方法，十进制数转换为八进制的方法是整数部分除以8取余数，直到无法整除。例如，将十进制小数0.68转换为八进制，小数部分0.68乘以8，取整，然后再将余下的小数部分乘以8，取整，直到达到题目要求的精度为止。

3. 十进制转换为十六进制

同十进制转换为十六进制和十进制转换为二进制的方法一样，采用整数部分除以16取余数，直到无法整除为止。例如，将十进制小数0.68转换为十六进制，小数部分0.68乘以16，取整，然后再将余下的小数部分乘以16，取整，直到达到题目要求的精度为止。

4. 二进制转换为十进制

反过来，二进制转换为十进制的方法是把二进制数按权展开后，再一起相加即得十进制数。例如，求二进制无符号整数10010110B=________D，计算过程如图1-5所示。

得到的结果是150D。

二进制：10010110

十进制：$1\times2^7+0\times2^6+0\times2^5+1\times2^4+0\times2^3+1\times2^2+1\times2^1+0\times2^0=150$

图1-5　二进制无符号整数转换为十进制

5. 八进制转换为十进制

八进制转换为十进制的方法和二进制转换为十进制的方法一样，但是要改变进制单位。例如，求八进制数26Q=________D，计算过程如图1-6所示。

得到的结果是22D。

6. 十六进制转换为十进制

例如，十六进制数转换为十进制数，如求23daH=________D，计算过程如图1-7所示。

得到的结果是9178D。

八进制：26Q

十进制：$2\times8^1+6\times8^0=16+6=22$

图1-6　八进制转换为十进制

十六进制：23daH

十进制：$2\times16^3+3\times16^2+d\times16^1+a\times16^0=9178D$

图1-7　十六进制转换为十进制

7. 二进制转换为八进制

除了上述所有进制的数可以转换为十进制数外，它们之间也可以进行互相转换。二进制数转换为八进制的方法是取三合一法，即以二进制的小数点为分界点，向左(整数部分)或向右(小数部分)每三位取成一组，注意向左分组时，不够时可以加0。例如，求二进制数10100100.1111B=________Q，计算过程如图1-8所示。

得到的结果是244.71Q。

8. 二进制转换为十六进制

二进制数转换为十六进制数的方法是取四合一法，即以二进制的小数点为分界点，向左(整数部分)或向右(小数部分)每四位取成一组。例如，求二进制数10100100.1011001001B=________H，计算过程如图1-9所示。

得到的结果是a4.B21H。

二进制：10100100.1111B

八进制：010 100 100. 111 1
2 4 4. 7 1

图 1-8　二进制转换为八进制

二进制：10100100. 101100101

十六进制：1010 0100. 1011 0010 1
a 4. B 2 1

图 1-9　二进制转换为十六进制

1.1.3　原码、反码和补码

原码、反码和补码是在计算机中能够直接被计算机硬件识别和处理的数据类型，即在计算机的指令系统中设计有对这些数据类型进行操作的指令。

1. 无符号数

若无符号数保存在计算机的寄存器中，其寄存器的位数反映了无符号数的表示范围。如寄存器位数为 8 位，其能表示的最大数值是 2^8-1，则存储数据表示的数据范围如图 1-10 所示，每个方格只有两种状态，即“0”和“1”，特殊情况下也可以不赋值。

如果计算机的寄存器位数为 16 位，能表示的最大数值是 $2^{16}-1$，其存储器能够表示的位数范围如图 1-11 所示，每个方格只有两种状态，即“0”和“1”，特殊情况下也可以不赋值。

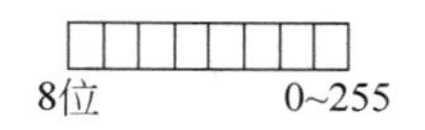

图 1-10　8 位无符号数表示范围

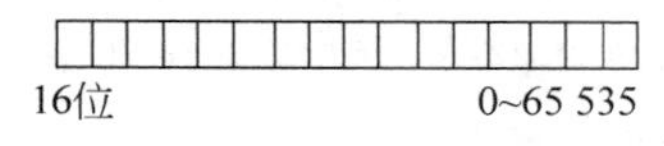

图 1-11　16 位无符号数表示范围

2. 有符号数

1）真值和机器数

先要弄清楚真值和机器数的定义区别。真值是平时用的真实的值，带有符号。然而机器数是保存在计算机中的数，机器跟人不同，它不知道怎么区分到底是正数还是负数。图 1-12 所示为真值和机器数的表示方法。

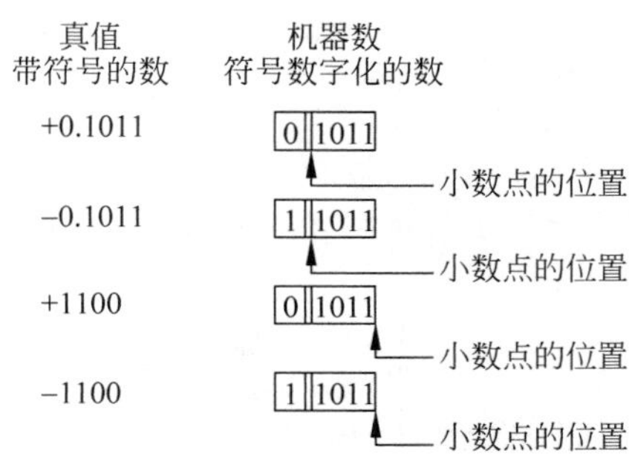

图 1-12　真值和机器数的表示方法

如果把一个数据保存在计算机中需要保存三部分内容，分别是符号位、小数点位置和数的数值位，如图 1-12 中的＋0.1011 和－0.1011，其中使用 0 代表正号，1 代表负号，1011 保存在寄存器中。在计算机中没有专门的硬件部分表示小数点，计算机中的小数点都以约定的方式给出。如图 1-12 所示，小数＋0.1011 和－0.1011 在设计计算机计算存储等硬件时，就约定保存小数点在符号位的后面。而对于整数，如图 1-12 所示，整数＋1100 和－1100 小数点的位置在设计硬件时约定放于数值部分的最后。这样就可以把定点微处理器 CPU 分为两类，分别是小数定点微机处理器和整数定点微机处理器。下面说到的原码、补码、反码和移码表示法都属于在计算机中数的表示，都属于机器数。

2）原码表示法

对于正整数，原码表示方式是将数据的符号位用0表示。为了使得符号位用0表示，只需要在数值位的最高位添加0即可。图1-13所示为4位二进制数的原码表示方法。

对于负整数，原码表示方式为将数据的符号位用1表示。为了使得符号位用1表示，只需要在真值的绝对值的基础上加上 2^n 即可。根据以上分析，可以得到 n 位原码表示数的定义，如图1-14所示。

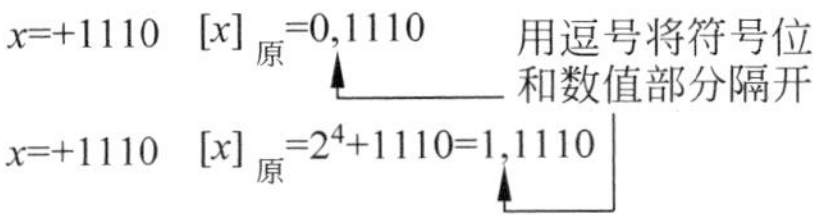

x=+1110 [x]原=0,1110
用逗号将符号位
和数值部分隔开
x=+1110 [x]原=2⁴+1110=1,1110

图1-13 4位二进制数的原码表示方法

整数

$$[x]_{原}=\begin{cases} x & 0<x<2^{n-1} \\ 2^n-x & -2^{n-1}<x\leqslant 0 \end{cases}$$

x为真值，n为整数的位数

图1-14 原码用 n 位数表示

在原码的定义中，正数的范围是 $x>0$，负数的范围是 $x<0$。但是当 $x=0$ 时，计算出来的 x 原码不同，具体的分析结果如图1-15所示。无论是小数还是整数的0，在用原码表示其正负时，结果不一样。

对于正小数，原码的表示方式和真值去掉符号后相同，但是在小数点前面的0，在真值中表示这是小数，在原码中却表示这个原码的符号位为正号，如图1-16所示。

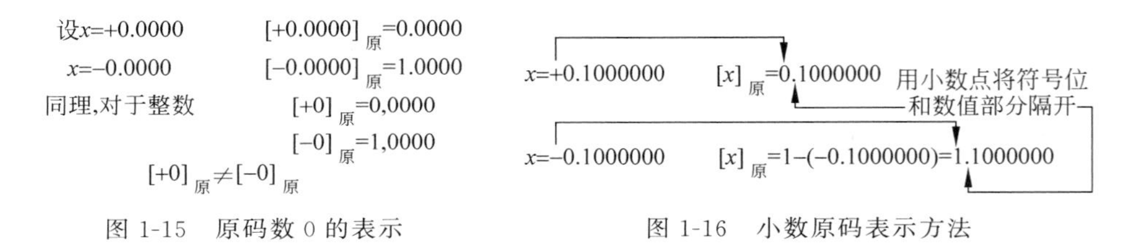

设 $x=+0.0000$ $[+0.0000]_{原}=0.0000$

$x=-0.0000$ $[-0.0000]_{原}=1.0000$

同理，对于整数 $[+0]_{原}=0,0000$

$[-0]_{原}=1,0000$

$[+0]_{原}\neq[-0]_{原}$

图1-15 原码数0的表示

x=+0.1000000 [x]原=0.1000000
用小数点将符号位
和数值部分隔开
x=−0.1000000 [x]原=1−(−0.1000000)=1.1000000

图1-16 小数原码表示方法

对于负小数，原码的表示方式为是去掉符号，将小数点前的0变为1，表示符号为负。只需要在真值的绝对值的基础上加1就可以了。根据以上分析，可以得到小数原码表示数的定义，如图1-17所示。

$$[x]_{原}=\begin{cases} x & 0<x<1 \\ 1-x & -1<x\leqslant 0 \end{cases}$$

x为真值

图1-17 小数原码的定义

注意，无论是整数中的逗号，还是小数中的小数点，在计算机中是没有定义的，仅仅是为了直观识别而添加的，方便理解。

3）原码的不足之处

虽然原码的表示形式简单和直观，但是使用原码进行加减法运算时会出现如下问题，如表1-2所示。

表 1-2　原码做加减法

要求	数 1	数 2	实际操作	结果符号
加法	正	正	加	正
加法	正	负	减	可正可负
加法	负	正	减	可正可负
加法	负	负	加	负

对于表 1-2 的原码加减法操作，同样的加法操作，计算机运算器实际的操作可能是加法，也可能是减法，对于运算器计算是非常麻烦的，那么能不能对加法和减法进行归一化运算呢？于是就想到只用加法就能完成加法和减法两类操作的思想。即找到一个与负数等价的正数来代替这个负数，就可以使得加负数和加另一个正数结果相同，将减法操作转换为加法操作。这样就能将计算机运算器要完成的加法和减法操作统一为加法操作。下面介绍的补码就是为了解决加减法归一化的问题。

4）补码表示法

通过时钟调整时间的方式来介绍补的概念。如果想要把时钟从 6 点调整到 3 点，可以进行哪些操作？很显然，可以进行顺时针调整和逆时针调整。图 1-18 所示为补的概念举例。

第一种顺时针调整减去 12，因为时钟以 12 为模，如果显示的时间到 12，时间就会归零。所以，对于时钟的调整操作，对于这种有模、能够记录数据的设备，可以使用 9 代替－3，把减法变成加法操作，采用第二种逆时针方法调整时间。这时就可以称 ＋9 是－3 以 12 为模的补数。图 1-19 所示为补数的表示方法。

顺时针 6　　逆时针 6

$$\begin{array}{r} 6 \\ +9 \\ \hline 15 \\ -12 \\ \hline 3 \end{array} \qquad \begin{array}{r} 6 \\ -3 \\ \hline 3 \end{array}$$

图 1-18　补的概念

记作－3≡+9 (mod 12)

同理－4≡+8 (mod 12)

图 1-19　补数的表示方法

对于上述时钟的调整操作，可以得出以下结论：一个负数加上“模”后，能够得到该负数的补数；一个正数和一个负数互为补数时，它们绝对值之和是模数。计算机中的数据存储设备的位数是固定好的，那么能够表示的最大数值和时钟很相似。例如，在计算机系统中要存放一个整数，存放这个整数的寄存器的位数只有 4 位，那么这个寄存器存储和计数时，如果不断进行加法操作，等到存储器的数值大于或者等于 16(2^4)时，进位部分将会被自动地丢弃，这就跟时钟很相似，区别就在于时钟以 12 为模，计算机中的 4 位寄存器以 16 为模，同理可以推广到 n 位寄存器。如图 1-20 所示，把计算机中存储的 4 位二进制数 1011 变为 0 有两种方式。图 1-20 中的进位 1 自然去掉，是因为计算机的存储器位数就只有 4 位，是由硬件确定的，无法改变。

如图 1-20 所示，减去 1011 可用＋0101 代替，计算机中 4 位二进制负数补数表示的定义具体如图 1-21 所示。

上述计算的都是负数的补数，那么正数的补数是如何计算的呢？计算机中 4 位正数补数计算过程具体如图 1-22 所示。

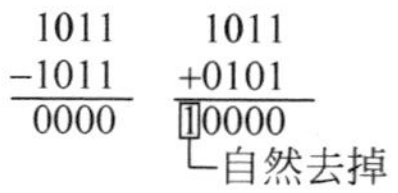

```
 1011      1011
-1011     +0101
 0000     [1]0000
           └自然去掉
```

$-1011 \equiv +0101 \pmod{2^4}$

$-0.1001 \equiv +1.0111 \pmod{2}$

图 1-20　4 位二进制数补数原理　　图 1-21　计算机中 4 位二进制负数补数表示的定义

根据图 1-22 的计算可知，正数的补数就是其本身。由于 0101 是－1011 的补数，又是＋0101 的补数，那么＋0101 到底是谁的补数呢？因此，在计算机中表示 0101 的补数时，在其补数前面添加 0 表示符号位，采用逗号与数值部分隔开，表示为“0,0101”。然而在表示－1011 的补数时，在其补数前面添加 1 表示符号位，用逗号与数值部分隔开，表示为“1,0101”。具体表示方法如图 1-23 所示。

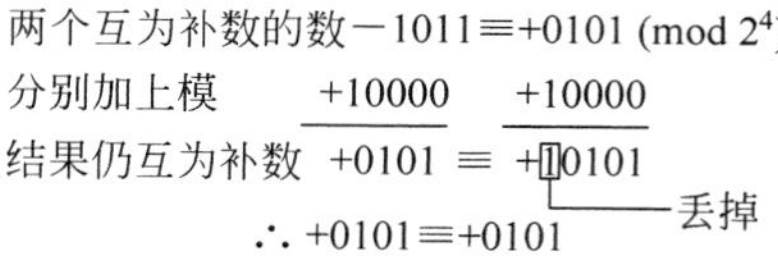

两个互为补数的数 $-1011 \equiv +0101 \pmod{2^4}$

分别加上模　+10000　+10000

结果仍互为补数　+0101 ≡ +[1]0101 ——丢掉

$\therefore +0101 \equiv +0101$

图 1-22　计算机中 4 位正数补数计算过程

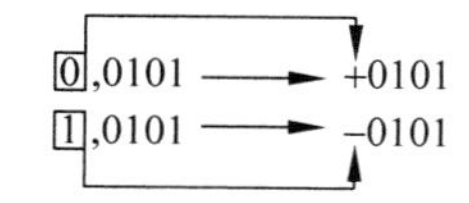

图 1-23　计算机中正负数补数的表示

由图 1-23 可知，0101 是－1011 的补数，而 10101 是－1011 的补码，那么如何计算补码呢？补数变成补码的具体计算过程如图 1-24 所示。

通过上述操作就可以得到计算机中的补码，采用最高位区分是正数还是负数。而此时原数和补码之间的模是 2^{n+1}，计算机中 4 位二进制数补码的表示方法如图 1-25 所示。如果某微处理器系统的最小存储器单位是 8 位，那么其模是 256。

−1011+10000=补数=0101

补数+10000=补码=10101

−1011的补码=−1011+10000+10000=$-1011+2^4+2^4=-1011+2^5$

图 1-24　补数变成补码的具体计算过程

$2^{4+1}-1011=100000 \pmod{2^{4+1}}$

```
  -1011
  1,0101   用逗号将符号位
           和数值部分隔开
```

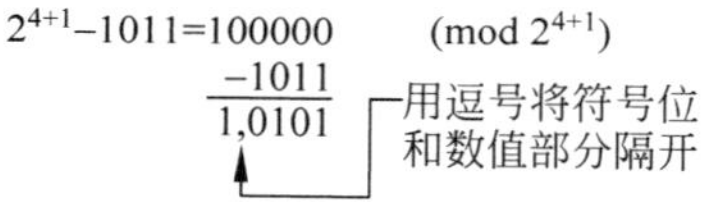

图 1-25　补码变换的过程

5）补码的定义

根据上述的分析，可以得出整数的补码定义如图 1-26 所示。

整数的补码定义的具体举例如图 1-27 所示。

整数

$$[x]_{补}=\begin{cases}0,x & 0\leqslant x<2^n\\ 2^{n+1}+x & -2^n\leqslant x<0 \pmod{2^{n+1}}\end{cases}$$

x为真值，n为整数的位数

图 1-26　整数的补码定义

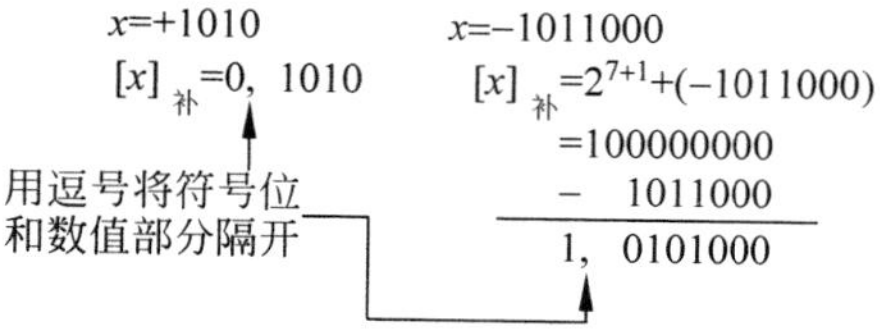

$x=+1010$

$[x]_{补}=0,\ 1010$

$x=-1011000$

$[x]_{补}=2^{7+1}+(-1011000)$

=100000000

−　1011000

1,　0101000

用逗号将符号位和数值部分隔开

图 1-27　整数补码计算过程

小数的补码定义如图 1-28 所示。

小数的补码定义的具体举例如图 1-29 所示。

依据上述计算补数和补码的方法，可以推导出快速计算补码的方法，具体的推导过程如图 1-30 所示。

$$[x]_{补}=\begin{cases} x & 0\leqslant x<1 \\ 2+x & -1\leqslant x<0 \pmod 2 \end{cases}$$

x为真值

图 1-28　小数的补码定义

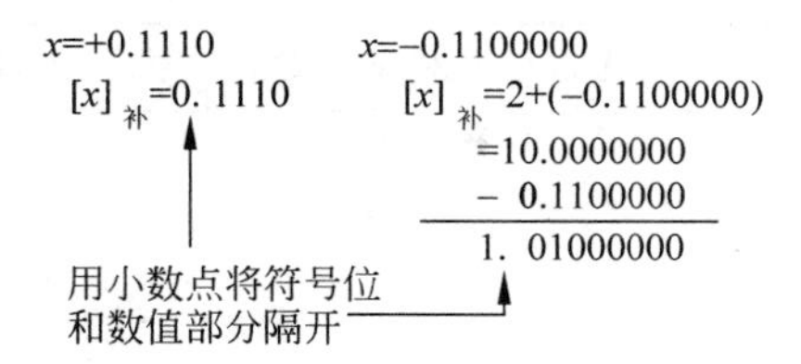

x=+0.1110
[x]补=0. 1110
x=−0.1100000
[x]补=2+(−0.1100000)
=10.0000000
− 0.1100000
1. 01000000
用小数点将符号位
和数值部分隔开

图 1-29　小数补码计算过程

如图 1-30 所示，将 2^5 表示为 2^{4+1}，即相当于二进制数负数原码 11010 符号位不变，按位取反，再末位加 1，正数的补码是其本身。

6）反码表示法

反码表示数的方法相对较简单，即符号位不变，其余位按位取反。整数的反码定义如图 1-31 所示。

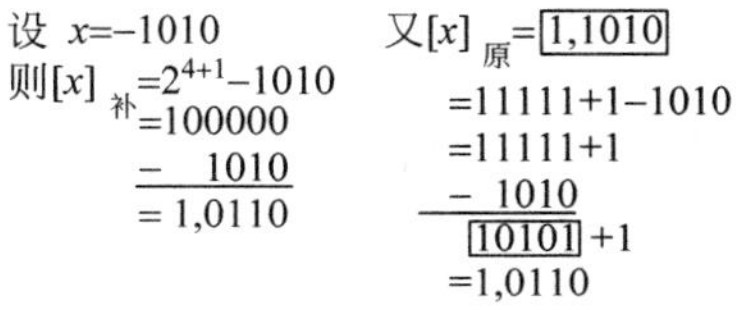

设 $x=-1010$
则 $[x]_{补}=2^{4+1}-1010$
$=100000$
$-\ \ 1010$
$=1,0110$

又 $[x]_{原}=\boxed{1,1010}$
$=11111+1-1010$
$=11111+1$
$-\ \ 1010$
$\boxed{10101}+1$
$=1,0110$

图 1-30　快速计算补码的方法

$$[x]_{反}=\begin{cases} 0,x & 0\leqslant x<2^n \\ (2^{n+1}-1)+x & -2^n\leqslant x<0 \pmod{2^{n+1}-1} \end{cases}$$

x为真值，n为整数的位数

图 1-31　整数的反码定义

整数的反码定义方式的具体举例如图 1-32 所示。

小数的反码定义如图 1-33 所示。

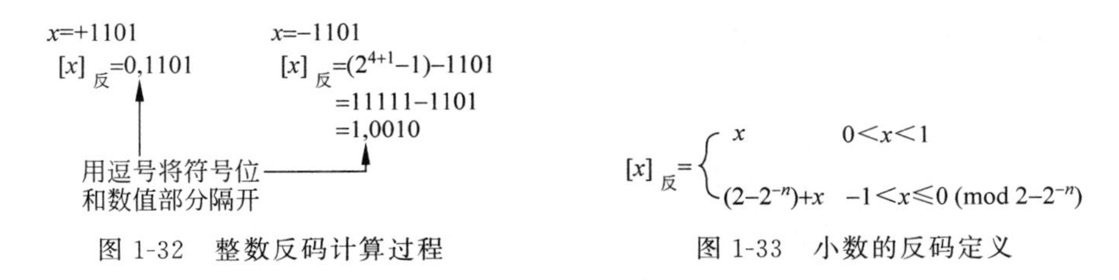

x=+1101
[x]反=0,1101
x=−1101
[x]反=(2^4+1−1)−1101
=11111−1101
=1,0010
用逗号将符号位
和数值部分隔开
[x]反= x　0<x<1
(2−2^−n)+x　−1<x≤0 (mod 2−2^−n)

图 1-32　整数反码计算过程　　　图 1-33　小数的反码定义

小数的反码定义方式的具体举例如图 1-34 所示。

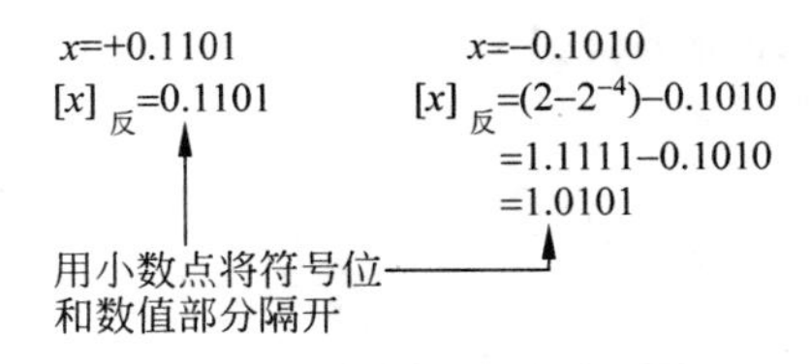

x=+0.1101
[x]反=0.1101
x=−0.1010
[x]反=(2−2^−4)−0.1010
=1.1111−0.1010
=1.0101
用小数点将符号位
和数值部分隔开

图 1-34　小数反码计算过程

对上述介绍的三种编码方法，如果机器数字长定义为 8 位，其中 1 位为符号位，对于整数，当其分别代表无符号数、原码、补码和反码时，对应的真值范围各为多少？具体的数值表示范围如表 1-3 所示。

表 1-3　机器字长为 8 位

二进制代码	无符号数对应的真值	原码对应的真值	补码对应的真值	反码对应的真值
00000000	0	+0	±0	+0
00000001	1	+1	+1	+1
00000010	2	+2	+2	+2
…	…	…	…	…
01111111	123	+127	+127	+127
10000000	128	−0	−128	−127
10000001	129	−1	−127	−126
…	…	…	…	…
11111101	253	−125	−3	−2
11111110	254	−126	−2	−1
11111111	255	−127	−1	−0

7）移码表示法

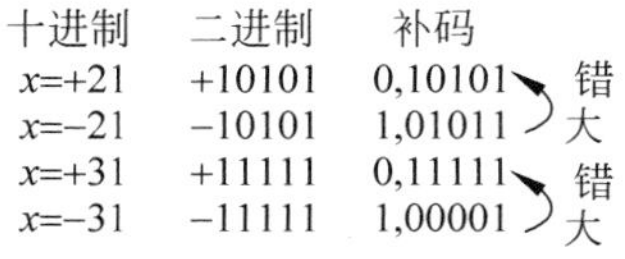

十进制	二进制	补码
x=+21	+10101	0,10101
x=−21	−10101	1,01011
x=+31	+11111	0,11111
x=−31	−11111	1,00001

错大　错大

图 1-35　补码较难直接判断真值大小

由于计算机中的补码表示很难直接判断其真值大小，如图 1-35 所示，因此在计算机中又产生移码表示数的方法。移码又称为增码，移码的符号表示和补码相反，1 表示正数，0 表示负数。移码是在补码的基础上把首位取反得到的，这样使得移码非常适合于浮点数据的阶码的运算，所以移码常用于表示阶码。

移码的定义如图 1-36 所示。不管是正数还是负数，变成移码都是加上 2^n。

移码在数轴上的表示如图 1-37 所示。

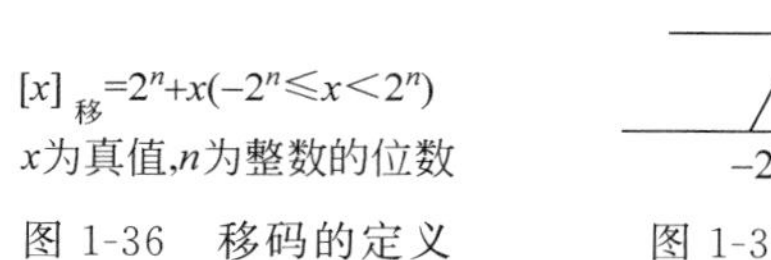
[x]移=2ⁿ+x(−2ⁿ≤x<2ⁿ)
x为真值,n为整数的位数

图 1-36　移码的定义

0　2^n　$2^{n+1}-1$　$[x]_{移码}$

真值

-2^n　0　2^n-1

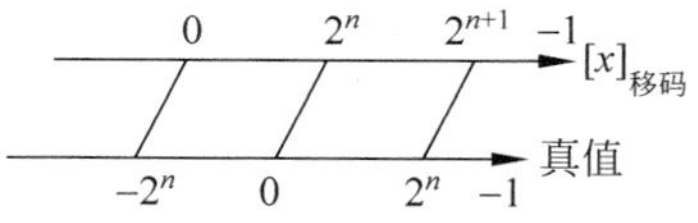

图 1-37　移码在数轴上的表示

移码定义的具体举例如图 1-38 所示。

从定义中可以得出，移码只有整数形式的定义，没有小数形式的定义，所以移码主要用于表示浮点数据的阶码部分，即阶码都是整数。图 1-39 举例比较移码和补码的差别，那就是补码与移码只差一个符号位。

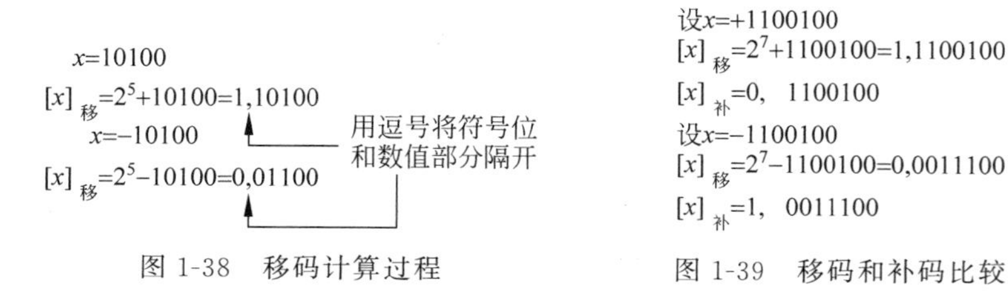
x=10100
[x]移=2⁵+10100=1,10100
x=−10100
[x]移=2⁵−10100=0,01100
用逗号将符号位
和数值部分隔开
设x=+1100100
[x]移=2⁷+1100100=1,1100100
[x]补=0,　1100100
设x=−1100100
[x]移=2⁷−1100100=0,0011100
[x]补=1,　0011100

图 1-38　移码计算过程　　图 1-39　移码和补码比较

1.1.4 常用编码定义

1. 8421 码

8421 码又称 BCD 码，是十进制代码中最常用的一种。在这种编码方式中，每一位二进制代码的“1”都代表一个固定数值。将每位“1”所代表的二进制数加起来就可以得到它所代表的十进制数字。因为代码中从左至右看每一位“1”分别代表数字“8”“4”“2”“1”，故得名 8421 码。其中每一位“1”代表的十进制数称为这一位的权。因为每位的权都是固定不变的，所以 8421 码是恒权码，类比 8421 码可以得到 5421 码和 2421 码，由此可知 8421 码、5241 码和 2421 码都是十进制代码，只是最右边位的权值不同。

简单地可以理解 8421 码就是把每一位十进制数用四位二进制数表示，从 0 到 9 分别是 0000，0001，0010，…，1001，那么 10 就是 00010000（十位数是 0001，个位数 0 是 0000）。例如，00101001.01110110 对应 29.76。

2. 余三码

余三码有时也写成余 3 码，它是由 8421 码加上 0011 形成的一种无权码，由于它的每个字符编码比相应的 8421 码多 3，故称为余三码。余三码的特点是当两个十进制数的和是 10 时，相应的二进制编码正好是 16，于是可自动产生进位信号，而不需要修正。0 和 9，1 和 8，……，5 和 4 的余三码互为反码，这对于求解 10 的补码很方便。首先，余三码是一种对 9 的自补代码，因而可给运算带来方便。其次，在将两个余三码表示的十进制数相加时，能正确产生进位信号，但是对求出的和进行修正。最后修正的方法是如果结果有进位，则结果加 3；如果结果无进位，则结果减 3。

3. 格雷码

在一组数的编码中，若任意两个相邻的代码只有一位二进制数不同，则称这种编码为格雷码(Gray code)。另外，由于最大数与最小数之间也只有一位数不同，即“首尾相连”，因此格雷码又称循环码或反射码。虽然常用的二进制码可以直接由数-模转换器转换为模拟信号，但是在某些情况，例如从十进制的 3(0011)转换为 4(0100)时二进制码的每一位都要变，能使数字电路产生很大的尖峰电流脉冲。而格雷码没有这一缺点，它在进行相邻位间转换时，只有一位产生变化，这样就大大地减少了由一个状态到下一个状态时逻辑的混淆。由于这种编码相邻的两个码组之间只有一位不同，因而在用于方向的转角位移量等数字量的转换中，当方向的转角位移量发生微小变化时，比其他编码同时改变两位或多位的情况更为可靠，可以减少出错的可能性。

4. ASCII 码

ASCII 码即美国国家信息交换标准码，是一种使用 7 个或 8 个二进制位进行编码的方案，最多可以给 256 个字符，包括字母、数字、标点符号、控制字符及其他符号指定数值。ASCII 码在 1961 年提出，用于在不同计算机硬件和软件系统中实现数据传输标准化，大多数的小型机和全部的个人计算机都使用此码。ASCII 码划分为两个集合：128 个字符的标准 ASCII 码和附加的 128 个字符扩充码。其中，95 个字符可以显示，另外 33 个不可以显示。标准 ASCII 码为 7 位，可扩充为 8 位。

ASCII 字符集同时也被国际标准化组织(International Organization for Standardization，ISO)批准为国际标准。它对应的 ISO 标准为 ISO 646 标准，表 1-4 展示了基本 ASCII 字符集及其编码。

表 1-4 基本 ASCII 字符集及其编码

字符	ASCII 值		字符	ASCII 值		字符	ASCII 值		字符	ASCII 值		字符	ASCII 值	
	DEC	HEX		DEC	HEX		DEC	HEX		DEC	HEX		DEC	HEX
Esc	27	1B	1	49	31	E	69	45	Y	89	59	m	109	6D
CR	13	0D	2	50	32	F	70	46	Z	90	5A	n	110	6E
LF	10	0A	3	51	33	G	71	47	[	91	5B	o	111	6F
Space	32	20	4	52	34	H	72	48	\	92	5C	p	112	70
!	33	21	5	53	35	I	73	49	]	93	5D	q	113	71
”	34	22	6	54	36	J	74	4A	^	94	5E	r	114	72
#	35	23	7	55	37	K	75	4B	_	95	5F	s	115	73
$	36	24	8	56	38	L	76	4C	`	96	60	t	116	74
&	37	25	9	57	39	M	77	4D	a	97	61	u	117	75
%	38	26	:	58	3A	N	78	4E	b	98	62	v	118	76
′	39	27	;	59	3B	O	79	4F	c	99	63	w	119	77
(	40	28	<	60	3C	P	80	50	d	100	64	x	120	78
)	41	29	=	61	3D	Q	81	51	e	101	65	y	121	79
*	42	2A	>	62	3E	R	82	52	f	102	66	z	122	7A
+	43	2B	?	63	3F	S	83	53	g	103	67	{	123	7B
,	44	2C	@	64	40	T	84	54	h	104	68	|	124	7C
—	45	2D	A	65	41	U	85	55	i	105	69	}	125	7D
.	46	2E	B	66	42	V	86	56	j	106	6A	~	126	7E
/	47	2F	C	67	43	W	87	57	k	107	6B	Del	127	7F
0	48	30	D	68	44	X	88	58	l	108	6C			

字母和数字的 ASCII 码的记忆是非常简单的。只要记住了一个字母或数字的 ASCII 码(例如记住 A 的 ASCII 码为 65,0 的 ASCII 码为 48),又知道相应的大小写字母之间差 32,就可以推算出其余字母和数字的 ASCII 码。

5. GB 2312 码

GB 2312 是 ANSI(American National Standards Institute,美国国家标准协会)编码中的一种,是对 ANSI 编码最初始的 ASCII 编码进行扩充。为了满足国内在计算机中使用汉字的需要,中国国家标准总局发布了一系列的汉字字符集国家标准编码,统称为 GB 码或国标码、汉语拼音首字母。其中最有影响的是 1980 年发布的《信息交换用汉字编码字符集 基本集》,标准号为 GB 2312—1980,因其使用非常普遍,也被统称为国标码。GB 2312 码主要应于我国内地,新加坡等国家或地区也采用此编码。几乎所有的中文系统和国际化的软件都支持 GB 2312 码方式。

GB 2312 是一个简体中文字符集,由 6763 个常用汉字和 682 个全角的非汉字字符组成。其中,汉字根据使用的频率分为两级:一级汉字 3755 个,二级汉字 3008 个。由于字符数量比较大,GB 2312 采用了二维矩阵编码法对所有字符进行编码。首先构造一个 94 行 94 列的方阵,每一行称为一个“区”,每一列称为一个“位”,然后将所有字符依照表 1-5 的规律填写到方阵中。这样所有的字符在方阵中都有一个唯一的位置,这个位置可以用区号和位号合成表示,统称为字符的区位码。如第一个汉字“啊”出现在第 16 区的第 1 位上,其区位码为1601。因为区位码同字符的位置是完全对应的,所以区位码同字符之间也是一一对应的。这样所有的字符都可通过其区位码转换为数字编码信息。

表 1-5 GB 2312 字符编码分布

分区范围	符号类型
第01分区	中文标点、数字符号以及一些特殊字符
第02分区	各种各样的数字符号
第03分区	全角西文字符
第04分区	日文平假名
第05分区	日文片假名
第06分区	希腊字母表
第07分区	俄文字母表
第08分区	中文拼音字母表
第09分区	制表符号
第10～15分区	无字符
第16～55分区	一级汉字(以拼音字母排序)
第56～87分区	二级汉字(以部首笔画排序)
第88～94分区	无字符

6. ANSI 编码

世界各国为了扩充ASCII码,以便用于显示本国的语言,不同的国家和地区制定了不同的标准,由此还产生了GB 2312、Big5、JIS、UTF-8和Base64等各自的编码标准。这些使用2字节来代表一个字符的各种汉字延伸编码方式称为ANSI编码,又称为多字节字符集(Multi-Byte Character Set,MBCS)。在简体中文系统下,ANSI编码代表GB 2312码,在日文操作系统下,ANSI编码代表JIS编码,所以在中文Windows下要转码成GB 2312,GBK只需要把文本保存为ANSI编码即可。不同ANSI编码之间互不兼容,当信息在国际间交流时,无法将属于两种语言的文字存储在同一段ANSI编码的文本中。ANSI编码的一个很大的缺点是,同一个编码值,在不同的编码体系中代表着不同的字。这样就容易造成混乱,导致了Unicode码的诞生。其中每个语言下的ANSI编码,都有一套一对一的编码转换器,Unicode变成所有编码转换的中间介质。所有的编码都有一个转换器可以转换到Unicode,而Unicode也可以转换到其他所有的编码。

1.1.5 定点数和浮点数

1. 定点数表示

在定点数表示中,小数点按照约定方式给出,位置由计算机体系结构设计人员在设计计算机体系结构时约定,在硬件实现和软件实现时,都要遵守这个约定,根据约定位置的不同,有两种形式,具体如图1-40所示。

根据图1-40所示,如果小数点采用左边的位置,表示计算机中存放或者处理的定点数都是小数,如果是补码形式,它能够表示的唯一的整数就是-1。如果小数点采用右边的位置,计算机中的定点数都是整数。如图1-41所示,根据一台定点计算机约定的小数点的位置,可以把定点计算机分为两类:一类是小数定点机;另一类是整数定点机。

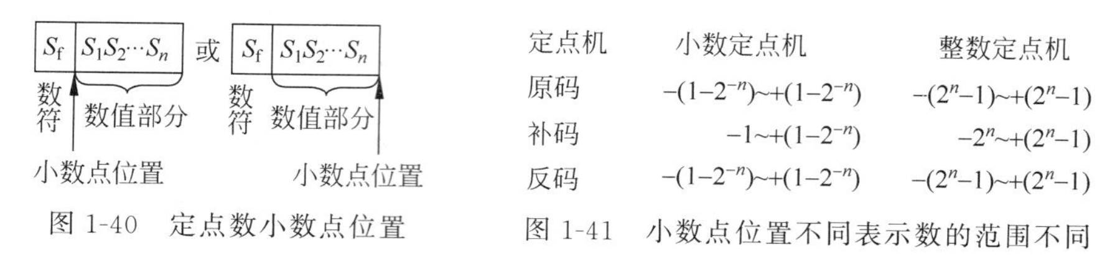

图 1-40　定点数小数点位置

图 1-41　小数点位置不同表示数的范围不同

2. 浮点数表示

为什么在计算机中要引入浮点数表示呢？定点存储存在如下问题：编程困难，程序员要调节小数点的位置。在编写程序过程中，经常会使用浮点数，在定点机中，如果用到浮点数，需要程序员自己调整小数点的位置。另外，数据的表示范围非常小，为了能够表示两个大小相差很大的数据，需要很长的机器字长。具体生活中的实例如图 1-42 所示。

例：太阳的质量是0.2×10^{34}g，一个电子的质量大约为0.9×10^{-27}g，两者的差距为10^{61}以上，若用定点数据表示，则为$2^x>10^{61}$，解得$x>203$位。

图 1-42　引入浮点数实例

如果在一个科学计算的问题上，需要同时保存电子的质量和太阳的质量，两者的差距是10^{61}。为了能够在计算机中同时保存这两个数据，如果用二进制数表示这么大的差距，需要 203 位的二进制数据。这样就算有了 203 位的存储单元，可以存储这个数据，但是保存电子质量的那个存储单元大部分的数值位都是 0，尤其是高位部分，就会导致大量的计算机存储空间被浪费，数据存储的利用率会非常低。于是浮点数的引入，就解决了这个问题。

3. 浮点数表示的格式

浮点数表示格式的定义如图 1-43 所示。

当 r 等于 2 时，尾数中 1 位二进制数表示一位二进制的数；当 r 等于 8 时，尾数中 3 位二进制数表示一位八进制的数；当 r 等于 16 时，尾数中 4 位二进制数表示一位十六进制的数。浮点数表示具体举例如图 1-44 所示。

$N=S\times r^j$　浮点数的一般形式
S为尾数，j为阶码，r为尾数的基值
S为小数，可正可负
j为整数，可正可负
r为取2、8、16

图 1-43　浮点数表示格式的定义

当$r=2$时，$N=11.0101$　——二进制表示
✓$=0.110101\times2^{\boxed{10}}$　规格化数
$=1.10101\times2^{1}$
$=1101.01\times2^{-10}$
✓$=0.00110101\times2^{100}$

图 1-44　浮点数表示具体举例

如图 1-44 中，当 r 等于 2 时，阶码 j 用二进制表示，11.0101 将其右移 2 位变为 0.110101，相当于将原数变为原来的四分之一，为了保持不变，需要将 0.110101 乘以 4，所以是 2 的 2 次方，注意，这里 j 等于 2 用二进制表示为 10。所以原数用浮点数数表示成 0.110101×2^{10}，其余都是采用二进制表示。图中共使用了五种表示形式，其中有两种表示形式是合法的，即图中画对号的两个，其中这两个的尾数采用小数定点表示，尾数的值均是小于或等于 1。这两种方式都可以把其浮点数的形式存放于计算机中，但是其中第一种方式是比较特殊的，数值位的最高位是非 0 的，这种表示浮点数的形式称为规格化数。

在计算机中，浮点数据也要表示为机器数。浮点数在计算机中进行存储，也需要以机器

数的形式进行存储。如果在设计计算机的过程中，已经约定了尾数的基值 r 采用二进制或者采用八进制等，那么在浮点数的存储过程中，只需要把浮点数的尾数和阶码部分，同时包括数符和阶符存储起来，用之前介绍的机器数编码的表示形式，如补码和移码，按照计算机设计时候的规定尾数取多少位，一般是数符一位，阶符一位，这样就可以把浮点数存放在计算机中。图 1-45 定义浮点数在计算机中的存放形式。

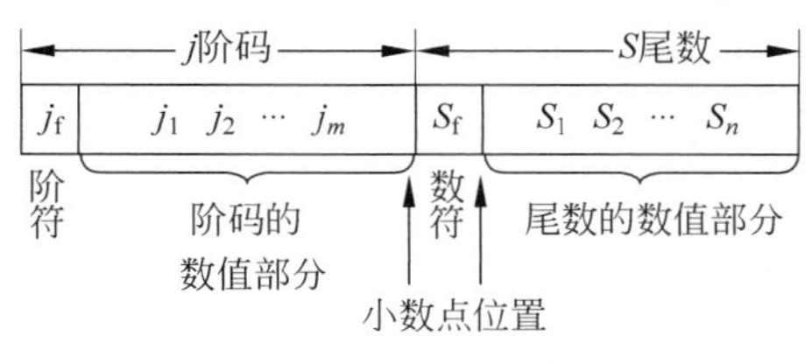

图 1-45　浮点数在计算机中的存放形式

4. 浮点数的表示范围

依据上述介绍浮点数的表示格式，可以计算出浮点数的表示范围。如果不考虑数据的规格化，无论是尾数还是阶码，都采用原码的形式进行表示，那么给定浮点数的表示方式，在数轴上可以计算出浮点数的表示范围，具体如图 1-46 所示。如果阶码大于最大阶码，这个浮点数就出现上溢的现象；如果阶码小于最小阶码，计算机会按照机器零处理，这个浮点数就出现下溢的现象。当浮点数尾数为 0 时，不论其阶码为何值都按机器零处理；当浮点数阶码等于或小于它所表示的最小数时，不论尾数为何值，也要按机器零处理。

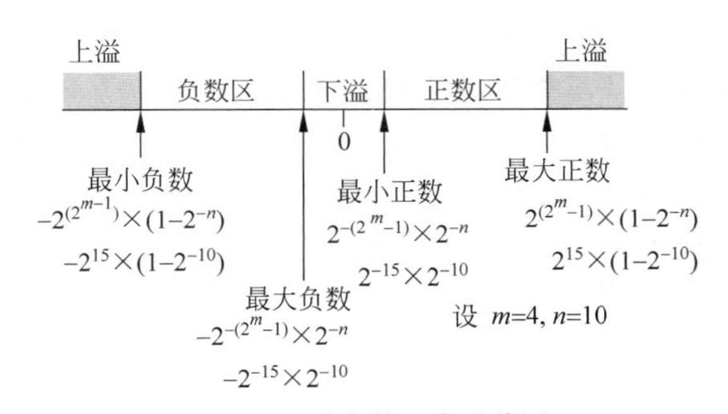

图 1-46　浮点数的表示范围

在图 1-46 中表示了浮点数的范围，如果将 $m=4$、$n=10$ 代入计算，实际上这种方式能表示的数据的长度一共是 16 位，一位表示阶符，一位表示尾符，4 位表示阶码，10 位表示尾数数值部分。其能够表示的二进制数的个数是 2^{16}。如果设计的计算机使用这样的格式表示浮点数，那就是使用 2^{16} 个二进制数来表示最小负数和最大整数之间的所有数。由上可知，位数决定数据的精度，阶码决定数据大小。另外在计算机中，还要引入规格化表示浮点数据。如果不进行规格化，尾数的小数点后面可能会有若干个 0，在计算机中，尾数的长度是有限的，超出给定长度的尾数的值会被截断扔掉，这样就会影响尾数的精度。为了尽可能保证浮点数的数据精度，所以要让有效位数尽可能多，这就是要采用规格化形式的缘由。

1.2　8086的基本结构

1.2.1　微处理器的发展史

1946年2月,美国宾夕法尼亚大学诞生了世界上第一台电子数字积分计算机(Electronic Numerical Integrator and Calculator,ENIAC)。这个庞然大物就是计算机的雏形,如图1-47所示。这台电子管计算机的质量为30t,占地170m^2,每小时耗电150kW,价值约40万美元。采用18 000个电子管、70 000个电阻、10 000个电容,研制开发时间近三年,运算速度为每秒5000次加减法运算。其不足之处就是运算速度慢、存储容量小、全部指令没有存放在存储器中、机器操作复杂和稳定性差。

图1-47　世界上第一台电子管计算机

1946年6月,美籍匈牙利科学家冯·诺依曼(John von Neumann)提出了存储程序的计算机设计方案。冯·诺依曼计算机体系结构如图1-48所示。其采用二进制数形式表示数据和计算机指令,指令和数据存储在计算机内部存储器中,能自动依次执行指令。设计方案中主要由控制器、运算器、存储器、输入设备和输出设备5大部分组成计算机硬件。其工作原理的核心是“存储程序”和“程序控制”,按照这一原理设计的计算机称为冯·诺依曼型计算机。当年冯·诺依曼提出的体系结构奠定了现代计算机结构理论的基础,被誉为计算机发展史上的里程碑。

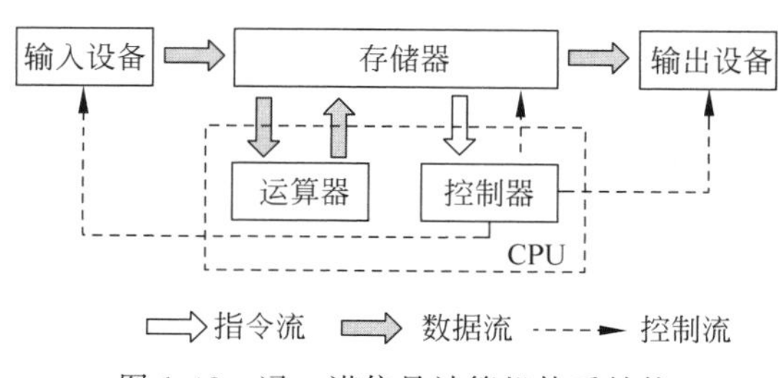

图1-48　冯·诺依曼计算机体系结构

从电子管计算机、晶体管计算机、中小规模集成电路到大规模集成电路计算机,计算机发生了巨大的变化,半导体存储器的集成度越来越高。Intel公司推出了微处理器,诞生了微型计算机8086,使计算机的体积减小,重量变轻,省电,寿命长,存储容量、运算速度、可靠性、性能价格比等方面都比电子管计算机有了较大突破。

目前人类正在研发神经网络计算机,其建立在人工神经网络研究的基础上,从内部基本结构来模拟人脑的神经系统。用简单的数据处理单元模拟人脑的神经元,并利用神经元节点的分布式存储和相互关联来模拟人脑的活动。还有生物计算机,使用由生物工程技术产生的蛋白分子为材料的“生物芯片”,不仅具有巨大的存储能力,而且能以波的形式传播信息。由于它具备生物体的某些机能,因此更易于模拟人脑的机制。还有研究者在开发基于光子和量子的计算机,其使用光子代替电子,用光互连代替导线互连,用光硬件代替电子硬件,用光运算代替电子运算。可见,从电子计算机飞跃到量子计算机,整个人类的计算能力和处理大数据的能力,将会出现成千上万乃至上亿次的提升。

1.2.2 8086微处理器的内部结构

1971年,美国Intel公司研究并制造了I4004微处理器芯片。该芯片能同时处理4位二进制数,集成了2300个晶体管,每秒可进行6万次运算,成本约为200美元。它是世界上第一个微处理器芯片,以它为核心组成的MCS-4计算机,标志着世界第一台微型计算机的诞生。紧接着1974年推出中高档的8位机8080和8085,到1978年出现16位机Intel 8086和8088,后面就是32位机80386和80486、64位机Intel Pentium,一路几十年的发展,到现在的多核处理器,如Intel酷睿i3、i5、i7和i9,AMD锐龙Threadripper(线程撕裂者)3990X处理器。

微型计算机是由具有不同功能的一些部件组成的,包含运算器(ALU)和控制器(EU)电路的大规模集成电路,称为微处理器,又称中央处理器(CPU),其职能是执行算术和逻辑运算,并负责控制整个计算机系统,使之能自动协调地完成各种操作。图1-49为微处理器的内部结构,16位微处理器8086采用高速运算性能的HMOS工艺制造,芯片上集成了2.9万只晶体管。使用单一的+5V电源,40条引脚双列直插式封装;时钟频率为5~10MHz,基本指令执行时间为0.3~0.6ms;16根数据线和20根地址线,可寻址的地址空间达1MB;8086可以和浮点运算器、I/O处理器或其他处理器组成多处理器系统,从而极大地提高了系统的数据吞吐能力和数据处理能力。

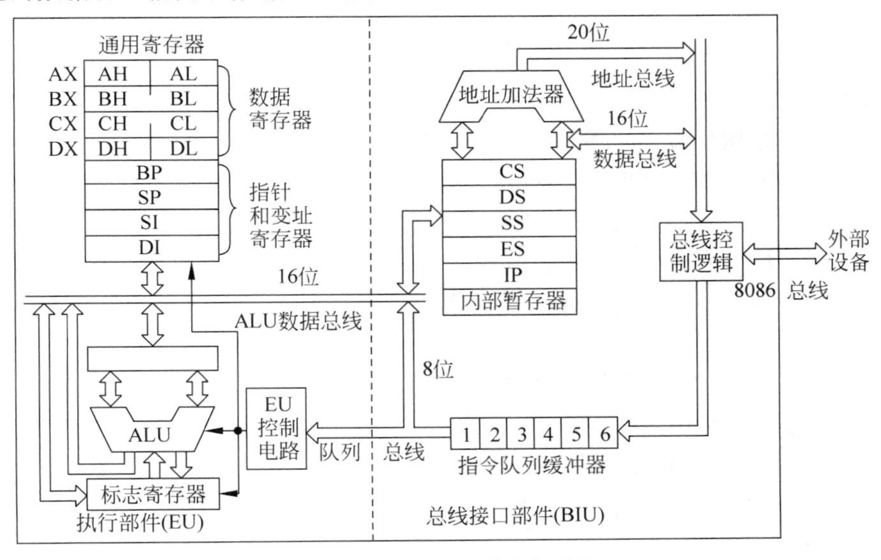

图1-49 微处理器的内部结构

8088内部与8086兼容，也是一个16位微处理器，只是外部数据总线为8位，所以称为准16位微处理器。它具有包括乘法和除法的16位运算指令，所以能处理16位数据，还能处理8位数据。8088有20根地址线，所以可寻址的地址空间达2^{20}字节即1MB。图1-50是现在比较常用的单片机STC89C51RC的管脚，单片机STC89C51RC的系统内编程芯片是8051内核。51单片机工作时钟频率最高的可以达到80MHz。该芯片包含4KB的闪存只读程序存储器，可重写2000次。该芯片与标准MCS-51的管脚相互兼容。

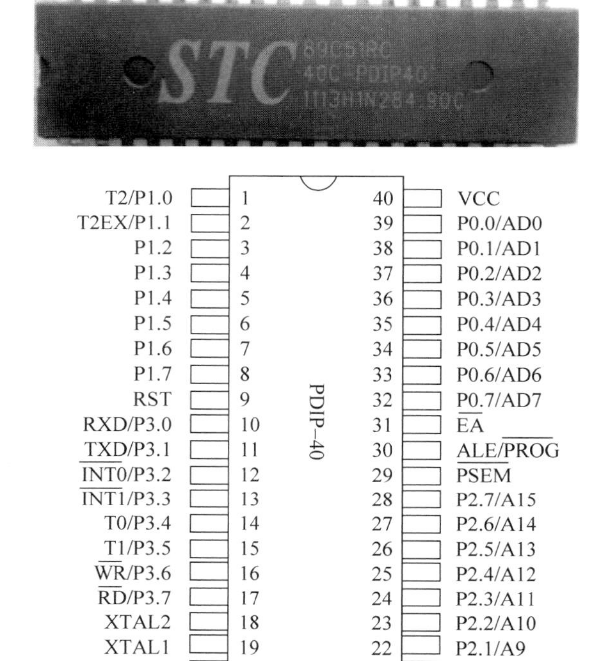

图1-50　单片机STC89C51RC的管脚

1. 总线接口部件

CPU从取指令送到指令队列，CPU执行指令时，到指定的存储位置取操作数，并将其送至要求的位置单元中。总线接口部件(Bus Interface Unit，BIU)由段寄存器、指令指针寄存器、地址加法器、总线控制电路和指令对列缓冲器等组成。它们分别是：4个段地址寄存器(CS，16位代码段寄存器；DS，16位数据段寄存器；ES，16位附加段寄存器；SS，16位堆栈段寄存器)；IP(P)，16位指令指针寄存器；20位的地址加法器；6字节的指令队列缓冲器。

指令队列缓冲器：在执行指令的同时，将取下一条指令，并放入指令队列缓冲器中。CPU执行完一条指令后，可以获取下一条指令，随着CPU技术的发展，出现了高级的流水线技术，更加提高了CPU的效率。

地址加法器：产生20位地址。CPU内无论是段地址寄存器还是偏移量都是16位的，通过地址加法器产生20位地址。

2. 执行部件

从指令队列中取出指令，对指令进行译码，发出相应的控制信号，接收由总线接口送来的数据或发送数据至接口，同时进行算术运算。执行部件(Execution Unit，EU)由通用寄存器、专用寄存器和算术逻辑单元(Arithmetic and Logic Unit，ALU)等组成。它们分别是：4 个通用寄存器(即累加器 AX、基址寄存器 BX、计数寄存器 CX、数据寄存器 DX。4 个通用寄存器都是 16 位或作为两个 8 位来使用)；4 个地址指针和变址专用寄存器(堆栈指针寄存器 SP、基址指针寄存器 BP、目的变址寄存器 DI、源变址寄存器 SI)；算术逻辑单元(完成 8 位或者 16 位二进制算术和逻辑运算，计算偏移量)和数据暂存寄存器(协助 ALU 完成运算，暂存参加运算的数据)。执行部件的控制电路从总线接口的指令队列取出指令操作码，通过译码电路分析，发出相应的控制命令，控制 ALU 数据流向。说到底，控制器要向计算机各功能部件提供每一时刻协同运行所需要的控制信号。

3. 标志寄存器

在 8086 中标志(flag)寄存器都是 16 位的，如图 1-51 所示，其中存储的信息被称为程序状态字，其是一段包含系统状态的内存或者是硬件区域。标志寄存器既然是寄存器，那么它也是用来存储信息的，只是它存储信息的方式与其他的寄存器不同而已。其他的寄存器是一个寄存器包含一条信息，而标志寄存器则可以包含多条信息。标志寄存器之所以可以存储多条信息，是因为它的存储方式。在标志寄存器中，信息是被存储在位中的，每一个位都代表特定的信息。

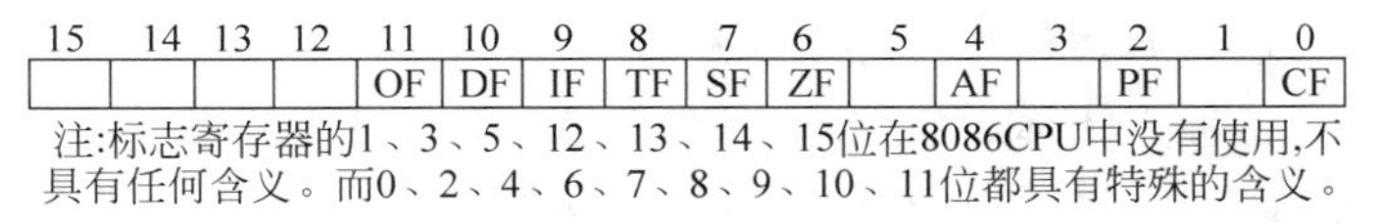
15 14 13 12 11 10 9 8 7 6 5 4 3 2 1 0
OF DF IF TF SF ZF AF PF CF
注:标志寄存器的1、3、5、12、13、14、15位在8086CPU中没有使用,不具有任何含义。而0、2、4、6、7、8、9、10、11位都具有特殊的含义。

图 1-51　8086 中标志寄存器的结构

在标志寄存器中，哪些位是用到的，哪些位是没用到的，会很清楚明白。其中，空白就是没有用到的位，还有些微处理器的标志位是允许用户定义使用的。接下来介绍常用到位的具体含义。

(1) CF(Carry Flag)：进位标志位。这个位是在进行无符号数运算时用到的。一般情况下，这个位记录了进行无符号运算时，运算结果的最高有效位向更高位的进位值，或做减法时从更高位的借位值。刚开始学习会认为既然是进位标志，怎么也给借位用呢？注意，这里的进位和借位，都是相对于二进制而言的。

(2) PF(Parity Flag)：奇偶标志位。这个位的判断需要将结果转换为二进制，如果结果的低 8 位中有偶数个 1，就将 PF 的值置 1；如果有奇数个 1，就将 PF 的值置 0。要注意的是，80806 一定是结果的低 8 位，其他的微处理器要看手册确定。

(3) AF(Auxiliary Flag)：辅助进位标志位，有时也称半进位标志位。这个位平时用得不多，主要表示加减法做到一半时有没有形成进位和借位，如果有则 AF 等于 1，这就是低 4 位向高 4 位进位。反之，在减法中第 3 位不够减则向第 4 位借位。

(4) ZF(Zero Flag)：零标志位。这个位就来判断结果是否为 0。如果结果为 0，就置 1；如果结果不为 0，就置 0。

(5) SF(Sign Flag)：符号标志位。既然是符号标志位，就是对有符号数据来说的。如果计算结果为负，就置1；如果计算结果为正，就置0。

(6) TF(Timer overflow Flag)：定时器溢出标志位。这个位主要是用来在Debug指令时使用，当CPU在执行完一条指令后，如果检测到TF位的值为1，则产生单步中断，引发中断过程。通过这个位，可以在Debug中对程序进行单步跟踪。

(7) IF(Interrupt Flag)：中断允许标志位。当IF等于1时，CPU在执行完当前指令后响应中断，引发中断过程；当IF等于0时，则不响应可屏蔽中断。

(8) DF(Direction Flag)：方向标志位。在串处理指令中，控制每次操作后，SI指向原始偏移地址的增减，DI指向目标偏移地址的增减。当DF等于0时，每次操作后，SI和DI递增；当DF等于1时，每次操作后，SI和DI递减。计算机系统提供相应的控制指令进行相关的操作。

(9) OF(Overflow Flag)：溢出标志位。这个位是用来判断有没有溢出的。注意，"溢出"这个概念只对于有符号数据而言，就如同进位只对于无符号数据而言。当OF等于0时，说明没有溢出；当OF等于1时，说明有溢出。

4. 8086/8088系统存储器的组织

8086/8088是16位的微处理器，在组成存储系统时，总是使偶地址单元的数据通过AD0～AD7传送，而奇地址单元的数据通过AD8～AD15传送，所有的操作既可以按字节为单位处理，也可以按字为单位处理，但是8086/8088系统中的存储器是以8位为单位对数据进行处理的，即一字节。因此每字节用一个唯一的地址码表示，这称为存储器的标准结构。另外，在存储器中，任何连续存放的两字节都称为一个字。存储器存放时，如果低位字节从奇数地址开始，这种方式称为非规则方式，奇数地址的字称为非规则字。如果高位字节可从偶数地址开始，这种方式称为规则方式，将偶数地址的字称为规则字。

由于8086/8088有20根地址线，可以寻址多达2^{20}字节(1MB)，所以把1MB的存储器分为任意数量的段，其中每一段最多可达寻址2^{16}字节(64KB)。8086把1MB的存储器空间划分为任意的一些存储段，一个存储段是存储器中独立寻址的一个逻辑单位，也称逻辑段，每个段的长度为64KB。8086中有4个段寄存器：CS、DS、SS和ES，这4个段寄存器存放了CPU当前可以寻址的4个段的基址，也可以从这4个段寄存器规定的逻辑段中存取指令代码和数据。一旦这4个段寄存器的内容被设定，就规定了CPU当前可寻址的段。存储器中的每个存储单元都可以用两个形式的地址来表示：实际地址(或称物理地址)和逻辑地址。实际地址是用唯一的20位二进制数所表示的地址，规定了1MB存储体中某个具体单元的地址。逻辑地址在程序中使用，即由段地址和偏移地址一起构成。8086/8088中有一个地址加法器，它将段寄存器提供的段地址自动乘以10H，即左移4位，然后与16位的偏移地址相加，并锁存在物理地址锁存器中，构成20位的物理地址。虽然计算机有许多的约束框框，它们仅能做一些很小的事情，如二进制的加法运算，但是通过编码和程序把这些小的事情集合到一起，就会产生强大的功能。

5. 最小工作方式

所谓的最小工作方式，就是系统中只有8086一个微处理器，是一个单微处理器系统。在这种系统中，所有的总线控制信号都直接由8086产生，系统中的总线控制逻辑电路被减到最少。当把8086的33脚$MN/\overline{MX}=1$，即接+5V时，8086就处于最小工作方式。图1-52所示为最小模式下的系统构成。

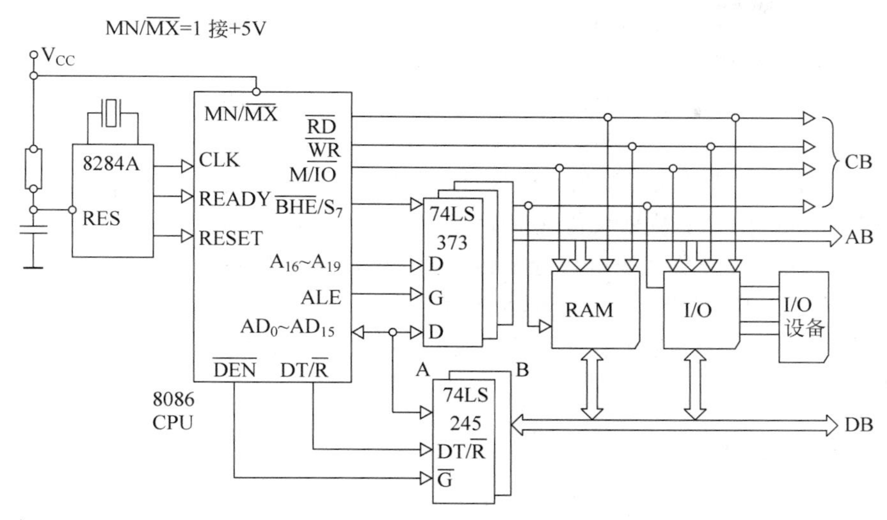

图 1-52 最小模式下的系统构成

6. 最大工作方式

当把 8086 的 33 脚 MN/MX＝0 时，即接地时，这时的系统处于最大工作方式。最大工作方式是相对最小工作方式而言的，它主要用在中等或大规模的 8086 系统中。在最大方式系统中，总是包含有两个或多个微处理器，是多微处理器系统。其中必有一个主处理器 8086，其他的处理器称为协处理器。现在正在使用的微处理器如奔腾、K6、PowerPC、Sparc 或者其他任何品牌以及多种类型的微处理器，其工作方式也基本类似，只不过系统工作的方式增多，更为复杂而已。

7. DMA 控制器

DMA(Direct Memory Access)是一种数据交换协议，主要作用是在无须 CPU 参与的情况下将数据在内存与其他外部设备间进行交换。图 1-53 所示为多路 DMA 控制器连接情况，它能取代在程序和数据控制传送中由 CPU 和软件所完成的各项功能。

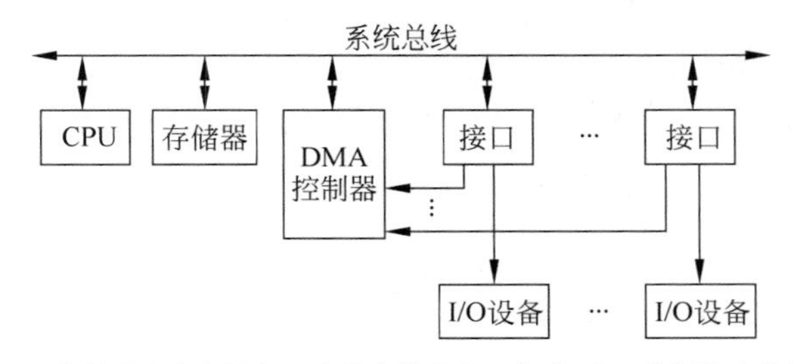

注：多路 DMA 控制器允许各设备以字节为单位交叉传送，或以数据块为单位成组传送。

图 1-53 多路 DMA 控制器连接情况

DMA 控制器主要由主存地址寄存器(AR)、字计数器(WC)、数据缓冲寄存器(BR)、DMA 控制逻辑、中断机构和设备地址寄存器(DAR)组成。其中，AR 用于存放主存中需要交换数据的地址，在 DMA 传送数据前，必须通过程序将数据在主存中的首地址送到 AR，此后每传送一次数据 AR 的内容就加 1 直到传送完。WC 用于记录传送数据的总字数，在数据交换过程中每传送一个字 WC 就减 1(或加 1)直到传送完为止。BR 用于暂存每次传送的数据，DMA 控制逻辑负责管理 DMA 的传送过程中，当收到外部设备提出的申请后，它便向 CPU 请求，DMA 服务发出总线使用权的请求信号，等待收到 CPU 应答后，DMA 控制逻辑便开始负责管理总线，完成 DMA 传送的全过程。中断机构用来向 CPU 提出中断请求，请求 CPU 进行 DMA 后处理，例如在 DMA 传送结束时产生中断请求信号，交还总线的使用权；在传送完一字节数据后输出一个脉冲信号，用于记录已传送的字节数、为外部提供周期性的脉冲序列；在一个数据块传送完后能自动装入新的起始地址和字节数，以便重复传送一个数据块或将几个数据块链接起来传送；产生两个存储器地址，从而实现存储器与存储器之间的传送以及能够对 I/O 设备寻址，实现 I/O 设备与 I/O 设备之间的传送以及能够在传送过程中检索某一特定字节或者进行数据检验等。设备地址寄存器 DAR 存放 I/O 设备的设备码。

1.2.3 总线类型

所谓总线(bus)，是指计算机设备和设备之间传输信息的公共数据通道。总线是连接计算机硬件系统内多种设备的通信线路，它的一个重要特征是总线上的所有设备共享资源，可以将计算机系统内的多种设备连接到总线上。如果是某两个设备或设备之间专用的信号连线，就不能称为总线。计算机系统总线架构如图 1-54 所示，有时也称计算机的主板总线。

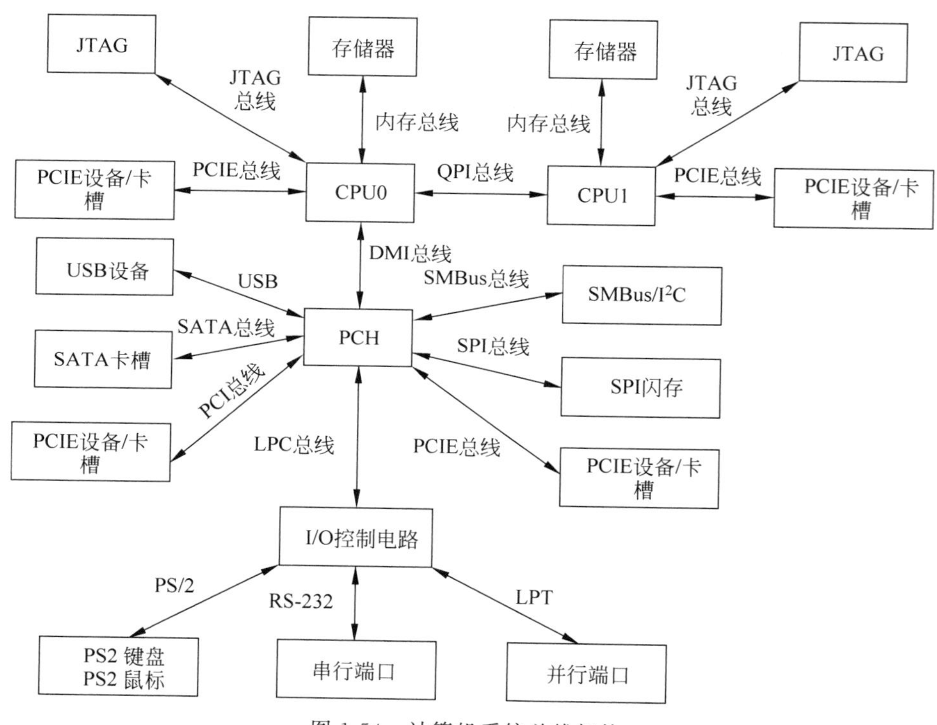

图 1-54 计算机系统总线架构

计算机系统总线分为数据总线、地址总线和控制总线 3 类。不同型号的 CPU 芯片，其数据总线、地址总线和控制总线的条数可能不同。双向数据总线 DB 用来传送数据信息，CPU 既可通过 DB 从内存或输入设备读入数据，又可通过 DB 将内部数据送至内存或输出设备。DB 的宽度决定了 CPU 和计算机其他设备之间每次交换数据的位数。单向地址总线AB用于传送CPU发出的地址信息，传送地址信息的目的是指明与CPU交换信息的内存单元或I/O设备。存储器是按地址访问的，所以每个存储单元都有一个固定地址，要访问1MB存储器中的任一单元，需要给出1MB的地址，即需要20位地址。因此，地址总线的宽度决定了CPU的最大寻址能力。控制总线(CB)用来传送控制信号、时序信号和状态信息等。其中有的是CPU向内存或外部设备发出的信息，有的是内存或外部设备向CPU发出的信息。显然，CB中的每一条线的信息传送方向是一定和单向的操作，但是作为一个整体则是双向的控制信息。总线的性能直接影响整机系统的性能，而且任何系统的研制和外围模块的开发都必须依从所采用的总线规范。总线技术随着计算机系统结构的改进而不断发展与完善。

以下简单介绍常见总线的分类，大致总结了20类总线规范。

1. QPI总线

美国Intel公司的快速通道互联(Quick Path Interconnect,QPI)总线又名公共系统接口(Common System Interface,CSI)，是一种可以实现芯片间直接互联的架构，用来实现处理器之间的直接互联。QPI是一种基于包传输的串行式高速点对点连接协议，采用差分信号与专门的时钟进行传输数据。其具有高速、宽带、低功耗和支持热插拔的特点。

2. Memory总线

Memory总线又称内存总线，用来实现微处理器和内存之间的连接。微处理器中集成的内存控制器负责通过内存总线和内存模组通信，例如寻址、读写等。目前内存总线所支持的内存模组有DDR2、DDR3和DDR4，将来还会支持更高速的内存模组。

3. JTAG接口

JTAG接口主要用于芯片或处理器内部测试和调试的接口。通过连接调试器，可以对芯片或微处理器的运行进行跟踪和调试。

4. DMI总线

DMI(Direct Media Interface，直接媒体接口)总线是连接处理器和南桥的总线，它基于PCIE总线，具有PCI-E总线的优势。这个高速接口总线集成有高级优先服务，允许并发通信和真正的同步传输能力。它的基本功能对于软件是完全透明的，因此早期的总线可以用软件编程来操作。

5. USB

USB(Universal Serial Bus，通用串行总线)是一个外部总线标准，用于规范计算机与外部设备的连接和通信，应用非常广泛。USB接口支持设备的即插即用和热插拔功能。USB会根据外设情况在两种传输模式中自动地动态转换。USB是基于令牌的总线，类似于令牌环网络或FDDI基于令牌的总线。USB主控制器广播令牌，总线上设备检测令牌中的地址是否与自身相符，通过接收或发送数据给主机来响应。USB通过支持悬挂/恢复操作来管理USB电源。USB系统采用级联星形拓扑，该拓扑由三个基本部分组成：主机(Host)、集线器(Hub)和功能设备。

6. I^2C总线和SMBus

I^2C(Inter-integrated Circuit)总线最初由Philips公司开发的两线式双向串行总线，用于连接微控制器及其外围设备。I^2C总线产生在20世纪80年代，当时为音频和视频设备开发，如今主要在服务器管理中使用，其中包括单个组件状态的通信。例如管理员可对各个组件进行查询，以管理系统的配置或掌握组件的功能状态，如电源和系统风扇。可随时监控内存、硬盘、网络、系统温度等多个参数，增加了系统的安全性，方便了管理。它是由数据线SDA和时钟SCL构成的串行总线，可发送和接收数据。在CPU与被控IC之间、IC与IC之间进行双向传送，最高传送速率为100kb/s。各种被控制电路均并联在这条总线上，但就像电话机一样只有拨通各自的号码才能工作，所以每个电路和模块都有唯一的地址，在信息的传输过程中，I^2C总线上并接的每一模块电路既是主控器(或被控器)又是发送器(或接收器)，这取决于它所要完成的功能。CPU发出的控制信号分为地址码和控制量两部分，地址码用来选址，即接通需要控制的电路，确定控制的种类；控制量决定该调整的类别及需要调整的量，如对比度、亮度等。这样各控制电路虽然挂在同一条总线上，却彼此独立，互不相关。

SMBus(System Management Bus，系统管理总线)大部分基于I^2C总线规范。和I^2C总线一样，SMBus不需增加额外引脚，该总线的出现主要是为了增加新的功能特性，但只工作在100kHz，而且专门面向智能电池管理应用，也被用来连接各种设备，包括电源相关设备、系统传感器和EEPROM等。它工作在主和从模式时，主器件提供时钟，在其发起一次传输时提供一个起始位，在其终止一次传输时提供一个停止位；从器件拥有一个唯一的7或10位从器件地址。

SMBus和I^2C总线之间在时序特性上存在一些差别。首先，SMBus需要一定数据保持时间，而I^2C总线则是从内部延长数据保持时间。SMBus具有超时功能，因此当SCL上的电平太低而超过35ms时，从器件将复位正在进行的通信。相反，I^2C总线采用硬件复位。SMBus具有一种警报响应地址(ARA)，当从器件产生一个中断时，它不会马上清除中断，而是一直保持到其收到一个由主器件发送的含有其地址的ARA为止。SMBus只能工作在10～100kHz。

7. SPI总线

SPI(Serial Peripheral Interface，串行外设接口)总线是一种同步串行外设接口，它可以使南桥与各种外围设备以串行方式进行通信以交换信息。SPI总线主要应用在连接EEPROM、Flash、实时时钟和A/D转换器，以及数字信号处理器和数字信号解码器之间。在Intel架构中存储BIOS和UEFI固件的Flash都可以通过SPI总线和南桥连接。SPI串行通信的双方用4根线进行通信，这4根连线分别是：片选信号、I/O时钟、串行输入和串行输出。这种接口的特点是快速和高效，并且操作起来比I^2C总线要简单一些，接线也比较简单。

8. LPC总线

LPC总线(Low Pin count Bus，少数管脚接口总线)是在IBM PC兼容机中用于把低带宽设备和老旧设备连接到CPU上，LPC总线是为取代传统ISA总线的一种新接口规范，主要用于和传统的外围设备连接，为了让系统能向下兼容。以往为了连接ISA扩充槽、适配器、ROM BIOS芯片、Super I/O等接口，南桥芯片必须保留一个ISA总线，并且连通Super I/O芯片，以控制传统的外围设备。传统ISA总线速率在7.159～8.33MHz，提供的理论传输数值为16MB/s，但是ISA总线与传统的PCI总线的电气特性和信号定义方式相异，南桥芯片、Super /O芯片要多浪费针脚来做处理，主板的线路设计也显得复杂。美国Intel公司所定义的LPC接口，将以往ISA总线的地址和数据线分离译码，改成类似PCI的地址和数据信号线共享的译码方式，信号线数量大幅降低，工作速率由PCI总线速率同步驱动，虽然改进的 LPC 接口维持在最大传输速率 16MB/s,不过所需要的信号管脚数大幅降低到 25～30 个,从而以 LPC 接口设计的 Super I/O 芯片和 Flash 芯片都能有较少的管脚数,这也是称为 LPC 的原因。

9. PS/2 接口总线

PS/2(Personal System 2,个人系统)接口总线主要用于连接输入设备。PS/2 口没有传输速率的概念,只有扫描速率。PS/2 接口设备不支持热插拔,强行带电插拔有可能烧毁计算机主板。

10. RS-232 接口总线

RS-232-C 是美国电子工业协会(Electronic Industry Association,EIA)制定的一种异步传输串行物理接口标准。RS 是 Recommend Standard 的缩写,232 为标识号,C 表示修改次数。RS-232-C 总线标准设有 25 条信号线,一般老的台式计算机上会有两组 RS-232 的接口,分别称为 COM1 和 COM2。目前这个功能只有在部分开发板上使用,笔记本计算机已经没有这个接口,但是进行嵌入式系统开发时,多使用该接口总线。

11. LPT 接口

LPT(Line Print Terminal,打印终端)接口是一种增强的双向并行传输接口,在 USB 接口出现以前是扫描仪和打印机最常用的接口。其默认的中断号是 IRQ7,采用 25 脚的 DB-25 接头。并口的工作模式主要有 3 种：标准并行接口(Standard Parallel Port,SPP)标准工作模式,其数据是半双工单向传输,传输速率较慢,仅为 15kb/s,但此前应用较为广泛,一般设为默认的工作模式；EPP 增强型工作模式,其采用双向半双工数据传输,其传输速率比 SPP 高很多,最高可达 2Mb/s,目前已有不少外设使用此工作模式；ECP 扩充型工作模式,其采用双向全双工数据传输,传输速率比 EPP 还要高一些,但是目前支持的设备少。

12. FSB

FSB(Front Side Bus,前端总线)是将 CPU 连接到北桥芯片的总线。选购主板和 CPU 时,要注意两者的匹配问题。一般情况下,如果 CPU 不超频使用,那么 FSB 是由 CPU 决定的,如果主板不支持 CPU 所需要的 FSB,系统就无法工作。所以在进行组装计算机时需要选择主板和 CPU 都支持某级别的 FSB,系统才能工作,只不过一个 CPU 默认的前端总线唯一,所以一个系统的 FSB 主要由 CPU 确定。北桥芯片负责联系内存和显卡等数据吞吐量最大的部件,并和南桥芯片连接。CPU 就是通过 FSB 连接到北桥芯片,进而通过北桥芯片、内存和显卡交换数据的。FSB 是 CPU 和外界交换数据的最主要通道,因此 FSB 的数据传输能力对计算机整体性能作用很大,如果没足够快的 FSB,再强的 CPU 也不能明显提高计算机的整体速度。

13. PCI 总线

Intel 公司首先提出了 PCI 的概念,并联合 IBM、Compaq、AST、HP 和 DEC 等 100 多家公司成立了 PCI 集团,即外围部件互连专业组(Peripheral Component Interconnect Special Interest Group,PCISIG)。PCI 是一种先进的局部总线,已成为局部总线的新标准。最早提出的 PCI 总线工作在 33MHz 频率之下,传输带宽达到 132MB/s,基本上满足了当时处理器的发展需要。随着对更高性能的要求,后来又提出把 PCI 总线的频率提升到 66MHz,传输带宽能达到 264MB/s。1993 年又提出了 64b 的 PCI 总线,称为 PCI-X,目前广泛采用的是 32b、33MHz 或者 32b、66MHz 的 PCI 总线,64b 的 PCI-X 插槽更多是应用于服务器产品。

PCI总线是一种不依附于某个具体处理器的局部总线。从结构上看,PCI是在CPU和原来的系统总线之间插入的一级总线,具体由一个桥接电路实现对这一层的管理,并实现上下之间的接口来协调数据的传送。管理器提供了信号缓冲,使之能支持10种外设,并能在高时钟频率下保持高性能。PCI总线也支持总线主控技术,允许智能设备在需要时取得总线控制权,以加速数据传送。PCI总线支持10台外设,总线时钟频率为33.3~66MHz,最大数据传输速率为133MB/s,采用时钟同步方式,这与CPU的时钟频率无关,总线宽度为32位(5V)和64位(3.3V),能自动识别外设,特别适合与Intel的CPU协同工作;具有与处理器和存储器子系统完全并行操作的能力,具有隐含的中央仲裁系统,采用多路复用方式,例如地址线和数据线复用,减少了管脚数量,支持64位寻址,完全的多总线主控能力,提供地址和数据的奇偶校验,可以转换5V和3.3V的信号电压环境。

14. PCI-E总线

PCI-E(PCI Express,PCI扩展)总线是新一代的总线接口。早在2001年Intel公司就提出要用新一代的技术取代PCI总线和多种芯片的内部连接,称之为第三代I/O总线技术。随后包括Intel、AMD、DELL和IBM在内的20多家业界主导公司开始起草新技术的规范,并在2002年完成,对其正式命名为PCI-E。它采用了目前业内流行的点对点串行连接,采用计算机总线的共享并行架构,每个设备都有自己的专用连接,不需要向整个总线请求带宽,而且可以把数据传输速率提高到一个很高的频率,达到PCI总线不能提供的高带宽。

PCI-E总线的接口根据总线位宽不同而有所差异,包括X1、X4、X8以及X16的PCI-E卡可以插入较长的PCI-E插槽中使用。PCI-E总线的接口能够支持热拔插,其卡支持多种电压工作。PCI-E规格从1条通道连接到32条通道,有非常强的伸缩性,以满足不同系统设备对数据传输带宽不同的需求。例如,PCI-E X1规格支持双向数据传输,每向数据传输带宽为250MB/s,PCI-E X1已经可以满足主流声效芯片、网卡芯片和存储设备对数据传输带宽的需求,但是远远无法满足图形芯片对数据传输带宽的需求。因此,必须采用PCI-E X16,即16条点对点数据传输通道来取代传统的AGP总线。PCI-E X16也支持双向数据传输,每向数据传输带宽高达4GB/s,双向数据传输带宽有8GB/s之多。PCI-E总线属于高速串行点对点双通道高带宽传输,所连接的设备分配独享通道带宽,不共享资源,主要支持主动电源管理、错误报告、端对端的可靠性传输、热插拔以及服务质量等功能。它主要用来和一些需要高速通信的外部板卡设备控制器连接,例如显示卡、网卡、声卡等,相对于老的并行的PCI总线具有管脚数少、速度快、更好的电源管理等优点。PCI-E总线是一种完全不同于过去PCI总线的一种全新总线规范,其传输率如表1-6所示。

表1-6 PCI-E总线传输率

模式	双向传输模式	数据传输模式
PCI-E X1	500MB/s	250MB/s
PCI-E X2	1GB/s	500MB/s
PCI-E X4	2GB/s	1GB/s
PCI-E X8	4GB/s	2GB/s
PCI-E X16	8GB/s	4GB/s
PCI-E X32	16GB/s	8GB/s

从图 1-55 可以看出 PCI-E 总线只是南桥的扩展总线，它与操作系统无关，所以也保证它与原有 PCI 的兼容性，过去在很长一段时间内主板上 PCI-E 接口和 PCI 接口共存，这也给用户的升级带来了方便。由此可见，PCI-E 最大的意义在于它的通用性，不仅可以让它用于南桥和其他设备的连接，也可以延伸到芯片组间的连接，甚至还可以用于连接图形芯片，整个的计算机输入输出系统将重新统一起来，更进一步简化计算机系统，增加计算机的可移植性和模块化。

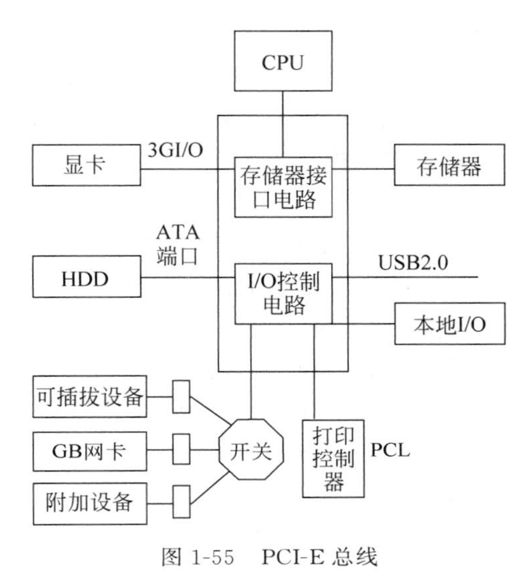

图 1-55　PCI-E 总线

15. 硬盘 ATA、SATA 和 SCSI 总线

ATA(Advanced Technology Attachment，高技术配置)和由集成驱动电子设备(Integrated Drive Electronics，IDE)技术实现的磁盘驱动器关系最密切，它们是关于 IDE 的技术规范族。最初，IDE 只是一项企图把控制器与盘体集成在一起为主要意图的硬盘接口技术。随着 IDE 和 EIDE 得到日益广泛的应用，全球标准化协议将该接口标准自诞生以来使用的技术规范归纳成为全球硬盘标准。

现在常用的 SATA(Serial Advanced Technology Attachment，串行高级技术附件)是一种基于行业标准的串行硬件驱动器接口，由 Intel、IBM、DELL、APT、Maxtor 和 Seagate 公司共同提出的硬盘接口规范，主要用在硬盘等大容量存储器的连接。它具有支持热插拔、传输速度快、执行效率高等优点。串行硬件驱动器接口 SATA 采用串行连接方式，使用嵌入式时钟信号，具备更强的纠错能力，跟以往相比其最大的区别在于能对传输指令进行检查，如果发现错误会自动校正，这在很大程度上提高了数据传输的可靠性。串行硬件驱动器接口 SATA 以连续串行的方式传送数据，一次只会传送 1 位数据。串行硬件驱动器接口 SATA 仅用管脚数量很少就能完成所有的工作，主要用于连接电源、连接地线、发送数据和接收数据，同时这样的架构还能降低系统能耗和减小系统复杂性。

SCSI(Small Computer System Interface，小型计算机系统接口)是一种用于在计算机与外围设备之间进行物理连接和数据传输的标准。SCSI 是一种智能的通用接口标准，它是各种计算机与外部设备之间的接口标准。SCSI 可支持多个设备，还允许在对一个设备传输数据的同时，另一个设备对其进行数据查找。SCSI 占用 CPU 极低。SCSI 设备可对 CPU

指令进行排队操作,最快的SCSI总线有160MB/s的带宽。

16. UART总线

UART(Universal Asynchronous Receiver Transmitter,即通用异步串行口)。UART是一种较为通用的数据传输的方法,而且COM口中R_x和T_x的数据格式即为UART。UART和RS-232是两种异步数据传输标准,计算机中的COM1和COM2都是RS-232串行通信标准接口。当UART接口连到PC上时,需要配置RS-232电平转换芯片电路。UART使用发送数据线TXD和接收数据线RXD来传送数据,接收和发送既可以单独进行,也可以同步进行。它传送数据的格式有严格的规定,每个数据以相同的位串形式传送,每个串行数据由起始位、数据位、奇偶校验位和停止位组成。从起始位到停止位结束的时间称为一帧(frame),即一个字符的完整通信格式。

17. RS-485串行总线

串行总线RS-485/422采用平衡发送和差分接收方式实现通信,发送端将串行口的TTL电平信号转换为差分信号A和B两路输出,经过线缆传输之后在接收端将差分信号还原成TTL电平信号。由于传输线通常使用双绞线,又是差分传输,因此有极强的抗共模干扰的能力。总线收发器灵敏度很高,可以检测到低至200mV电压,所以传输信号在千米之外都可以恢复。串行总线RS-485/422最大的通信距离约为1219m,最大传输速率为10Mb/s,传输速率与传输距离成反比,在100kb/s的传输速率下,才可以达到最大的通信距离,如果需传输更长的距离,需要加485中继器。串行总线RS-485的远距离和多节点以及传输线成本低的特性,使得EIA串行总线RS-485成为工业应用中数据传输的首选标准。

18. CAN总线

CAN(Controller Area Network,区域网络控制器)总线由德国Bosch公司最先提出,是国际上应用最广泛的现场总线之一,主要用在汽车控制系统中。CAN是一种多主方式的串行通信总线,基本设计规范要求有较高的位速率和高抗电磁干扰性,而且要能够检测出总线的任何错误。当信号传输距离达10km时,CAN可提供高达50kb/s的数据传输速率。现场总线是当今自动化领域技术发展的热点之一,被誉为自动化领域的计算机局域网。CAN属于现场总线的范畴,它是一种有效支持分布式控制或实时控制的串行通信网络。它的出现为分布式控制系统实现各节点之间实时、可靠的数据通信提供了强有力的技术支持。

19. GPIB标准接口总线

1972年,美国HP公司提出了HP-IB(HP-Interface Bus)标准,得到了世界范围的重视,经过多次国际会议的讨论和修改,于1978年由国际电工委员会(IEC)正式颁布为IEC-625通用接口标准,形成了广泛使用的国际标准。世界上凡是知名厂商生产的计算机程控测试仪器都带有这种标准接口。由于历史的原因,这种接口常称为HP-IB和IEEE 488(IEEE即国际电气与电子工程师协会),在欧洲称为IEC-IB,国际上通称为GPIB(General Purpose Interface Bus,GPIB,通用接口总线)。我国的国家标准——可程控测量仪器接口标准GB 249.1—1985和GB 249.2—1985也是基于这种接口的。GPIB是命令级兼容的外总线,主要用来连接各种仪器,组建由微机控制的中小规模的自动测试系统。各种仪器只要配备了这种接口,就可以像搭积木一样,按要求灵活地组建自动测量系统。

GPIB接口的基本特性如下。

(1) 信息传输方式。为了与计算机兼容,8根数据线采取位并行和字节串行的双向异步传输方式。

（2）可连接的仪器数量。最多为15台，接口总线上的发送器和接收器的负载能力都是据此而设计的。

（3）总线的长度。GPIB接口总线主要是为电气干扰弱的实验室和工业测控环境设计的，总线的总长限定为20m。连接多台仪器时，可按2m乘以仪器数确定总长。常用的接口电缆有0.5m、1m、2m和4m几种。

（4）数据传输速率。数据传送速率与所用总线长度和接口的发送器有关。通常为10000～250000b/s，最高达1Mb/s。

（5）接口逻辑电平。接口总线上规定采用正电平负逻辑，即逻辑“1”小于或等于+0.8V（逻辑“真”）；逻辑“0”大于或等于+2.0V（逻辑“假”）。

（6）地址容量。接口允许设定的单字节有效地址为听者地址和讲者地址各31个。必要时可采用双字节地址码扩展地址数量。因此，连接在接口总线上的每台仪器都可拥有两个以上地址码，总线控制器可按同一仪器的两个不同地址寻址，以指定完成对应功能。但同一时刻只允许有一个讲者，听者最多可达14个。

（7）接口的标准电缆连接器。为便于连接并利于缩短电缆，电缆连接器设为双面结构，一面是插头，另一面为插座，便于用星形或串联方式组成测量系统。目前，世界上流行25芯针形（IEC标准）和24芯簧片（IEEE标准）结构的两种电缆接插件，并有二者相互转接的IEC/IEEE转换连接器。GPIB有24根线，其中16根为信号线，其余均为地线并分别与有关信号线绞合。16根信号线分为数据总线（8根）、数据数字传输控制总线（3根）和接口管理总线（5根）3组，美国电气与电子工程师协会在1987年又针对GPIB公布了IEEE 488.1和IEEE 488.2两项标准，进一步扩展和完善了GPIB。

IEEE 488.1标准的名称是《可程控仪器的标准数字接口》，主要内容仍然是对GPIB在功能、电气和机械结构方面的规定，与原来的标准IEEE 488和IEC 625.1以及我国的GB 249.1—1985相比，只有少量修改，变化不大。IEEE 488.2标准虽然也与IEC 625.2和我国的GB 249.2—1985有密切联系，主要内容包括GPIB编码和格式的规定，但又做了很多扩充，增加了通信协议（protocols）和通用命令（common command）方面的新内容。因此，IEEE 488.2的名称定为《可程控仪器IEEE标准数字接口的编码、格式、协议和通用命令》。它的公布全面加强了GPIB在编码、格式、协议和命令方面的标准化，微机和仪器的通信更为可靠，智能化程度更高，应用范围更广，更能满足不断发展的微机与个人仪器、VXI标准的智能仪器以及其他接口系统的数据通信和控制的要求。IEEE 488.2标准改变了GPIB的设计。目前，很多重要厂商已在新产品中执行了IEEE 488.2标准，预计将可能完全取代IEC 625.2标准。

20. VXI总线

1979年，美国MOTOROLA公司公布一份关于6800微处理器专用总线的使用说明书，即著名的VERSA总线标准的前身。在公布这个标准的同时，还研发了一种新的印制电路板标准EuroCard，即IEC 297-3标准。1987年，VXI总线联盟（VME Bus Extensions for Instrumentation Consortium）成立，VXI总线规范于1992年9月17日被IEEE批准为IEEE 1155—1992标准。VXI总线的出现，将高级测量与测试应用设备带入模块化领域，它拥有稳定的电源、强有力的冷却能力和严格的RFI/EMI屏蔽，具有结构紧凑、数据吞吐能力强、定时和同步精确等特点，适用于组建大、中规模的自动测量系统和对速度、精度要求高的应用场合。单个VXI卡槽最多可扩展到13个槽位。VXI现在主要用于大型的ATE系统、航空和航天等国防军工领域。

1.2.4 存储器

计算机中的存储器(memory)用来存储计算机信息，存储器是计算机系统不可缺少的组成部分之一。存储器是现代信息技术中用于保存信息的记忆设备，其概念很广泛，有较多层次，在计算机等电子设备系统中，只要能保存二进制数据的都可以是存储器，如在集成电路中，一个没有实物形式的具有存储功能的电路也叫存储器，如RAM和ROM等。在硬件系统中，具有实物形式的存储设备也叫存储器，如内存条、TF卡等。计算机中的全部信息，包括输入的原始数据、计算机程序、中间运行结果和最终运行结果都保存在存储器中。它根据控制器指定的位置存入和取出信息。有了存储器，计算机才有记忆功能，才能保证正常工作。计算机中的存储器按用途可分为外部存储器和内部存储器。外部存储器通常是磁性介质、硬盘、磁带机、光盘和U盘等，能长期保存信息。内部存储器指主板上的存储部件，用来存放当前正在执行的数据和程序，仅用于暂时存放程序和数据，关闭电源或断电后，数据会丢失。

1. RAM

RAM(Random Access Memory，随机存取存储器)又称随机存储器，是与CPU直接交换数据的内部存储器，也叫主存或者内存。它可以随时读写，而且速度很快，通常作为操作系统或其他正在运行中的程序的临时数据存储媒介，其硬件设备称为计算机的内存条。

2. SRAM

SRAM(Static Random Access Memory，静态随机存取存储器)是随机存取存储器的一种。所谓的静态，是指这种存储器只要保持通电，里面存储的数据就能恒常保持。反之，动态随机存取存储器(DRAM)中所存储的数据就需要周期性地更新。SRAM的特点是速度快，集成度低，高速缓冲存储器。

3. DRAM

DRAM(Dynamic Random Access Memory，动态随机存取存储器)只能将数据保持很短的时间。DRAM使用电容存储，所以必须隔一段时间刷新一次，如果存储单元没有被刷新，存储的信息就会丢失，关机就会完全丢失数据。DRAM的集成度高，功耗低，需要不断刷新，也是现在最为常见的系统内存。

4. ROM

ROM(Read Only Memory，只读存储器)是一种只能读取资料的内存。在制造过程中，将资料以一特制光罩烧录于线路中，其内容信息在写入后就不能更改，所以有时又称为光罩式只读存储器。ROM内存的制造成本较低，常用于保存计算机的开机启动信息，主要集成在主板上。

5. PROM

PROM(Programmable ROM，可编程程序只读存储器)的内部有行列式的熔丝，需要利用电流将其烧断，写入所需的资料，但只能写一次。PROM在出厂时，存储的内容全为1，用户可以根据需要将其中的某些单元写入数据0，但是也有部分PROM在出厂时数据全为0，用户可以将其中的部分单元写入1,以实现对其编程的目的。PROM的典型产品是双极性熔丝结构,如果想改写某些单元,则可以给这些单元通足够大的电流,并维持一定的时间,原先的熔丝即可熔断,这样就达到了改写某些位的效果,达到写入程序的目的。另一类经典的PROM是使用肖特基二极管的PROM,在出厂时,其中的二极管处于反向截止状态,采用大电流的方法将反相电压加在肖特基二极管上,造成其永久性击穿,即可实现程序的烧写。

6. EPROM

EPROM(Erasable Programmable Read Only Memory,可擦除可编程只读存储器)是利用高电压将资料编程写入,擦除时将线路曝光于紫外线下,则程序信息被清空,并且可重复使用。通常这种EPROM封装外壳上会预留一个石英透明窗以便曝光。一次编程只读内存(One Time Programmable Read Only Memory,OTPROM)的写入原理同EPROM,但是为了节省成本,编程写入之后就不再擦除,所以不设置透明窗。

7. EEPROM

EEPROM(Electrically Erasable Programmable Read Only Memory,电子式可擦除编程只读存储器)的原理类似于EPROM,但是擦除的方式是使用高电场来完成的,因此不需要透明窗。

8. 快闪存储器

快闪存储器(flash memory)的每一个记忆电路都具有一个控制闸与浮动闸,其利用高电场改变浮动闸的临界电压进行编程。快闪存储器从结构上大体上可以分为AND、NAND、NOR和DINOR等几种,目前市场上主要的Flash Memory技术是NOR和NAND结构。其主要特点是工作速度快、单元面积小、集成度高、可靠性好和可重复擦写10万次以上,并且数据可靠地保持超过10年。NOR结构的快闪存储器主要用于存储指令代码及小容量数据的产品中,单片容量超过512MB;该产品的主要领导者为Intel公司、AMD公司、Fujitsu公司和ST Microelectronics等公司,相对于NAND存储阵列,单元面积小,其工艺较简单,容量大,成本低,适用于低价格、高容量、速度要求不高的快闪存储器客户用于数据存储。其主要用在MP3、PAD、数码相机、4G以及5G无线系统中。目前NAND快闪存储器产品的生产工艺已达到0.13μm,单片电路的存储容量超过1GB。

9. 硬盘

硬盘是计算机中最重要的存储器之一。因为硬盘的存储容量较大,区别于内存和光盘。硬盘是计算机上使用坚硬的旋转盘片为基础的存储设备,由一个或者多个铝制或者玻璃制的碟片组成。碟片外覆盖有铁磁性材料。硬盘有固态硬盘(SSD,新式硬盘)、机械硬盘(HDD,传统硬盘)和混合硬盘(Hybrid Hard Disk,HHD,一块基于传统机械硬盘诞生的新硬盘)。SSD采用闪存颗粒来存储,它是在闪存的基础上,加入控制电路,让数据读取后还能存留,直到最终被擦除放电,数据不再保留。SSD使用微型芯片,没有可以移动的部件,所以抗震性更强、噪声更低、读取时间和延迟时间更少。HDD采用磁性碟片来存储,它是把磁性硬盘和闪存集成到一起的一种硬盘,包括机电设备、可旋转的磁盘和可移动的读写磁头。

10. 软盘

软盘(floppy disk)是计算机中最早使用的可以移动的介质,现在已经淘汰。软盘的读写是通过软盘驱动器完成的。软盘驱动器设计能接收可移动式软盘,从前常用的就是容量为1.44MB的3.5英寸软盘,更早还有更大的尺寸,且容量小。软盘存取速度慢,容量也小,但可装可卸、携带方便。当时作为一种可移动存储方法,软盘在早期计算机上是必备硬件,可以启动计算机。

11. 光盘

光盘是以光信息作为存储的载体,可以分为不可擦写光盘(如CD-ROM、DVD-ROM等)和可擦写光盘(如CD-RW、DVD-RAM等)。光盘是利用激光原理进行读写的设备,是一种辅助存储器,可以存放各种文字、声音、图形、图像和动画等多媒体数字信息。随着计算机技术的发展,光盘逐渐被U盘和可移动硬盘取代。

12. U盘

U盘(USB Flash Disk,USB)是一种使用USB接口的无须物理驱动器的微型高容量移动存储器,通过USB接口与计算机连接,实现即插即用。U盘的称呼最早来源于朗科科技生产的一种新型存储设备,称为优盘,使用USB接口进行连接。现在市面上出现了许多支持多种端口的U盘,即USB计算机端口、iOS苹果接口和安卓接口。由于NAND Flash一般应用在大数据量存储的场合,因此其构成多数SD卡、CF卡、U盘以及固态移动硬盘等。

13. 高速缓存

缓存就是CPU内部数据交换的缓冲区,称作Cache,多数集成在CPU的内部。当某一硬件要读取数据时,首先从缓存中查找需要的数据,如果找到则直接执行,如果找不到则从内存中找。由于缓存的运行速度比内存快得多,故缓存的作用就是帮助硬件更快地运行。其用途是设置在CPU和主存储器之间,完成高速与CPU交换信息,尽量避免CPU不必要地多次直接访问慢速的主存储器,从而提高计算机系统的运行效率。这是一个存储容量很小,但读写速度更快的,以关联存储器方式运行、用静态存储器芯片实现的静态存储器系统。因为缓存往往使用的是RAM,所以在用完后还是会把文件送到硬盘等存储器中永久存储。计算机中最大的缓存就是内存条,最快的是CPU内集成的L1和L2等多级缓存,显卡集成的显存也是缓存,硬盘上也有16MB或者32MB的缓存。

1.3 哈佛结构的微处理器

哈佛结构的微处理器是一种将程序指令存储和数据存储分开的存储器结构,如图1-56所示。哈佛结构是一种并行体系结构,它的主要特点是将程序和数据存储放在不同的存储空间中,每个存储器都独立编址和独立访问。与两个存储器相对应的是系统的4条总线:程序的数据总线与地址总线,数据的数据总线与地址总线。这种分离的程序总线和数据总线允许在一个机器周期内同时获得指令字(来自程序存储器)和操作数(来自数据存储器),从而提高了执行速度,使数据的吞吐率提高了1倍,又因为程序存储器和数据存储器在两个分开的物理空间中,所以,取指和执行能完全重叠。中央处理器首先到程序存储器中读取程序指令内容,解码后得到数据地址,再到相应的数据存储器中读取数据,并进行下一步的执行操作。程序指令存储和数据存储分开,可以使指令和数据有不同的数据宽度。典型微处理器是以

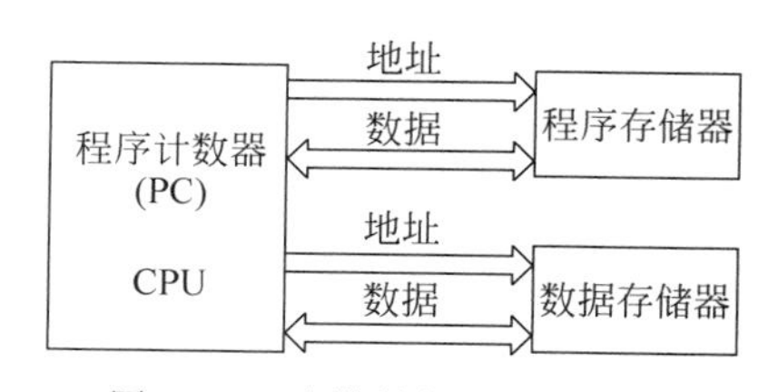

图1-56 哈佛结构的微处理器

ARM 和 DSP 为代表的嵌入式微处理器。

例如最常见的卷积运算中，一条指令同时取两个操作数，在流水线处理时，同时还有一个取指操作，如果程序和数据通过一条总线访问，取指和取数必会产生冲突，对于大运算量循环的执行效率很不利。哈佛结构就能解决取指和取数的冲突问题。反之，冯·诺依曼结构微处理器的数据空间和地址空间不分开，当然现在只用分开的数据空间和程序空间来区分这两种结构，并不是很严谨。现在的各种微处理器结构是你中有我，我中有你，互相融合各自的优势。

1.4 统一编址和独立编址

存储器是由一个个存储单元构成的，为了对存储器进行有效的管理，就需要对各个存储单元编上号，即给每个单元赋予一个地址码，这被称为编址。存储空间经过编址后，就如我们生活中小区中的一栋楼里有了房间号，存储器在逻辑上便形成一个线性地址空间。微处理器存取数据时，必须先给出地址码，再由硬件电路译码找到数据所在地址，这被称为寻址。

1. 统一编址

统一编址又称存储器映像编址，存储器和 I/O 端口共用统一的地址空间，当一个地址空间分配给 I/O 端口以后，存储器就不能再占有这一部分的地址空间。其优点是不需要专用的 I/O 指令，任何对存储器数据进行操作的指令都可用于 I/O 端口的数据操作，程序设计比较灵活；由于 I/O 端口的地址空间是内存空间的一部分，这样 I/O 端口的地址空间可大可小，从而使外设的数量几乎不受限制。其不足之处就是 I/O 端口占用了内存空间的一部分，影响了系统的内存容量；访问 I/O 端口时就如同访问内存一样，由于内存地址较长，导致执行时间增加。

2. 独立编址

独立编址又称 I/O 映射方式，这种方式的端口单独编址构成一个 I/O 空间，不占用存储器地址空间。其优点是端口所需的地址线较少，地址译码器较简单；存储器不同 I/O 端口的操作指令不同，程序比较清晰；I/O 端口操作指令执行时间少，指令长度短；存储器和 I/O 端口的控制结构相互独立，可以分别设计。其缺点是输入和输出指令类别少。

1.5 计算机性能指标判断标准

1. 主频

主频又称时钟频率，它是指计算机 CPU 在单位时间内输出的脉冲数，在很大程度上决定了计算机的运行速度。目前主要的单位是 MHz 和 GHz。

2. 字长

字长是指计算机的运算部件能同时处理的二进制数据的位数，决定了计算机的运算精度。根据计算机的不同，字长有固定字长和可变字长两种。固定字长，即字长度不论什么情况都是固定不变的；可变字长，则在一定范围内，其长度可变。如果一台计算机的字长是另一台计算机的两倍，即使两台计算机的速度相同，在相同的时间内，前者能做的工作是后者的两倍。字长是衡量计算机性能的一个重要因素。

3. 内存容量

内存容量是指内存存储器能存储的信息总字节数。计算机常用 8 个二进制位(b)作为 1 字节(B)。位表示的是二进制位,一般称为比特,是计算机存储的最小单位。字节是计算机中数据处理的基本单位,计算机中常以字节为单位存储和解释信息,规定 1 字节由 8 个二进制位构成。字(word)是计算机进行数据处理时一次存取、加工和传送的数据长度。一个字通常由一个或多个(一般是字节的整数位)字节构成。例如,早期 Intel 286 微机的字由 2 字节组成,它的字长为 16;Intel 486 微机的字由 4 字节组成,它的字长为 32。

4. 存取周期

存取周期是存储器连续两次独立地读或写操作所需要的最短时间,单位是纳秒。存储器完成一次读或写操作所需的时间称为存储器的访问时间或读写时间,有时候也称为周期。

5. 运算速度

运算速度是一个综合性的指标,单位为百万条指令每秒(MIPS)。影响运算速度的因素主要有主频、存取周期、字长和存储容量。

6. 其他指标

其他指标有计算机拥有的输入输出设备,计算机的兼容性、系统的可靠性和系统的可维护性;计算机系统的图形图像处理能力、音频输入输出质量;汉字处理能力、数据库管理系统及网络功能等。最后,性价比是一项综合性评价计算机性能的指标。

例如,生活中需要购置一台计算机,首先要能满足需要,其次主要考虑配件的价钱。具体给出当前配置较好的指标参数如下:Intel i7 的多核处理器、2GB 显存的独立显卡、512GB 以上的固态硬盘、16GB 以上的内存以及显示器等。

习　　题

一、选择题

1. 计算机系统由(　　)。
   A. 主机和系统软件组成　　B. 硬件系统和应用软件组成
   C. 硬件系统和软件系统组成　　D. 微处理器和软件系统组成
2. 运算器的主要功能是(　　)。
   A. 实现算术运算和逻辑运算　　B. 保存各种指令信息供系统其他部件使用
   C. 分析指令并进行译码　　D. 按主频指标规定发出时钟脉冲
3. 指出 CPU 下一次要执行的指令地址的部分称为(　　)。
   A. 程序计数器　　B. 指令寄存器
   C. 目标地址码　　D. 数据码
4. 在进位计数制中,当某一位的值达到某一个固定量时,就要向高位产生进位。这个固定量就是该种进位计数制的(　　)。
   A. 阶码　　B. 尾数　　C. 原码　　D. 基数
5. 下列 4 种设备中,属于计算机输入设备的是(　　)。
   A. UPS　　B. 服务器　　C. 绘图仪　　D. 鼠标器

6. 与十进制数 291 等值的十六进制数是(　　)。

A. 123　　B. 213　　C. 231　　D. 132

7. 与十进制数 291 等值的八进制数为(　　)。

A. 442　　B. 443　　C. 431　　D. 432

8. 静态 RAM 的特点是(　　)。

A. 在不断电的条件下,其中的信息保持不变,因而不必定期刷新

B. 在不断电的条件下,其中的信息不能长时间保持,因而必须定期刷新才不致丢失信息

C. 其中的信息只能读不能写

D. 其中的信息断电后也不会丢失

二、填空题

1. 计算机中的数据是以________进制存储的。

2. 两位二进制可表示________种状态。

3. 在 CPU 中,用来暂时存放数据和指令等各种信息的部件是________。

4. 在 CPU 中,执行一条指令所需的时间称________周期。

5. 微处理器能直接识别并执行的命令称为________。

6. 将汇编语言源程序转换为等价的目标程序的过程称为________。

7. 4 个二进制位可表示________种状态。

三、简答题

1. 试画出与门和非门的符号表示方式。

2. 简述半加器与全加器的区别与联系,并画出其逻辑符号。

3. 计算机由哪几部分组成?什么是最小工作方式和最大工作方式?

4. 简要说明统一编址和独立编址的区别,以及它们各自的特点。

5. 什么是微处理器、微型计算机和微型计算机系统?

6. 常见的计算机系统的总线类型有哪些?它们各有什么特点?试举 3 个例子说明。

7. 存储区有哪些分类?简述它们各自的特点。

8. 存储器地址的编制方式有哪些?比较它们的异同。

9. 存储区为什么要分段?在实地址模式下存储区如何分段?

10. 简要说明 RAM、SRAM 和 DRAM 3 种存储器的特点。

四、计算题

1. 完成下列进制转换。

$(1110111)_B=(\quad\quad)_D=(\quad\quad)_H$　　$(6DF7)_{16}=(\quad\quad)_2$

$(143)_{10}=(\quad\quad)_2$　　$(82)_{10}=(\quad\quad)_2$

$(110111)_2=(\quad\quad)_{10}$　　$(110111110111)_2=(\quad\quad)_{16}$

$(32)_{10}=(\quad\quad)_{16}$　　$(1AD)_H=(\quad\quad)_B=(\quad\quad)_D$

2. 将下列各进制类型的数据转换为十进制数据。

$(1011011)_2$　　$(110101.1011)_2$　　$(1456)_8$

$(123.56)_8$　　$(AFBD)_{16}$　　$(2AF.15)_{16}$

3. 已知下面的二进制数据为原码,求其反码、补码和真值。

$(00000000)_2$ $(10000000)_2$ $(10000101)_2$ $(01111111)_2$ $(01001001)_2$

4. 写出下列各数的原码、反码和补码,假设机器字长为8位。

+1010011 −0101100 −32 +47

5. 将下列十进制数转换为8421 BCD码。

340 251 512 9183 4700

6. 将下列8421 BCD码转换为十进制数。

1000010010100 11001100011 1001000101 11000

7. 写出下列十六进制数的ASCII码。

2578H ABCEH 7AH 30EH

8. 对数据$(123)_{10}$作规格化浮点数的编码,假定1位符号位,基数为2,阶码为5位,采用移码,尾数为10位,采用补码。共计16位。

9. 已知x的二进制真值为+0.0101101,试求$[x]_补$,$[-x]_补$,$[x/2]_补$,$[x/4]_补$,$[2x]_补$,$[4x]_补$,$[-2x]_补$和$[-x/4]_补$。

第2章　操作系统的分类和发展

计算机系统由硬件和软件两部分组成。硬件指由中央处理机、存储器以及外部设备等组成的实际装置。计算机等可编程硬件出现后，人类怎么使用它们呢？需要软件系统去控制它们来做事情，于是就出现了应用程序和操作系统，但是最先开始时，人类并没有一下子用上操作系统，而是经历了一个漫长的摸索过程，才实现现在每天看到的 Windows 和 Ubuntu 等各类型的操作系统。软件是为便于用户使用计算机而编写的各种程序，它实际上是由一系列机器指令组成的。软件编程其实就像在写一份菜谱，将材料聚集好，对计算机来说就是处理数据。然后计算机会一步一步地按照菜谱去做。每一种编程语言都是这么去做的。编译器会将编写的代码翻译成计算机能够明白的指令，然后由 CPU 去执行。在这里要提到寻址方式。寻址方式又称编址方式，其目的是确定本条指令的数据地址及下一条要执行的指令地址的方法。不同的计算机有不同的寻址方式，但其基本原理是相同的。有的计算机寻址种类较少，因此在指令的操作码中表示出寻址方式；而有的计算机采用多种寻址方式，此时在指令中专设一个字段，表示一个操作数的来源或去向。寻址方式越复杂，微处理器的功能越强大。

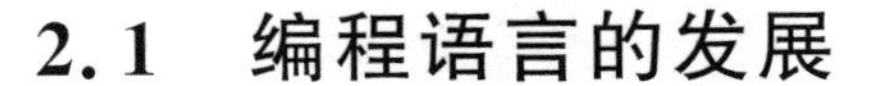

2.1　编程语言的发展

计算机是由一系列的硬件构成的能完成强大功能的一个结合体，它唯一能够识别的就是逻辑运算，即 0 和 1。所以最初的计算机交互语言是二进制的机器语言，由于太难理解与记忆，人们定义了一系列的助记符帮助理解与记忆，于是逐渐产生了汇编语言。但是汇编语言还是不好理解与记忆，因此逐渐发展了高级语言。随着 Basic、Pascal、C 和 FORTRAN 等结构化高级语言的诞生，使程序员可以离开机器层次，通过更加抽象的层次来表达自己的思想，同时也诞生了程序的 3 种重要控制结构，即程序代码的顺序结构、选择结构和循环结构以及一些基本数据类型，能够很好地让程序员以接近问题本质的方式去描述抽象问题。但随着需要处理的问题规模的不断扩大，一般的程序设计模型暴露出各种问题和错误，无法克服。这时就出现了一种新的思考程序设计方式和程序设计模型，即面向对象程序设计，同时也诞生了一批支持这种设计模型的计算机语言，例如 C++、C＃、Java 和 Python 等。另外，无论人类设计的计算机程序多么高级，从结构化的编程到面向对象的编程，然而计算机只能识别二进制 0 和 1 的逻辑量，类似平常使用的开关功能。那么很明显，在各类计算机语言与机器语言之间就有一个桥梁，起着翻译一样的功能，使得通信双方能够交流，而这个翻译官就是编译器。由于编译的原理不一样，因此将计算机语言分为编译性语言（例如 C、C++）和解释性语言(shell、Python)等。编程语言的发展历史如图 2-1 所示。过去十年,编程语言发生了很大的变化,随着互联网大时代的发展,将来还会发生更多的变化。IEEE 综览(IEEE spectrum)发布了各大编程语言的年度排名,惊讶地发现现在 Python 语言保住了头把交椅的宝座。Python 这种基于脚本的编程语言,一直在 IEEE 综览的排名中居首位。2018 年,Python 的得分为 100,C++的得分为 99.7,Java 的得分为 97.5,而 C 的得分为 96.7。2019 年,编程语言的格局发生了变化。虽然 Python 仍以 100 分高居榜首,Java 成了第 2 名,但得分却只有 96.3,大幅下降。第 3 位的 C 的得分为 94.4,C++以 87.5 的得分滑落到第 4 位,而统计编程语言 R 以 81.5 的得分排在第 5 位。排名第 6~10 的编程语言依次为 JavaScript、C#、MATLAB、Swift 和 Google Go。

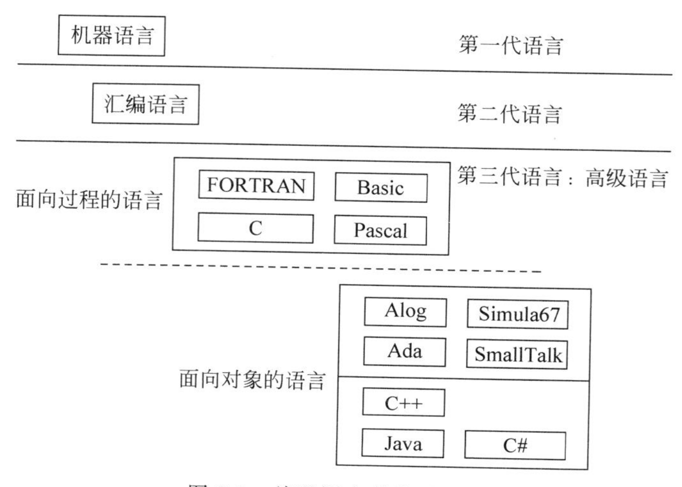

图 2-1 编程语言的发展历史

2.1.1 机器语言

第一代计算机语言称为机器语言。机器语言就是采用 0 和 1 编写的代码。计算机只能识别 0 和 1。在计算机内部,无论是一段文字、一张图片、一部电影还是一首歌曲,最终保存的都是 0 和 1 的代码,因为 CPU 只能执行 0 和 1 代码,简单说就是电路的导通和断开。可见人们通过 0 和 1 与计算机进行交互与数据交换,这样的编程实在太难,对于大多数人来说都十分困难,那么这是不是就意味着编程一定要用 0 和 1 代码呢?早期的编写肯定是可以的,但是这样太麻烦,而且很不好理解,所以后来就出现了汇编语言。

2.1.2 汇编语言

由于第一代机器语言的学习难度系数极高,因此发展出使用一些助记符来帮助人们编程,这就是第二代编程语言,汇编语言使人们与计算机进行交流沟通时便捷了一些,人们学习起来也比较容易。使用英文助记符来帮助人们进行编程,再由编译器翻译为 0 和 1 的代码,这样计算机也能识别。于是汇编语言就将一串很枯燥无味的机器语言转换为一个个人们方便识别的英文单词。例如这条最基本的单片机汇编指令:add 1,2。add 就是一个英文单词,这样看起来就稍微有一些含义了,即 1 和 2 相加。这些英文单词和与它们对应的 0

和 1 代码之间的对应关系，以及语言的语法，在编写这个软件时就已经写在里面了。可见汇编语言通过编译器就可以都转换为 0 和 1 代码，这样大大方便对程序的编写。

2.1.3 高级语言

汇编语言之后又出现第三代语言，第三代语言又叫高级语言。高级语言的发展分为两个阶段，以 1980 年为分界线，前一阶段属于结构化语言或者称为面向过程的语言，后一阶段属于面向对象的语言。什么叫面向过程？什么叫面向对象？面向对象注重对数据的使用；试图把数据和对其的操作封装在一起，取名为类，并且尝试去自动处理一些不同的函数的调用工作，如多态和重载等，以减轻对函数的依赖，不需要知道函数是怎么实现的。面向过程则注重对函数等功能模块的应用，面向过程的就是无论什么都要自己考虑。例如生产一辆汽车，面向对象的方法就是生产时，先生产好各种组件，工厂只用拼装。而面向过程就要汽车厂从螺帽开始一个部件一个部件地生产。对于程序员编写软件，面向对象可以用已经封装好的类去构造软件，如 MFC，从底层构建的角度说，类的具体函数实现还是由面向过程的方法实现，也就是底层采用面向过程的方法实现。

总之，面向过程语言中最经典、最重要的就是 C 语言。FORTRAN、Basic 和 Pascal 语言基本上已经很少有人使用。但是 C 语言一直在用，因为 C 语言是计算机领域最重要的一门语言。但是 C 语言也有缺陷，但是它的缺陷只有在学完面向对象语言之后才能体会到。所以从 20 世纪 80 年代开始又产生了另外一种以面向对象为思想的语言，即 C++。C++从易用性和安全性两方面对 C 语言进行了升级。C++是一种较复杂、难学的语言，但是一旦学会则非常有用。因为 C++太复杂，所以后来又对 C++进行改进，产生了两种语言，一个是 Java，另一个是 C#。Java 语言是现在最流行的语言之一。同时随着近年来人工智能和云计算的火热发展，Python 语言和 Scala 语言成为人工智能和云计算 Hadoop 框架的重要编程语言，逐渐成为时代的主流编程语言。在计算机领域中，还有一些专用的计算机编程语言，如网页设计的三要素 HTML、CSS 和 JavaScript 等专用的计算机编程语言。

2.2 操作系统的发展

操作系统是一组能有效地组织和管理计算机软件和硬件资源，合理地对各类作业进行调度，方便用户使用的程序集合。

2.2.1 人工操作

人工操作也是无操作系统时代，时间是在 1946 年到 20 世纪 50 年代中期，采用纸带的形式读取 0 和 1 代码，程序员将事先已穿孔的纸带（或卡片）装入纸带输入机（或卡片输入机），再启动它们将纸带（或卡片）上的程序和数据输入计算机，然后启动计算机运行。当程序运行完毕，并取走计算机结果后，才允许下一个用户上机。其缺点是用户独占全机，一台计算机的全部资源由上机用户所独占。其不足就是 CPU 要等待用户操作，当用户进行装纸带（或卡片）、卸载纸带（或卡片）等人工操作时，CPU 及内存等资源是空闲的，都处在等待状态，如图 2-2 所示。

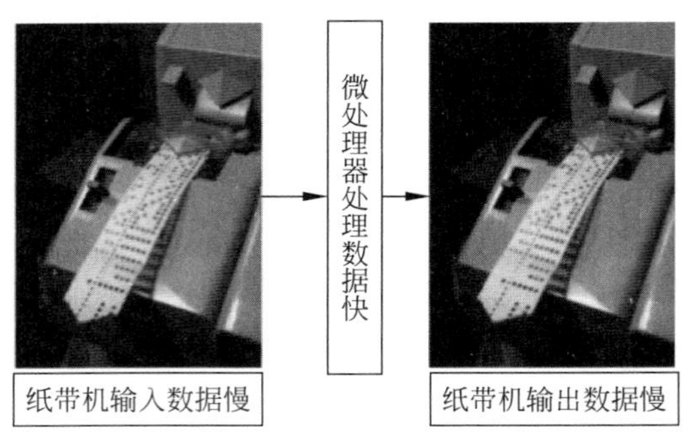

图 2-2　人工操作模式

2.2.2　批处理操作

为解决人机矛盾和CPU与I/O设备之间速度不匹配的矛盾，出现了批处理系统。20世纪50年代末产生了监督程序，完成作业的自动过渡，并且负责装载（调入主存）和运行各种语言的编译以及使用程序等。

1. 脱机批处理

所谓批处理（batch processing）就是将作业按照它们的性质分组（或分批），然后再成组（或成批）地提交给计算机系统，由计算机自动完成后再输出结果，从而减少作业建立和结束过程中的时间浪费。系统对作业处理成批进行，但内存中始终保持一道作业。脱机批处理系统简单来讲就是把输入输出的功能从整体分离出去找一台外围机来做。这样在输入输出时，CPU可以继续运行程序。外围机负责把读卡机的作业逐个传送到输入带上。当主机需要输入作业时，就把输入带与主机连上。主机从输入带调入作业并运行，计算完成后，输出结果到输出带上，再由外围机负责把输出带上的信息进行输出。这样系统把一批作业以脱机方式输入到磁带上，并在系统中配上监督程序，在它的控制下，使这批作业能一个接一个地连续处理。

2. 联机批处理

在主机直接控制下进行输入输出的方式称为联机输入输出方式。它是指事先将装有用户程序和数据的纸带装入纸带输入机，在一台外围机的控制下，把纸带（或卡片）上的数据（或程序）输入到磁带上。当CPU需要这些程序和数据时，再从磁带上高速地调入内存；类似地，当CPU需要输出时，可由CPU把数据直接从内存高速地输送到磁带上，然后在另一台外围机的控制下，再将磁带上的结果通过相应的输出设备输出。具体处理过程是监督程序将磁带上的第一个作业交给内存，并把运行控制权交给该作业；当该作业处理完成时，又把控制权还给监督程序，再由监督程序把磁带上下一个作业调入内存进行处理，这样计算机自动地一个作业接着一个作业进行处理，直到磁带上所有的作业全部完成。其缺点是系统中的资源得不到充分利用，在内存中仅有一道程序，每逢该程序在运行中发出I/O请求后，CPU处于等待状态，必须在完成I/O后才能运行。

3. 多道批处理系统

多道批处理系统的出现主要是为了提高资源的利用率和系统吞吐量。用户所提交的作业先存放在外存上并形成一个队列（称为后备队列），然后由作业调度程序按一定的算法，从后备队列中选择若干作业进入内存，使它们共享 CPU 和系统中的各种资源。这样就可以利用一道程序执行 I/O 操作，而暂停执行操作时的 CPU 空档时间，再调度执行另一道程序。同样，也可以利用另一道程序在 I/O 操作时的 CPU 空档时间，再调度其他的程序运行，使多道程序交替运行，循环使用 CPU 进行工作。另外，多道批处理系统需要解决如下 6 方面的问题。

（1）处理机争用，既要满足各道程序运行的需要，又要提高处理机的利用率；

（2）内存分配和保护，系统应为每道程序分配必要的内存空间，并使它们互不影响；

（3）I/O 设备分配问题，采用适当的策略分配系统中的 I/O 设备，达到既能方便用户对设备的使用，又能提高设备的利用率；

（4）文件的组织和管理，有效地组织存放系统中的大量程序和数据，使其既能方便使用，又能确保数据的安全；

（5）作业管理问题，对系统中所有的作业进行合理的组织；

（6）用户与系统的接口，使用户能方便地使用操作系统。

2.3 分时操作系统

为了满足用户对人机交互和共享主机的需求，计算机以时间片为单位轮流为各个用户和作业服务，各个用户可通过终端与计算机进行交互。其主要优点是用户请求可以被即时响应，解决了人机交互问题；允许多个用户同时使用一台计算机，并且用户对计算机的操作相互独立，感受不到别的用户存在。其主要缺点是不能优先处理一些紧急任务。操作系统对各个用户和作业都是完全公平的，循环地为每个用户和作业服务一个时间片，不区分任务的紧急性。因为采用轮转运行的方式，避免一个作业独占 CPU 连续运行，所以引入时间片的概念。系统规定每个作业每次只能运行一个时间片，然后就暂停该作业的运行，并立即调度下一个作业运行，其主要特征如下。

（1）多路性：运行多台终端同时连接到一台主机上，并按分时原则为每个用户服务。

（2）独立性：每个用户在各自的终端上进行操作，互不影响。

（3）及时性：用户的请求能在很短的时间内获得响应。

（4）交互性：用户可以通过终端与系统进行广泛的人机对话。

2.4 实时操作系统

实时操作系统是能够及时或即时响应外部事件的请求，在规定的时间内完成对该事件的处理，并控制所有实时任务协调一致地运行。其主要优点是能够优先响应一些紧急任务，某些紧急任务不需时间片排队。在实时操作系统的控制下，计算机系统接收到外部信号后，能够及时进行处理，并且要在严格的时限内处理完事件。实时操作系统的主要特点是及时性和可靠性。如果再进行划分，实时操作系统又可分为软实时操作系统以及硬实时操作系统，如图 2-3 所示。

由于嵌入式实时操作系统可以支持多任务，使得程序开发更加容易，在其便于维护的同时还能提高系统的稳定性和可靠性，因此逐步成为嵌入式系统的重要组成部分。对嵌入式

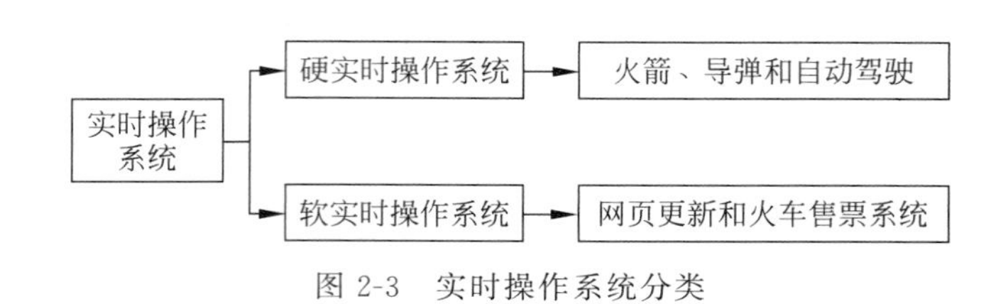

图 2-3　实时操作系统分类

操作系统的研究变得尤为重要。下面介绍几种比较常用的嵌入式操作系统的主要性能，并根据分析结果指出各自的适用领域。

2.4.1　VxWorks

VxWorks是美国WindRiver公司的产品，是嵌入式系统领域中应用很广泛、市场占有率比较高的嵌入式操作系统。VxWorks实时操作系统是由400多个相对独立和短小精悍的目标模块组成的，用户可根据需要选择适当的模块来裁剪和配置系统。该操作系统提供基于优先级的任务调度、任务间同步与通信、中断处理、定时器和内存管理等功能，内建符合可移植操作系统接口(POSIX)规范的内存管理，以及多处理器控制程序；同时具有简明易懂的用户接口，在核心方面可以微缩到8KB大小。它被广泛地应用在通信、军事、航空和航天等高尖技术及实时性要求极高的领域，尤其是在许多关键应用方面，VxWorks还是一枝独秀。例如，美国波音公司就在其最新的787客机中采用了此操作系统。在外层空间探索领域，VxWorks一直是NASA的最爱。

2.4.2　μCOS家族

μCOS家族是美国嵌入式系统专家Jean J. Labrosse用C语言编写的一个结构小巧、抢占式的多任务实时内核。μCOS-Ⅱ能管理64个任务，并提供任务调度与管理、内存管理、任务间同步与通信、时间管理和中断服务等功能，具有执行效率高、占用空间小、实时性能优良和可扩展性强等特点。其内核旨在便于在大量CPU架构上使用，具体特点如下。

(1) 可移植性，提供前所未有的易用性。μCOS内核提供完整的源码和深入的文档，μCOS内核运行在大量处理器架构上，端口可供下载。

(2) 可扩展性。μCOS内核允许无限制的任务和内核对象，内核的内存占用可以缩小，仅包含应用程序所需的功能，通常为6～24KB的代码空间和1KB的数据空间。

(3) 可靠性。μCOS内核包括减少开发时间的调试功能，内核提供广泛的范围检查，包括检查API调用中传递的指针、来自ISR的任务级服务、允许范围内的参数以及有效的指定选项。

(4) 高效性。其内核还包括有价值的运行时统计信息，使应用程序的内部可视化，并在开发周期的早期优化电源使用。

μCOS是一个结构简单、功能完备和实时性很强的嵌入式操作系统内核，适合于广大的嵌入式系统开发人员和爱好者入门学习，以及高校教学和科研。μCOS很适合开发那些对系统要求不是很苛刻，且RAM和ROM有限的各种小型嵌入式系统设备。

2.4.3　μClinux

μClinux是一种优秀的嵌入式Linux版本，其全称为Micro-control Linux，从字面意思看是指微控制 Linux。同标准的 Linux 相比，μClinux 的内核非常小，但是它仍然继承了 Linux 操作系统的主要特性，包括良好的稳定性、可移植性、强大的网络功能、出色的文件系统支持、标准丰富的 API 以及 TCP/IP 网络协议等。因为 μClinux 没有内存管理单元(MMU)，所以其多任务的实现需要一定的技巧。μClinux 的最大特点在于针对无 MMU 处理器的设计，可以利用功能强大的 Linux 资源。因此，它适合开发对事件要求不高的小容量、低成本的各类产品，特别适用于开发与网络应用密切相关的嵌入式设备或者 PDA 设备。例如，CISCO 公司的 2500/3000/4000 路由器就是基于 μClinux 操作系统开发的。

2.4.4 FreeRTOS

FreeRTOS 是专为小型嵌入式系统设计的可扩展实时内核，其拥有微小的封装形式、免费的 RTOS 调度程序和嵌入式软件源码。系统采用抢占式、协作式和混合配置选项，可选时间分片，包括一个为低功耗应用设计的 tickless 模式。可以使用动态或静态分配的 RAM 创建 RTOS 对象，具体包括任务、队列、信号量、软件定时器、互斥体和事件组等。FreeRTOS 支持 ARM Cortex-M3 内存保护单元(Memory Protection Unit，MPU)。MPU 设计小巧，简单易用。FreeRTOS 内核二进制映像将在 4～9KB 的区域内，主要用 C 语言编程，支持实时任务和协同程序。

2.4.5 RT-Thread

RT-Thread 是一款来自我国的开源嵌入式实时操作系统，由国内一些专业开发人员在 2006 年开始开发和维护。除了类似 FreeRTOS 和 μCOS 的实时操作系统内核功能外，RT-Thread 还包括一系列应用组件和驱动框架，如 TCP/IP 栈、虚拟文件系统、POSIX 接口、图形用户界面、FreeModbus 主从协议栈、CAN 框架和动态模块等。RT-Thread 实时操作系统遵循 GPLv2+ 许可证，实时操作系统内核及所有开源组件，可以免费在商业产品中使用，不需要公布应用源码，没有任何潜在商业风险。RT-Thread 实时操作系统核心是一个高效的硬实时核操作系统，它具备非常优异的实时性、稳定性和可裁剪性。当进行最小配置时，内核体积可以缩减到 3KB ROM 和 1KB RAM。因为系统稳定、功能丰富的特性，RT-Thread 被广泛用于新能源、电网、风机等高可靠性行业和设备上，已经被验证是一款高可靠的实时操作系统。

2.4.6 Keil RTX

Keil RTX 是为 ARM 和 Cortex-M 设备设计的免版税、确定性的实时操作系统。它允许创建同时执行多个功能的程序，并帮助创建更好的结构和更容易维护的应用程序。它具有源码的免版权、确定性 RTOS，支持多线程和线程安全操作，内核感知调试支持 MDK-ARM，使用 μVision 配置向导的基于对话框的设置。

2.4.7 ThreadX

ThreadX 已经开源，原来 ThreadX 的开发公司 Express Logic 在 2019 年 4 月被微软收购。经过一年多的准备，微软将 ThreadX 包装成 Azure-RTOS，并在 Github 上开源。在国内嵌入式的圈子里，使用 ThreadX 的用户可能还比较少，更多的是使用之前就开放源码的

μCOS和FreeRTOS。当然在高安全产品领域内，例如汽车、工业设备、医疗设备和航空航天等领域内，ThreadX却是响当当的金字招牌。通过其获得的多种安全认证就能看出这一点，很少有其他的RTOS能获得如此之全、安全等级之高的认证，这是多年大量用户使用、不停迭代的结果。

2.4.8 苹果iOS

嵌入式系统使用非常广泛，如VxWorks、μCOS、Symbian OS及Palm OS，还有很多某些功能缩减版本的Linux或者其他操作系统Windows CE。某些情况下，OS是一个内置固定应用软件的巨大泛用程序。在许多最简单的嵌入式系统中，所谓的OS就是指其上唯一的应用程序。

iOS是由苹果公司开发的手持设备操作系统。苹果公司于2007年1月9日的Macworld大会上公布这个系统，以Darwin为基础，属于类UNIX的商业操作系统。最初是设计给iPhone使用的，后来陆续套用到iPod Touch、iPad以及Apple TV等产品上。iOS与苹果的Mac OS X操作系统一样，属于类UNIX的商业操作系统。原本这个系统名为iPhone OS，因为iPad、iPhone、iPod Touch都使用iPhone OS，所以2010年WWDC大会上宣布改名为iOS，从前iOS为美国CISCO公司网络设备操作系统的注册商标，苹果改名已获得CISCO公司授权。

2.4.9 Android

Android是一种基于Linux的自由及开放源码的操作系统，主要使用于移动设备，如智能手机和平板计算机，由Google公司和开放手机联盟领导及开发。Android尚未有统一中文名称，中国地区较多人使用安卓这个中文名称。Android操作系统最初由Andy Rubin开发，主要支持手机。2005年8月由Google公司收购注资。2007年11月，Google公司与84家硬件制造商、软件开发商及电信营运商组建开放手机联盟共同研发改良Android系统。随后Google公司以Apache开源许可证的授权方式，发布了Android的源码。第一部Android智能手机发布于2008年10月。Android逐渐扩展到平板计算机及其他领域上，如电视、数码相机、游戏机、智能手表等。2011年第一季度，Android在全球的市场份额首次超过Symbian系统（原来诺基亚手机使用的系统），跃居全球第一。2013年的第四季度，Android平台手机的全球市场份额已经达到78.1%。2013年9月24日，Google公司开发的操作系统Android迎来了5岁生日，全世界采用这款系统的设备数量已经达到10亿台。另外，突破国外封锁，华为公司推出应用于万物互联的鸿蒙操作系统。

2.5 计算机网络互连操作系统

这类操作系统主要运行在个人PC和网络服务器上，是一个非常庞大的群体计算机。它可以只允许一个用户上机，且只允许用户程序作为一个任务运行，也可以单个用户运行若干任务，使它们并发执行，还可以允许多个用户通过各自的终端，使用同一台机器，共享主机系统中的各种资源，而每个用户程序又可进一步分为几个任务，使它们能并发执行。另外，还具有网络操作和分布式操作系统的功能，保证网络上单机和多级计算机能方便而有效地共享网络资源,为网络用户提供所需的各种服务的软件和有关规程的集合。网络互连操作系统是网络的心脏和灵魂,是向网络计算机提供服务的特殊的操作系统,这类操作系统之间的差异性变得越来越不明显。

2.5.1 微软 Windows

最早微软公司的操作系统 MS-DOS 是运行在 IBM 机器上的。后来随着时间的推移,才出现了 DOS 基础上的 Windows 图形操作系统。如 Windows 95、Windows 98、Windows 2000 和 Windows XP 皆是创建于现代的 Windows NT 内核。Windows NT 内核是由 OS/2 和 OpenVMS 等系统上借用来的。Windows 可以在 32 位和 64 位的 Intel 和 AMD 的处理器上运行,但是早期的版本也可以在 DEC Alpha、MIPS 与 Power PC 架构上运行。虽然随着人们对于开放源码操作系统兴趣的提升,Windows 的市场占有率有所下降,但是到 2004 年为止,Windows 操作系统在世界范围内依然占据桌面操作系统 90%的市场。

最近 Windows 系统也被用在低级和中级服务器上,并且支持网页服务的数据库服务等一些功能。微软公司花费很多研究与开发的经费,用于使 Windows 拥有能运行企业的大型程序的能力。Windows XP 在 2001 年 10 月 25 日发布,2004 年 8 月 24 日发布服务包 2(Service Pack 2),2008 年 4 月 21 日发布最新的服务包 3(Service Pack 3)。Windows 7 内核版本号为 Windows NT 6.1。Windows 7 可供家庭及商业工作环境、笔记本计算机和多媒体中心等使用。

Windows 10 是由微软公司开发的应用于计算机和平板计算机的操作系统,于 2015 年 7 月 29 日发布正式版。Windows 10 操作系统在易用性和安全性方面有了极大的提升,除了针对云服务、智能移动设备和自然人机交互等新技术进行融合外,还对固态硬盘、生物识别和高分辨率屏幕等硬件进行了优化、完善与支持。截至 2020 年 3 月 6 日,Windows 10 正式版已更新至 10.0.18363 版本。微软公司的 Windows 系统不仅在个人操作系统中占有绝对优势,在网络操作系统中也具有非常强劲的力量。其各类型操作系统配置在整个局域网配置中是最常见的,因为它对服务器的硬件要求较高,且稳定性能不是很高,所以微软公司的网络操作系统一般只是用在中低档服务器中,高端服务器通常采用 UNIX、Linux 或 Solaris 等非 Windows 操作系统。

2.5.2 Mac OS X

Mac OS 是苹果公司为 Mac 系列产品开发的专属操作系统。Mac OS 是苹果 Mac 系列产品的预装系统,处处体现着简洁的宗旨。Mac OS 是全世界第一个基于 FreeBSD 系统采用面向对象操作系统的全面操作系统。面向对象操作系统的概念是史蒂夫·乔布斯(Steve Jobs)于 1985 年被迫离开苹果公司后成立的 NeXT 公司所开发的。Mac OS 以前称 Mac OS X 或 OS X,是一套运行于苹果 Macintosh 系列计算机上的操作系统。Mac OS 是首个在商用领域成功的图形用户界面系统。Macintosh 开发成员包括比尔·阿特金森(Bill Atkinson)、杰夫·拉斯金(Jef Raskin)和安迪·赫茨菲尔德(Andy Hertzfeld)。从 OS X 10.8 开始在名字中去掉 Mac,仅保留 OS X 和版本号。2016 年 6 月 13 日,在 WWDC2016 上,苹果公司将 OS X 更名为 macOS,现行的最新的系统版本是 10.15 catalina,即 macOS Mojave。

OS X Server 也同时于 2001 年发售,从架构上来说与工作站(或者客户端)版本相同,只有在包含的工作组管理和管理软件工具上有所差异，提供对于关键网络服务的简化访问，如邮件传输服务器、samba软件、轻型目录访问协议服务器以及域名系统，同时它也有不同的授权形态。

2.5.3 类UNIX系统

所谓的类UNIX家族，指的是一族种类繁多的OS，此族包含了System V、BSD与Linux。由于UNIX是The Open Group的注册商标，因此UNIX特指遵守此公司定义的行为的操作系统。而类UNIX通常指比原先的UNIX包含更多特征的OS。类UNIX系统可在非常多的处理器架构下运行，在服务器系统上有很高的使用率，例如大专院校或工程应用的工作站。1991年，芬兰学生林纳斯·托瓦兹根据类UNIX系统Minix编写并发布Linux操作系统内核，其后在理查德·斯托曼的建议下以GNU通用公共许可证发布，成为自由软件UNIX的变种。Linux近来越来越受欢迎，也在个人桌面计算机市场上大有斩获，例如Ubuntu系统。

目前常用的UNIX系统版本主要有UNIX SUR4.0、HP-UX 11.0和SUN的Solaris 8.0等。该操作系统支持网络文件系统服务，提供数据等应用，功能强大，最初由AT&T和SCO公司推出。这种网络操作系统的稳定和安全性非常好，但由于它多数是以字符界面命令方式来进行操作的，不容易掌握，特别是初级用户，因此小型局域网基本不使用UNIX作为网络操作系统，UNIX一般用于大型的网站或大型的企事业局域网中。UNIX网络操作系统历史悠久，其良好的网络管理功能已为广大网络用户所接受，拥有丰富的应用软件的支持。目前UNIX网络操作系统的版本有AT&T和SCO的UNIXSVR 3.2、SVR 4.0和SVR 4.2等。UNIX是一种集中式分时多用户体系结构。因其体系结构不够合理，UNIX的市场占有率呈下降趋势。

反观Linux，作为一种新型的网络操作系统，它最大的特点就是源码开放，可以免费得到许多应用程序。目前也有中文版本的Linux，如过去主要代表是Red Hat（红帽子）和红旗Linux等。因为它与UNIX有许多类似之处，目前这类操作系统主要应用于中、高档服务器中。Linux操作系统的发行版本可以大体分为两类：一类是商业公司维护的发行版本，最著名的是以Red Hat为代表；另外一类是社区组织维护的发行版本，以Debian为代表。

1. Red Hat

Red Hat也称为Red Hat系列操作系统，包括RHEL（Red Hat Enterprise Linux，也称为Red Hat Advance Server的收费版本）、Fedora Core（由原来的Red Hat桌面版本发展而来的免费版本）和CentOS（RHEL的社区克隆版本，免费）。Red Hat应该说是在国内使用人群最多的Linux版本，资料较多。Red Hat系列的包管理方式采用的是基于RPM包的YUM包管理方式，包分发方式是编译好的二进制文件。RHEL和CentOS的稳定性非常好，适合于服务器使用，但是Fedora Core的稳定性稍差，多用于桌面应用环境。Red Hat公司提供诸多重要IT技术，如操作系统、存储、中间件、虚拟化和云计算的软件服务。

2. Debian

Debian也称Debian系列，包括Debian和Ubuntu等。Debian是社区类Linux操作系统的典范，是迄今为止最遵循GNU规范的Linux系统。Debian最早由Ian Murdock于

1993 年创建，分为 3 个版本分支(branch)，分别是 Unstable、Testing 和 Stable。其中，Unstable 为最新的测试版本，其中包括最新的软件包，但是也有相对较多的缺陷，适合桌面用户；Testing 版本都经过 Unstable 中的测试，相对较为稳定，也支持不少新技术；而 Stable 版本一般只用于服务器，上面的软件包大部分都比较过时，但是稳定和安全性都非常高。

Ubuntu 严格来说不能算一个独立的发行版本，Ubuntu 基于 Debian 的 Unstable 版本加强而来，所以说 Ubuntu 就是一个拥有 Debian 所有优点以及自己所加强的优点、近乎完美的 Linux 桌面系统。根据选择的桌面系统不同，有 3 个版本可供选择：基于 GNOME 的 Ubuntu、基于 KDE 的 Kubuntu 以及基于 Xfc 的 Xubuntu。其特点是界面非常友好，容易上手，对硬件的支持非常全面，是最适合做桌面系统的 Linux 发行版本。Debian 最具特色的是 apt-get/dpkg 包管理方式，其实 Red Hat 的 YUM 也是在模仿 Debian 的 APT 方式，但在二进制文件发行方式中，APT 应该是最好的。Debian 的资料也很丰富，有很多支持的社区。

3. Gentoo

Gentoo 是 Linux 世界最“年轻”的发行版本，吸取了在它之前的所有发行版本的优点，所以 Gentoo 被称为最完美的 Linux 操作系统发行版本之一。Gentoo 最初由 Daniel Robbins(FreeBSD 的开发者之一)创建，首个稳定版本发布于 2002 年。由于开发者对 FreeBSD 的熟识，因此 Gentoo 拥有媲美 FreeBSD 的广受美誉的 Portage 包管理系统；不同于 APT 和 YUM 等二进制文件分发的包管理系统，Portage 是基于源码分发的，必须编译后才能运行。Portage 是 Gentoo 的核心和特色，履行许多关键的职责。本地 Portage 树包含一份完整的 ebuild 脚本集合，Portage 以执行这些 ebuild 脚本来安装软件包。当前 Portage 树中拥有超过 10 000 个软件包，软件包更新和新软件包每时每刻都在加入中。由于所有的软件都是在本地机器编译，在经过各种定制的编译参数优化后，能够将机器的硬件性能发挥到极致。Gentoo 是所有 Linux 发行版本中安装步骤最复杂的，但是又是安装完成后最便于管理的版本，也是在相同硬件环境下运行最快的版本。

4. FreeBSD

FreeBSD 并不是一个 Linux 系统，它是一种 UNIX 操作系统，是由经过 BSD、386BSD 和 4.4BSD 发展而来的 UNIX 的一个重要分支。但 FreeBSD 与 Linux 的用户群有相当一部分是重合的，二者支持的硬件环境也比较一致，所采用的软件也比较类似，所以可以将 FreeBSD 看作一个 Linux 版本。FreeBSD 拥有 Stable 和 Current 两个分支，Stable 是稳定版，而 Current 是添加了新技术的测试版。FreeBSD 采用 Ports 包管理系统，与 Gentoo 类似，基于源码分发，必须在本地机器编后才能运行，但是 Ports 系统没有 Portage 系统使用简便。FreeBSD 的最大特点就是稳定和高效性。

2.5.4 Google Chrome OS

Google Chrome OS 是一项 Google 公司的轻型的、基于网络的计算机操作系统计划，是基于 Google 公司的浏览器 Google Chrome 的 Linux 内核。Chrome OS 是一款云操作系统，提供对 Intel x86 以及 ARM 处理器的支持，继承了 Chrome 浏览器快速、简洁、安全的特性，两台装有 Chrome OS 的计算机可以瞬间进行数据同步。Chrome OS 省去了其他操作系统"用户"的概念，不需要本地的用户系统，而是使用Google账号(如Gmail账号)登录，所以需要联网。登录进去后，整个系统的界面真是干干净净，就是一个Chrome浏览器，其他什么多余的功能都没有，所有数据和程序都保存在服务器端，所有的应用都是网页应用，因此使用这个操作系统的用户不用担心病毒、恶意软件、木马和安全更新等烦人的事情。

在分析上述网络操作系统的基础上，如果只是需要一个桌面系统，既不想使用盗版，又不想花大量的钱购买商业软件，那么就需要选择一款适合桌面使用的Linux发行版本。在安装操作系统上不想浪费太多时间，那就根据自己的爱好从Ubuntu、Kubuntu以及Xubuntu中选一款，三者的区别仅仅是桌面程序的不一样。如果需要一个桌面系统，而且还想非常灵活地定制自己的Linux系统，想让自己的机器运行得更快，不介意在Linux操作系统安装方面浪费一点时间，可以选择Gentoo，方便定制许多内容。如果需要的是一个服务器系统，而且非常厌烦各种Linux操作系统的配置，只是想要一个比较稳定的服务器系统，那么最好的选择就是CentOS，安装完成后，经过简单的配置就能提供非常稳定的服务。

总的来说，对特定用户的支持使得每一个操作系统都有适合于自己的工作场合，这就是系统对特定计算环境的支持。例如，Windows系列适用于桌面计算机，Linux目前较适用于小型的网络，而Windows服务器系列和UNIX则适用于大型服务器应用程序。因此，对于不同的网络应用，需要有目的地选择合适的网络操作系统。

2.6 操作系统的基本特征

1. 并发

首先要了解并发与并行的区别。并行指两个或多个事件在同一时刻发生，而并发指两个或多个事件在同一时间间隔内发生。并发指在一段时间内宏观上有多个程序在同时运行，但在单处理机系统中，每一时刻却仅能有一道程序执行，所以在微观上这些程序是分时地交替执行。若计算机系统有多个处理机，这些并发执行的程序便可以被分配到多个处理机上，实现并行执行。在一个没有引入进程的系统中，属于同一个应用程序的计算机程序和I/O程序之间只能是顺序执行，也就是计算机程序执行告一段落后，才允许I/O程序执行；反之，在程序执行I/O操作时，计算程序也不能执行。如果计算机程序和I/O程序分别建立一个进程(process)后，这两个程序就可以并发执行。进程指在系统中能独立运行，并作为资源分配的基本单位，它是由一组机器指令、数据和堆栈等组成的，是一个能独立运行的活动实体。

2. 共享

在操作系统环境下的资源共享也称资源复用，指的是系统中的资源可供内存中多个并发执行的进程共同使用。在宏观上既限定了时间(进程在内存期间)，也限定了地点(内存)。

目前实现资源共享的方式主要是两类，具体如下。

(1) 互斥共享方式：系统中的某些资源，如打印机、磁带机等，虽然可以提供给多个进程(线程)使用，但是应规定在一段时间内，只允许一个进程访问该资源。可以认为这种方式为临界资源情况，即一段时间内只允许一个进程访问的资源。

(2) 同时访问方式：系统中还有另外一些资源，允许在一段时间内由多个进程同时对它们进行访问。这里讲的同时就是在微观下交替进行的，如典型的外部设备磁盘设备的数据访问。

3. 虚拟

在操作系统中,把通过某种技术将一个物理实体变为若干逻辑上的对应物的功能称为虚拟技术。虚拟性是一种管理技术,是把物理上的一个实体变成逻辑上的多个对应物,或把物理上的多个实体变成逻辑上的一个对应物的技术。采用虚拟技术的目的是为用户提供易于使用、方便高效的操作环境。如采用时分复用、空分复用和码分复用技术等。

时分复用能够提高资源的利用率,主要是因为它在利用某设备为一个用户服务的空闲时间,又转去为其他用户服务,使设备得到最充分的利用。

空分复用是将一个频率范围比较宽的信道划分成多个频率较窄的信道(也称为频带)。例如,一个 10GB 的应用程序之所以可以运行在 2GB 的内存空间中,实质上就是每次只把用户程序的一部分调入内存中运行,运行完成后将该部分换出,再换入另一部分到内存中运行,通过这样的置换功能,便实现了用户程序的各个部分分时地进入内存运行。

码分复用技术也称为码分多址,其原理是每一个用户可以在同样的时间使用同样的频带进行通信,由于各用户使用经过特殊挑选的不同码型,因此各用户之间不会造成干扰。码分复用最初用于军事通信,因为这种系统发送的信号有很强的抗干扰能力,其频谱类似于白噪声,不易被敌人发现,后来才广泛地使用在民用的移动通信中。它的优越性在于可以提高通信的话音质量和数据传输的可靠性,减少干扰对通信的影响,增大通信系统的容量,降低手机的平均发射功率等。

4. 异步

由于共享资源、并发执行等因素的限制,使进程的执行通常都不可能一下子完成,而是以走走停停的方式运行。所谓异步是指内存中的多个进程都按照各自独立的、不可预知的速度向前推进。内存中的每个进程什么时候执行、向前推进速度快慢、共需多少时间都是由执行的现场所决定的。很有可能先进入内存的作业后完成,后进入内存的作业先完成。但同一程序在相同的初始数据下,无论何时运行都应获得同样的结果。可见,操作系统的进程是以不可预知的速度向前推进的,即进程的异步性。

2.7 提供用户和计算机之间的接口

操作系统提供向用户提供的接口有哪些?一类接口是系统为用户提供的各种命令接口,用户利用这些操作命令来组织和控制作业的执行或管理计算机系统。命令接口又分为联机命令接口和脱机命令接口两类,联机命令是用户说一句,系统就做一句;而脱机命令是用户说一堆,系统做一堆,如批处理命令。另一类接口是系统调用,编程人员使用系统调用来请求操作系统提供服务,例如申请和释放外设等类资源、控制程序的执行速度等。在 Windows 操作系统中,程序的接口文件 user32. dll 就存储在 System32 文件中,可以实现创建窗口等功能,只能通过用户程序间接调用,如图 2-4 所示。

最后还有常用的图形用户接口(Graphical User Interface,GUI),用户可以使用形象的图形界面进行操作,而不需要记忆复杂的命令和参数。如每天操作的手机界面、Windows 10 界面和 Ubuntu 窗口界面等。

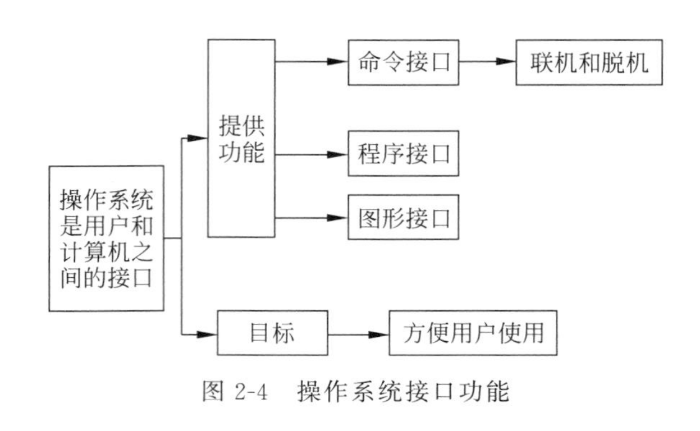

图 2-4 操作系统接口功能

习 题

一、选择题

1. 操作系统的功能是对计算机资源(包括软件和硬件资源)等进行管理和控制的程序，是( )之间的接口。

   A. 主机与外设的接口　　B. 用户与计算机的接口
   C. 系统软件与应用软件的接口　　D. 高级语言与机器语言的接口

2. 操作系统是一种( )。

   A. 应用软件　　B. 实用软件　　C. 系统软件　　D. 编译软件

3. 操作系统的 4 个基本功能是( )。

   A. 运算器管理、控制器管理、内存储器管理和外存储器管理
   B. CPU 管理、主机管理、中断管理和外部设备管理
   C. 用户管理、主机管理、程序管理和设备管理
   D. CPU 管理、内存储器管理、设备和文件管理

4. 下面关于 DOS 操作系统的叙述，正确的一项是( )。

   A. DOS 是单用户单任务操作系统　　B. DOS 是多用户多任务操作系统
   C. DOS 是分时操作系统　　D. DOS 是实时操作系统

5. 操作系统的发展过程是( )。

   A. 原始操作系统、管理程序和操作系统
   B. 原始操作系统、操作系统和管理程序
   C. 管理程序、原始操作系统和操作系统
   D. 管理程序、操作系统和原始操作系统

6. 设计批处理多道系统时，首先要考虑的是( )。

   A. 灵活性和可适应性　　B. 系统效率和吞吐量
   C. 交互性和响应时间　　D. 实时性和可靠性

7. 所谓( )是指将一个以上的作业放入主存，并且同时处于运行状态，这些作业共享处理机的时间和外围设备等其他资源。

   A. 多重处理　　B. 多道程序设计　C. 实时处理　　D. 共行执行

8. 早期的 OS 主要追求的是(　　)。

A. 系统的效率　　B. 用户的方便性　C. 可移植　　D. 可扩充性

二、填空题

1. 采用多道程序设计技术能充分发挥________与________并行工作的能力。

2. 所谓并发是指________________________。

3. 所谓并行是指两个或两个以上的事件在________发生。

4. 在操作系统中,资源的共享方式一般分为________和________。

5. 并发和________是操作系统的两个基本的特征。

6. 若干事件在同一时刻发生称为________,若干事件在同一时间间隔内发生称为________。

7. 使用缓冲区能有效地缓和________和________之间速度不匹配的矛盾。

8. 三种基本的操作系统分别是________、________和________。

三、简答题

1. 计算机程序设计语言的发展经历了哪几个阶段?它们各有什么特点?

2. 试给出操作系统的定义,并指出其主要功能。

3. 单核操作系统与微核操作系统有什么区别?各有什么优缺点?

4. 什么是并行?什么是并发?

5. 简述操作系统的发展历程。

6. 操作系统有哪些基本特征?

7. 常见的类 UNIX 操作系统有哪些?它们各有什么特点?

8. 操作系统向用户提供的接口有哪些?请以功能图的形式表示。

第3章 Linux和Ubuntu操作系统简介

Linux全称为GNU/Linux，是一种免费使用和自由传播的类UNIX操作系统，其内核由林纳斯·托瓦兹于1991年10月5日首次发布，它主要受到Minix和UNIX思想的启发，是一个基于POSIX和UNIX的多用户、多任务、支持多线程和多CPU的操作系统。它能运行主要的UNIX工具软件、应用程序和网络协议。它支持32位和64位硬件。Linux继承了UNIX以网络为核心的设计思想，是一个性能稳定的多用户网络操作系统。Linux有上百种不同的发行版本，如基于社区开发的Debian、Archlinux和基于商业开发的Red Hat Enterprise Linux、SUSE、Oracle Linux和Ubuntu等。

3.1 Linux发展史

Linux操作系统的诞生、发展和成长过程始终依赖着5个重要支柱：UNIX操作系统、Minix操作系统、GNU计划、POSIX标准和Internet网络。20世纪80年代，计算机硬件的性能不断提高，PC的市场不断扩大，当时可供计算机选用的操作系统主要有UNIX、DOS和Mac OS这几种。UNIX价格昂贵，不能运行于PC。DOS显得简陋，且源码被微软公司严格保密。Mac OS是一种专门用于苹果计算机的操作系统。此时，计算机科学领域迫切需要一个更加完善、强大、廉价和完全开放的操作系统。当时供教学使用的典型操作系统很少，因此在荷兰当教授的美国人特尼博姆(Andrew S. Tanenbaum，见图3-1(a))编写了一个操作系统，取名为Minix，主要为了向自己的学生讲述操作系统内部工作原理。

Minix虽然很好，但只是一个用于教学目的的简单操作系统，而不是一个强有力的实用操作系统，然而其最大的优点就是公开源码。全世界学计算机的学生都可以通过钻研Minix源码来了解计算机中运行的Minix操作系统。这时芬兰赫尔辛基大学二年级的学生林纳斯·托瓦兹(见图3-1(b))在吸收了Minix精华的基础上，在1991年写出了属于自己的Linux操作系统，版本为Linux 0.01，是Linux时代开始的标志。林纳斯·托瓦兹利用UNIX的核心，去除繁杂的核心程序，适用于一般计算机的x86系统，并放在网络上供大家下载，在1994年推出完整的核心Version 1.0，同时加入由理查德·斯托曼(Richard Stallman，见图3-1(c))和其他人编写的一组小程序，至此，形成GNU操作系统和实用程序的雏形。就这样，Linux逐渐成为功能完善和稳定的免费操作系统，并被广泛使用。

(a) 特尼博姆　(b) 林纳斯·托瓦兹　(c) 理查德·斯托曼

图 3-1　早期三位 Linux 操作系统贡献者

3.2　Linux 操作系统的特点

伴随着互联网的发展,Linux 得到了来自全世界软件爱好者、组织和公司的支持。它除了在服务器方面保持着强劲的发展势头以外,在个人计算机、嵌入式系统上都有着长足的进步。用户不仅可以直观地获取该操作系统的实现机制,而且可以根据自身的需要来修改完善 Linux 操作系统,使其最大化地适应用户的需要。

Linux 不仅系统性能稳定,而且保证系统的安全。其核心防火墙组件性能高效、配置简单。在很多企业网络中,为了追求速度和安全,Linux 不仅仅被网络运维人员当作服务器使用,还当作网络防火墙。

Linux 具有开放源码、没有版权和技术社区用户多等特点,开放源码使得用户可以自由裁剪,灵活性高,功能强大,成本低。尤其系统中内嵌网络协议栈,经过适当的配置就可实现路由器的功能。这些特点使得 Linux 成为开发路由交换设备的理想开发平台。多年来,通过计算机软件公司和 Linux 爱好者的开发研究,已经有很多版本出现。Linux 出现过的发行版本具体如图 3-2 所示。学习者可以根据自己的需要,安装学习适合自己的版本。

图 3-2　Linux 的发行版本

Linux 在网络和计算机系统中有着广泛的应用,可以提供数据库管理和网络服务等内容。对于一些希望计算机应用性能比较高的用户而言,Windows 系统需要经常进行资源整合和碎片化管理,系统在配置时经常需要重新启动,这就无法避免产生停机的问题。然而,Linux系统的处理能力非常强悍,具备不可比拟的稳定性特征,Linux系统就不用经常进行重启,Linux系统的变化可以在配置的过程中实现,所以Linux服务器出现故障的概率比较小,因此很多企业组织在计算机配置的过程中经常使用Linux系统,从而降低服务器发生崩溃的可能性,实现企业业务的高效运转。

目前,随着网络的发展,使用Linux操作系统的计算机越来越多,无论是日常办公还是在服务器上,Linux操作系统受到越来越多的关注。Linux已经成为工作、娱乐和个人生活等多个领域的支柱,人们已经越来越离不开它。在Linux的帮助下,技术的变革速度超出了人们的想象,Linux开发的速度也以指数规模增长。因此,越来越多的开发者也不断地加入开源和学习Linux开发的潮流中。另外,随着Linux的发展,大量适用于Linux的开发工具也不断成熟。

3.3 Ubuntu操作系统

Ubuntu是一个以桌面应用为主的开源GNU/Linux操作系统,Ubuntu是基于Debian的GNU/Linux,支持x86、AMD64(即x64)和PC架构。Ubuntu是一个以桌面应用为主的Linux操作系统,其名称来自非洲南部祖鲁语或豪萨语的Ubuntu一词,意思是"人性"即"我的存在是因为大家的存在",这是非洲传统的一种价值观。Ubuntu是由南非人马克·沙特尔沃思(Mark Shuttleworth)创办的基于Debian Linux的操作系统,于2004年10月公布Ubuntu的第一个版本(Ubuntu4.10 Warty Warthog)。Ubuntu适用于笔记本计算机、桌面计算机和服务器,特别是为桌面用户提供完美的使用体验。Ubuntu几乎包含了所有常用的应用软件、文字处理、电子邮件、软件开发工具和Web服务等。用户下载、使用和分享Ubuntu操作系统以及获得技术支持与服务,无须支付任何许可费用。另外,Ubuntu社区承诺每6个月发布一个新版本,以提供最新、最强大的软件服务功能。

Ubuntu一词被看作一种传统的非洲民族理念,同时也被认为是南非共和国的建国准则之一,这与非洲复兴的理想密切相关。该词源于祖鲁语和科萨语,它的核心理念是"人道待人",着眼于人们之间相互的忠诚与交流。南非总统曼德拉这样解释:Ubuntu是一个概念,它包含了尊重、互助、分享、交流、关怀、信任和无私的许多内涵。Ubuntu是一种生活方式,提倡宽容和同情他人。Ubuntu精神与软件开源精神恰恰不谋而合。作为一个基于Linux的操作系统,Ubuntu试图将这种精神延伸到计算机世界,软件应当被分享,并能够为任何需要的人所获得。Ubuntu操作系统的目标是让世界上的每个人都能得到一个易于使用的计算机操作系统,不论所处的地理位置和身体状况等。作为Linux内核发行版中的后起之秀,Ubuntu在短短几年时间里便迅速成长为十分受人青睐的发行版。

3.3.1 Ubuntu的特点

Ubuntu在桌面办公和服务器方面有着较好的表现,总能够将最新的应用特性包括其中,主要的表现有以下几方面。

(1) 开发程序界面方便用户使用,并且对个人使用、组织和企业内部开发使用都是免费的,但是这种使用没有售后支持;不像Mandriva还分会员版,拥有会员身份才能获取更新支持；也不像 Red Hat 如果不给钱，就不让使用官方的升级程序。

（2）高效的文件管理系统，一般情况下不需要碎片整理。产生的系统垃圾很少，系统不会随着使用时间的增多而越来越卡。复制文件速度相对较快，Windows 10 能达到 5Mb/s，Ubuntu 能达到 20Mb/s。Ubuntu 系统安全、稳定、可靠，漏洞修复快，不容易中病毒。Ubuntu 权限管理很严格，用户分级，避免用户误操作。Ubuntu 可以有 DIY 界面，改善用户体验，自由度高，有强大的命令行。最主要的是无软件捆绑行为和桌面无广告弹窗行为等。

（3）Ubuntu 窗口桌面系统使用最新的 GNOME、KDE、LightDM 和 Xfce 等桌面环境组件。集成搜索工具 Tracker，为用户提供方便、智能的桌面资源搜索。抛弃烦琐的 X 桌面配置流程，可以轻松使用图形化界面完成复杂的配置。同时集成最新的 Compiz 稳定版本，让用户体验酷炫的 3D 桌面。另外，语言选择程序提供了常用语言支持的安装功能，让用户可以在系统安装后，方便地安装多语言支持软件包。

（4）Ubuntu 操作系统提供了全套的多媒体应用软件工具，包括处理音频、视频、图形、图像的工具。集成了 Libreoffice 和阅读 PDF 的办公套件，帮助用户完成文字处理、电子表格、幻灯片播放等日常办公任务。还有 SCIM 输入法平台，其支持东亚三国（中、日、韩）的文字输入，并有多种输入法选择。支持 Rhythmbox 音乐播放器等。含有辅助功能，为残障人士提供辅助性服务，例如，为存在弱视力的用户提供屏显键盘，同时还能够支持 Windows NTFS 分区的读/写操作，使 Windows 资源完全共享成为可能。

（5）对插拔新硬件的支持也是 Ubuntu 的亮点，支持蓝牙（bluetooth）输入设备，如蓝牙鼠标、蓝牙键盘。加入更多的打印机驱动，包括对 HP 一体机（打印机、扫描仪集成）的支持。进一步加强系统对笔记本计算机的支持，包括系统热键以及更多型号笔记本计算机的休眠与唤醒功能。

（6）拥有成熟的网络应用以及开发工具，从网络配置工具到 Firefox 网页浏览器、Gaim 即时聊天工具、电子邮件和 BT 下载工具等。与著名的开源软件项目 LTSP 合作，内置了 Linux 终端服务器功能，提供对以瘦客户机作为图形终端的支持，大大提高老式计算机的利用率。Ubuntu 20.04 LTS 对配备指纹识别功能的笔记本提供支持，同时可录制指纹和进行登录认证。

3.3.2 Ubuntu 的发行版本

1. 版本分类

Ubuntu 官方网站提供了丰富的 Ubuntu 版本及衍生版本，下面按照几个流行的标准来进行分类。

1）根据中央处理器架构划分

根据中央处理器架构划分，Ubuntu16.04 支持 i386 32 位系列、AMD 64 位 x86 系列、ARM 系列及 PowerPC 系列处理器。由于不同的 CPU 实现的技术不同，体系架构各异，因此 Ubuntu 会被编译出，可以支持不同中央处理器类型的发行版本。

2）根据发布版本用途划分

根据 Ubuntu 发行版本的用途来划分，可分为 Ubuntu 桌面版（Ubuntu Desktop）和 Ubuntu 服务器版（Ubuntu Server）、Ubuntu 云操作系统（Ubuntu Cloud）和 Ubuntu 移动设

备系统(Ubuntu Touch)。Ubuntu已经形成一个比较完整的解决方案,涵盖了IT产品的方方面面。

3)根据开发项目划分

除了标准Ubuntu版本外,Ubuntu官方还有几大主要分支,分别是Edubuntu、Kubuntu、Lubuntu、Mythbuntu、Ubuntu MATE、Ubuntu GNOME、Ubuntu Kylin、Ubuntu Studio和Xubuntu。

Edubuntu是Ubuntu的教育发行版,专注于学校教育的需求,是由Ubuntu社区和K12-LTSP社区合作开发的,是适合儿童、学生、教师使用的基础发行版,其内置了大量适合教学的应用软件和游戏。

Kubuntu是使用KDE桌面管理器取代GNOME桌面管理器,并且把其作为默认的桌面管理器的版本。Kubuntu的推出,为喜爱KDE桌面环境的用户的安装和使用带来了很大的便利。

Lubuntu是一个后起之秀,以轻量级桌面环境LXDE替代Ubuntu默认的GNOME。由于LXDE是一个轻量级桌面环境,因此Lubuntu所需的计算机资源很少,十分适合追求简洁或速度,以及还在使用旧硬件的用户选用。

Mythbuntu是一个用来实现媒体中心的Ubuntu发行版本,其核心组件是MythTV,所以Mythbuntu可以看作Ubuntu和MythTV的结合体。

Ubuntu MATE是一个使用Mate桌面的Ubuntu分支。Mate是一款基于GNOME 2开发的桌面系统。

Ubuntu GNOME是采用GNOME 3作为Ubuntu默认桌面管理器的发行版本。由于Ubuntu的默认桌面环境是Unity,为了满足Linux用户的不同需求和使用习惯,Ubuntu GNOME操作系统项目应运而生。

Ubuntu Kylin(优麒麟)是一个专门为中文用户定制的Ubuntu版本,预置了大量中国用户熟悉的应用,是Ubuntu官方中国定制版本,适合中国用户使用。例如支持中文输入法、农历、天气插件,用户还可以通过Dash快速搜索中国的音乐服务等功能,未来还会整合百度地图、淘宝、国内银行支付和实时车票机票查询等功能。

Ubuntu Studio则是一个为专业多媒体制作而打造的Ubuntu版本,可以编辑和处理音频、视频和图形图像等多媒体文件,对于多媒体专业人士而言,是一个不错的选择。

Xubuntu采用了小巧和高效的Xfce作为桌面环境,界面简约,类似于GNOME 2,功能全面,系统资源消耗较小,是追求速度和低配置计算机用户的福音,同时也为老旧计算机提供发挥余热的机会。

2. Ubuntu发展趋势

Ubuntu可谓是Linux世界中的黑马,其第一个正式版本于2004年10月正式推出。需要详细解释的是Ubuntu版本编号的定义,其编号以“年份的最后一位和发布月份”的格式命名,因此Ubuntu的第一个版本就称为4.10(2004.10)。除了代号之外,每个Ubuntu版本在开发之初还有一个开发代号。Ubuntu开发代号比较有意思,格式为“形容词+动物”,且形容词和动物名称的第一个字母要一致,如Ubuntu 16.04的开发代号是Xenial Xerus,译为“好客的非洲地松鼠”。从D版本开始又增加了一个规则,首字母要顺延上个版本,如果当前版本是D,下个版本就要以E来起头。具体发行版本情况如表3-1所示。

表 3-1 Ubuntu 历史版本一览表

版 本 号	代 号	发布时间
20.10	Groovy Gorilla	2020/10/22
20.04 LTS	Focal Fossa	2020/4/23
19.10	Eoan Ermine	2019/10/17
19.04	Disco Dingo	2019/4/19
18.10	Cosmic Cuttlefish	2018/10/18
18.04 LTS	Bionic Beaver	2018/04/26
17.10	Artful Aardvark	2017/10/21
17.04	Zesty Zapus	2017/04/13
16.10	Yakkety Yak	2016/10/20
16.04 LTS	Xenial Xerus	2016/04/21
15.10	Wily Werewolf	2015/10/23
15.04	Vivid Vervet	2015/04/22
14.10	Utopic Unicorn	2014/10/23
14.04 LTS	Trusty Tahr	2014/04/18
13.10	Saucy Salamander	2013/10/17
13.04	Raring Ringtail	2013/04/25
12.10	Quantal Quetzal	2012/10/18
12.04 LTS	Precise Pangolin	2012/04/26
11.10	Oneiric Ocelot	2011/10/13
11.04(Unity 成为默认桌面环境)	Natty Narwhal	2011/04/28
10.10	Maverick Meerkat	2010/10/10
10.04 LTS	Lucid Lynx	2010/04/29
9.10	Karmic Koala	2009/10/29
9.04	Jaunty Jackalope	2009/04/23
8.10	Intrepid Ibex	2008/10/30
8.04 LTS	Hardy Heron	2008/04/24
7.10	Gutsy Gibbon	2007/10/18
7.04	Feisty Fawn	2007/04/19
6.10	Edgy Eft	2006/10/26
6.06 LTS	Dapper Drake	2006/06/01
5.10	Breezy Badger	2005/10/13
5.04	Hoary Hedgehog	2005/04/08
4.10(初始发布版本)	Warty Warthog	2004/10/20

3.3.3 Ubuntu 社区

在这里套用文学大师维克多·雨果的一句名言："世界上最宽阔的是海洋，比海洋更宽阔的是天空，比天空更宽阔的是人的心灵。"Ubuntu 是世界上最流行的 Linux 系统之一，比 Ubuntu 更大的是自由软件，而比自由软件更大的则是自由软件的社区，图 3-3 所示即为社区网站。Ubuntu 社区为其用户提供了多种学习、交流、切磋和讨论方式，如论坛、星球、维基及 IRC 即时通信等。通过 Ubuntu 庞大的社区组织，Ubuntu 用户可以获得很多帮助和支持，使得 Ubuntu 使用起来更加得心应手。例如 Linux 公社是专业的 Linux 系统门户网站，实时发布最新 Linux 资讯，包括 Linux、Ubuntu、Fedora、Red Hat、Linux 教程、Linux 认证、SUSE Linux、Android、Oracle、Hadoop 等技术。

图 3-3　社区网站

首先，在学习 Ubuntu 过程中难免会遇到一些问题和困难，尤其是对于初学者来说，有了问题和困难就可以到 Ubuntu 社区去问，无论是中文社区还是英文社区，获得社区志愿者及热心用户的帮助对于 Ubuntu 的使用和提高都很重要。其次，要积极地融入社区，参与 Ubuntu 社区讨论，热心帮助其他 Ubuntu 初学者。当然，如果有能力，可以帮助社区的其他成员解决一些在你看来不难的问题。要融入社区，尤其是要参与到国际的 Ubuntu 社区之中，不仅可以提高技术水平，而且英文水平也会有很大的提高。Ubuntu 社区是一个很大的组织，它需要各种志愿者，程序员只是 Ubuntu 社区的一部分。所以，只要积极地参与 Ubuntu 社区的活动，每个人就有自己的角色和舞台。

3.4　常用命令及编辑工具

3.4.1　通用命令

(1) date：打印或者设置系统的日期和时间。

(2) stty -a：可以查看或者打印控制字符(Ctrl+C、Ctrl+D、Ctrl+Z 等)。

(3) passwd：用 passwd -h 查看其使用方法，用于设置用户的认证信息。

(4) logout，login：shell 的登录和注销命令。

(5) more，less，head，tail：显示或部分显示文件内容。

(6) lp/lpstat/cancel，lpr/lpq/lprm：打印文件。

(7) chmod u+x：对当前目录下的指定文件的所有者增加可执行权限。

(8) rm -fr dir：删除 dir 目录及目录下的所有文件。

(9) cp -r dir1 dir2：将 dir1 目录下的所有文件复制到 dir2 目录下。

(10) fg jobid：可以将一个后台进程放到前台，jobid 为后台运行的任务号。

(11) kill：发送指定的信号到相应进程。不指定型号将发送 SIGTERM(15)终止指定进程。如果进程无法终止，可使用 SIGKILL(9)尝试强制删除进程，具体发送什么信号可以通过 man kill 查看。

(12) ps：ps-e 或 ps-o pid，ppid，session，tpgid，comm(其中 session 显示的 sessionid，tpgid 显示前台进程组 id，comm 显示命令名称)。

(13) cd：目录切换命令。

(14) ls：字符界面下用于文件列表。

3.4.2 Ubuntu 常用命令

1. dpkg 命令

1) 作用

dpkg 是 Debian Package 的简写，是为 Debian 操作系统专门开发的套件管理系统，用于软件的安装、更新和移除。

2) 常见用法

dpkg 命令的常见用法及其功能说明如表 3-2 所示。

表 3-2 dpkg 命令的常见用法及其功能说明

命令	功能说明
dpkg -i package	手动安装软件包
dpkg -r package	卸载没有删除的配置文件
dpkg -P|-package	卸载并删除配置文件
dpkg -L package	查看软件包安装内容
dpkg -S filename	查看文件由哪个软件包提供
dpkg -l|configure	重新配置文件

2. apt 命令

1) 作用

apt 是 Advanced Packaging Tool 的简写，是 Linux 系统下的一款安装包管理工具。

2) 常见用法

apt 命令的常见用法及其功能说明如表 3-3 所示。

表 3-3 apt 命令的常见用法及其功能说明

命令	功能说明
apt-get install package	安装 package 软件包
apt-get update	更新源
apt-get upgrade	更新已安装的软件包
apt-get dist-upgrade	智能升级、安装新软件包，删除废弃的软件包
apt-get-f install	f-fix broken 修复依赖
apt-get autoremove	自动删除不再使用的软件包

续表

命　　令	功 能 说 明
apt-get remove packages	删除软件
apt-get remove package-purge	删除包并清除配置文件
apt-get clean	清除该目录
apt-get autoclean	清除该目录的旧版本的软件缓存
apt-cache depends some	查询软件 some 的依赖包
apt-get rdepends some	查询软件 some 被哪些包依赖
apt-cache search name|regexp	搜索软件
apt-cache show package	查看软件包的作用
apt-cache showsrc packagename|grep Build-Depends	查看一个软件的编译依赖库
apt-get source packagename	下载软件的源码
apt-get build-dep packagename	安装软件包源码的同时，安装其编译环境
apt-cdrom add	如何将本地光盘加入安装源列表

3. 系统命令

系统常用命令及其功能说明如表 3-4 所示。

表 3-4　系统常用命令及其功能说明

命　　令	功 能 说 明
uname-a	查看内核版本
cat/etc/issue	查看 Ubuntu 版本
ethtool eth0	查看网卡状态
cat/proc/meminfo;cat/proc/cpuinfo	查看内存、CPU 的信息
df-h	打印文件系统空间使用情况
fdisk	查看硬盘分区情况
du-h filename	查看文件大小
du-hs dirname	查看目录大小
free-m/-g/-k	查看内存的使用
ps-e ;ps-aux	查看进程
kill pid	杀掉进程
killall -9 processname	强制杀掉

4. 网络相关命令

网络相关命令及其功能说明如表 3-5 所示。

表 3-5　网络相关命令及其功能说明

命　　令	功 能 说 明
sudo pppoeconf	配置 ADSL
sudo pon dsl-provider	ADSL 手工拨号
sudo /etc/ppp/pppoe_on_boot	激活 ADSL
sudo poff	断开 ADSL
arping IP 地址	根据 IP 查看网卡地址
ifconfig | ifconfig eth0	查看本地网络信息(包括 IP 等)

续表

命　　令	功 能 说 明
netstat -r	查看路由信息
sudo ifconfig eth0 down	关闭网卡
sudo ifconfig eth0 up	启用网卡
sudo update-rc. d 服务名 defaults	添加一个服务
sudo update-rc. d 服务名 remove	删除一个服务
/etc/init. d/服务名 restart	临时重启一个服务
/etc/init. d/服务名 stop	临时关闭一个服务
/etc/init. d/服务名 start	临时启动一个服务
sudo apt-get install zhcon	控制台下安装中文平台
whereis filename 或 find 目录-name 文件名	查找某个文件

5. 压缩和解压缩命令

压缩和解压缩命令及其功能说明如表 3-6 所示。

表 3-6　压缩和解压缩命令及其功能说明

命　　令	功 能 说 明
tar zxvf a. tar. gz	解压缩 a. tar. gz
tar jxvf a. tar. bz2	解压缩 a. tar. bz2
tar zcvf xxx. tar. gz aaa bbb	压缩 aaa bbb 目录为 xxx. tar. gz
tar jcvf xxx. tar. bz2 aaa bbb	压缩 aaa bbb 目录为 xxx. tar. bz2

6. 补充命令

补充命令及其功能说明如表 3-7 所示。

表 3-7　补充命令及其功能说明

命　　令	功 能 说 明
netstat -tupln(t=tcp,u=udp,p=program,l=listen,n=numric)	查看本地所有的 tcp、udp 监听端口
man -k keyword、eg: man-k user	通过 man 搜索相关命令
du(du-estimate file space usage)	统计文件所占用的实际磁盘空间
wc -c/-l/-w(wc-print the number of newlines,words,and bytes in files)	统计文件中的字符、字节数
od -x/-c/(od-dump files in octal and other formats)	查看指定格式编码文件的内容
od -t c filename	查看文件的八进制形式
which od	查找 od 命令所在文件的位置
dpkg -S /usr/bin/od	查看该文件由哪个包提供
dpkg -L coreutils	查看 coreutils 包的全部内容就知道了 Linux 的核心命令
同时按下 Alt+Ctrl+Backspace	快速重启 X 服务
同时按下 Alt+F2 键	打开“运行”窗口
直接按下 PrtScr 键	截全屏
按 Alt+PrtScr 键	截取当前窗口
在字符界面中输入命令 gnome-screenshot-delay 3	延时 3s 截屏

3.4.3 Emacs和Vim编辑器

1. Emacs

1）作用

Emacs是著名的集成开发环境和文本编辑器，其被公认为是最受专业程序员喜爱的代码编辑器之一。它具有交互式、实时编辑、自文档化、可定制性、可扩展性和支持X Window环境的特征。

2）常见选项参数

Emacs常见选项参数及其功能说明如表3-8所示。

表3-8 Emacs常见选项参数及其功能说明

选项参数	功能说明
<C-b>,<C-n>,<C-p>,<C-f>,<M-b>,<M-e>,<C-a>,<C-e>,<M-a>	移动
<C-d>,<M-d-esc>,<M-d>,<C-kk>,<C-d'char>,<Insert>	更改/删除/替换
<C-space>,<C-y>,<C-->,<M-w>,<C-aky>	复制/粘贴
<C-s enter>,<C-s>,<C-r>,<M-x>	搜索/替换
<C-xs>,<C-xw>,<C-xc>,'n','yes'<CR>	保存/退出

2. Vim

1）作用

Vim编辑器是从Vi发展起来的一个文本编辑器。其具有代码补全、编译及错误跳转等方便的编程功能，在程序员中被广泛使用，它和Emacs并列成为类UNIX和Linux操作系统用户最喜欢的文本编辑器。

2）常见选项参数

Vim常见选项参数及其功能说明如表3-9所示。

表3-9 Vim常见选项参数及其功能说明

选项参数	功能说明
<h>,<j>,<k>,<l>,<b>,<e>,<0>,<$>,<G G>,<G>	移动
<x>,<cw>,<dw>,<dd>,<r>,<r>	更改/删除/替换
<v>,<P>,<u>,<y>,<yy>	复制/粘贴
</>,<n>,<n>,<%s/'regex'/'replacement'/g>	搜索/替换
<: q>,<: w>,<: q! >	保存/退出

习 题

一、选择题

1. 在Linux操作系统目录结构中，目录中的文件是普通用户可以使用的。可执行文件的目录是（　　）。

A. /sbin　　B. /bin　　C. /usr　　D. /lib

2. 在 Linux 操作系统目录结构中，Linux 的核及引导程序所需要的文件位于(　　)。

A. /bin　　B. /boot　　C. /root　　D. /proc

3. 在 Linux 操作系统目录结构中(　　)用来存放系统配置文件。

A. /1ib　　B. /dev　　C. /proc　　D. /etc

4. Linux 操作系统的 3 种特殊权限中仅用于目录文件的权限是(　　)。

A. SUID　　B. SGID　　C. 黏滞位　　D. 都可以

5. Linux 操作系统的 3 种权限中允许进入目录的权限是(　　)。

A. r-可读　　B. w-可写　　C. x-可执行　　D. 都不是

6. 下列脚本文件中最先自动执行的是(　　)。

A. /etc/rc.local　　B. /etc/profile　　C. ~/.Bashrc　　D. ~/.Bash_logout

7. 下面通配符中可匹配多个任意字符的通配符是(　　)。

A. *　　B. ?　　C. [abcde]　　D. [! a-e]

8. 输出重定向符号右边的文件已经存在，不会覆盖文件而是追加的定向符是(　　)。

A. <<　　B. >>　　C. 2>　　D. &>

二、填空题

1. 在 Linux 操作系统中，以________方式访问设备。

2. Linux 操作系统内核引导时，从文件________中读取要加载的文件系统。

3. ________目录用来存放系统管理员使用的管理程序。

4. 链接分为________和________。

5. 某文件的权限为 drw-r--r--，用数值形式表示该权限，则该八进制数为________该文件属性是________。

6. 前台启动的进程使用________终止。

7. 安装 Linux 操作系统对硬盘分区时，必须有________和________两种分区类型。

8. 编写的 shell 程序运行前必须赋予该脚本文件________权限。

9. 系统交换分区是作为系统________的一块区域。

10. 唯一标识每一全用户的是用户________和用户名。

11. 在 Linux 操作系统中所有内容都被表示为文件，组织文件的各种方法称为________。

三、简答题

1. 什么是 Linux 操作系统？Ubuntu 操作系统的特点有哪些？请简要说明。

2. Linux 操作系统的应用领域有哪些？从广义上来讲，Linux 操作系统主要由哪几部分构成？

3. 什么是 Linux 操作系统内核版本？什么是 Linux 操作系统的发行版本？常见的发行版本有哪些？

4. Linux 操作系统内核由哪几部分组成？每部分的作用是什么？

5. 简述 dpkg 命令的功能，并各用一行代码实现软件的安装和卸载。

6. more 和 less 命令有何异同？

7. Linux 操作系统下压缩文件和解压文件有什么不同？在 Linux 操作系统中压缩和解压文件的方法有哪些？

8. 在使用 Emacs 和 Vim 命令编辑文件时，都可以用来完成哪些功能？

第4章 安装 Ubuntu 操作系统

目前作为全球最流行且最有影响力的 Linux 开源系统之一,Ubuntu 操作系统自发布以来在应用体验方面已经有较大幅度的提升,即使对比 Windows 和 OS X 等操作系统,最新版本的 Ubuntu 也不逊色。

4.1 安装准备工作

安装之前要做一些准备工作,如硬件检查、分区准备、基本输入输出系统(Basic Input Output System,BIOS)的设置等。另外,还要获取 Ubuntu 安装包,可以到 Ubuntu 官方网站或者社区网站下载最新版本的 ISO 镜像文件,可以根据需要刻录成光盘,也可以下载到 U 盘进行使用。基于这些安装包可以任意复制,在任意多台计算机上安装。这里主要介绍在 Windows 10 操作系统环境下安装 Ubuntu18.04 64 位双系统,安装方法同样适用于 Ubuntu 的不断更新版本。为了直观和易于理解,这里会尽量图文并茂。如果参照本书安装出现了问题,可能是因为不同计算机之间的差异导致,可以在网络社区寻找解决办法,如果能够解决,可以将解决方法放到网络区,帮助遇到同样问题的用户尽快解决问题。

4.1.1 计算机的软硬件信息

1. 查看计算机 BIOS 模式

在 Windows 10 操作系统启动的环境下,按 Win+R 组合键进入"运行"界面,输入 msinfo32,按 Enter 键,出现如图 4-1 所示的计算机的系统信息。同时可查看 BIOS 模式是否是统一可扩展固件接口(Unified Extensible Firmware Interface,UEFI)模式。

如果计算机比较老,可能是传统主引导记录(Master Boot Record,MBR)模式,传统引导记录模式如图 4-2 所示。

计算机的 BIOS 模式有传统的 MBR 模式和新式 UEFI 模式,如果想了解这两种模式的发展历史,可以参阅相关文献。这两种不同的模式会对安装双系统的方法产生直接的影响。由于计算机硬件更新速度比较快,大部分计算机都属于新式 UEFI 模式,在这里只介绍新式 UEFI 模式下的双系统安装方法,如果计算机属于传统 MBR 模式,强烈建议更换硬件重装 Windows 操作系统,将 BIOS 模式更新为 UEFI 模式。

2. 计算机的硬盘数

购置的计算机是单个还是两个硬盘(一个是固态硬盘,另一个是普通硬盘)需确认清楚,多数情况下计算机只有一个硬盘。如果不清楚自己计算机系统中到底有几个硬盘,可以采用如下方法查看。在桌面上找到"此电脑"图标,右击,在弹出的快捷菜单中选择"管理"选项,如图 4-3 所示。

系统信息

文件(F) 编辑(E) 查看(V) 帮助(H)

系统摘要
- 硬件资源
- 组件
- 软件环境

项目	值
操作系统名称	Microsoft Windows 10 专业版
版本	10.0.18363 版本 18363
其他操作系统描述	没有资料
操作系统制造商	Microsoft Corporation
系统名称	DESKTOP-BLTIOGP
系统制造商	Micro-Star International Co., Ltd.
系统型号	MS-7B48
系统类型	基于 x64 的电脑
系统 SKU	Default string
处理器	Intel(R) Core(TM) i7-8086K CPU @ 4.00GHz, 4008 Mhz, 6 个内核, 12 ...
BIOS 版本/日期	American Megatrends Inc. 2.40, 3/8/2018
SMBIOS 版本	2.8
嵌入式控制器版本	255.255
BIOS 模式	UEFI
主板制造商	Micro-Star International Co., Ltd.
主板产品	Z370-A PRO (MS-7B48)
主板版本	1.0
平台角色	台式机
安全启动状态	关闭
PCR7 配置	无法绑定
Windows 目录	C:\WINDOWS
系统目录	C:\WINDOWS\system32
启动设备	\Device\HarddiskVolume10
区域设置	中国
硬件抽象层	版本 = "10.0.18362.752"
用户名	DESKTOP-BLTIOGP\qyu
时区	中国标准时间
已安装的物理内存(RAM)	16.0 GB
总的物理内存	16.0 GB
可用物理内存	11.2 GB
总的虚拟内存	32.0 GB
可用虚拟内存	25.5 GB
页面文件空间	16.0 GB
页面文件	D:\pagefile.sys

查找什么(W):

□ 只搜索所选的类别(S)　□ 只搜索类别名称(R)

图 4-1　计算机的系统信息

BIOS 版本/日期	American Megatrends Inc. 1.05.01, 2015/12/8
SMBIOS 版本	3.0
嵌入式控制器版本	255.255
BIOS 模式	传统
BaseBoard 制造商	Notebook
BaseBoard 型号	没有资料
BaseBoard 名称	基板
平台角色	移动
安全启动状态	不支持

图 4-2　传统引导记录模式

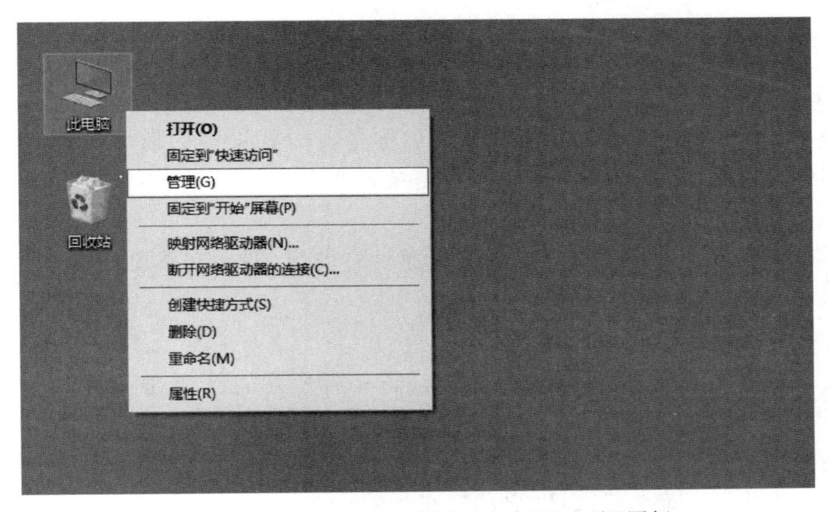

图 4-3　在 Windows 10 桌面上右击“此电脑”图标

接着单击“磁盘管理”选项，通过图 4-4 所示的磁盘管理的显示，可以清楚地知道该计算机有两个硬盘，因为计算机是从 0 开始计数的，所以磁盘 0 是 128GB 大小的固态硬盘，磁盘 1 是 1TB 的机械硬盘，固态硬盘相对于机械硬盘的读写速度要快，一般用来安装操作系统。以下请注意区分“单硬盘”和“双硬盘”操作的部分。

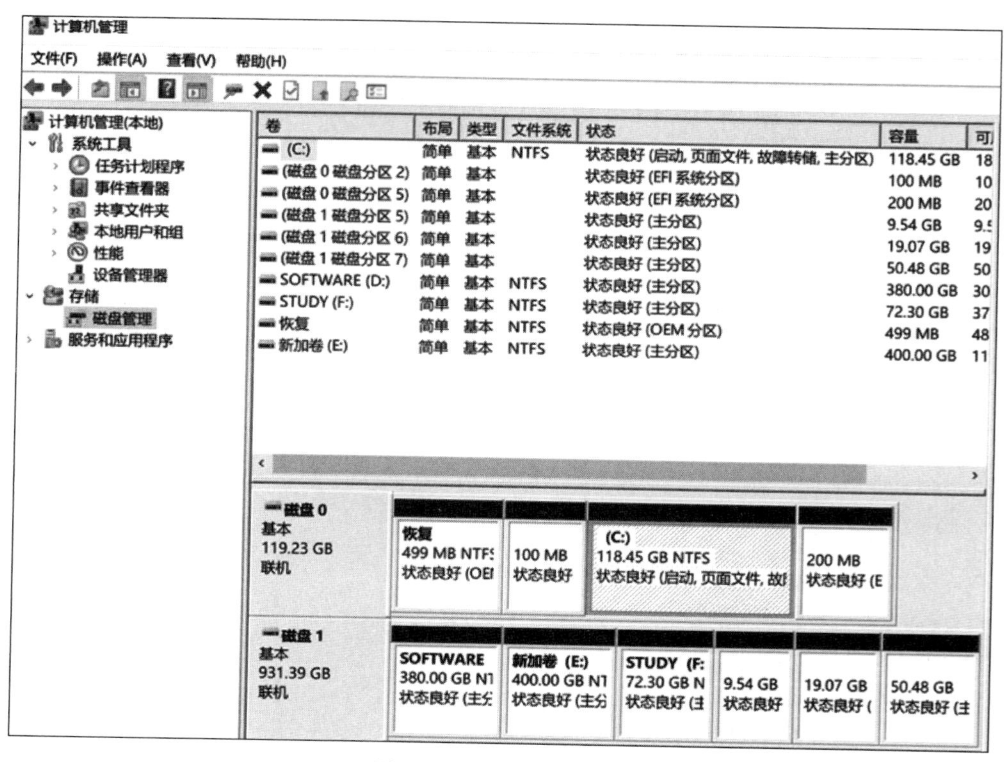

图 4-4　磁盘管理的显示

4.1.2　制作系统 U 盘

在用 U 盘制作系统盘之前，需要准备好以下材料。

(1) Ubuntu 系统镜像(例如 ubuntu-16.04.2-LTS-amd64)。

(2) 刻录软件，推荐“软碟通”(安装好的名称是 UltraISO)，会提示注册，选择继续试用即可；除非特殊情况，个人安装计算机操作系统较少刻录光盘，大多数情况下采用 U 盘方式安装。

(3) 准备一个大于 5GB 的 U 盘，最好里面没有内容，如果有重要内容，需要先备份，因为后面会被格式化。

(4) 安装并打开软碟通，插上 U 盘。

(5) 进入软碟通，选择文件，浏览到 Ubuntu 镜像所在的目录，选择 Ubuntu 镜像文件，双击打开，图 4-5 所示为打开 Ubuntu 镜像文件目录后的内容。另外，新的版本内容可能会跟这个有所不同。

(6) 在软碟通界面菜单栏选择“启动”，再选择“写入硬盘映像”，如图 4-6 所示，写入硬盘(这里是 U 盘)映像。

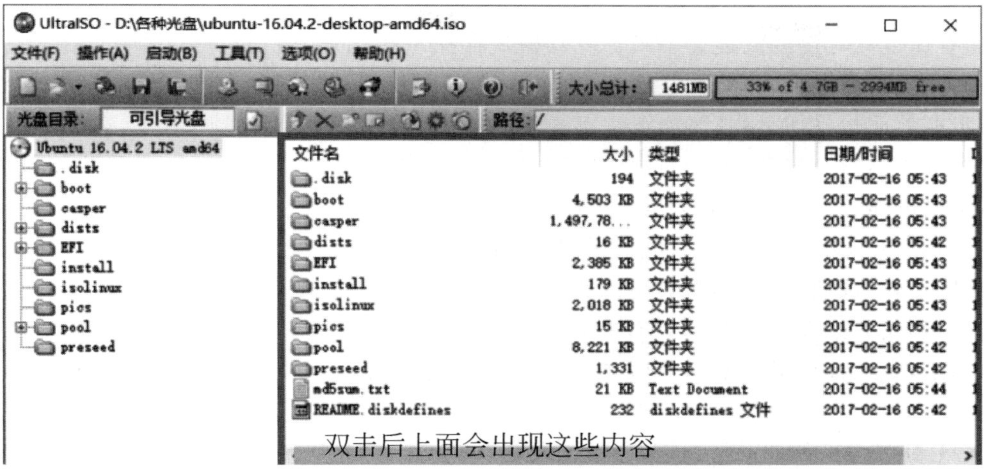

图 4-5　打开 Ubuntu 镜像文件目录后的内容

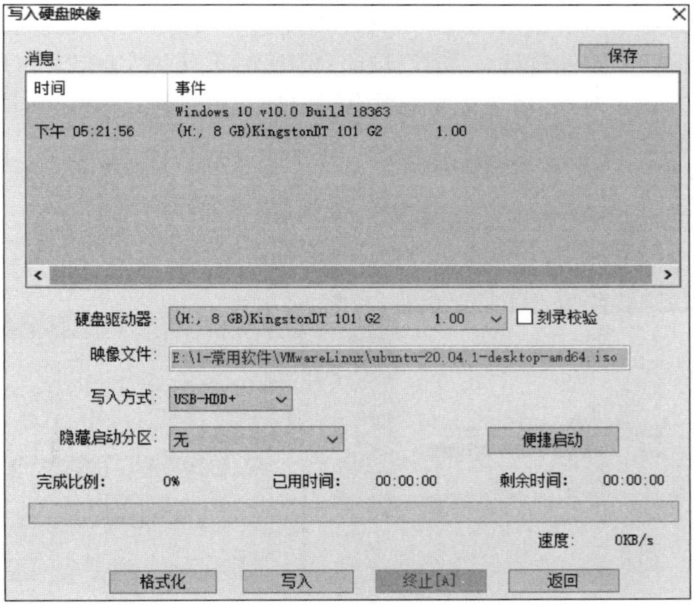

图 4-6　写入硬盘映像

在写入之前注意确认所选择的硬盘驱动器是否对应 U 盘，一般默认选择是 U 盘位置；查看映像文件是否对应已经下载好的 Ubuntu 镜像。如果上述均没有错误，单击“格式化”按钮，之后就会格式化 U 盘；也可以直接选择写入，不用格式化操作，但是会提示先要格式化 U 盘。在 U 盘格式化完毕之后，单击“写入”按钮，等待写入完毕。这样一个安装 Ubuntu 操作系统内容的启动 U 盘就制作完成了。

4.1.3　在 Windows 下创建安装分区

为了安装 Ubuntu 操作系统，必须从硬盘中分到一定的空间，不然就没有办法安装，当然也可以保留或者安装在 U 盘中，这样在使用 Ubuntu 操作系统时，除了每次要插拔 U 盘外，还有速度读写慢的问题。单硬盘和双硬盘存在一些区别，但是总体区别不大，尽量安装在空间充足的硬盘上，为后面在使用 Ubuntu 操作系统时，能够提供充足的存储空间。下面第一步在前面也操作过，具体如下。第一步选择桌面的“此电脑”图标，右击，在弹出的快捷菜单中选择“管理”选项，单击“磁盘管理”，显示结果如图 4-4 所示，不同的计算机硬件配置，显示结果可能有所不同。第二步为 Ubuntu 分配安装空间。

(1) 如果是单硬盘，选择一个分区盘符，在选择好的盘符上右击，在弹出的快捷菜单中选择“压缩卷”选项，压缩 D 盘符的操作如图 4-7 所示，输入压缩空间量，单位为 MB，如果空间充足，建议分出 80GB 或 100GB(1GB=1024MB)，空间不足也至少要分出 60GB。

总之，要在计算机的不同分区中找到没有用的空间。如果之前有空白分区，就不用压缩卷。

(2) 如果是双硬盘，需要先在 C 盘(磁盘 0)分出 200MB 的空白分区用来安装 Ubuntu 的启动项，有时这一步不用做。然后在另一块硬盘选择一个分区盘符，在选择好的盘符上右击，在弹出的快捷菜单中选择“压缩卷”选项，压缩 D 盘符的操作结果如图 4-7 所示，输入压缩空间量，单位为 MB，如果空间充足，建议分出 80GB 或 100GB，空间不足也至少要分出 60GB。特别说明一下，如果磁盘 0(或者只有一个磁盘)有足够空间安装 Ubuntu 操作系统，就不用做这一步。很多时候，因为磁盘 0 没有足够的空闲空间，不得不做这一步，把 Ubuntu 操作系统安装在磁盘 1 上。

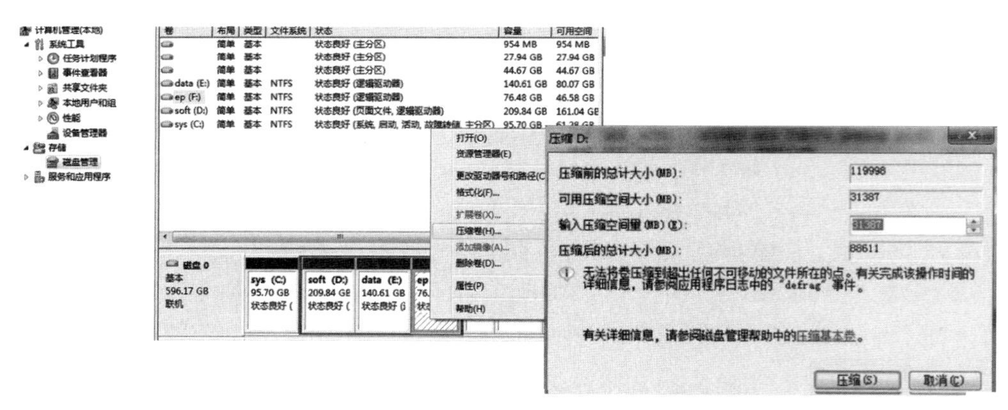

图 4-7 压缩 D 盘符的操作

有时候建议选择最后一个盘压缩卷，这是因为 Windows 和 Ubuntu 的文件存储格式是不一样的，分区的操作只是将磁盘分了一部分给 Ubuntu，事实上两个系统还是在共用一块磁盘，为了防止存储格式不同的两个系统可能相互影响，通过选择最后一个盘压缩将 Ubuntu 操作系统的分区分到了磁盘最后一段，也就是一块磁盘的前部分是 Windows 操作系统的分区，后部分是 Ubuntu 操作系统的分区。当然这也不是固定的，如图 4-8 所示就是没有选择最后一个分区的情况，这个分区是任意选择的，从 477MB 分区(斜线阴影部分)之后，连续的两个分区都是安装了 Ubuntu 的分区，在 Windows 磁盘管理系统下查看，是没有分配磁盘符显示的。反之，分配给 Windows 系统使用的分区都标注了磁盘符。

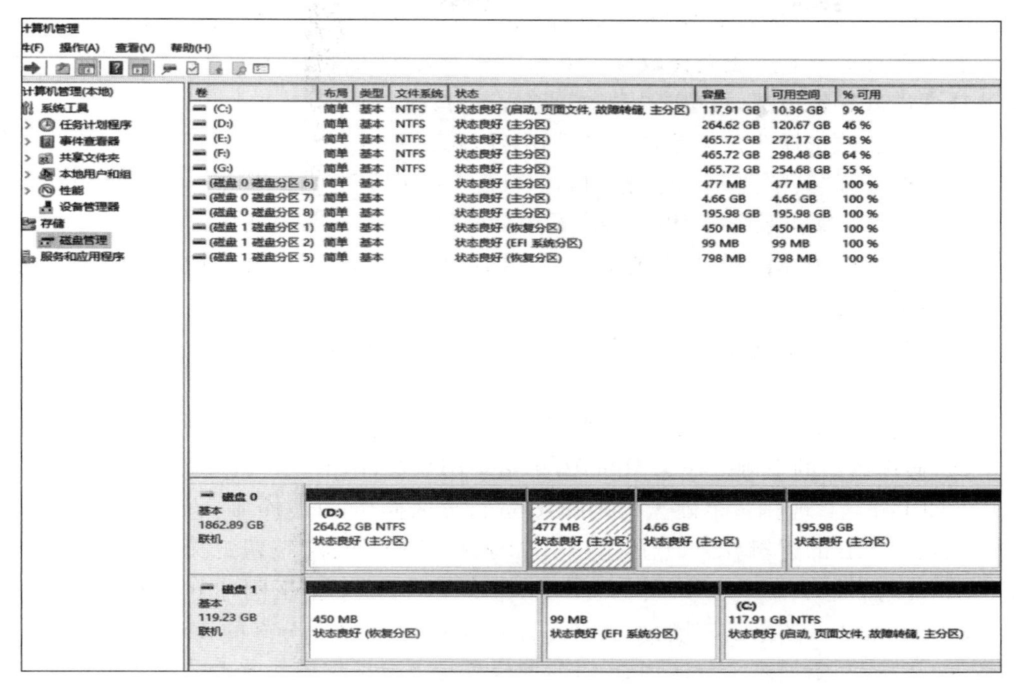

图 4-8　没有选择最后一个分区的情况

4.1.4　用 U 盘安装 Ubuntu 操作系统

在安装之前，先要在 BIOS 中设置好，可以通过 U 盘启动计算机。设置完成后，第一步，插好 U 盘系统盘，重启计算机，一般使用台式机时按 Delete 键开机进入 BIOS；第二步，在 Security 页面，关掉 Secure Boot，不同计算机的 Secure Boot 可能在不同位置；第三步，在 Boot 页面，如果有 Fast Boot 这一项，例如部分联想计算机是有的，也把它关掉，若没有则忽略；第四步，在 Boot 页面下方的启动项中选择“USB 启动”；最后一步，保存更改并退出。

在完成上述步骤后，重新启动计算机，根据不同的计算机型号按相应的键进入 Boot Manager。关于 Boot Manager 显示启动项，例如联想笔记本计算机按 F12 键，找到 USB 启动项，按 Enter 键即可启动计算机。总之，这里就是要设置好 BIOS，可以通过 U 盘启动计算机。如果不能成功，需要反复开机进行上述设置，直到 U 盘可以引导启动计算机。

通过选择 U 盘启动计算机后，就会进入 Ubuntu 安装界面。选择 Install Ubuntu，按 Enter 键确认，如果不想立即安装 Ubuntu 操作系统，其还提供了试用版本，光标停留在安装的第一行信息，按下 Enter 键就可以启动计算机，这时候进入的就是 Ubuntu 操作系统，可以进行试操作。

安装盘默认的安装界面中安装语言是英语。也许不同镜像会有些差异，但是显示的大致意思都一样，在语言栏往下拉，会有“中文(简体)”的语言选择。

在安装盘默认的安装界面中单击“安装 Ubuntu”按钮，出现“键盘布局”设置，默认是英语，建议不改。也可以设置成中文。

单击“继续”按钮继续安装 Ubuntu，出现“更新和其他软件”界面。选择“正常安装”单选按钮。不要在“其他选项”中选择“安装 Ubuntu 时下载更新”复选框，如果选择了该复选框，就会一边安装一边下载更新，安装的速度非常慢，等Ubuntu操作系统软件安装完成后，再进行各类软件的安装和更新比较好。如果继续安装，单击右下角的“继续”按钮。如果不想安装或者出现异常情况，可单击“退出”或“后退”按钮。

“安装类型”的选择非常关键，如果选择不好，就会破坏已经安装的Windows操作系统，在这里一定要选择“其他选项”单选按钮，这样就可以保留整个的Windows操作系统分区，即可以让Ubuntu操作系统和Windows操作系统共存于用户计算机中。

在“安装类型”选择过程中，可能会因为不同的计算机配置，出现这样那样的问题，需要根据具体情况进行处置。

下面进行分区。单硬盘的情况，只有一个空闲分区，其大小是Windows操作系统下分区好的。

双硬盘的分区操作存在一定的差别，后面注意讲解的不同。在这里先对单硬盘进行手动再分区，假设留出的空闲分区为100GB，单击空闲盘符，单击“+”，再次进行分区如下。

(1) EFI分区：现在对单硬盘的100GB进行分区操作，在这个唯一的空闲分区上单击“+”，添加200MB的逻辑分区，然后选择这个分区，单击“更改”按钮定义类型，选择这个分区用于EFI，记下这个分区编号，类似“/dev/sda2”等，一定要记下刚才分好的200MB计算机给出的分区编号。如果是双硬盘，找到事先在Windows系统分好的200MB空闲分区(应该在磁盘0上)，并添加这个分区用于EFI，同样要记下分区编号。这个分区必不可少，用于安装Ubuntu操作系统启动项，即开机时的启动界面。以下步骤对于单硬盘和双硬盘都一样，都在之前留出的100GB空闲分区上添加。

(2) Swap分区：即“交换空间”，充当Ubuntu的虚拟内存，一般大小为计算机物理内存的2倍左右，可以将其分为16GB，逻辑分区，然后选择这个分区，单击“更改”按钮定义类型，选择这个分区类型为Swap。

(3) /分区：最后选择余下的大分区，单击“更改”按钮定义这个分区类型，用于根目录标志/，/是Ubuntu操作系统的根目录分区标志，用于安装系统和软件，相当于Windows操作系统的C盘。

分区完毕，完全可以按照上面的描述进行把分区做得更细化，如可以再分出home等其他分区，具体划分可以根据自己对计算机知识的掌握程度来自由操作。

分区完成后开始安装Ubuntu操作系统。在分区界面的下方，选择“/dev/sda ATA Hitachi HTSS4161(100.0 GB)”安装启动引导器的设备，即选择创建的200MB的EFI分区，例如“/dev/sda2”，不同的计算机分区会有不同的编号，在下拉列表中选择这个EFI分区编号，这里一定要注意，Windows的启动项也是EFI文件，大小大概是500MB，而刚才创建的Ubuntu的EFI分区大小是200MB，一定要选对，之后单击“现在安装”按钮。

特别说明，因为大多数计算机都已经安装了Windows 10操作系统，所以已经存在EFI分区，因而上述的200MB分区的步骤可以省略，高版本的Ubuntu操作系统会默认公用Windows 10的EFI分区，同样可以安装成功。有时候也不需要交换分区，即Swap分区，一般来说分两个区就够了，一个是根目录/分区，另外一个是/home分区。随着计算机分区知识的增多，可以灵活处理上述步骤。

分区工作设置完成后，后面的安装步骤就较简单，其中设置用户登录图片，可以在右侧随意选择自己喜欢的图片或者使用摄像头拍摄。按照自己经常居住的位置进行地区设置，一般在国内选择 Shanghai。当然也可以直接单击“继续”按钮，默认地址不影响安装。最后设置姓名、计算机名、用户名和密码，如图 4-9 所示。其中用户名和密码即为系统启动后登录使用，务必要牢记。建议普通用户名采用尽量简单点的英文字母和数字，密码简单，方便后续的使用。如果是网络运维人员，这些设置另当别论。

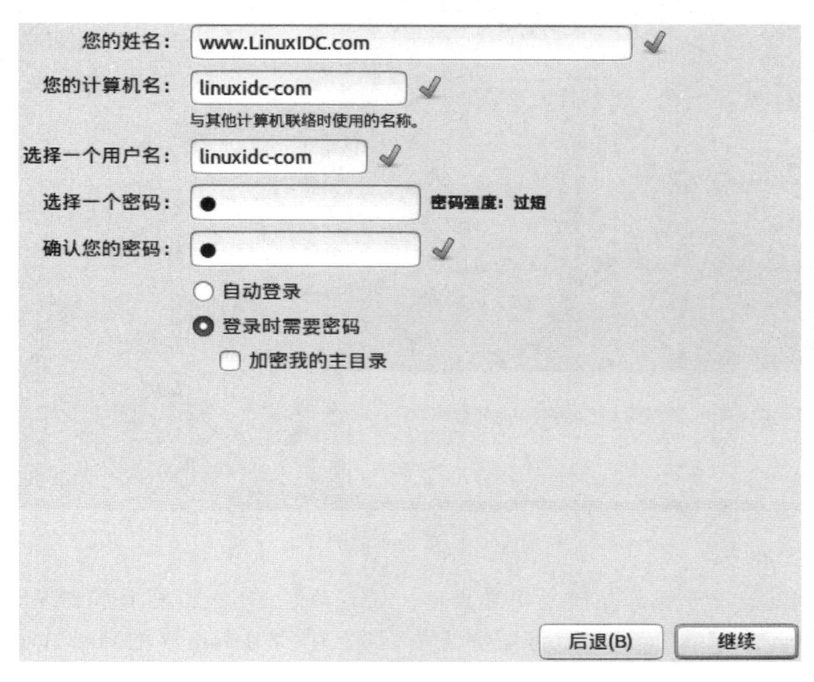

图 4-9　设置用户

系统开始安装，耐心等待安装完毕就可以了。图 4-10 是安装进度的界面，可以看出安装的是 Ubuntu 14.04 系统。

图 4-10　安装进度的界面

等待上述安装过程全部完成之后,会提醒重启计算机系统,把 U 盘拔掉,单击“现在重启”按钮,安装完成的界面如图 4-11 所示。如果计算机不能重启,可能是死机,就强制关机,再重启计算机系统就好了。

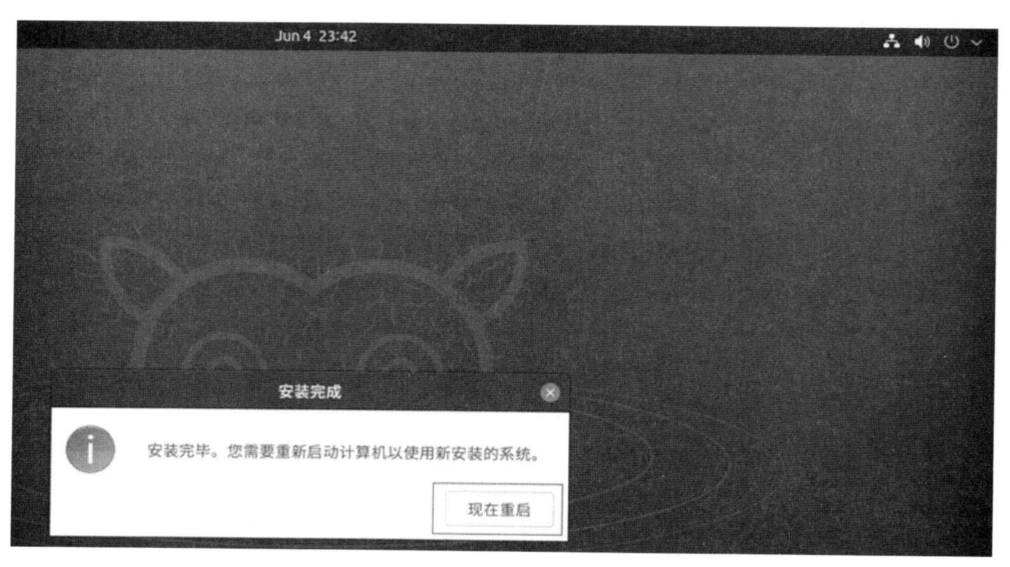

图 4-11　安装完成的界面

再次开机时会看到操作系统的引导界面。第一项是 Ubuntu 操作系统启动项,刚刚安装完成 Ubuntu 操作系统,默认是停留在这里;第二项是 Ubuntu 的高级选项;第三项是 Windows 操作系统启动项;第四项是高级管理 UEFI 设置项。默认选择的是第一个 Ubuntu 启动项,按 Enter 键进入 Ubuntu 操作系统;如果想进入 Windows 操作系统,采用键盘的上下按键移动到第三项,按 Enter 键就会进入 Windows 操作系统。

GNU GRUB version 2.04 的引导界面可以进行各种修改,如改变默认的开机启动操作系统和界面的颜色等。具体的参数需要进入 Ubuntu 操作系统,对 Grub.conf 文件进行修改保存,下次开机时就会显示更改的结果。另外,当分区安装 Ubuntu 操作系统没有成功时,应根据具体的问题具体分析进行解决。例如,有的计算机装完之后重启计算机系统,发现在启动界面死机,这可能是该计算机有较为特殊的独立显卡,Ubuntu 操作系统下缺少必要的驱动程序导致,可以参考网络上的一些资料进行解决。如果不能在独立分区下安装 Ubuntu 操作系统,也可以通过虚拟机在 Windows 操作系统中安装使用。

4.2　虚拟机中安装 Ubuntu 操作系统

虚拟机(Virtual Machine,VM)指通过软件模拟的具有完整硬件系统功能和运行在一个完全隔离环境中的完整计算机系统。虚拟系统是通过生成现有操作系统的全新虚拟镜像,具有跟真实 Windows 操作系统完全一样的功能。进入虚拟系统后,所有操作都在这个全新的、独立的虚拟系统中进行,可以独立安装运行软件、保存数据、拥有自己的独立桌面,不会对真正的 Windows 操作系统产生任何影响,而且是具有能够在现有系统与虚拟镜像之间灵活切换的一类操作系统。流行的虚拟机软件有 VMware(VMware ACE)、Virtual Box

和 Virtual PC，它们都能在 Windows 操作系统上虚拟出多个计算机操作系统。它们实际上只是一个安装在 Windows 操作系统下的应用程序文件，是虚拟的 Ubuntu 操作环境，而非真正意义上的操作系统，但拥有的实际操作效果是一样的，即可以使用 Ubuntu 操作系统的所有功能。

4.2.1 虚拟机 VMware 特征

VMware 是 EMC 公司旗下独立的软件公司，1998 年 1 月，斯坦福大学的 Mendel Rosenblum 教授带领他的学生 Edouard Bugnion 和 Scott Devine，以对虚拟机技术多年的研究成果创立了 VMware 公司，主要研究在工业领域应用的大型主机级的虚拟技术计算机，并于 1999 年发布了它的第一款产品——基于主机模型的虚拟机 VMware Workstation。然后于 2001 年推出了面向服务器市场的 VMware GSX Server 和 VMware ESX Server。目前，VMware 是虚拟机市场上的领航者，其首先提出并采用的气球驱动程序（balloon driver）、影子页表（shadow page table）、虚拟设备驱动程序（virtual driver）等均已被后来的其他虚拟机（如 Xen）采用。使用 VMware，可以同时运行 Linux 各种发行版，DOS、Windows 的各种版本和 UNIX 等，甚至可以在同一台计算机上安装多个 Linux 发行版和多个 Windows 版本。

4.2.2 下载 Ubuntu 安装文件

这里主要介绍两种下载 Ubuntu 安装文件的方法：一种是国内的开源网站；另一种是直接到 Ubuntu 官方网站下载。

1. 清华大学开源软件镜像站下载

下载地址为 https://mirrors.tuna.tsinghua.edu.cn/ubuntu-releases/，下载 ubuntu-21.04-desktop-amd64.iso 版本（desktop 是类似于 Windows 的界面化版本，方便操作）。图 4-12 为清华大学开源软件镜像站的 Ubuntu 下载界面。

Index of /ubuntu-releases/　　Last Update: 2021-06-04 12:08

File Name ↓	File Size ↓	Date ↓
Parent directory/	-	-
14.04/	-	2020-08-18 16:05
14.04.6/	-	2020-08-18 16:05
16.04/	-	2020-08-19 01:01
16.04.6/	-	2020-08-19 01:01
16.04.7/	-	2020-08-19 01:01
18.04/	-	2020-08-13 23:39
18.04.4/	-	2020-08-13 23:39
18.04.5/	-	2020-08-13 23:39
20.04/	-	2021-02-15 16:47
20.04.2/	-	2021-02-15 16:47
20.04.2.0/	-	2021-02-15 16:47
20.10/	-	2020-10-23 01:11
21.04/	-	2021-04-23 03:34
bionic/	-	2020-08-13 23:39
cdicons/	-	2012-09-21 19:18

图 4-12　清华大学开源软件镜像站的 Ubuntu 下载界面

2. Ubuntu 官方网站下载

下载地址为 https://ubuntu.com/download/desktop，选择想要安装的版本，例如 Ubuntu 20.04.2.0 LTS，找到软件包的位置，单击 download 按钮，就可以获取安装包。

4.2.3 安装 VMware Workstation 16

(1) 在官方网站下载 VMware Workstation 16。下载地址为 https://www.vmware.com/products/workstation-pro/workstation-pro-evaluation.html，当前最新的版本是 VMware Workstation 16 Pro，要下载适合 Windows 操作系统的版本，如图 4-13 所示。

图 4-13 VMware 官方下载界面

(2) VMware Workstation 的安装和普通软件安装一样，双击 VMware-workstation-full-16.0.0-16894299.exe，进入安装界面，如图 4-14 所示。

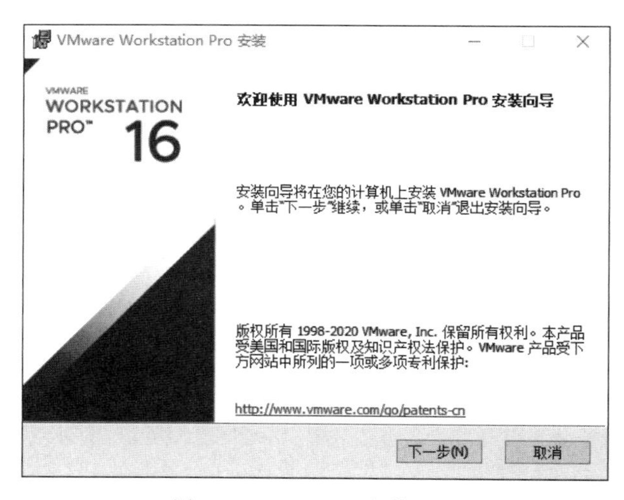

图 4-14 VMware 安装界面

(3) 单击图 4-14 中的"下一步"按钮，进入"最终用户许可协议"界面，如图 4-15 所示。

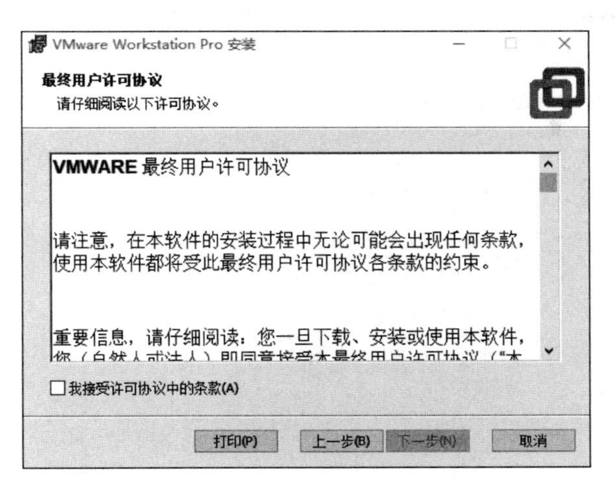

图 4-15 “最终用户许可协议”界面

(4) 在图 4-15 中选择“我接受许可协议中的条款”复选框，然后再单击“下一步”按钮，进入图 4-16 所示的“自定义安装”界面。

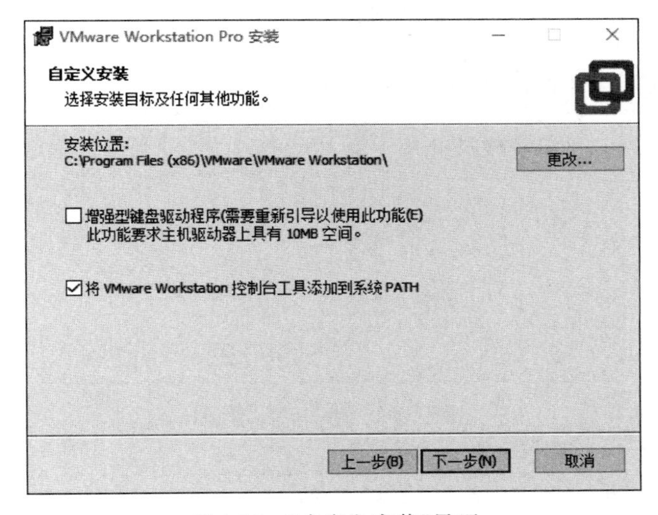

图 4-16 “自定义安装”界面

(5) 在图 4-16 中可以根据需求自行设置软件的安装路径，若无特殊需求，使用默认安装路径即可，单击图 4-16 中的“下一步”按钮，进入“用户体验设置”界面，如图 4-17 所示。

(6) 设置好图 4-17 所示的用户体验选项后，单击“下一步”按钮，进入设置“快捷方式”界面，在这里可以选择是否创建桌面快捷方式，如图 4-18 所示。

(7) 设置好快捷方式之后，单击“下一步”按钮，进入安装提示界面，直接单击“安装”按钮，等待安装完成，软件安装需要一段时间，如图 4-19 和图 4-20 所示。

(8) 安装完成后，进入图 4-21 所示的安装完成提示界面。

(9) 单击图 4-21 中的“许可证”按钮，弹出“输入许可证密钥”界面，在其中可以输入购买的正版许可密钥，如图 4-22 所示。

(10) 输入完成后，进入安装完成界面，单击“完成”按钮，即可完成安装，如图 4-23 所示。

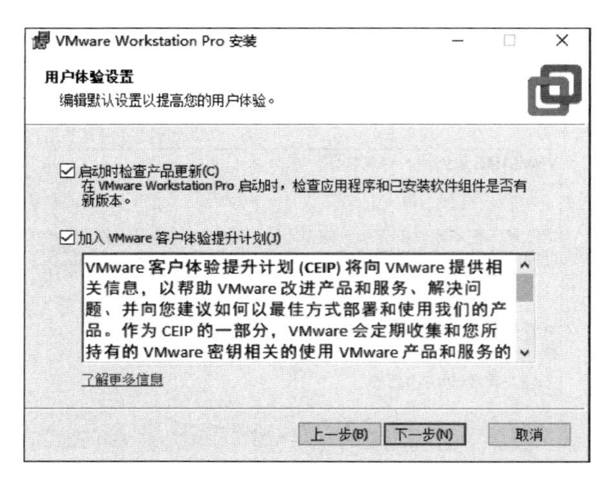

图 4-17 “用户体验设置”界面

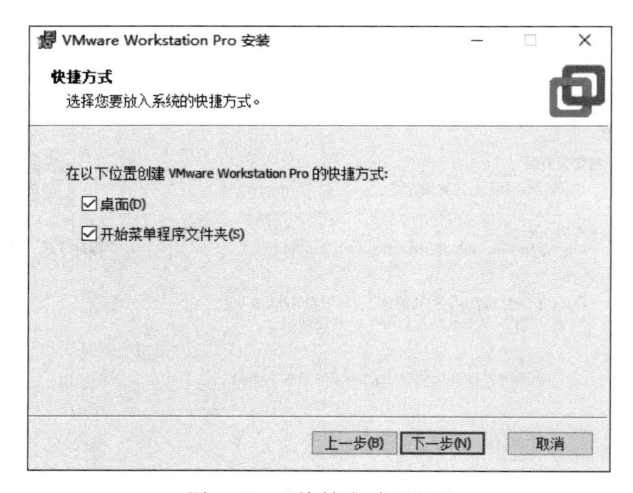

图 4-18 “快捷方式”界面

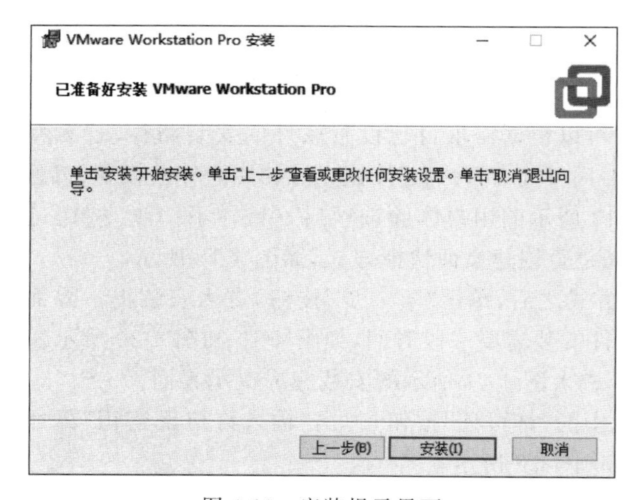

图 4-19 安装提示界面

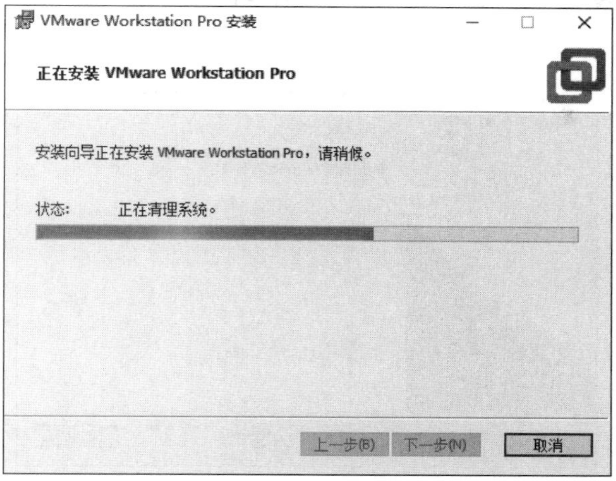

图 4-20　开始安装

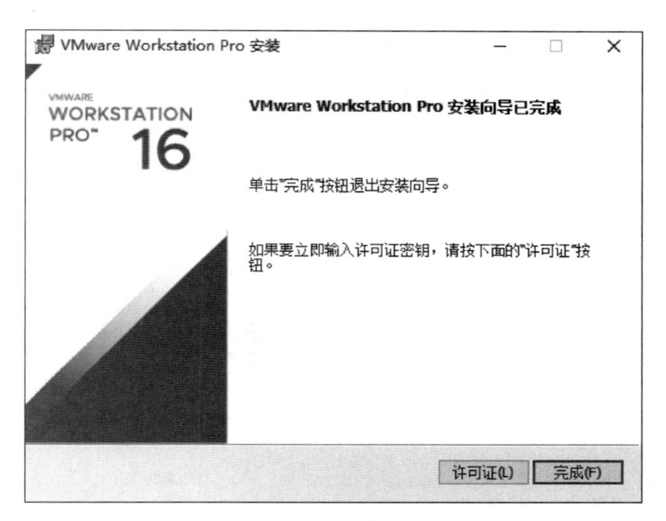

图 4-21　安装完成提示界面

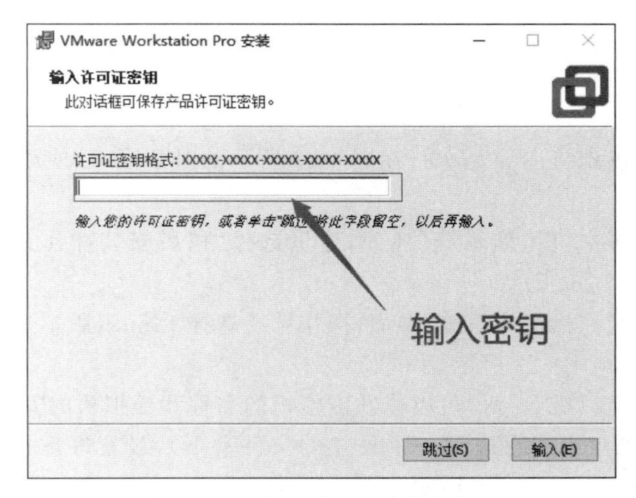

图 4-22　"输入许可证密钥"界面

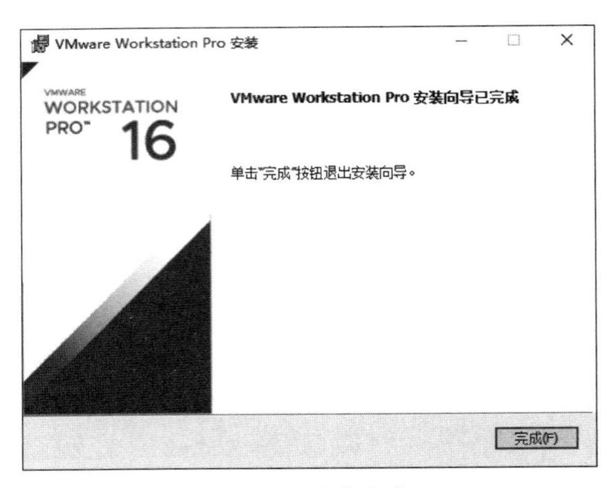

图 4-23　安装完成

4.2.4　在 VMware 中安装 Ubuntu

(1) 在桌面上找到 VMware 图标并双击，打开虚拟机 VMware，选择“创建新的虚拟机”选项，如图 4-24 所示。

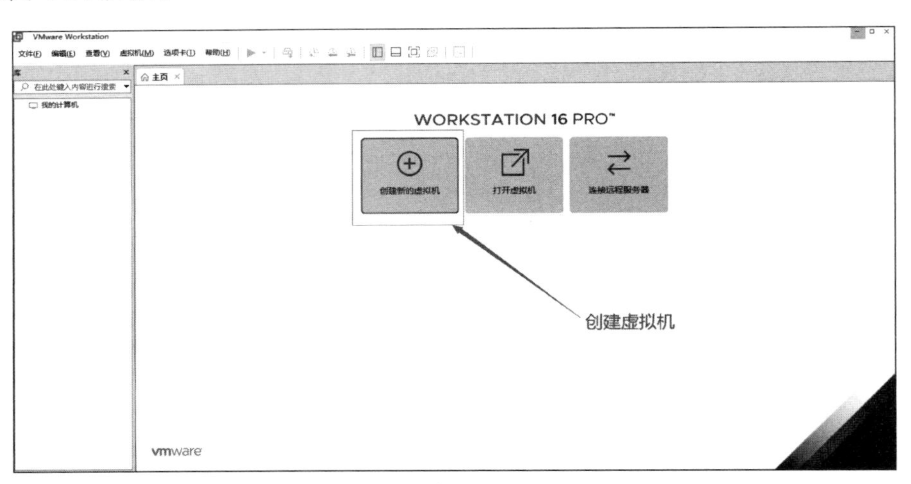

图 4-24　创建 VMware 虚拟机

(2) 进入“新建虚拟机向导”界面，在图 4-25 所示的对话框中，使用默认的“典型”安装，单击“下一步”按钮。

(3) 进入“安装客户机操作系统”界面，这里选择“稍后安装操作系统”单选按钮，单击“下一步”按钮，如图 4-26 所示。

(4) 进入“选择客户机操作系统”界面，操作系统选择 Linux，版本选择“Ubuntu 64 位”，单击“下一步”按钮，如图 4-27 所示。

(5) 进入“命名虚拟机”界面，可以修改虚拟机的名称和虚拟机的安装位置(建议给虚拟机分配一个独立的磁盘或者存放到一个独立的文件夹下)，设置好虚拟机名称和安装位置后，单击“下一步”按钮，如图 4-28 所示。

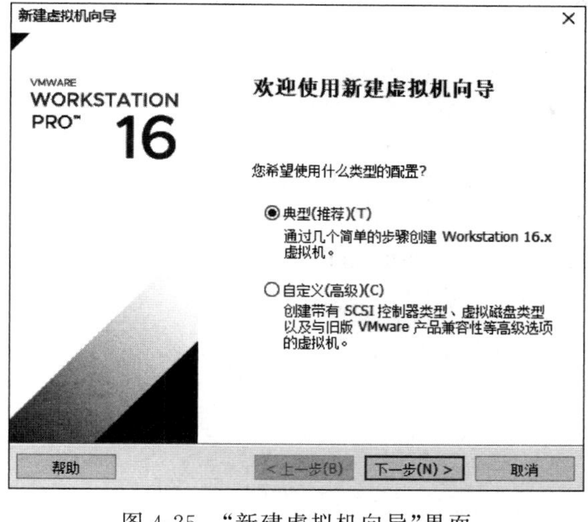

图 4-25 “新建虚拟机向导”界面

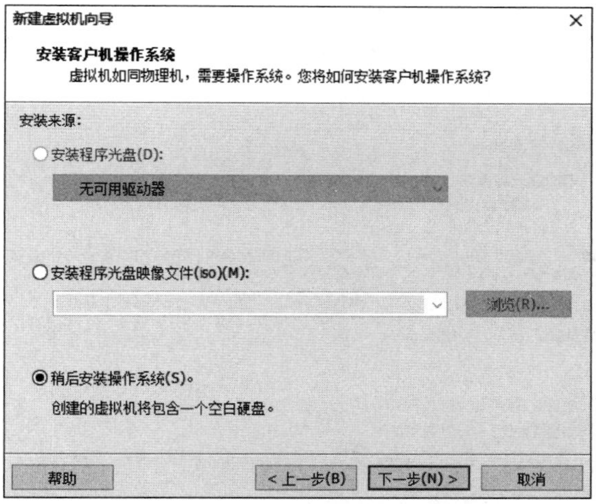

新建虚拟机向导

安装客户机操作系统

虚拟机如同物理机，需要操作系统。您将如何安装客户机操作系统?

安装来源:

安装程序光盘(D):

无可用驱动器

安装程序光盘映像文件(iso)(M):

浏览(R)...

稍后安装操作系统(S)。

创建的虚拟机将包含一个空白硬盘。

帮助 < 上一步(B) 下一步(N) > 取消

图 4-26 “安装客户机操作系统”界面

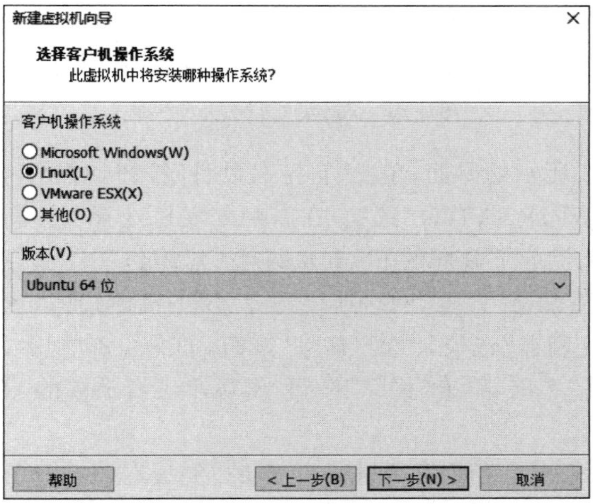

新建虚拟机向导

选择客户机操作系统

此虚拟机中将安装哪种操作系统?

客户机操作系统

Microsoft Windows(W)

Linux(L)

VMware ESX(X)

其他(O)

版本(V)

Ubuntu 64 位

帮助 < 上一步(B) 下一步(N) > 取消

图 4-27 “选择客户机操作系统”界面

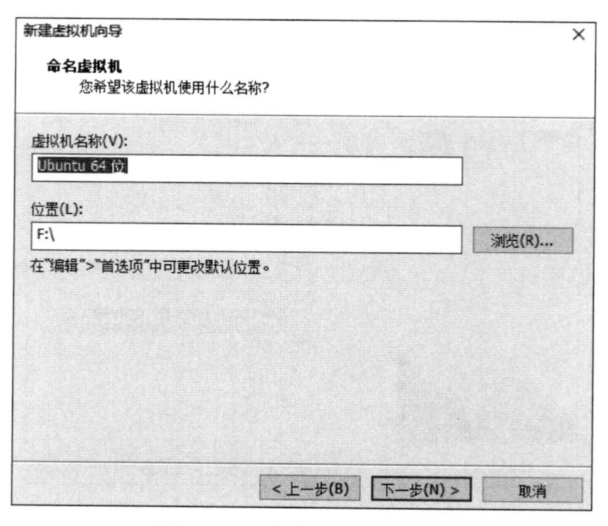

图 4-28 “命名虚拟机”界面

(6) 进入“指定磁盘容量”界面,选择“最大磁盘大小”为 99GB,单击“下一步”按钮,如图 4-29 所示。

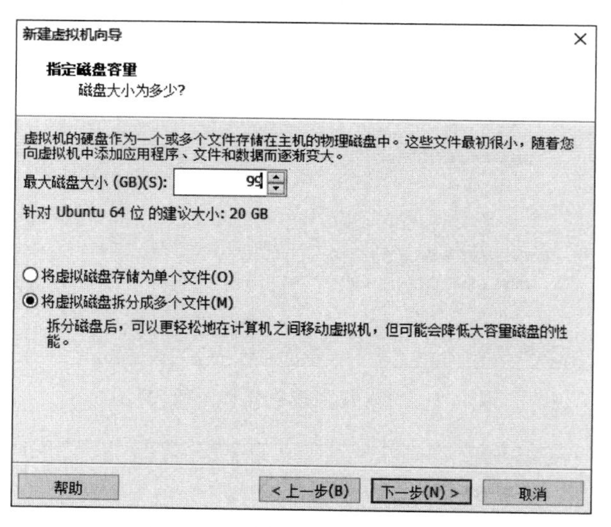

图 4-29 “指定磁盘容量”界面

(7) 进入如图 4-30 所示的界面,单击“自定义硬件”按钮,对硬件进行设置。

(8) 选择“新 CD/DVD(SATA)”选项,在右侧列表栏选择“使用 ISO 镜像文件”单选按钮,单击“浏览”按钮,把提前下载好的 ubuntu-21.04 压缩包文件加载进来,如图 4-31 所示。

(9) 切换到“网络适配器”设置,网络连接选择“仅主机模式”,如图 4-32 所示。

(10) 选择“USB 控制器”选项,单击“移除”按钮,如图 4-33 所示。

(11) 选择“打印机”选项,单击“移除”按钮,然后单击右下角的“关闭”按钮,退出自定义硬件,如图 4-34 所示。

(12) 回到“自定义硬件”界面后,单击右下角的“完成”按钮,这样就在 VMware 下创建了一个 Ubuntu 虚拟机,如图 4-35 所示。

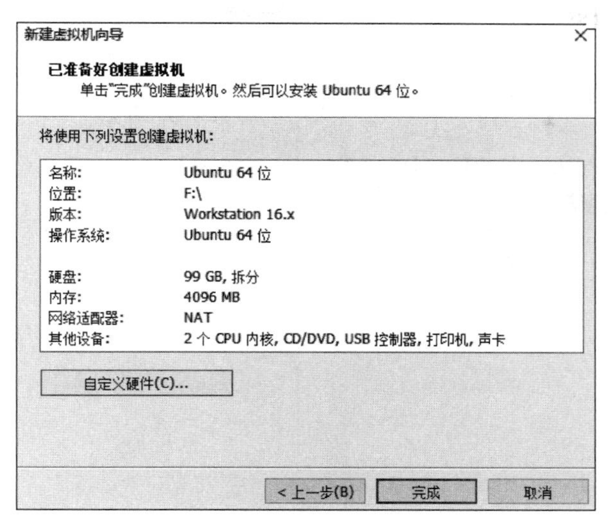

图 4-30　自定义硬件

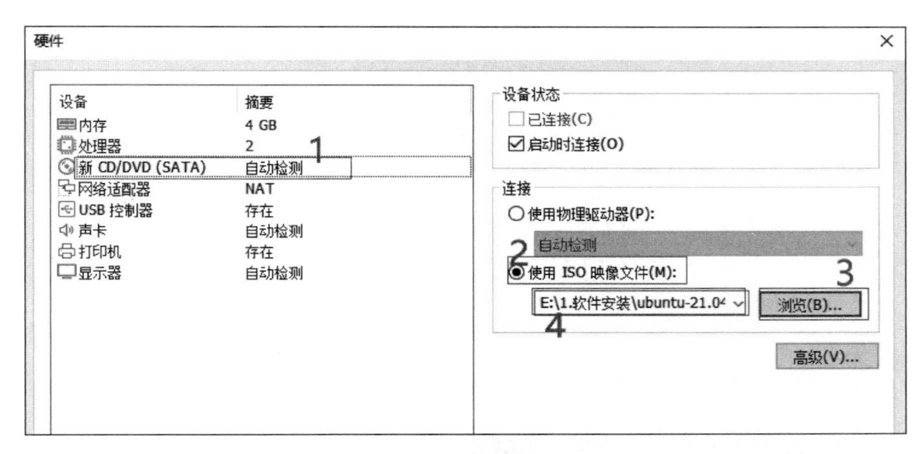

图 4-31　镜像导入

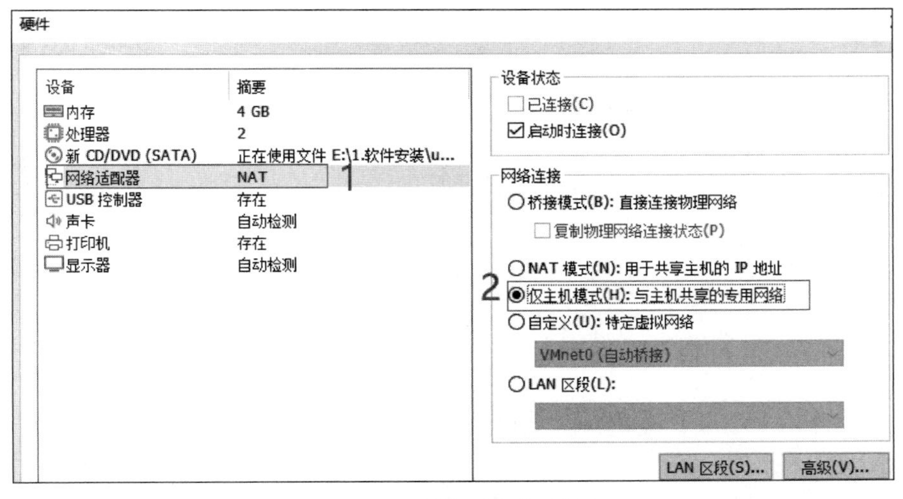

图 4-32　"网络适配器"设置

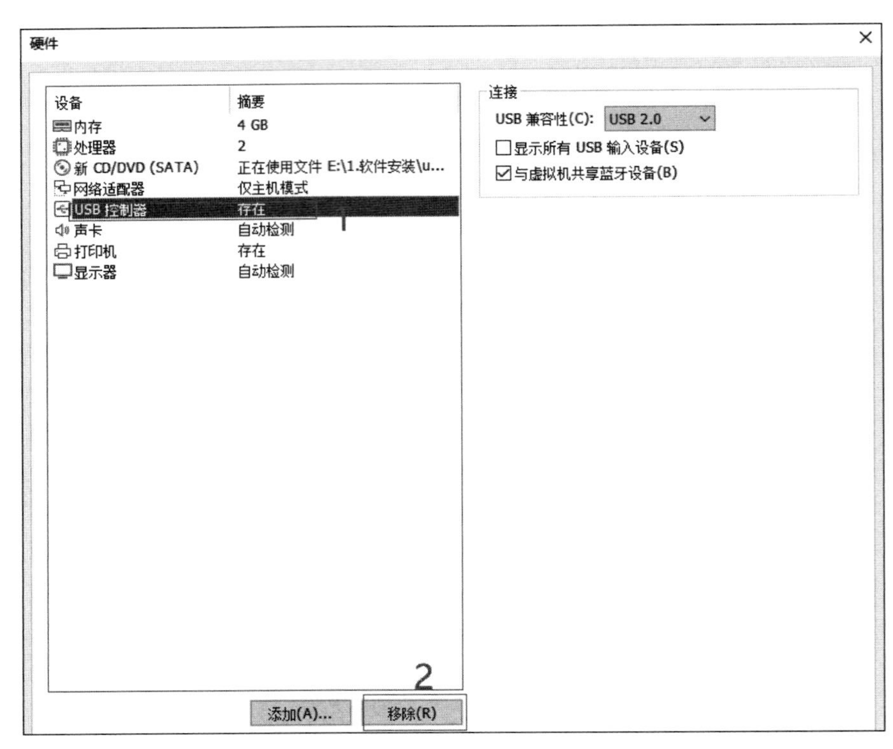

图 4-33　移除 USB 控制器

图 4-34　移除打印机

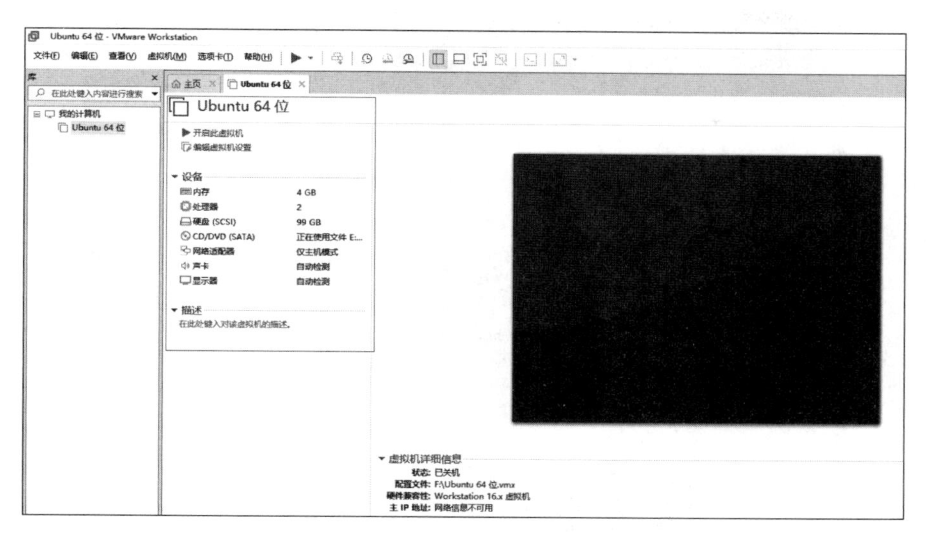

图 4-35　创建的 VMware 虚拟机

4.2.5　开启虚拟机

（1）单击“开启此虚拟机”选项，Ubuntu 系统会自动进行安装，稍等片刻，等待系统安装完成，如图 4-36 所示。

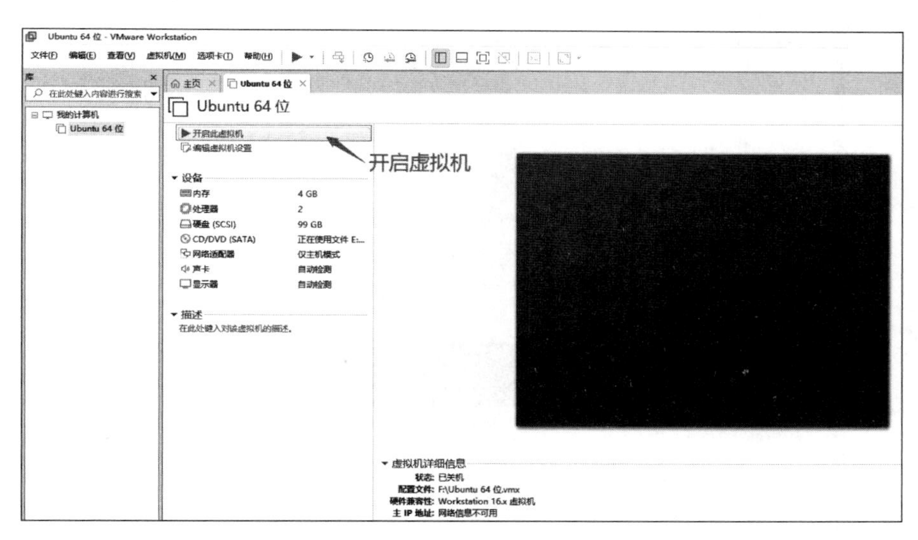

图 4-36　开启虚拟机

（2）Ubuntu 安装完成后会自动进入“欢迎”界面，这里可以选择“中文（简体）”选项，单击“安装 Ubuntu”按钮，如图 4-37 所示。

（3）选择“键盘布局”为 Chinese，单击“继续”按钮，如图 4-38 所示。

（4）选择“正常安装”单选按钮，单击“继续”按钮，如图 4-39 所示。

（5）进入“安装类型”界面，选择“清除整个磁盘并安装 Ubuntu”单选按钮，单击“现在安装”按钮，如图 4-40 所示。

图 4-37　安装 Ubuntu 操作系统

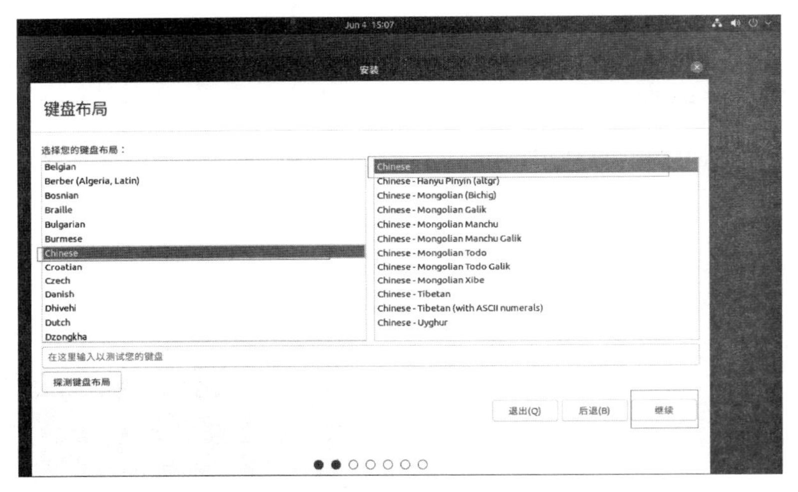

图 4-38　键盘布局

图 4-39　更新和其他软件

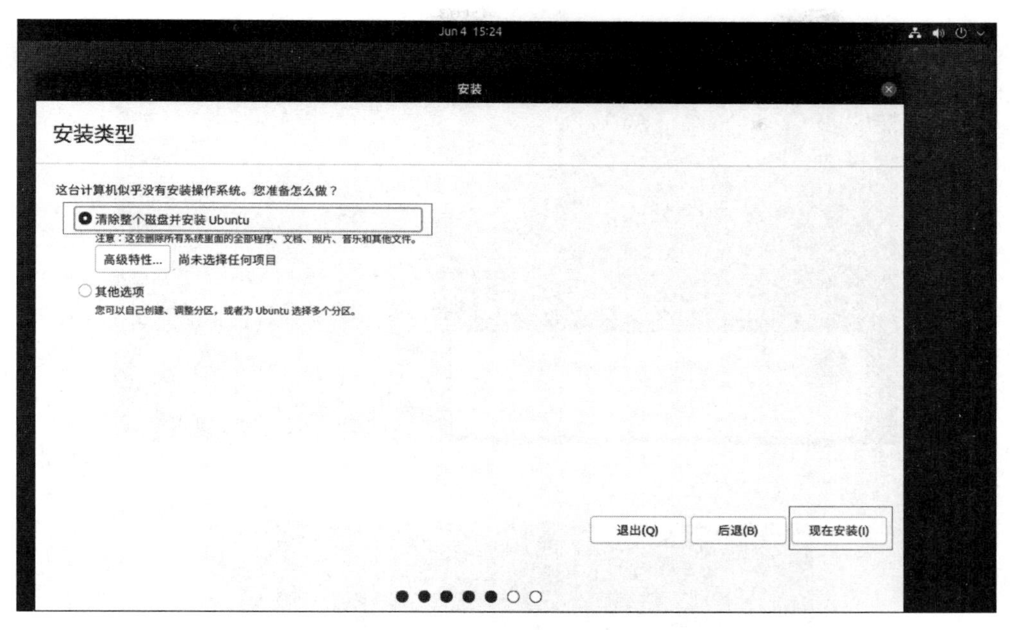

图 4-40　安装类型

（6）选择地区，单击“继续”按钮。接着输入个人信息，单击“继续”按钮，系统开始自动安装，需要等待一段时间，如图 4-41 所示。

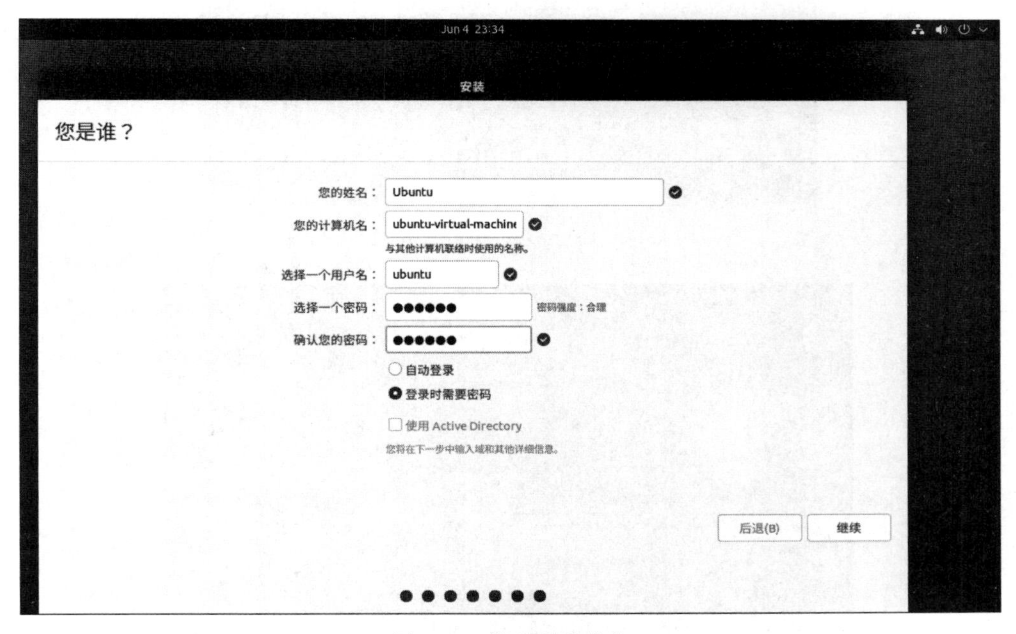

图 4-41　设置登录信息

（7）安装完成后，提示重启系统，单击“现在重启”按钮，系统开始重启，如图 4-42 所示。

（8）重启完成后，输入登录信息，便可以进入到 Ubuntu 操作系统，如图 4-43 和图 4-44 所示。

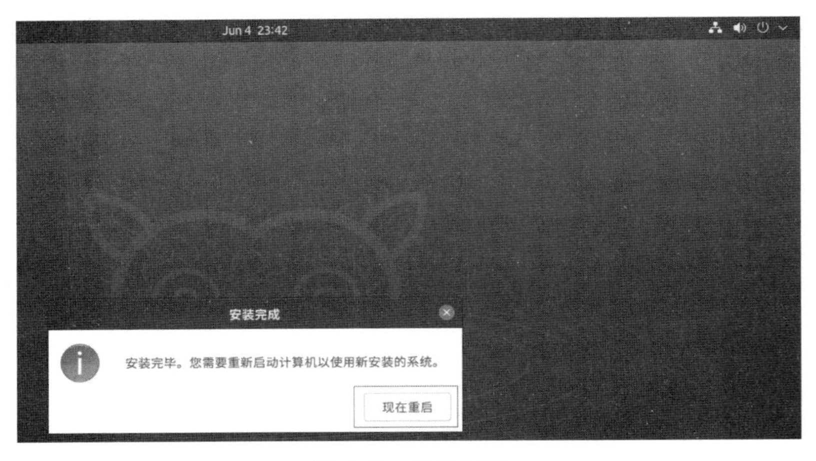

图 4-42　重启系统

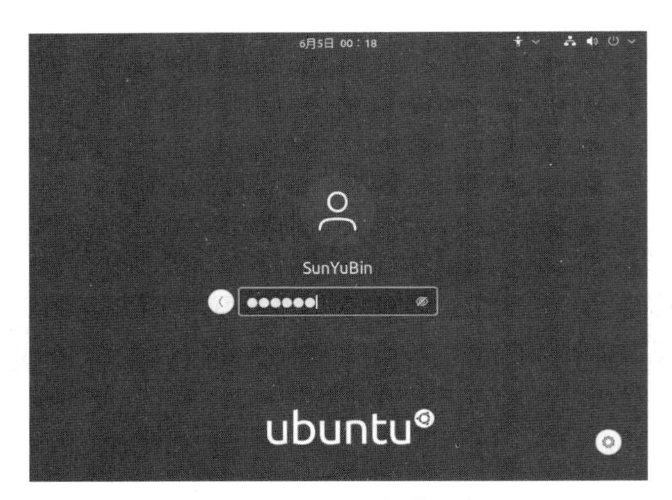

图 4-43　登录 Ubuntu 操作系统界面

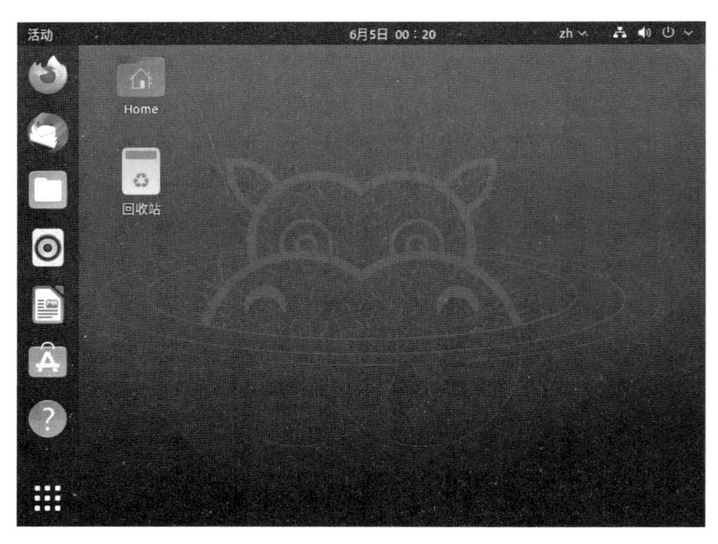

图 4-44　启动后 Ubuntu 操作系统的主界面

习　　题

一、选择题

1. 选择开机时进哪个操作系统的软件叫(　　)。

A. booter　　B. bootloader
C. OS downloader　　D. rebooter

2. 关于“Windows操作系统和Linux操作系统可以在一台计算机上共存”的说法，下列选项(　　)是正确的。

A. 对　　B. 不对

3. GNU项目的创始人是(　　)。

A. Richard Stallman　　B. Bill Gates
C. Steves Jobs　　D. Roberto Benigni

4. Mac OS X操作系统和Linux操作系统共同的鼻祖是(　　)系统。

A. Linux　　B. UNIX　　C. MS DOS　　D. Windows

5. 以下(　　)是Linux操作系统的发行版。

A. Debian　　B. Grub　　C. KDE　　D. GNOME

6. 目前Ubuntu操作系统的默认桌面环境/图形界面是(　　)。

A. XFCE　　B. KDE　　C. GNOME　　D. Unity C GNOME

7. GNU和Linux操作系统的关系是(　　)。

A. Linux操作系统是操作系统内核，GNU开发操作系统的必要程序，两者合为GNU/Linux操作系统
B. GNU是操作系统内核，Linux开发操作系统的必要程序，两者合为GNU/Linux操作系统
C. 两者都是操作系统
D. 两者都开发操作系统的必要程序

8. 当Linux操作系统被安装到Windows系统上运行的一个虚拟机中时，以下说法正确的是(　　)。

A. Linux操作系统分区被永久创建在计算机硬盘上
B. Linux操作系统分区被临时创建在计算机硬盘上
C. 没有Linux操作系统分区被创建
D. 有Linux操作系统分区被创建

9. GNOME、Unity、KDE等都是基于(　　)来显示图形界面的。

A. GRUB　　B. X server　　C. 分区软件　　D. Linux Loader

二、填空题

1. 按照Ubuntu操作系统版本发行规律，2018年4月发行的版本，版本号应该为________。

2. Linux操作系统是参照________系统演变而来的。

3. Red Hat、Ubuntu和Debian操作系统都是基于________系统的发行版。

4. Ubuntu操作系统下安装管理软件包使用________命令。

三、简答题

1. 什么是虚拟机？虚拟机有什么作用？目前流行的虚拟机软件有哪些？

2. Linux操作系统安装规范中，有两个分区一定要有，分别是哪两个？

3. 试比较图形化安装模式和文本安装模式的特点。

4. 对于单硬盘为1TB的计算机，用50GB的空间来安装Ubuntu操作系统，请给一种分区方案。

5. Linux操作系统的安装可以使用哪几种方式？分别有什么优缺点？

6. 在Ubuntu操作系统安装软件包时出现了如下问题：timeout（超时错误）或者443的错误。可能导致出现这个问题的原因是什么？

7. 如果在分割磁盘时设定了4个主扇区，但是磁盘还有空间，请问还能不能使用这些空间？

上机实验

实验：Ubuntu操作系统安装

实验目的

了解并掌握Ubuntu操作系统的安装。

实验内容

参考本章内容，自己在计算机上安装VMware虚拟机，并且在虚拟机中安装Ubuntu系统，安装过程中可能会遇到一些问题，要多去论坛找答案，安装适合自己版本的Ubuntu操作系统。

第5章 Ubuntu操作系统下常用命令

在安装好Ubuntu操作系统的环境后，从本章起，将要深入学习Ubuntu字符环境下的操作，为将来成为一名专业的开发者做准备。本章学习Ubuntu字符环境下的目录结构、文件名与类型、目录的基本操作、文件的基本操作、改变访问权限与归属、文件内容的查看、文件内容的查询、文件的查找、备份与压缩、X Window下文件与目录操作和gedit编辑器的使用。

5.1 系统管理与维护

5.1.1 pwd命令

1. 作用

pwd命令为当前路径显示命令。该命令用来查看当前所在的文件路径。

2. 格式

```
pwd [选项参数]
```

命令的“选项参数”使用“-”开头，命令会根据具体的选项参数执行不同的操作。在命令格式中，使用“[ ]”括起来的内容表示它不是必需的，例如使用pwd命令可以不带选项参数。

3. 常见选项参数

pwd命令的组成一般分为两部分，每部分之间使用空格隔开。pwd命令常见选项参数及其含义说明如表5-1所示。

表5-1 pwd命令常见选项参数及其含义说明

选项参数	含义说明
-L	显示当前的路径，有连接文件时，直接显示连接文件的路径
-P	显示当前的路径，有连接文件时，不使用连接路径，直接显示连接文件所指向的文件

4. 使用示例

使用pwd命令确定现在的工作目录，代码及运行结果如图5-1所示。

```
ubuntu@VM-0-5-ubuntu:~$ pwd
/home/ubuntu
```

图5-1 当前工作目录显示

在使用 pwd 命令知道了自己的工作目录后，如果想知道当前有效的用户名称，可以使用 whoami 命令确定现在的用户名称，图 5-2 所示为执行的操作结果。

```
ubuntu@VM-0-5-ubuntu:~$ whoami
ubuntu
```

图 5-2　确定当前操作用户名称

5. 使用说明

用户在使用 Linux 系统时，总是处在某个目录下，该目录称为用户的工作目录(working directory)。每个用户都有一个个人目录，也称为 home 目录，位置一般是在目录"/home"的下面。pwd 命令显示用户当前所处的目录，这是一个非常常用的命令。在 Ubuntu 操作系统字符界面中，如果不知道自己当前所处的目录，就要使用它。这个命令和 DOS 环境下的不带任何参数的 cd 命令的作用是一样的。

5.1.2　cd 命令

1. 作用

cd 命令为目录切换命令，用来进入某一个目录。只使用 cd 命令时，默认进入 Ubuntu 操作系统的计算机根目录文件夹下面，产生的文件列表与计算机根目录里面的文件一一对应。

2. 格式

```
cd [路径]
```

其中，路径是填写需要进入的目录路径。

3. 使用示例

cd 命令改变当前所处的目录或处理绝对目录和相对目录，如果用户当前处于"/home/ubuntu"目录，想进入"/root"目录，具体操作如图 5-3 所示。

```
root@VM-0-5-ubuntu:/home/ubuntu# cd /root
root@VM-0-5-ubuntu:~# pwd
/root
root@VM-0-5-ubuntu:~#
```

图 5-3　切换当前工作目录

4. 使用说明

Linux 命令分为 shell 内置命令和外部命令两种。shell 内置命令是指 shell 本身自带的命令，这些命令没有执行文件；外部命令是单独开发的命令，因此这些命令会有对应的执行文件。Linux 系统中的大部分命令都是外部命令，而 cd 命令则是一个典型的 shell 内置命令，所以 cd 命令没有执行文件所在的路径。

5.1.3　ls 命令

1. 作用

ls 是 list 的缩写。ls 命令用来查看当前工作目录所包含的文件夹，配合不同的字母可以实现组合命令。

2. 格式

```
ls  [选项参数]
```

同一种命令可能有不同的选项,不同的选项其实现的功能不同。shell 命令可以带参数运行,也可以不带参数运行。

3. 常见选项参数

ls 命令常见选项参数及其含义说明如表 5-2 所示。

表 5-2　ls 命令常见选项参数及其含义说明

选项参数	含义说明
-a	显示所有文件及目录(包括开头的隐藏文件也会列出)
-l	除文件名称外,也将文件类型、权限、拥有者和文件大小等信息详细列出
-r	将文件以相反次序显示(原来按照英文字母次序)
-t	将文件按照建立时间的先后次序列出
-A	同 -a ,但不列出“.”(目前目录) 及“..”(父目录)
-F	在列出的文件名称后加一符号;例如可执行档则加“*”,目录则加“/”
-R	若目录下有文件,则以下的文件也会按照次序列出

4. 使用示例

1) 用 ls 命令列出当前目录中的文件和文件夹

步骤 1:利用 mkdir 命令在当前目录创建一个子目录;

步骤 2:分别使用图 5-4 列出的命令在当前目录中创建两个文件,它们的文件名分别为 dog 和 cat2010;

步骤 3:用 ls 命令列出当前目录中的所有文件和目录,操作结果如图 5-4 所示。

```
ubuntu@VM-0-5-ubuntu:~$ mkdir hello
ubuntu@VM-0-5-ubuntu:~$ ls -l / >dog
ubuntu@VM-0-5-ubuntu:~$ cal 2015 >cat2010
ubuntu@VM-0-5-ubuntu:~$ ls
cat2010  dog  hello  install.sh  projects  repos  wisedu-unified-login-api-v1.0.jar
```

图 5-4　显示当前目录中的文件和文件夹

2) 显示隐藏文件

使用命令“ls -a”,具体显示结果如图 5-5 所示。Linux 系统用颜色来区分文件类别,一般情况下,默认蓝色代表目录,绿色代表可执行文件,红色代表压缩文件,浅蓝色代表链接文件,灰色代表其他文件。

```
root@VM-0-5-ubuntu:/home/ubuntu# ls -a
.               cat2010  dog         .pearrc             repos                      .vim
..              cat.tar  .gnupg      .pip                .rpmdb                     .viminfo
.bash_history   cat.zip  hello       projects            .ssh                       wisedu-unified-login-api-v1.0.jar
.cache          .cmake   install.sh  .pydistutils.cfg    .sudo_as_admin_successful
```

图 5-5　显示文件夹中隐藏文件

5. 使用说明

可以在命令字符界面直接输入 ls 命令,系统将列出当前工作目录的所有内容。该命令也可以搭配不同的选项参数,实现不同的输出显示。

5.1.4 su 和 sudo 命令

1. 作用

su命令用于变更为其他用户的身份。sudo命令用来切换用户身份为root用户，只有切换到root用户时，才有充足的访问权限。也就是说，经由sudo命令所执行的指令就好像是root用户亲自执行。

2. 格式

```
su  root
sudo  [选项参数]
```

3. 常见选项参数

sudo命令常见选项参数及其含义说明如表5-3所示。

表5-3 sudo命令常见选项参数及其含义说明

选项参数	含义说明
-V	显示版本编号
-h	显示版本编号及指令的使用方式说明
-l	显示自己（执行sudo的用户）的权限
-p	改变询问密码的提示符

4. 使用示例

1）从普通用户切换到root用户

在字符界面输入su，操作结果如图5-6所示。

```
ubuntu@VM-0-5-ubuntu:~$ su - root
Password:
root@VM-0-5-ubuntu:~#
```

图5-6 普通用户切换到root用户

passwd命令用来修改用户密码，该用户既可以是普通用户也可以是root用户，还可以查询某一用户密码的状态，这一查询功能只有root用户可以使用。

2）修改Ubuntu操作系统用户登录密码

步骤1：输入su命令切换到root用户，可以输入“su - root”命令；

步骤2：输入passwd命令，修改Ubuntu操作系统用户登录密码，可以输入“passwd ubuntu”命令，成功操作的结果如图5-7所示。

```
ubuntu@VM-0-5-ubuntu:~$ su - root
Password:
root@VM-0-5-ubuntu:~# passwd ubuntu
Enter new UNIX password:
Retype new UNIX password:
passwd: password updated successfully
root@VM-0-5-ubuntu:~#
```

图5-7 修改普通用户登录密码

5. 使用说明

普通用户切换到 root 用户的方式有 su 和 sudo。su 使用 root 的密码，而 sudo su 使用用户密码。su(switch user)命令是将当前用户切换到一个指定的其他用户。sudo 命令是一种权限管理机制，依赖于“/etc/sudoers”，其定义了授权给哪个用户可以以管理员的身份能够执行什么样的管理命令，默认情况下，系统只有 root 用户可以执行 sudo 命令。需要 root 用户通过使用“vi sudo”命令编辑 sudo 的配置文件“/etc/sudoers”，才可以授权其他普通用户执行 sudo 命令。

5.1.5 date 和 cal 命令

1. 作用

(1) date 命令：用来显示系统当前的日期和时间。

(2) cal(calendar)命令：主要用于查看日历，如果后面只有一个参数则表示年份，如果有两个参数则表示月份和年份。

2. 使用示例

(1) date 命令：在字符界面输入 date，具体操作结果如图 5-8 所示，显示为 2020 年 12 月 5 日星期六，中国的标准时间 16 点 14 分 56 秒。

```
ubuntu@VM-0-5-ubuntu:~$ date
Sat Dec  5 16:14:56 CST 2020
```

图 5-8 显示当前具体的日期时间

(2) cal 命令：在字符界面输入 cal，如图 5-9 所示为 2020 年 12 月日历的显示结果。

```
ubuntu@VM-0-5-ubuntu:~$ cal
   December 2020
Su Mo Tu We Th Fr Sa
       1  2  3  4  5
 6  7  8  9 10 11 12
13 14 15 16 17 18 19
20 21 22 23 24 25 26
27 28 29 30 31
```

图 5-9 当前日期的日历显示

3. 使用说明

除了可以显示当前操作系统的日历外，还可以自己定义参数，例如在字符界面中输入“cal 5 1997”命令，具体显示结果如图 5-10 所示。使用 cal 命令既可以查询过去时间的日历，也可以查询将来时间的日历。

```
ubuntu@VM-0-5-ubuntu:~$ cal 5 1997
      May 1997
Su Mo Tu We Th Fr Sa
             1  2  3
 4  5  6  7  8  9 10
11 12 13 14 15 16 17
18 19 20 21 22 23 24
25 26 27 28 29 30 31
```

图 5-10 1997 年 5 月的日历显示

5.1.6 uptime和free命令

1. 作用

(1) uptime命令：用于显示系统以及运行的时间、当前登录的用户数量和系统的平均负载。

(2) free命令：用来显示系统内存的状态，包括扩物理内存、虚拟内存、Swap交换分区、共享内存和系统缓存的使用情况。

2. 格式

```
free  [选项参数]
```

3. 常见选项参数

free命令常见选项参数及其含义说明如表5-4所示。

表5-4 free命令常见选项参数及其含义说明

选项参数	含义说明
-b	以B为单位显示内存使用情况
-k	以KB为单位显示内存使用情况
-m	以MB为单位显示内存使用情况
-h	以合适的单位显示内存使用情况，最大为3位数，自动计算对应的单位值
-o	不显示缓冲区调节列
-t	显示内存总和列
-V	显示版本信息

4. 使用示例

(1) uptime命令：图5-11所示为在字符界面直接输入uptime命令的结果。给出当前时间为16:39:14，系统已运行的时间为44天，7:21当前在线用户为1，平均负载为0.00，0.05，0.07。

```
root@VM-0-5-ubuntu:~# uptime
 16:39:14 up 44 days,  7:21,  1 user,  load average: 0.00, 0.05, 0.07
```

图5-11 输入uptime命令显示系统时间

(2) free命令：输出结果如图5-12所示，主要显示了Memory和Swap分区的存储器情况。

```
root@VM-0-5-ubuntu:~# free
              total        used        free      shared  buff/cache   available
Mem:        1877076      588720      217580        5364     1070776     1096040
Swap:       1049596      462336      587260
```

图5-12 显示内存分布应用

5.1.7 who和w命令

1. 作用

(1) who命令：主要用于查看当前系统上工作的用户有哪些。

（2）w 命令：和 who 命令类似，但是 w 命令主要用于显示登录到系统的用户状况。w 命令不但可以显示哪些用户登录到该系统，还可以显示这些用户当前正在进行的工作。

2. 使用示例

（1）who 命令：在字符界面中输入 who，运行结果如图 5-13 所示，当前用户是 ubuntu，最后还给出系统联网的 IP 地址。

```
root@VM-0-5-ubuntu:~# who
ubuntu   pts/0        2020-12-05 16:12 (49.80.76.128)
```

图 5-13　显示当前系统工作用户

（2）w 命令：图 5-14 是在字符界面下输入 w 的操作结果，其中的 JCPU 是与该 TTY 界面连接的所有进程占用的时间，不包括过去的后台作业时间。PCPU 是当前进程所占用的时间。

```
root@VM-0-5-ubuntu:~# w
 16:22:06 up 44 days,  7:04,  1 user,  load average: 0.17, 0.11, 0.09
USER     TTY      FROM             LOGIN@   IDLE   JCPU   PCPU WHAT
ubuntu   pts/0    49.80.76.128     16:12    0.00s  0.03s  0.00s sshd: ubuntu [priv]
```

图 5-14　w 命令显示用户情况

5.1.8　uname 和 last 命令

1. 作用

（1）uname 命令：用于显示操作系统的信息，配合其他字母可以组合成不同的命令。

（2）last 命令：用于查看当前和过去登录系统用户的相关信息。

2. 格式

```
uname  [选项参数]
```

3. 常见选项参数

uname 命令常见选项参数及其含义说明如表 5-5 所示。

表 5-5　uname 命令常见选项参数及其含义说明

选项参数	含义说明
-a	显示全部的信息
-m	显示计算机类型
-n	显示在网络上的主机名称
-r	显示操作系统的发行编号
-s	显示操作系统名称
-v	显示操作系统的版本
--help	显示帮助
--version	显示版本信息

4. 使用示例

（1）uname 命令：在界面中输入 uname，如图 5-15 所示，显示结果是 Linux 的操作系统信息。

```
root@VM-0-5-ubuntu:~# uname
Linux
```

图 5-15　显示操作系统信息

每个命令都有自己的参数系统，使用-n 和-i 组合的 uname 命令，如图 5-16 所示，在字符界面输入命令“uname -n -i”，显示操作系统的详细信息是 Ubuntu x86 64 位。

```
ubuntu@VM-0-5-ubuntu:~$ uname -n -i
VM-0-5-ubuntu x86 64
```

图 5-16　显示操作系统的详细信息

（2）last 命令：具体显示结果如图 5-17 所示。

```
root@VM-0-5-ubuntu:~# last
ubuntu   pts/0        49.80.76.128     Sat Dec  5 16:12   still logged in

wtmp begins Sat Dec  5 16:12:22 2020
```

图 5-17　查看当前和过去登录系统用户

5.1.9　man 和 ulimit 命令

1. 作用

（1）man 命令：Linux 下的帮助指令。通过 man 命令可以查看 Linux 中的指令、配置文件和编程帮助等信息，还可以快速查询其他每个 Linux 命令的详细描述和使用方法。man 手册一般保存在“/user/share/man”目录下。man 命令是最常见的命令，也是 Linux 最主要的帮助命令。

（2）ulimit 命令：显示用户使用的资源的限制(limit)。这些限制分为软限制(当前限制)和硬限制(上限)，其中，硬限制是软限制的上限值，应用程序在运行过程中使用的系统资源不超过相应的软限制，任何超越都导致进程的终止。ulimit 命令不限制用户可以使用的资源，但本设置对可打开的最大文件数(max open files)和可同时运行的最大进程数(max user processes)无效。

2. 常见选项参数

ulimit 命令常见选项参数及其含义说明如表 5-6 所示。

表 5-6　ulimit 命令常见选项参数及其含义说明

选项参数	含义说明
-a	列出所有当前资源极限
-c	设置 core 文件的最大值，单位为块
-d	设置一个进程的数据段的最大值，单位为 KB
-f	创建文件的文件大小的最大值，单位为块
-h	指定设置某个给定资源的硬极限，如果用户拥有 root 用户权限，可以增大硬极限，任何用户均可减少硬极限
-l	可以锁住的物理内存的最大值
-m	可以使用的常驻内存的最大值，单位为 KB
-n	每个进程可以同时打开的最大文件数

续表

选项参数	含义说明
-p	设置管道的最大值,单位为块,1 块=512B
-s	指定堆栈的最大值,单位为 KB
-S	指定为给定的资源设置软极限、软极限可增大到硬极限的值。如果-H 和-S 标志均未指定,极限适用于以上二者
-t	指定每个进程所使用的秒数,单位为秒
-u	可以运行的最大并发进程数
-v	shell 可使用的最大的虚拟内存,单位为 KB

3. 使用示例

man 命令的使用结果如图 5-18 所示。在字符界面输入"man ls",可以看到 ls 命令的详细文档介绍情况。

```
                              User Commands                              LS(1)


ls - list directory contents


   [OPTION]... [FILE]...


List  information  about the FILEs (the current directory by default).  Sort entries alphabeti-
cally if none of           nor        is specified.

Mandatory arguments to long options are mandatory for short options too.

   ,
       do not ignore entries starting with .

   ,
       do not list implied . and ..


       with   , print the author of each file

   ,
       print C-style escapes for nongraphic characters

            =SIZE
       scale sizes by SIZE before printing them; e.g., '--block-size=M' prints sizes  in  units
       of 1,048,576 bytes; see SIZE format below

   ,
       do not list implied entries ending with ~

       with     :  sort  by, and show, ctime (time of last modification of file status informa-
       tion); with   : show ctime and sort by name; otherwise: sort by ctime, newest first
l page ls(1) line 1 (press h for help or q to quit)
```

图 5-18 显示 ls 命令的帮助文档

5.2 文件管理与编辑

5.2.1 mkdir 和 touch 命令

1. 作用

(1) mkdir 命令:主要用于创建新的目录,也就是文件夹。要求创建目录的用户在当前目录中具有写权限，并且指定的目录名不能是当前目录中已有的目录。

(2) touch 命令：不仅可以创建文件，还可以修改文件的时间参数。

2. 格式

```
mkdir  [选项参数]  [目录名称]
```

其中，目录名称用于设置创建的新目录的名称。

3. 常见选项参数

mkdir 命令常见选项参数及其含义说明如表 5-7 所示。

表 5-7 mkdir 命令常见选项参数及其含义说明

选项参数	含义说明
-p	确保目录名称存在，若不存在就建一个
-m	对新建目录设置存取权限，也可以用 chmod 命令

4. 使用示例

(1) mkdir 命令：采用 mkdir 命令创建新目录 test 的结果如图 5-19 所示，创建的 test 目录在当前目录下。

```
root@VM-0-5-ubuntu:~# mkdir test
root@VM-0-5-ubuntu:~# ls
test
root@VM-0-5-ubuntu:~#
```

图 5-19 创建的 test 目录

(2) touch 命令：图 5-20 所示为采用 touch 命令创建新文件 jsut. doc。

```
type@DESKTOP-BLTIOGP:~$ ls
@  OpenFOAM  WE  WE~  fun.sh  function.sh  shelltest.sh  tt.txt  ttt.sh  we
type@DESKTOP-BLTIOGP:~$ touch jsut.doc
type@DESKTOP-BLTIOGP:~$ ls
@  OpenFOAM  WE  WE~  fun.sh  function.sh  jsut.doc  shelltest.sh  tt.txt  ttt.sh  we
type@DESKTOP-BLTIOGP:~$
```

图 5-20 创建新文件 just. doc

5. 使用说明

在 Linux 中，每个文件都关联一个时间戳，并且每个文件都会存储最近一次访问的时间、最近一次修改的时间和最近一次变更的时间等信息。所以，无论何时创建一个新文件，访问或修改一个已存在的文件，文件的时间戳都会自动地更新。

5.2.2 rm 和 rmdir 命令

1. 作用

(1) rm 命令：可以把系统中的文件或目录永久地删除，并且没有任何的提示信息。

(2) rmdir 命令：用于删除空目录。在删除目录时，需要先删除该目录中的子目录和文件。

2. 格式

```
rm [选项参数] [文件名/目录名]
```

3. 常见选项参数

(1) rm 命令常见选项参数及其含义说明如表 5-8 所示。

表 5-8 rm 命令常见选项参数及其含义说明

选项参数	含义说明
-i	删除前逐一询问确认
-f	即使原文档属性设为只读,也直接删除,无须逐一确认
-r	将目录及以下的文档也逐一删除

(2) rmdir 命令常见选项参数及其含义说明如表 5-9 所示。

表 5-9 rmdir 命令常见选项参数及其含义说明

选项参数	含义说明
-p	删除目录后,若该目录的上层目录已变成空目录,则将其一并删除
-v	显示命令的详细执行过程

4. 使用示例

1) rm 命令

rm 命令使用如图 5-21 所示,删除刚刚用 touch 命令建立的 hello 文件。

```
root@VM-0-5-ubuntu:~# touch hello
root@VM-0-5-ubuntu:~# ls
hello  test
root@VM-0-5-ubuntu:~# rm -i hello
rm: remove regular empty file 'hello'? y
root@VM-0-5-ubuntu:~# ls
test
root@VM-0-5-ubuntu:~#
```

图 5-21 删除 hello 文件

2) rmdir 命令

如图 5-21 所示,在字符界面输入 rmdir test 命令,就可以删除 test 目录。

5.2.3 cat 命令

1. 作用

cat 命令可以用来查看文件中的内容。

2. 使用示例

cat 命令的语法格式如图 5-22 所示,显示 fun.sh 文件的内容;tt.txt 文件中没有任何内容,所以没有显示;当查找 wel 这个文件夹或者文件时,因为不存在,所以显示没有找到的结果。

3. 使用说明

如果文件太长,用 cat 命令只能看到文件的最后一页,然而用 more 命令时可以一页一页地显示。执行 more 命令后,进入 more 状态,用 Enter 键可以向后移动一行;用 Space 键

```
type@DESKTOP-BLTIOGP:~$ ls
@  OpenFOAM  WE  WE~  fun.sh  function.sh  jsut.doc  shelltest.sh  tt.txt  ttt.sh  we
type@DESKTOP-BLTIOGP:~$ cat fun.sh


. ./function.sh
Hello


type@DESKTOP-BLTIOGP:~$ cat tt.txt
type@DESKTOP-BLTIOGP:~$ cat we
we are good
studien
we
: we!

 :

type@DESKTOP-BLTIOGP:~$ cat wel
cat: wel: No such file or directory
type@DESKTOP-BLTIOGP:~$ _
```

图 5-22　cat 命令的操作

可以向后移动一页；用 q 键可以退出。在 more 状态下还有许多功能，可用 man more 命令获得更多帮助。less 命令可以逐页显示文件中的内容，less 实际上是 more 的改进命令，其命令的直接含义是 more 的反义。less 的功能比 more 更灵活。用 PgUp 键可以向前移动一页，用 PgDn 键可以向后移动一页，用向上光标键可以向前移动一行，用向下光标键可以向后移动一行。然而 q 键、Enter 键和 Space 键的功能和 more 命令一样。

5.2.4　more 命令

1. 作用

more 命令可以使文件中的内容分页显示。more 命令类似 cat 命令，不过会以一页一页的形式显示，更方便用户逐页阅读。

2. 格式

```
more  [选项参数]  [文件名]
```

3. 常见选项参数

more 命令常见选项参数及其含义说明如表 5-10 所示。

表 5-10　more 命令常见选项参数及其含义说明

选项参数	含义说明
-num	一次显示的行数
-d	提示用户，在画面下方显示“Press space to continue，'q' to quit.”，如果用户按错键，则会显示“Press 'h' for instructions.”
-l	取消遇见特殊字符 ^L(送纸字符)时会暂停的功能
-f	计算行数时，以实际上的行数而非自动换行过后的行数，有些单行字数太长的会被扩展为两行或两行以上
-p	不以卷动的方式显示每一页，而是先清除屏幕后再显示内容
-s	当遇到有连续两行以上的空白行，就换为下一行的空白行
-u	不显示下引号，根据环境参数字符界面指定的终端而有所不同

4. 使用示例

more 命令的语法格式如图 5-23 所示，查看 etc 目录下面的 profile 文件内容。当进入 more 命令后，屏幕上只显示一页的内容，可以在屏幕的底部看到“-more-(n%)”的字样，其中 n 表示已经显示文件内容的百分比。

```
type@DESKTOP-BLTIOGP:~$ more /etc/profile
# /etc/profile: system-wide .profile file for the Bourne shell (sh(1))
# and Bourne compatible shells (bash(1), ksh(1), ash(1), ...).

if [ "${PS1-}" ]; then
  if [ "${BASH-}" ] && [ "$BASH" != "/bin/sh" ]; then
    # The file bash.bashrc already sets the default PS1.
    # PS1='\h:\w\$ '
    if [ -f /etc/bash.bashrc ]; then
      . /etc/bash.bashrc
    fi
  else
    if [ "`id -u`" -eq 0 ]; then
      PS1='# '
    else
      PS1='$ '
    fi
  fi
fi

if [ -d /etc/profile.d ]; then
  for i in /etc/profile.d/*.sh; do
    if [ -r $i ]; then
      . $i
    fi
  done
  unset i
fi
type@DESKTOP-BLTIOGP:~$
```

图 5-23　查看 profile 文件的内容

5.2.5　file 和 nautilus 命令

1. 作用

(1) file 命令：可以通过查看文件的头部信息来识别文件的类型，同时还可以用来辨别文件的编码格式。

(2) nautilus 命令：GNOME 桌面下的一个文件管理工具。通过这个命令可以在终端下非常方便地打开指定目录的文件。

2. 格式

```
file [选项参数] [文件名]
```

3. 常见选项参数

(1) file 命令常见选项参数及其含义说明如表 5-11 所示。

表 5-11 file 命令常见选项参数及其含义说明

选项参数	含义说明
-b	列出辨识结果时，不显示文件名
-c	详细显示指令执行过程，便于排错或分析程序执行的情况
-f	指定文件名，其内容有一个或多个文件名时，让 file 依序辨识这些文件，格式为每列一个文件名
-L	直接显示符号连接所指向的文件的类别
-m	指定魔法数字文件
-z	解读压缩文件的内容

(2) nautilus 命令可以快捷打开一些特殊目录的参数，如表 5-12 所示。

表 5-12 可快捷访问特殊目录的选项参数及其含义说明

选项参数	含义说明
computer	全部挂载的设备和网络
network	浏览可用的网络
burn	一个刻录 CD/DVD 的数据虚拟目录
smb	可用的 Windows/Samba 网络资源
x-nautilus-desktop	桌面项目和图标
file	本地文件
trash	本地回收站目录
ftp	FTP 文件夹
ssh	SSH 文件夹
fonts	字体文件夹，可将字体文件拖到此处以完成安装
themes	系统主题文件夹

4. 使用示例

file 命令的语法格式如图 5-24 所示，可以多次查看不同文件得出结果。

```
type@DESKTOP-BLTIOGP:~$ ls
@  OpenFOAM  WE  WE~  fun.sh  function.sh  jsut.doc  shelltest.sh  tt.txt  ttt.sh  we
type@DESKTOP-BLTIOGP:~$ file jsut.doc
jsut.doc: empty
type@DESKTOP-BLTIOGP:~$ file tt.txt
tt.txt: empty
type@DESKTOP-BLTIOGP:~$ file tt.sh
tt.sh: cannot open `tt.sh' (No such file or directory)
type@DESKTOP-BLTIOGP:~$ file ttt.sh
ttt.sh: UTF-8 Unicode text
type@DESKTOP-BLTIOGP:~$ _
```

图 5-24 file 命令的语法格式

5.2.6 cp 命令

1. 作用

cp 命令主要用来复制文件或目录，就是将文件复制成一个指定的目的文件或复制到一个指定的目标目录中。

2. 格式

```
cp [选项参数] [源文件] [目标文件]
```

其中，源文件是指被复制的文件名。目标文件是指复制成的新文件名。源文件可以是一个或多个文件，也可以是一个或者多个目录名；目标文件也可以是一个文件或者目录，使用比较灵活。

3. 常见选项参数

cp 命令常见选项参数及其含义说明如表 5-13 所示。

表 5-13 cp 命令常见选项参数及其含义说明

选项参数	含义说明
-a	此选项参数通常在复制目录时使用，它保留链接、文件属性，并复制目录下的所有内容
-d	复制时保留链接，这里所说的链接相当于 Windows 系统中的快捷方式
-f	覆盖已经存在的目标文件而不给出提示
-i	与-f 选项相反，在覆盖目标文件之前给出提示，要求用户确认是否覆盖，回答 y 时目标文件将被覆盖
-p	除复制文件的内容外，还把修改时间和访问权限也复制到新文件中
-r	若给出的源文件是一个目录文件，此时将复制该目录下所有的子目录和文件
-l	不复制文件，只是生成链接文件

4. 使用示例

cp 命令的语法格式如图 5-25 所示。图 5-25 显示了复制 etc 文件夹到"root/test"目录下的过程。

```
root@wfy-virtual-machine:~# cp -r /etc /root/test
root@wfy-virtual-machine:~# cd /root/test
root@wfy-virtual-machine:~/test# ls
etc
```

图 5-25 复制命令的操作

5.2.7 mv 命令

1. 作用

mv 命令用来移动文件，既可以在不同的目录之间移动文件或目录，也可以对文件和目录进行重命名，操作格式类似 cp 命令。

2. 格式

```
mv [选项参数] [源文件/文件夹] [目标文件/文件夹]
```

其中，源文件/文件夹是需要移动或者重命名的文件/文件夹；目标文件/文件夹是需要移动的文件夹或者重命名的文件夹/文件名。

3. 常见选项参数

mv 命令常见选项参数及其含义说明如表 5-14 所示。

表 5-14 mv 命令常见选项参数及其含义说明

选项参数	含义说明
-b	当目标文件或目录存在时,在执行覆盖前会为其创建一个备份
-i	如果指定移动的源目录或文件与目标的目录或文件同名,则会先询问是否覆盖旧文件,输入 y 表示直接覆盖,输入 n 表示取消该操作
-f	如果指定移动的源目录或文件与目标的目录或文件同名,则不会询问,直接覆盖旧文件
-n	不要覆盖任何已存在的文件或目录
-u	当源文件比目标文件新或者目标文件不存在时,才执行移动操作

5.2.8 sort 命令

1. 作用

sort 命令既可以将文件中的内容排序后输出,还可以把排序的结果输出到文件。

2. 格式

```
sort  [选项参数]  [目标文件]
```

3. 常见选项参数

sort 命令常见选项参数及其含义说明如表 5-15 所示。

表 5-15 sort 命令常见选项参数及其含义说明

选项参数	含义说明
-b	忽略每行前面开始处的空格字符
-c	检查文件是否已经按照顺序排序
-d	排序时,除了英文字母、数字及空格字符外,忽略其他的字符
-f	排序时,将小写字母看作大写字母
-i	排序时,除了 040～176 的 ASCII 字符外,忽略其他的字符
-m	将几个已经排序的文件进行合并
-M	将前面 3 个字母依照月份的缩写进行排序
-n	依照数值的大小排序
-u	意味着是唯一的(unique),输出的结果是去掉重复的内容
-o	将排序后的结果存入指定的文件
-r	以相反的顺序来排序

4. 使用示例

sort 命令具体的操作结果如图 5-26 所示,排序输出 we 文件中的内容。

5.2.9 find 和 grep 命令

1. 作用

(1) find 命令：在某一目录及其所有的子目录中快速搜索具有某些特征的目录或文件。

(2) grep 命令：为了在文件查找字符串,文件名可以使用通配符“*”和“?”,如果要查找的字符串带空格,可以使用单引号或者双引号括起来。

```
type@DESKTOP-BLTIOGP:~$ cat we
we are good
studien
we
: we!

  :

type@DESKTOP-BLTIOGP:~$ sort we


  :
studien
we
we are good
: we!
type@DESKTOP-BLTIOGP:~$
```

图 5-26　排序输出 we 文件中的内容

2. 格式

1）find 命令

```
find [路径] [选项参数] [目标文件/目录]
```

其中，路径表示需要查找的文件/目录所在的文件夹，目标文件/目录表示需要查找的文件/目录。

2）grep 命令

```
grep [文件] [选项参数]
```

3. 常见选项参数

（1）find 命令常见选项参数及其含义说明如表 5-16 所示。

表 5-16　find 命令常见选项参数及其含义说明

选项参数	含义说明
-mount,-xdev	只检查和指定目录在同一个文件系统下的文件，避免列出其他文件系统中的文件
-amin n	在过去 n 分钟内被读取过
-anewer file	比文件 file 更晚被读取过的文件
-atime n	在过去 n 天内被读取过的文件
-cmin n	在过去 n 分钟内被修改过的文件
-cnewer file	比文件 file 更新的文件
-ctime n	在过去 n 天内被修改过的文件
-empty	空的文件，命令为 gid n or-group name。其中，gid 是 n 或是 group，名称是 name
-ipath p,-path p	路径名称符合 p 的文件，ipath 会忽略大小写
-name name,-iname name	文件名称符合 name 的文件，iname 会忽略大小写
-size n	文件大小是 n 单位，b 代表 512 位元组的区块，c 表示字元数，k 表示 KB，w 是二个位元组
type c	文件类型是 c 的文件

（2）grep 命令常见选项参数及其含义说明如表 5-17 所示。

表 5-17 grep 命令常见选项参数及其含义说明

选项参数	含义说明
-F	将样式看作固定字符串的列表
-G	将样式看作普通的表示法来使用
-h	在显示符合样式的那一行之前，不标示该行所属的文件名称
-H	在显示符合样式的那一行之前，标示该行所属的文件名称
-i	忽略字符大小写的差别
-l	列出文件内容符合指定的样式的文件名
-L	列出文件内容不符合指定的样式的文件名
-n	在显示符合样式的那一行之前，标出该行的列数编号
-o	只显示匹配 PATTERN 部分
-q	不显示任何信息
-r	此参数的效果和指定“-d recurse”参数相同
-s	不显示错误信息
-v	显示不包含匹配文本的所有行

4. 使用示例

（1）find 命令：对于文件和目录的一些比较复杂的搜索操作，可以灵活应用最基本的通配符和搜索命令 find 实现。常用的通配符有 3 种：“＊”“?”“[ ]”。具体的操作结果如图 5-27 所示。

```
type@DESKTOP-BLTIOGP:~$ find / -name passwd
/etc/cron.daily/passwd
/etc/pam.d/passwd
/etc/passwd
find: '/etc/polkit-1/localauthority': Permission denied
```

图 5-27 查找 passwd 文件

（2）grep 命令：图 5-28 所示为使用 grep 命令在 we 文件中查找 good 字符串的结果。

```
type@DESKTOP-BLTIOGP:~$ grep good we
we are good
type@DESKTOP-BLTIOGP:~$
```

图 5-28 在 we 文件中查找 good 字符串

5.3 压缩与解压缩命令

5.3.1 zip 和 unzip 命令

1. 作用

（1）zip 命令：在计算机的操作系统中，如果备份的文件越多，其副作用就越明显，一方面，严重浪费硬盘空间，另一方面，对于这些文件的搜索和再次复制的操作将大大降低运行速度。那么比较好的解决方法是使用压缩功能，把整个要备份的文件夹压缩为一个单独的文件,以方便管理和查阅。zip命令用于压缩文件或目录,压缩完成之后生成“.zip”的文件类型。

(2) unzip命令:该命令是zip命令的相反操作,主要用于解压缩zip命令压缩的文件。

2. 格式

1) zip命令

```
zip [选项参数] [目标文件] [源文件]
```

2) unzip命令

```
unzip [选项参数] [压缩文件]
```

3. 常见选项参数

(1) zip命令常见选项参数及其含义说明如表5-18所示。

表5-18 zip命令常见选项参数及其含义说明

选项参数	含义说明
-A	调整可执行的自动解压缩文件
-b	指定暂时存放文件的目录
-c	给每个被压缩的文件加上注释
-d	从压缩文件内删除指定的文件
-D	压缩文件内不建立目录名称
-f	更新现有的文件
-F	尝试修复已损坏的压缩文件
-g	将文件压缩后,附加在已有的压缩文件之后,而非另行建立新的压缩文件
-h	在线帮助

(2) unzip命令常见选项参数及其含义说明如表5-19所示。

表5-19 unzip命令常见选项参数及其含义说明

选项参数	含义说明
-c	将解压缩的结果显示到屏幕上,并对字符做适当的转换
-f	更新现有的文件
-l	显示压缩文件内所包含的文件
-p	与-c参数类似,将解压缩的结果显示到屏幕上,但不会执行任何转换
-t	检查压缩文件是否正确
-u	与-f参数类似,但是除了更新现有的文件外,也会将压缩文件中的其他文件解压缩到目录中
-v	执行时显示详细的信息
-z	仅显示压缩文件的备注文字
-a	对文本文件进行必要的字符转换
-b	不要对文本文件进行字符转换
-C	压缩文件中的文件名称区分大小写

续表

选项参数	含义说明
-j	不处理压缩文件中原有的目录路径
-L	将压缩文件中的全部文件名改为小写
-M	将输出结果送到 more 程序处理
-n	解压缩时不要覆盖原有的文件

4. 使用示例

（1）zip 命令：语法实例格式如图 5-29 所示，将 cat2010 文件压缩成 cat.zip 文件。

```
root@VM-0-5-ubuntu:/home/ubuntu# zip cat.zip cat2010
updating: cat2010 (deflated 82%)
root@VM-0-5-ubuntu:/home/ubuntu# ll cat.zip
-rw-r--r-- 1 root root 550 Dec  5 17:19 cat.zip
```

图 5-29　压缩命令操作

（2）unzip 命令：语法实例格式如图 5-30 所示，将解压 cat.zip 文件。

```
root@VM-0-5-ubuntu:/home/ubuntu# unzip cat.zip
Archive:  cat.zip
replace cat2010? [y]es, [n]o, [A]ll, [N]one, [r]ename: y
  inflating: cat2010
```

图 5-30　解压 cat.zip 文件

5.3.2　gzip 和 gunzip 命令

1. 作用

（1）gzip 命令：只能用于压缩文件，不能压缩目录。如果指定目录，也只能压缩目录内的所有文件。

（2）gunzip 命令：主要用于解压被 gzip 压缩过的文件，这些压缩文件预设最后的扩展名为.gz。事实上 gunzip 就是 gzip 的硬连接，不论是压缩或者解压缩，都可通过 gzip 指令单独完成。

2. 格式

1）gzip 命令

```
gzip [选项参数] [文件]
```

2）gunzip 命令

```
gunzip [选项参数] [文件]
```

3. 常见选项参数

（1）gzip 命令常见选项参数及其含义说明如表 5-20 所示。

表 5-20　gzip 命令常见选项参数及其含义说明

选项参数	含义说明
-a	使用 ASCII 文字模式
-c	把压缩后的文件输出到标准输出设备,不去改动原始文件
-d	解开压缩文件
-f	强行压缩文件,不理会文件名或硬连接是否存在以及该文件是否为符号连接
-h	在线帮助
-l	列出压缩文件的相关信息
-L	显示版本与版权信息
-n	压缩文件时,不保存原来的文件名及时间戳记号
-N	压缩文件时,保存原来的文件名及时间戳记号

(2) gunzip 命令常见选项参数及其含义说明如表 5-21 所示。

表 5-21　gunzip 命令常见选项参数及其含义说明

选项参数	含义说明
-a	使用 ASCII 文字模式
-c	把解压后的文件输出到标准输出设备
-f	强行解开压缩文件,不理会文件名或硬连接是否存在以及该文件是否为符号连接
-h	在线帮助
-k	保留原始压缩文件
-l	列出压缩文件的相关信息
-L	显示版本与版权信息
-n	解压缩时,如果压缩文件内含有原来的文件名及时间戳记号,就将其忽略不予处理
-N	解压缩时,如果压缩文件内含有原来的文件名及时间戳记号,就将其回存到解开的文件上

4. 使用示例

(1) gzip 命令的语法实例操作格式如图 5-31 所示,将 cat2010 文件压缩成 cat2010. gz 压缩包。

```
root@VM-0-5-ubuntu:/home/ubuntu# gzip cat2010
root@VM-0-5-ubuntu:/home/ubuntu# ls
cat2010.gz  cat.zip  dog  hello  install.sh  projects  repos
```

图 5-31　压缩文件的 gzip 命令

(2) gunzip 命令的语法格实例操作如图 5-32 所示,将 cat2010. gz 压缩包解压缩成 cat2010 文件。

```
root@VM-0-5-ubuntu:/home/ubuntu# gunzip cat2010.gz
root@VM-0-5-ubuntu:/home/ubuntu# ls
cat2010  cat.zip  dog  hello  install.sh  projects  repos
```

图 5-32　gunzip 命令的操作

5.3.3　tar 命令

1. 作用

tar 命令是最常用的打包命令,它可以将文件保存到一个单独的磁盘中进行归档,同时因为参数的不同,还可以从归档文件中还原所需文件,也就是解压缩包文件的功能。

2. 格式

```
tar  [选项参数]  [文件/文件目录]
```

3. 常见选项参数

tar 命令常见选项参数及其含义说明如表 5-22 所示。

表 5-22 tar 命令常见选项参数及其含义说明

选项参数	含义说明
-A	新增文件到已存在的备份文件
-b	设置每次记录的区块数目,每个区块大小为 12B
-B	读取数据时,重设区块大小
-c	建立新的备份文件
-C	切换到指定的目录
-d	对比备份文件内和文件系统上的文件的差异
-f	指定备份文件
-x	解压缩文件
-z	调用 gzip 命令来压缩文件,压缩后的文件名以.gz 结尾
-t	表示查看文件,查看文件中的文件内容
-r	表示增加文件,把要增加的文件追加在压缩文件的末尾
-g	处理 GNU 格式的大量备份
-G	处理旧的 GNU 格式的大量备份
-h	不建立符号连接,直接复制该连接所指向的原始文件
-i	忽略备份文件中的 0B 区块,也就是 EOF
-k	解开备份文件时,不覆盖已有的文件
-l	复制的文件或目录存放的文件系统,必须与 tar 命令执行时所处的文件系统相同,否则不予复制

4. 使用示例

通过 tar 命令打包文件和解包操作的语法格式如图 5-33 所示。tar 命令使用较为复杂,只有通过多次练习,才能熟练掌握。

```
root@xwj-virtual-machine:~/test# tar -cf etc.tar /etc
tar: 从成员名中删除开头的"/"
root@xwj-virtual-machine:~/test# ls
etc  etc.tar
root@xwj-virtual-machine:~/test# tar -czvf etc.tar.gz etc.tar
etc.tar
root@xwj-virtual-machine:~/test# ls
etc  etc.tar  etc.tar.gz
root@xwj-virtual-machine:~/test# tar -xzvf etc.tar.gz etc.tar
etc.tar
root@xwj-virtual-machine:~/test# ls
etc  etc.tar  etc.tar.gz
```

图 5-33 通过 tar 命令打包文件和解包操作

5.4 磁盘管理与维护命令

5.4.1 df 命令

1. 作用

df 命令主要用于显示 Linux 系统中各个文件系统的硬盘使用情况。

2. 格式

```
df [选项参数] [文件名]
```

3. 常见选项参数

df 命令常见选项参数及其含义说明如表 5-23 所示。

表 5-23 df 命令常见选项参数及其含义说明

选项参数	含义说明
-a	查看包含所有 0 块的文件系统
-h	使用可读的格式
-H	很像-h 参数,但是用 1000 为单位,而不是用 1024
-i	列出节点信息,不列出已使用的块信息
-k	定义块的大小,单位为 KB
-l	限制列出的文件结构
-m	定义块的大小,单位为 MB
-P	优先使用 POSIX 输出格式
-t	限制列出文件系统的类型
-T	显示文件系统的形式
-x	限制列出文件系统,不要显示类型

4. 使用示例

df 命令的语法格式如图 5-34 所示,从结果可以看出,硬盘有多少个分区、每个分区的使用百分比。

```
root@xwj-virtual-machine:/home/xwj# df
文件系统            1K-块     已用      可用 已用% 挂载点
udev              982840        0    982840    0% /dev
tmpfs             201344     1696    199648    1% /run
/dev/sda1       20509264  5845240  13599168   31% /
tmpfs            1006712        0   1006712    0% /dev/shm
tmpfs               5120        4      5116    1% /run/lock
tmpfs            1006712        0   1006712    0% /sys/fs/cgroup
/dev/loop0         43904    43904         0  100% /snap/gtk-common-themes/1313
/dev/loop1         15104    15104         0  100% /snap/gnome-characters/296
/dev/loop2         55808    55808         0  100% /snap/core18/1066
/dev/loop3          3840     3840         0  100% /snap/gnome-system-monitor/100
/dev/loop4        153600   153600         0  100% /snap/gnome-3-28-1804/67
/dev/loop5          1024     1024         0  100% /snap/gnome-logs/61
/dev/loop6          4224     4224         0  100% /snap/gnome-calculator/406
/dev/loop7         90624    90624         0  100% /snap/core/7270
tmpfs             201340       12    201328    1% /run/user/121
tmpfs             201340       32    201308    1% /run/user/1000
/dev/sr0         2034000  2034000         0  100% /media/xwj/Ubuntu 18.04.3 LTS
d641
tmpfs             201340        0    201340    0% /run/user/0
```

图 5-34 查看硬盘分区使用百分比

5.4.2 du 命令

1. 作用

du 命令可以显示某个特定目录的磁盘使用情况,同时还可以判断系统上某个目录下是否有超大文件。

2. 格式

```
du [选项参数] [其他]
```

3. 常见选项参数

du 命令常见选项参数及其含义说明如表 5-24 所示。

表 5-24 du 命令常见选项参数及其含义说明

选项参数	含义说明
-a	显示目录中个别文件的大小
-b	显示目录或文件大小时,以 B 为单位
-c	除了显示个别目录或文件的大小外,同时也显示所有目录或文件的总和
-D	显示指定符号连接的源文件大小
-h	以 KB、MB 和 GB 为单位,提高信息的可读性
-H	与-h 参数相同,但是 KB、MB 和 GB 是以 1000 为换算单位

4. 使用示例

du 命令的语法格式如图 5-35 所示,可以查看某个目录下有无特大文件。

root@VM-0-5-ubuntu:/home/ubuntu# du
472 ./.rpmdb
4 ./.gnupg/private-keys-v1.d
8 ./.gnupg
8 ./.ssh
4 ./repos
4 ./hello
8 ./.cmake/packages/libevent
12 ./.cmake/packages
16 ./.cmake
8 ./.vim
8 ./.pip
4 ./.cache
4 ./projects/blog
8 ./projects
57656 .

图 5-35 查看某个目录下有无特大文件

5. 使用说明

在通常情况下,du 命令会显示当前目录下的所有的文件、目录以及子目录的磁盘使用情况,它会以磁盘块为单位显示每个文件或目录占用了多少存储空间。

5.4.3 fsck 命令

1. 作用

fsck 命令用于检查文件系统并尝试修复出现的错误。

2. 使用示例

在字符界面输入 fsck 命令显示如图 5-36 所示结果。

```
root@VM-0-5-ubuntu:/home/ubuntu# fsck
fsck from util-linux 2.31.1
e2fsck 1.44.1 (24-Mar-2018)
/dev/vdal is mounted.
e2fsck: Cannot continue, aborting.
```

图 5-36　检查文件系统命令

5.5　文本编辑器 gedit

5.5.1　桌面环境下使用 gedit

gedit 是一个 Linux 环境下的文本编辑器，类似 Windows 下的“写字板”程序，在不需要特别复杂的编程环境下，作为基本的文本编辑器比较合适。一般在使用 Ubuntu 操作系统桌面环境下，进入文件管理器找到想要编辑的文件，直接双击该文本文件，默认使用的就是 gedit 编辑器打开文件。图 5-37 所示为打开 etc 文件夹下的 profile 文件的结果。或者右击需要编辑的文本文件，选择应用程序打开，这个时候系统安装多个编辑器，可以任意选择。

图 5-37　桌面环境下使用 gedit

5.5.2 字符界面环境下使用 gedit

如果在字符界面环境下,可以直接运行 gedit 命令打开编辑器,也可以运行 gedit 后面跟上要指定文件下的文件名,直接打开文件。图 5-38 为在字符界面环境下使用 gedit 指定文件夹 etc 打开 profile 的情况。

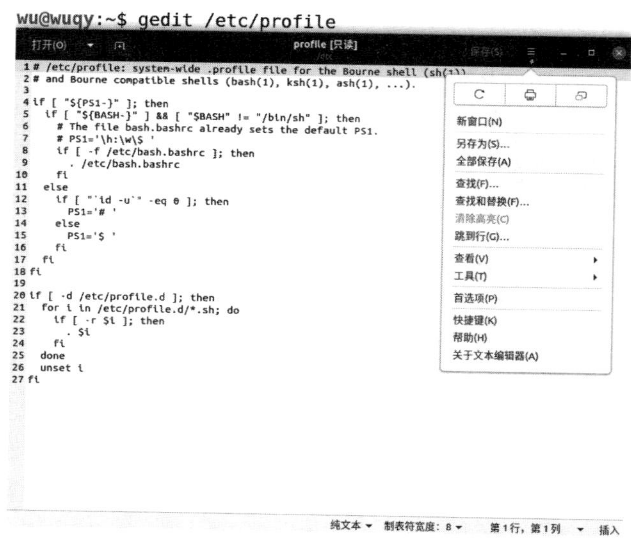

图 5-38 字符界面环境下使用 gedit

5.5.3 gedit 命令

gedit 与 Windows 下写字板和记事本的用法没什么差别。在编辑器中可以单击 Open 按钮浏览最近打开过的文件列表并打开文件;单击 Save 按钮可以保存当前正在编辑的文件;单击右侧的菜单栏可以进行更多的操作等。另外,组合键也跟 Windows 下一样,保存文件的组合键为 Ctrl+S;另存为的组合键为 Ctrl+Shift+S;搜索文本内容的组合键为 Ctrl+F 等。

习 题

一、选择题

1. 在 Ubuntu 操作系统中,系统默认的(　　)用户对整个系统拥有完全的控制权。

   A. root　　B. guest　　C. administrator　　D. supervisor

2. 当登录 Linux 操作系统时,一个具有唯一进程 ID 号的 shell 程序将被调用,这个 ID 是(　　)。

   A. NID　　B. PID　　C. UID　　D. CID

3. 下面(　　)命令是用来定义 shell 的全局变量。

   A. exportfs　　B. alias　　C. exports　　D. export

4. (　　)目录存放用户密码信息。

   A. /boot　　B. /etc　　C. /var　　D. /dev

5. 默认情况下管理员创建了一个用户，就会在(　　)目录下创建一个用户主目录。

A. /usr　　B. /home　　C. /root　　D. /etc

6. 当使用 mount 进行设备或者文件系统挂载时，需要用到的设备名称位于(　　)目录。

A. /home　　B. /bin　　C. /etc　　D. /dev

7. 如果要列出一个目录下的所有文件，需要使用命令行(　　)。

A. 1s-1　　B. ls　　C. ls-a　　D. ls-d

8. 下面(　　)命令可以将普通用户转换成超级用户。

A. super　　B. passwd　　C. tar　　D. su

9. 除非特别指定，cp 命令假定要复制的文件在(　　)目录。

A. 用户目录　　B. home 目录　　C. root 目录　　D. 当前目录

10. 在 Vi 编辑器中，命令 dd 用来删除当前的(　　)。

A. 行　　B. 变量　　C. 字　　D. 字符

11. 按下(　　)键能终止当前运行的命令。

A. Ctrl＋C　　B. Ctrl＋F　　C. Ctrl＋B　　D. Ctrl＋D

12. 用“rm -i”命令系统会提示(　　)让用户确认。

A. 命令行的每个选项参数　　B. 是否真的删除

C. 是否有写的权限　　D. 文件的位置

13. 以下(　　)命令可以终止一个用户的所有进程。

A. skillall　　B. skill　　C. kill　　D. killall

14. 在 Ubuntu 操作系统中，一般用(　　)命令来查看网络接口的状态。

A. ping　　B. ipconfig　　C. winipcfg　　D. ifconfig

15. Vi 中(　　)命令是不保存强制退出。

A. :wq　　B. :wq!　　C. :q!　　D. :quit

16. 在下列分区中，Linux 操作系统默认的分区是(　　)。

A. FAT32　　B. EXT3　　C. FAT　　D. NTFS

17. 如果用户想对某一命令详细了解，可用(　　)。

A. is　　B. help　　C. man　　D. dir

二、填空题

1. mv 命令有两个作用：一个作用是________；另一个作用是________。

2. 进入或切换目录使用________命令；查看当前目录下的文件信息使用________命令；查看当前所在的目录位置使用________命令。

3. 需要自动补齐当前命令的后续字符，使用________键。

4. Linux 操作系统下编辑文本文件经常使用________命令，显示文本内容使用________命令，在 Vim 的编辑过程中如果需要存盘，需要输入________指令。

5. cp 命令在 Linux 操作系统中的作用是________。

6. 文件权限中的 r、w、x 分别代表________权限、________权限和________权限。

7. Linux 操作系统中常用的网页服务是________。Linux 操作系统下常用的文件传输服务是________。

8. 在执行命令的过程中，可使用组合键________强制中断当前运行的命令或程序。

三、简答题

1. 列出 ls 命令常用的选项参数，并说明每个选项参数的作用。
2. 为什么要学习字符命令行？简述字符命令行的语法格式。
3. touch 命令有什么作用？它都能改变一个文件的哪几个时间属性？
4. 如何建立多级目录？
5. 如何使用 cp 命令创建一个名字不同但内容相同的文件？

上机实验

实验：Linux 操作系统常用命令操作

实验目的

了解并掌握 Linux 系统中常用的命令的基本使用方法，可以通过命令查看和处理一些信息。

实验内容

打开 Ubuntu 操作系统下的字符界面环境，依次进行如下 shell 命令的操作练习：

(1) 使用 ls 命令来查看当前目录下的所有文件和文件夹，分别输入“ls”命令和“ls -l”命令来查看当前目录下的文件，比较两种命令使用的不同；

(2) 使用 pwd 命令来查看当前所在的工作目录路径；

(3) 使用 uname 命令来查看当前系统信息；

(4) 在 root 身份下，使用 adduser 命令添加一个新的用户；

(5) 使用 ifconfig 命令查看当前网络的属性；

(6) 用 date 命令查看当前的日期和时间；

(7) 查看 2021 年的日历；

(8) 使用 mkdir 命令在当前目录下创建一个新的目录 test；

(9) 将当前目录移到 test 目录下，使用 touch 命令创建一个 a.c 文件；

(10) 使用 gedit 命令打开第(9)步创建的 a.c 文件；

(11) 使用 rm 命令删除 a.c 文件，使用 rmdir 命令删除 test 目录；

(12) 使用 clear 命令清空当前命令窗口；

(13) 使用 poweroff 命令关闭 Ubuntu 操作系统，结束练习。

第6章 用户和组的管理

在Ubuntu操作系统中，用户分为3类，分别是超级用户、系统用户和普通用户。Ubuntu用户设置权限用来限制对资源访问的机制，以避免文件遭受非法用户浏览或修改。本章将对Ubuntu系统中重要的用户和群组等内容进行介绍，进一步了解Ubuntu操作系统的安全性。

6.1 Ubuntu系统的安全性

用户账号是Ubuntu系统安全性的核心。在一台安装Ubuntu系统的主机上，可同时登录多名用户。为了对用户可访问的资源进行控制，每名用户在使用Ubuntu之前，必须向系统管理员申请一个账号，并设置密码，之后才能登录Ubuntu系统，并访问有权限的系统资源。Ubuntu用户权限划分大大地降低了系统风险，Windows用户一般被默认授予管理员权限，那意味着他们几乎可以访问系统中的一切。这时候一旦有程序被入侵，那么入侵者基本上就能进入计算机的每个角落。然而Ubuntu的用户绝大多数情况下处于非系统管理员root的情况下，所以即使这时候运行的软件被入侵，也能很好地保护系统程序和其他用户文件的安全。假如有任何远程的恶意代码在系统中被执行，它所带来的危害也将被局限在一个小小的范畴之内。

用户权限是通过创建用户时分配的用户ID(UserID,UID)来跟踪的。UID是数值，每个用户都有唯一的UID，但在登录系统时用的不是UID，而是登录名。登录名是用户用来登录系统的最长8个字符的字符串，字符可以是数字或字母，同时会关联一个对应的密码。Ubuntu系统的安全性主要采用以下措施。

(1) 用户登录系统时必须输入用户名和密码确认该身份，用户名和密码是由最初的root用户创建的。

(2) 当前使用用户和用户组来控制用户访问文件和其他资源的权限。

(3) 系统上的每一个文件都属于一个用户并与一个用户组相关，也就是说该用户就是文件的创建者。

(4) 每一个进程都会与一个用户和用户组相关联。可以通过在所有的该文件的创建者或者某个用户组的成员访问它们。

(5) Ubuntu系统采用模块化设计。即当某个系统组件没有用处时，可以将任何一个系统组件予以删除。因此Ubuntu系统安全性最大的一个好处就是当用户感觉Ubuntu系统的某个部分不太安全时，可以随时移除这个组件。

(6) Ubuntu系统被设计成一个多用户的操作系统。因此，即便是某个用户想要进行恶意破坏，底层文件依然会受到保护。

6.2 用户和组的管理

Ubuntu 系统支持多个用户在同一时间内登录，不同用户可以执行不同的任务，并且互不影响。如果用户要使用 Ubuntu 系统的资源，就必须向系统管理员申请一个账户，然后通过这个账户进入系统。每个用户都有唯一的用户名和密码。在登录系统时，只有正确输入用户名和密码，才能进入系统和自己的主目录。通过建立不同属性的用户，一方面可以合理地利用和控制系统资源，另一方面也可以帮助用户组织文件，提供对用户文件的安全性保护。将用户分组是 Ubuntu 系统中对用户进行管理及控制访问权限的一种手段，通过定义用户组，在很大程度上简化了运行和维护管理工作。这里需要注意除了 root 用户以外的其他用户，他们的 ID 应当是独一无二的。

6.2.1 用户和组的关系

Ubuntu 系统下的用户可以分为 3 类，分别是超级用户、系统用户和普通用户。超级用户的用户名为 root，它具有一切权限，只有进行系统维护(例如建立用户等)或其他必要情形下才用超级用户登录，以避免系统出现安全问题。系统用户是 Ubuntu 系统正常工作所必须内建的用户，主要是为了满足相应的系统进程对文件属主的要求而建立的，系统用户不能用来登录，例如 bin、daemon、adm、lp 等用户。普通用户是为了让用户能够使用 Ubuntu 系统资源而建立的，大多数用户属于此类。并且每个用户都有一个数值，称为 UID。超级用户的 UID 为 0，系统用户的 UID 一般为 1～499，普通用户的 UID 为 500～60 000 的值。用户组是用户的延伸，组的存在是为了共享用户的权力，组和用户是两个不同的机制。组分为初始组和附加组。用户管理命令用于实现创建用户、删除用户、修改用户属性、设置密码等功能。

用户和用户组的对应关系有以下 4 种。

(1) 一对一：一个用户可以存在一个组中，是组中的唯一成员。

(2) 一对多：一个用户可以存在多个用户组中，此用户具有这多个组的共同权限。

(3) 多对一：多个用户可以存在一个组中，这些用户具有和组相同的权限。

(4) 多对多：多个用户可以存在多个组中，也就是以上 3 种关系的扩展。

6.2.2 用户配置文件

用户配置文件就是在用户登录时定义系统加载所需环境的设置和文件的集合。不像 Windows 那样有专门的数据库用来存放用户的信息，在 Ubuntu 系统中包含 4 个配置文件，分别为文件夹 etc 下的 passwd 命令文件、shadow 命令文件、group 命令文件和 gshadow 命令文件。账号的管理实际上就是对这几个文件的内容进行创建、修改和删除记录行的操作。Ubuntu 操作系统为了自己的安全，默认情况下只允许超级用户更改它们。

1. passwd 命令文件

在 passwd 命令文件中包含了系统所有用户的基本信息，且一行定义一个用户账户，每行均由 7 个不同的字段构成，各字段用“:”分隔。用 more 命令显示文件夹 etc 下的 passwd

命令文件的信息，如图 6-1 所示。

```
[root@localhost ~]# more /etc/passwd
root:x:0:0:root:/root:/bin/bash
bin:x:1:1:bin:/bin:/sbin/nologin
daemon:x:2:2:daemon:/sbin:/sbin/nologin
adm:x:3:4:adm:/var/adm:/sbin/nologin
lp:x:4:7:lp:/var/spool/lpd:/sbin/nologin
sync:x:5:0:sync:/sbin:/bin/sync
shutdown:x:6:0:shutdown:/sbin:/sbin/shutdown
halt:x:7:0:halt:/sbin:/sbin/halt
mail:x:8:12:mail:/var/spool/mail:/sbin/nologin
operator:x:11:0:operator:/root:/sbin/nologin
games:x:12:100:games:/usr/games:/sbin/nologin
ftp:x:14:50:FTP User:/var/ftp:/sbin/nologin
nobody:x:99:99:Nobody:/:/sbin/nologin
systemd-network:x:192:192:systemd Network Management:/:/sbin/nologin
dbus:x:81:81:System message bus:/:/sbin/nologin
polkitd:x:999:998:User for polkitd:/:/sbin/nologin
libstoragemgmt:x:998:995:daemon account for libstoragemgmt:/var/run/lsm:/sbin/no
login
colord:x:997:994:User for colord:/var/lib/colord:/sbin/nologin
rpc:x:32:32:Rpcbind Daemon:/var/lib/rpcbind:/sbin/nologin
gluster:x:996:993:GlusterFS daemons:/run/gluster:/sbin/nologin
saslauth:x:995:76:Saslauthd user:/run/saslauthd:/sbin/nologin
```

图 6-1　用户基本信息

7 个字段各有其含义，以 root 用户为例。

第 1 个字段(root)：表示用户名。

第 2 个字段(x)：表示用户密码，有时为空表示该用户登录无须密码。

第 3 个字段(0)：表示该用户 UID。

第 4 个字段(0)：表示该用户组 GID。

第 5 个字段(root)：表示该用户的描述信息，默认为用户的全名或空值。

第 6 个字段(/root)：表示用户的主目录所在位置。

第 7 个字段(/bin/bash)：表示登录系统后第一个要执行的 shell。

这里要注意第 2 个字段(x)并不代表所有用户账号都使用相同的密码，只是为了安全做的加密处理，说明密码经过了 shadow 的保护；/bin/bash 表示允许登录，/sbin/nologin 表示禁止登录。

2. shadow 命令文件

shadow 命令文件中包含了系统中用户的密码信息。其中每个用户信息占一行，由 9 个字段组成，中间用冒号“:”分隔。而且对于 shadow 命令文件只有超级用户 root 可读，普通用户无法读取。

用 cat 命令显示文件夹 etc 下的 shadow 命令的文件信息，如图 6-2 所示。

同样地，以 root 用户信息为例。

第 1 个字段(root)：表示用户名。

第 2 个字段($.../)：表示加密后的密码，为空则表示该用户登录无须密码。

第 3 个字段(空值)：表示密码的最后一次修改时间。

第 4 个字段(0)：表示密码在多少天内不能更改。

第 5 个字段(99999)：表示密码在多少天后必须更改。

```
[root@localhost ~]# cat /etc/shadow
root:$6$snKOEWHYS45JfZ1S$Y.b6G6EjytpVJxw8j40PLAalCDTFT.NCISWO2iTyw/LpTamUuMi6WIG
I9VtPjWzqnB2cnBQ7EMUdwbrHlw3RT/::0:99999:7:::
bin:*:17834:0:99999:7:::
daemon:*:17834:0:99999:7:::
adm:*:17834:0:99999:7:::
lp:*:17834:0:99999:7:::
sync:*:17834:0:99999:7:::
shutdown:*:17834:0:99999:7:::
halt:*:17834:0:99999:7:::
mail:*:17834:0:99999:7:::
operator:*:17834:0:99999:7:::
games:*:17834:0:99999:7:::
ftp:*:17834:0:99999:7:::
nobody:*:17834:0:99999:7:::
systemd-network:!!:18688::::::
dbus:!!:18688::::::
polkitd:!!:18688::::::
libstoragemgmt:!!:18688::::::
colord:!!:18688::::::
rpc:!!:18688:0:99999:7:::
gluster:!!:18688::::::
saslauth:!!:18688::::::
abrt:!!:18688::::::
```

图 6-2 用户密码信息

第 6 个字段(7)：表示密码到期前多少天给用户发出警告。

第 7 个字段(空值)：表示密码在多少天后用户账户将被禁用。

第 8 个字段(空值)：表示密码被禁用的具体日期。

第 9 个字段(空值)：表示保留的字段。

3. group 命令文件

group 命令文件存放了用户组的加密密码，可以通过修改该文件达到管理用户组的目的。其中每个用户组账户的信息占用一行，每行分为 4 个字段，中间用“:”分隔。用 cat 命令显示文件夹 etc 下的 group 命令文件的信息，如图 6-3 所示。

```
[root@localhost ~]# cat /etc/group
root:x:0:
bin:x:1:
daemon:x:2:
sys:x:3:
adm:x:4:
tty:x:5:
disk:x:6:
lp:x:7:
mem:x:8:
kmem:x:9:
wheel:x:10:
cdrom:x:11:
mail:x:12:postfix
man:x:15:
dialout:x:18:
floppy:x:19:
games:x:20:
tape:x:33:
video:x:39:
ftp:x:50:
lock:x:54:
audio:x:63:
nobody:x:99:
```

图 6-3 用户组密码信息

以 root 用户信息为例。

第 1 个字段(root)：表示该用户组的组名。

第 2 个字段(x)：表示加密后的用户组密码。

第 3 个字段(0)：表示用户组 GID。

第 4 个字段(空值)：表示用户组的成员列表，多个组成员用逗号分隔。

4. gshadow 命令文件

gshadow 命令文件用于存放组的加密密码，可以通过修改达到管理用户组的目的。其中每个组账户占用一行，每行分为 4 个字段，中间用"："分隔。

用 cat 命令显示文件夹 etc 下的 gshadow 命令文件的信息，如图 6-4 所示。

```
[root@localhost ~]# cat /etc/gshadow
root:::
bin:::
daemon:::
sys:::
adm:::
tty:::
disk:::
lp:::
mem:::
kmem:::
wheel:::
cdrom:::
mail:::postfix
man:::
dialout:::
floppy:::
games:::
tape:::
video:::
ftp:::
lock:::
audio:::
nobody:::
```

图 6-4　用户组加密密码信息

以 root 用户信息为例。

第 1 个字段(root)：表示该用户组的组名。

第 2 个字段(空值)：表示加密后的用户组密码，空值代表没有密码。

第 3 个字段(空值)：表示用户组管理员，空值代表没有组管理员。

第 4 个字段(空值)：表示用户组的成员列表，空值代表没有成员列表。

6.2.3　用户的创建、修改和删除

用户账号的管理主要包括用户账号的创建、修改和删除操作。下面将依次进行详细介绍。

1. useradd 命令创建用户

1）作用

创建用户可以用手工创建或使用专门的命令创建。手工创建就是管理员一步一步完成以上工作；使用专门的命令创建，则是由 Ubuntu 提供的命令来完成以上的工作。使用后者效率较高，如果不是创建有特殊要求的用户，建议使用后者。创建用户的命令为 useradd 或 adduser，一般来说这两个命令是没有差别的，先用 root 用户登录后，再执行它们。创建

用户账号就是在系统中创建一个没有被使用过的账号。然后为新账号分配用户号、用户组、主目录等系统资源。Ubuntu 使用 useradd 命令可以创建用户或更新所创建用户的默认信息,还可以对 home 目录结构进行设置。useradd 命令通常使用默认值及命令行选项来设置用户的账号。

2)格式

```
useradd [选项参数] [用户账号]
```

3)常见选项参数

useradd 命令常见选项参数及其含义说明如表 6-1 所示。

表 6-1　useradd 命令常见选项参数及其含义说明

选项参数	含义说明
-c	comment,为新用户创建描述信息
-d	目录指定用户主目录,默认为/home/用户名。如果此目录不存在,则同时使用-m 选项,可以创建主目录
-e	指定账户过期的日期,格式为 YYYY-MM-DD
-f	指定该账户的密码过期后多少天该账户被禁用。其中,0 表示密码过期时立刻禁用;－1 表示禁用这个功能
-g	用户组指定用户所属的用户组
-G	用户组指定用户所属的附加组
-k	该参数和-m 一起使用,将/etc/skel 目录的内容复制到用户主目录中
-m	创建用户的主目录
-M	不创建用户的主目录,优先于/etc/login. defs 文件的设定(一般创建虚拟用户时不创立主目录,部署服务时需要创建虚拟用户)
-n	创建一个与用户登录名同名的新组
-r	创建系统账户
-p	为用户指定默认密码
-s	用户登录后使用的 shell 名称(默认值不填写,这样系统会指定预设值登录 shell,根据/etc/default/useradd 预设值)
-u	用户号为账户指定唯一的 UID

4)使用示例

在创建新用户时,如果在命令行中没有输入选项参数指定具体的值,那么 useradd 命令就会使用-d 选项显示默认值。图 6-5 表示用 useradd 命令创建了一个用户 a,其中-d 和-m 选项用来创建用户 a 的主目录 home/a/。

```
[root@localhost ~]# useradd -d /home/a -m a
[root@localhost ~]#
```

图 6-5　创建用户

2. usermod 命令修改用户信息

1)作用

usermod 命令来修改用户账号。usermod 命令可以用来修改/etc/passwd 文件中的大部分字段，只需用与想修改的字段对应的命令行参数就可以实现。

2）格式

```
usermod [选项参数] [用户账号]
```

3）常见选项参数

usermod 命令常见选项参数及其含义说明如表 6-2 所示。

表 6-2　usermod 命令常见选项参数及其含义说明

选项参数	含义说明
-c	修改用户的说明信息，即修改/etc/passwd 文件目标用户信息的第 6 个字段
-d	修改用户主目录，即修改/etc/passwd 文件目标用户信息的第 6 个字段
-e	修改指定账户过期的日期，格式为 YYYY-MM-DD，即修改/etc/shadow 文件目标用户信息的第 8 个字段
-g	用户组修改用户的初始组，即修改/etc/passwd 文件目标用户信息的第 4 个字段
-G	用户组修改用户的附加组，即修改/etc/group 文件
-l	修改用户名称
-L	临时锁定用户
-p	修改账户密码
-u	修改用户 UID，即修改/etc/passwd 文件目标用户信息的第 3 个字段
-U	解锁用户
-s	shell 文件修改用户的登录 Shell，默认是/bin/Bash

4）使用示例

如在创建新用户时，主目录必须写绝对路径。图 6-6 表示用 usermod 命令将用户 a 的用户名修改为 tony，将用户描述修改为 test。

```
[root@localhost ~]# usermod -l tony  -c "test" a
[root@localhost ~]# grep "tony" /etc/passwd
tony:x:5600:1002:test:/home/a:/bin/bash
```

图 6-6　修改用户

3. userdel 命令删除账号

1）作用

userdel 命令可以从系统中删除用户。userdel 命令功能很简单，就是删除用户的相关数据，但只有在 root 用户下才能使用 userdel 命令。在默认情况下，userdel 命令会只删除/etc/passwd 文件中的用户信息，而不会删除系统中属于该账户的任何文件。

2）格式

```
userdel [选项参数] [用户账号]
```

3）常见选项参数

userdel 命令常见选项参数及其含义说明如表 6-3 所示。

表 6-3 userdel 命令常见选项参数及其含义说明

选项参数	含义说明
-r	删除用户登入目录以及目录中所有文件
-f	强制删除用户,甚至当用户已经登入系统时此选项仍旧生效

4) 使用示例

如果在删除用户的同时不删除用户的主目录,那么主目录就会变成没有属主和属组的目录,也就是垃圾文件。图 6-7 表示用 userdel 命令删除用户 tony。

```
[root@localhost ~]# userdel -r tony
[root@localhost ~]#
```

图 6-7 删除用户

6.2.4 组的创建、修改和删除

Linux 的组有私有组、系统组和标准组之分。建立账户时,若没有指定账户所属的组,系统会建立一个组名和用户名相同的组,这个组就是私有组,这个组只容纳了一个用户。而标准组可以容纳多个用户,组中的用户都具有组所拥有的权利。系统组是 Linux 系统正常运行所必需的,安装 Linux 系统或添加新的软件包会自动建立系统组。属于多个组的用户所拥有的权限是它所在的组的权限之和。Linux 系统关于组的信息存放在文件"/etc/group"中。

用户组是具有相同特征用户的逻辑集合。将用户分组是 Ubuntu 系统中对用户进行管理及控制访问权限的一种手段,通过定义用户组,系统就能在很多程序上简化对用户的管理工作。用户组的权限允许多个用户对系统中的文件、目录或设备等共享一组公用的权限。在系统中,每个组不仅有唯一的 GID,还有唯一的别名。对于用户组的管理包括用户组的创建、修改和删除操作。

1. groupadd 命令创建用户组

1) 作用

groupadd 命令用来创建新的用户组。

2) 格式

```
groupadd [选项参数] [组名]
```

3) 常见选项参数

groupadd 命令常见选项参数及其含义说明如表 6-4 所示。

表 6-4 groupadd 命令常见选项参数及其含义说明

选项参数	含义说明
-g	设定组的 ID
-o	配合-g 使用,可以设定不唯一的组 ID 值
-r	创建系统群组
-f	如果要新增一个已存在的用户组,系统会出现错误信息,然后结束该命令执行的操作,并不新增这个群组

4）使用示例

图 6-8 表示用 groupadd 命令创建了一个名为 tom 的用户组。

```
[root@localhost ~]# groupadd tom
[root@localhost ~]# grep "tom" /etc/group
tom:x:1002:
```

图 6-8　创建用户组

2. groupmod 命令修改用户组信息

1）作用

groupmod 命令用来修改已有组的 GID 或组名。

2）格式

```
groupmod [选项参数] [组名]
```

3）常见选项参数

groupmod 命令常见选项参数及其含义说明如表 6-5 所示。

表 6-5　groupmod 命令常见选项参数及其含义说明

选 项 参 数	含 义 说 明
-g	设定已有组的 GID
-o	配合-g 使用，可以设定不唯一的 GID 值
-n	修改组名

4）使用示例

图 6-9 中用 groupadd 命令把组名 tom 修改成了 toney。

```
[root@localhost ~]# groupmod -n toney tom
[root@localhost ~]# grep "toney" /etc/group
toney:x:1002:
```

图 6-9　修改用户组

3. groupdel 命令删除用户组

1）作用

groupdel 命令用来删除已有的用户组。

2）格式

```
groupdel [组名]
```

3）使用示例

groupdel 命令删除用户组，即删除“/etc/group”文件和“/etc/gshadow”文件中有关目标用户组的数据信息。

图 6-10 中首先用 grep 命令显示出该用户组的“/etc/group”和“/etc/gshadow”文件信息，然后使用 groupdel 命令删除 toney 用户组，最后再用 grep 命令检验该用户组是否已经被完全删除。

```
[root@localhost ~]# grep "toney" /etc/group /etc/gshadow
/etc/group: toney: x:1002:
/etc/gshadow: toney: !::
[root@localhost ~]# groupdel toney
[root@localhost ~]# grep "toney" /etc/group /etc/gshadow
[root@localhost ~]#
```

图 6-10　删除用户组

4）使用说明

注意，groupdel 命令不能随意删除用户组，如果有用户组是某些用户的初始群组，则无法使用 groupdel 命令来删除。

6.3　用户和文件的安全控制

在每个 Ubuntu 系统上有一个特殊的 root 用户。用户可以完全不受限制地访问任何用户的账号以及所有的文件、目录。计算机系统通常在文件和命令上都会创建相应的权限，以保证文件的安全性，但这些权限并不限制 root 用户，root 用户是在 Ubuntu 系统中拥有最高权限的用户。有时在组织中需要多个系统管理员管理同一系统，多个超级用户有利于多个管理员的责任明确。

使用 root 用户的权限可以实现 Ubuntu 系统全部的操作，如果使用不当或操作失误就可能对系统造成一定的损失。因此，一般不是特别需要的情况时，都要尽量不使用 root 用户登录 Ubuntu 系统，而是尽可能地使用普通用户在 Ubuntu 系统上完成工作。普通用户成为超级用户后仍无法从 Telnet 登录。因此如果要远程管理用户，可以用普通用户从 Telnet 登录，再用 su 命令切换到超级用户来实现远程管理。

root 用户的重要性已经十分明显。和 Windows 操作系统不同，如果 root 用户的密码丢失，可以不用重新安装系统。在系统管理中采用的一个原则是“最小化原则”。其原理是在能完成工作的前提下，使用权限最低的用户。这样万一有失误，对系统所造成的破坏最小。

6.4　文件与目录权限的设定

在 Ubuntu 上所有的资源都被看作文件，包括物理设备和目录。在 Ubuntu 系统上可以为每一个文件或目录设定 3 种类型的权限，这 3 种类型的权限详细地规定了某个用户有权访问这个文件或目录，它们分别是：

（1）这个文件或目录的所有者的权限；

（2）与所有者用户在同一个群组的其他用户的权限；

（3）既不是所有者也不与所有者在同一个群组的其他用户的权限。

Ubuntu 系统是将系统中的所有用户分成了 3 大类：

（1）所有者；

（2）同组用户；

（3）非同组的其他用户。

因此，可以为这 3 类用户分别设定所需的文件操作权限。

6.4.1 文件与目录权限

Ubuntu 系统中文件和目录的操作权限包括读(read)、写(write)和执行(execute) 3 种控制。

文件是系统中用来存储普通的文本文件、数据库文件、可执行文件等的数据信息。目录主要是用来录文件名的列表。

Ubuntu 系统中文件权限与目录权限是不同的。对应字符的功能如下。

1. 文件权限

r：显示该文件的内容。

w：可以编辑、新增、修改、删除文件的内容。

x：该文件是可执行文件。

2. 目录权限

r：可以查询该目录下的文件名。

w：可以在该目录下删除、新建文件、更改文件名。

x：进入该目录,使该目录成为工作目录。

系统上的每一个文件都属于一个用户而且与一个群组相关。该群组用户大部分都是文件的创建者。

一般来说,一个用户可以访问属于自己的文件或目录,也可以访问其他同组用户共享的文件,但是不能访问非同组的其他用户的文件。不过 root 用户并不受这个限制,该用户可以不受限制地访问 Ubuntu 系统上的任何资源。

Ubuntu 系统引入用户组 group 和用户组权限,对项目的开发和管理是非常有帮助的,因为可以将同一个项目的用户放在同一个用户组中,这样在该项目中那些都需要的资源,就可以利用用户组权限来共享。

6.4.2 权限的查看

可以使用带有-1 选项 ls 命令来查看文件的权限。通过输入 ls 命令的显示结果,可以看到在第 1 列中有一组由 10 个字符构成的字符串,这个字符串包含了文件的类型(文件或目录)和该文件的存取权限。

图 6-11 中用 ls -l 命令查看文件或目录权限。显示结果的第 1 列的第 1 个字符表示文件的类型,即 d 表示目录,-表示普通文件,l 表示链接文件,b 或 c 表示设备。之后的 9 个字符代表文件或目录的权限,从第 2 个字符开始,每 3 个划分为一组,分别表示所有者对文件的权限(用 u 表示)、所有者所在的组中用户所具有的权限(用 g 表示)、其他用户对文件或目录所具有的权限(用 o 表示)。

每一组的第 1 个字符代表读权限,如果是 r,表示具有读权限,如果是-,表示没有读权限;第 2 个字符代表写权限,如果是 w,表示具有写权限,如果是-,表示没有写权限;第 3 个字符代表执行权限,如果是 x,表示具有执行权限,如果是-,表示没有执行权限。例如,rwxrwxrwx 表示文档的所有者(user)、组(group)、其他账户(other)权限为可读、可写、可执行;rwxrw-r--表示文档所有者权限为读写执行,所属组权限为只读写,其他账户权限为只读。

第 2 项为链接数量或子目录的个数,第 3 项为文档的所有者,第 4 项为文档的所属组,

```
[root@localhost ~]# ls -l
总用量 12
-rw-------. 1 root root 1767 3月   2 23:46 anaconda-ks.cfg
-rw-r--r--. 1 root root 1815 3月   2 23:50 initial-setup-ks.cfg
drwxr-xr-x. 2 root root   32 3月   8 16:12 test
drwxr-xr-x. 3 root root   52 3月   8 17:37 test2
-rw-r--r--. 1 root root  179 3月   8 16:17 test.tar.gz
drwxr-xr-x. 2 root root    6 3月   2 23:51 公共
drwxr-xr-x. 2 root root    6 3月   2 23:51 模板
drwxr-xr-x. 2 root root    6 3月   2 23:51 视频
drwxr-xr-x. 2 root root    6 3月   2 23:51 图片
drwxr-xr-x. 2 root root    6 3月   2 23:51 文档
drwxr-xr-x. 2 root root    6 3月   2 23:51 下载
drwxr-xr-x. 2 root root    6 3月   2 23:51 音乐
drwxr-xr-x. 2 root root    6 3月   2 23:51 桌面
[root@localhost ~]#
```

图 6-11　查看文件或目录权限

第 5 项为容量，第 6 项为最近文档被修改的月份，第 7 项为文档最近被修改的日期，第 8 项为文档最近被修改的时间，第 9 项为文件或目录名称。

6.4.3　设置文件与目录的权限

文件权限对于系统而言是非常重要的，系统的每个文件也都设定了针对不同用户的访问权限。当然也可以通过手动来修改文件的访问权限。

文件与目录权限的设置包括修改文件或目录的权限和修改文件或目录的所属组两种。

修改文件或目录的权限需要使用 chmod 命令来完成文件或目录权限的修改，而修改文件或目录的所属组则需要使用 chown 命令来完成。下面将依次详细介绍。

1. 修改文件或目录的权限 chmod 命令

1）符号表示法

（1）作用。

文件权限可以通过 chmod 命令来修改。当用户创建一个新文件后，如果不使用 chmod 命令修改权限，则这个文件的权限是什么呢？这个文件的权限由系统默认权限和默认权限掩码共同确定，它等于系统默认权限减去默认权限掩码。Linux 系统中目录的默认权限是 777，文件的默认权限是 666。

（2）格式。

```
chmod [谁] [选项参数] [所有者组名] 文件名
chmod [who] [operator] [mode] filename
```

（3）常见选项参数。

who：选项参数及其含义说明如表 6-6 所示。

表 6-6　who 选项参数及其含义说明

who	含 义 说 明
u	表示用户(user)，即文件或目录的所有者
g	表示同组用户(group)，即与文件属主有相同组 GID 的所有用户
o	表示其他用户(other)
a	表示所有用户(all)

operation：选项参数及其含义说明如表 6-7 所示（允许的操作符号 operation 可以是下述符号中的任一个）。

表 6-7 operation 选项参数及其含义说明

operation	含 义 说 明
+	表示创建某个权限
−	表示取消某个权限
=	表示赋予给定权限，并取消其他所有权限

mode：选项参数及其含义说明如表 6-8 所示（可设置的 mode 权限可以是下述字母的任一个或各字母的组合）。

表 6-8 mode 选项参数及其含义说明

mode	含 义 说 明
r	表示读（read）权限
w	表示写（write）权限
x	表示执行（execute）权限

（4）使用示例。

在图 6-12 中，首先用 ls -l 命令查看 1.txt 和 2.txt 文件的权限。可以看到，初始 1.txt 和 2.txt 的文档所有者、组、其他账户权限为可读写、可读、可读写。通过 chmod 命令的修改以后，1.txt 文件的文档所有者、组、其他账户权限变为可读写、可读写、可读写，2.txt 文件的文档所有者、组、其他账户权限变为可读、可读、可读。

```
[root@localhost test]# ls -l
总用量 8
-rw-r--rw-. 1 root root 5 3月  8 16:11 1.txt
-rw-r--rw-. 1 root root 5 3月  8 16:12 2.txt
[root@localhost test]# chmod g+w 1.txt
[root@localhost test]# chmod uo=r 2.txt
[root@localhost test]# ls -l
总用量 8
-rw-rw-rw-. 1 root root 5 3月  8 16:11 1.txt
-r--r--r--. 1 root root 5 3月  8 16:12 2.txt
[root@localhost test]#
```

图 6-12 修改文件或目录权限

2）数字表示法

（1）作用。

数字表示法是与文字表示法功能等价的表示方法，但数字表示法显然更加简洁。

（2）格式。

```
chmod [模式] 文件名
chmod [mode] filename
```

（3）使用说明。

数字表示法使用一组 3 位数的数字来表示文件或目录权限。各数字的功能如下。

第1个数字：表示所有者的权限。

第2个数字：表示群组的权限。

第3个数字：表示其他用户的权限。

每位数字都是由以下表示资源权限状态的数字(即4、2、1和0)相加而获得的总和。

0：表示没有权限。

1：表示x(可执行)权限。

2：表示w(可写)权限。

4：表示r(可读)权限。

以上数字相加可以得到一个范围在0～7的数字,用这个数字来表示所有者、同组和其他用户权限状态的数字。

(4) 使用示例。

在图6-13中,首先用ls -l命令查看1.txt文件的权限。可以看到,初始1.txt的文档所有者、组、其他账户权限为可读写、可读写、可读写。通过chmod命令修改以后,1.txt文件的文档所有者、组、其他账户权限变为可读写执行、可读写执行、可读写执行。其中,777代表文档所有者、组、其他账户的权限状态,7(1+2+4)表示可执行、可写、可读。

```
[root@localhost test]# ls -l 1.txt
-rw-rw-rw-. 1 root root 5 3月  8 16:11 1.txt
[root@localhost test]# chmod 777 1.txt
[root@localhost test]# ls -l 1.txt
-rwxrwxrwx. 1 root root 5 3月  8 16:11 1.txt
```

图6-13 数字表示法修改文件或目录权限

2. 修改文件或目录的所属组chown/chgrp命令

Ubuntu提供了两个命令来改变文件或目录的所属关系,chown命令用来改变文件的所有者,chgrp命令用来改变文件或目录的默认所属组。

1) chown命令

(1) 作用。

chown命令用来更改某个文件或目录的属主和属组。

(2) 格式。

```
chown  [选项参数][用户|组] 文件名
chown  [option][user|group]  filename
```

(3) 常见选项参数。

chown命令常见选项参数及其含义说明如表6-9所示。

表6-9 chown命令常见选项参数及其含义说明

选项参数	含义说明
-R	递归地修改该目录中的所有文件和子目录的权限
-v	显示chown命令的例子

(4) 使用示例。

图 6-14 通过使用 chown 命令将 2.txt 文件的所有者变为了 test 用户。此时 test 用户就对 2.txt 文件拥有了读写权利。

```
[root@localhost test]# ls -l 2.txt
-rw-r--r--. 1 root root 5 3月   8 16:12 2.txt
[root@localhost test]# chown test 2.txt
[root@localhost test]# ls -l 2.txt
-rw-r--r--. 1 test root 5 3月   8 16:12 2.txt
[root@localhost test]#
```

图 6-14 修改文件的所有者

2) chgrp 命令

(1) 作用。

chgrp 命令用来更改某个文件或目录的属组。

(2) 格式。

```
chgrp  [-R] [用户|组] 文件名
chgrp  [-R] [user|group] filename
```

(3) 使用示例。

图 6-15 通过使用 chgrp 命令将 1.txt 文件的所属组变为了 user。一般来说,chown 命令主要用于修改文件或目录的所有者,chgrp 主要用于修改文件或目录的所属组。

```
[root@localhost test]# ls -l 1.txt
-rwxrwxrwx. 1 root root 5 3月   8 16:11 1.txt
[root@localhost test]# chgrp user 1.txt
[root@localhost test]# ls -l 1.txt
-rwxrwxrwx. 1 root user 5 3月   8 16:11 1.txt
[root@localhost test]# |
```

图 6-15 修改文件的所属组

3. 修改文件或目录的默认权限 umask 命令

umask 命令指定在建立文件时预设的权限掩码。一般来说,umask 命令是在/etc / profile 文件中设置。

(1) 作用。

umask 命令可用来设定权限掩码。权限掩码是由 3 个八进制的数字所组成,将现有的存取权限减掉权限掩码后,即可产生建立文件时预设的权限。

(2) 格式。

```
umask [-S][权限掩码]
```

(3) 常见选项参数。

umask 命令常见选项参数及其含义说明如表 6-10 所示。

表 6-10 umask 命令常见选项参数及其含义说明

选项参数	含义说明
-p	显示命令名称
-S	以文字的方式来表示权限掩码

umask 值 022 所对应的文件和目录创建默认权限分别为 644 和 755。创建文件默认最大权限为 666 (-rw-rw-rw-)，默认创建的文件没有可执行权限 x 位。

习　题

一、选择题

1. 下面(　　)代表多用户启动。

A. 1　　B. 0　　C. 3　　D. 5

2. 删除用户使用的命令是(　　)。

A. delusr　　B. userdel　　C. usrdel　　D. delete user

3. 默认情况下，root 用户属于(　　)用户组。

A. user　　B. admin　　C. root　　D. system

二、填空题

1. Linux 操作系统是多用户系统，对系统中的所有文件和资源的管理都需要按照________来划分。

2. 每个用户有唯一的用户名和唯一的用户 ID，用户 ID 缩写为 UID。对于系统内核来说，它使用________来记录拥有进程或文件的用户。

3. 超级用户的 GID 为 0，主目录为________。

4. Linux 操作系统的用户信息保存在配置文件________中。

5. 使用 passwd 命令锁定某个用户账户，该命令需要________权限。

6. 使用 usermod 命令修改用户基本组时需要添加参数________。

7. userdel 命令删除用户时，如果要同时删除用户的主目录，需要添加参数________。

8. 使用 groupdel 删除组时，如果该组中仍包含某些用户，则必须________才能删除组。

9. 使用________命令暂时提升普通用户的权限。

三、简答题

1. Ubuntu 操作系统中的用户分为哪几种类型？各自的特点是什么？

2. passwd 文件一般都保存了用户的哪些信息？

3. group 文件都保存了用户的哪些信息？可以采用图表的形式进行解答。

4. Ubuntu 操作系统为了保护用户和组的密码安全采用了什么手段？相关文件是什么？

5. Ubuntu 操作系统中管理员与普通用户相比，有什么特点？

6. 用户和组配置文件有哪些？各有什么作用？

7. 如何利用配置文件来查看用户和组信息？

上 机 实 验

实验：组和用户命令操作

实验目的

了解并掌握 Linux 操作系统中常用的组和用户相关命令的基本使用方法，可以通过命令查看、创建和删除用户。

实验内容

(1) 查看/etc/passwd 文件，查看当前系统下有哪些用户；查看 etc/shadow 文件，查看这些用户的密码信息；

(2) 创建一个新用户 user1，设置其主目录为/home/user1；

(3) 查看/etc/passwd 文件的最后一行，查看新建用户的记录信息；

(4) 查看文件/etc/shadow 文件的最后一行，看看更改后的密码；

(5) 给用户 user1 设置密码；

(6) 再次查看/etc/shadow 文件的最后一行，看看更改后的密码；

(7) 使用 user1 用户登录系统，看能否登录成功；

(8) 锁定用户 user1，查看 etc/shadow 文件；

(9) 查看文件/etc/shadow 文件的最后一行，看看锁定后的变化；

(10) 再次使用 user1 用户登录系统，检验用户锁定的效果；

(11) 解除对用户 user1 的锁定；

(12) 更改用户名 user1 的账户名为 user2；

(13) 查看文件/etc/shadow 文件的最后一行，看看变化；

(14) 删除用户 user2。

第7章 文件系统

计算机的文件系统是一种存储和组织计算机数据的方法，它使得对文件访问和查找变得更容易。文件系统使用文件和树形目录的抽象逻辑概念代替了硬盘和光盘等物理设备使用数据块的概念，用户使用文件系统保存数据，不必关心数据实际保存在硬盘或者光盘的地址为多少的数据块上，只需要记住这个文件的所属目录和文件名。在写入新数据到硬盘之前，用户不必关心硬盘上的那个块地址有没有被使用，硬盘上的存储空间管理功能由文件系统自动完成，用户只需要记住数据被写入到了哪个文件中。文件系统由 3 部分组成，分别是文件系统的接口、对对象操纵和管理的软件集合以及对象和属性。具体地说，它负责为用户建立文件，存入、读出、修改、转储文件和控制文件的存取，当用户不再使用时删除文件等。操作系统中负责管理和存储文件信息的软件模块称为文件管理系统，简称文件系统。

7.1 文件系统基础

在计算机系统中不同的功能对应着不同的负责系统，对于文件的查找和管理就需要文件系统来帮助。而计算机的文件格式有着不同的类型，这些文件记录在计算机的存储器中，这些文件的组成包括文件名和扩展名，而扩展名就是这个文件的类型，文件名则是可以让用户自己设置的名称。文件系统的作用就是让用户更为方便地寻找文件。

7.1.1 磁盘的分区

Ubuntu 系统使用各种存储介质来保存数据，例如硬盘、光盘、磁带和 U 盘等，其中硬盘是不可缺少的介质，硬盘有容量大、速度快、价格低的特点。计算机系统常常对硬盘进行分区，使得每个分区在逻辑上独立。这样就可以在每个分区安装一个操作系统，而多个操作系统就可以共处在同一个硬盘上。软盘的容量小，不进行分区，现在已经淘汰，很少使用。光盘只能作为一个大盘更易于使用，也不进行分区。

硬盘分区的信息保存在硬盘的第一个扇区，即第一面第一磁道第一扇区，这个扇区称为主引导记录(MBR)，主引导记录包含有一段小程序。计算机启动时 BIOS 会执行这一段小程序，小程序又会读入分区表，检查哪个分区是活动分区，也称为启动分区，并读入活动分区的第一扇区，称为分区的启动扇区。启动扇区也包含另一段程序，这个程序实际上是操作系统的一部分，它将负责操作系统的启动。

硬盘的分区结构如图 7-1 所示。一个硬盘的分区最多只能有 4 个基本分区，有些时候这个数量太少，于是在计算机系统中就出现了扩展分区。扩展分区是在基本分区的基础上，把分区再细分成多个子分区，每个子分区都是逻辑分区。一般情况下，只能允许存在一个扩展分区，即磁盘可以有 3 个基本分区和一个扩展分区。

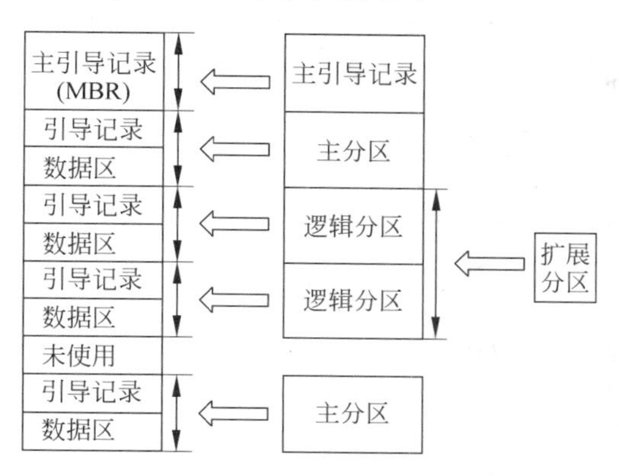

图 7-1　硬盘的分区结构

在 Ubuntu 系统下硬盘的分区信息可以使用命令 fdisk -l 进行查看，具体结果如图 7-2 所示。最后给出整个硬盘的参数信息。可以看出磁盘“/dev/sda”的参数和分区情况，磁盘有 250GB 的空间，有 268 435 456 000B，有 524 288 000 块扇区。接着还显示出分区的情况，依次是设备名、是否是启动分区、起始柱面、终止柱面、分区的总扇区数、分区 ID(分区类型的数字值)、分区的类型。如/dev/sda1 分区是启动分区(带“ * ”号)，起始柱面是 2048，终止柱面是 522 287 103，分区大小是 522 285 056 块(每块的大小是 512B，即总共 249GB 左右的空间)。

```
syb@syb-virtual-machine:~$ sudo fdisk -l
[sudo] syb 的密码:
Disk /dev/sda: 250 GiB, 268435456000 bytes, 524288000 sectors
Units: sectors of 1 * 512 = 512 bytes
Sector size (logical/physical): 512 bytes / 512 bytes
I/O size (minimum/optimal): 512 bytes / 512 bytes
Disklabel type: dos
Disk identifier: 0xe54859b1

设备        启动     Start      末尾      扇区  Size Id 类型
/dev/sda1   *         2048 522287103 522285056  249G 83 Linux
/dev/sda2        522289150 524285951   1996802  975M  5 扩展
/dev/sda5        522289152 524285951   1996800  975M 82 Linux 交换 / Solaris
syb@syb-virtual-machine:~$
```

图 7-2　查看硬盘的分区信息

Ubuntu 系统对硬盘分区的命名和 Windows 系统之前的 DOS 对硬盘分区的命名有很大的不同。在 DOS 下软盘为“A:”和“B:”，而硬盘为“C:”“D:”和“E:”等。Linux 则使用/dev/hda0 和/dev/hda1 等来命名它们。以/dev/hd 开头的表示 IDE 接口的硬盘，以/dev/sd 开头的表示 SCSI 接口的硬盘，随后的 a、b、c、d 等代表第几个硬盘，而数字 1、2、3、4 代表硬盘的第几个分区。例如，/dev/hda1 表示第一个 IDE 硬盘的第一个分区。表 7-1 列举了磁盘分区的命名方法。

表 7-1　Ubuntu 系统下磁盘分区的命名方法

设　　备	分区的命名
软盘	/dev/fd0
第一个 IDE 硬盘(整个硬盘)	/dev/hda
第一个 IDE 硬盘第一个分区	/dev/hda1
第一个 IDE 硬盘第二个分区	/dev/hda2

续表

设　备	分区的命名
…	…
第二个 IDE 硬盘(整个硬盘)	/dev/hdb
第二个 IDE 硬盘第一个分区	/dev/hdb1
第二个 IDE 硬盘第二个分区	/dev/hdb2
…	…
第一个 SCSI 硬盘(整个硬盘)	/dev/sda
第一个 SCSI 硬盘第一个分区	/dev/sda1
第一个 SCSI 硬盘第二个分区	/dev/sda2
…	…
第二个 SCSI 硬盘(整个硬盘)	/dev/sdb
第二个 SCSI 硬盘第一个分区	/dev/sdb1
第二个 SCSI 硬盘第二个分区	/dev/sdb2

7.1.2 什么是文件系统

文件系统是所有数据的基础,所有文件和目录都驻留在文件系统上。文件系统是操作系统用于明确磁盘或分区上的文件的方法和数据结构,即在磁盘上组织文件的方法。分区或磁盘在作为文件系统使用前需要初始化,并将记录数据结构写到磁盘上,这个过程称为建立文件系统。在 DOS 下进行的格式化磁盘的过程也是一种建立文件系统的过程。不同的操作系统所支持的文件系统也不同,一个文件系统在一个操作系统下可以正常地被使用,而转移到另一操作系统下往往会出问题。Ubuntu 支持多种类型的文件系统,下面是多个重要的文件系统。

(1) Minix 文件系统(Minix file system)是 UNIX 操作系统下最早的文件系统。它源自 UNIX 文件系统的基本结构,为了使源码简洁,以方便教学,许多复杂的功能都没有在这个文件系统中,但这也使得它的效能与功能受限,后续以延伸文件系统取代了它。

(2) Ext 文件系统全称为 Extended file system,Ext2 是 GNU/Linux 系统中标准的文件系统,其特点为存取文件的性能极好,对于中小型的文件更显示出优势,这主要得利于其簇快取层的优良设计。但由于 Linux 核 2.4 所能使用的单一分区最大只有 2048GB,实际上能使用的文件系统容量最多也只有 2048GB。至于 Ext3 文件系统,它属于一种日志文件系统(Journal File System,JFS),是对 Ext2 系统的扩展。由于文件系统都有快取层参与运作,如不使用时必须将文件系统卸下,以便将快取层的资料写回磁盘中。因此,每当系统要关机时,必须将其所有的文件系统全部关闭后才能进行关机。否则,下次开机系统就需要对磁盘空间自动重整。Ext4 是 Linux 核自 2.6.28 开始正式支持新的文件系统。Ext4 是 Ext3 的改进版,修改了 Ext3 中部分重要的数据结构,而不仅仅像 Ext3 对 Ext2 那样,只是增加了一个日志功能而已。Ext4 可以提供更佳的性能和可靠性,还有更为丰富的功能,是目前应用较多的文件系统。

(3) Swap 用于交换分区和交换文件的文件系统,当内存空间不够使用时,将磁盘中的空间作为内存来使用。

(4) FAT 文件系统出现在 Windows 9X 下，FAT16 支持的分区最大为 2GB。计算机将信息保存在硬盘上分为簇的区域内，若分区簇越小，保存信息的效率就越高。反之，硬盘在 FAT16 下分区簇越大就会造成存储空间的浪费。随着计算机硬件和应用的不断提高，FAT16 文件系统已不能很好地适应系统的要求。在这种情况下，推出了增强的文件系统 FAT32。FAT32 最大的优点是可以支持的磁盘大小达到 32GB，但是不能支持小于 512MB 的分区。由于采用了更小的簇，FAT32 文件系统可以更有效率地保存信息，可以重新定位根目录和使用 FAT 的备份副本。另外，FAT32 分区的启动记录被包含在一个含有关键数据的结构中，减少了计算机系统崩溃的可能性。

(5) NTFS 是一个基于安全性的文件系统，是 Windows NT 所采用的独特的文件系统结构，它是建立在保护文件和目录数据基础上，同时照顾节省存储资源、减少磁盘占用量的一种先进的文件系统。Windows NT 4.0 采用 NTFS 4.0 文件系统，Windows 2000 采用了更新版本的 NTFS 5.0，它的推出使得用户不但可以像 Windows 9X 那样方便快捷地操作和管理计算机，同时也可享受到 NTFS 所带来的系统安全性。NTFS 支持的 MBR 分区最大可以达到 2TB，GPT 分区无限制。NTFS 采用了更小的簇，可以更有效率地管理磁盘空间。另外，在 NTFS 分区上，可以为共享资源、文件夹以及文件设置访问许可权限，还可以进行磁盘配额管理，提高了系统的安全性。

(6) exFAT(Extended File Allocation Table)文件系统是 Microsoft 在 Windows Embeded 5.0 以上(包括 Windows CE 5.0、6.0、Windows Mobile5、6、6.1)中引入的一种适合于闪存的文件系统，为了解决 FAT32 等不支持 4GB 及其更大的文件而推出。对于闪存，NTFS 文件系统不适合使用，exFAT 更为适用。

(7) HFS(Hierarchical File System，分层文件系统)是一种由苹果计算机开发，并使用在 Mac OS 上的文件系统。最初设计用于软盘和硬盘，也可以在只读媒体如 CD-ROM 上采用。HFS 首次出现在 1985 年 9 月 17 日，作为 Macintosh 计算机上新的文件系统。它取代只用于早期 Mac 型号所使用的平面文件系统 Macintosh File System(MFS)。1998 年，苹果计算机发布了 HFS+，其改善了 HFS 对磁盘空间的地址定位效率低下的问题，采用 32 位来记录分配块的数量，最多能描述 232 个分配块。HFS+的目录树节点大小增加到 4KB，单一文件大小得到提升，而 HFS+对文件名采用 Unicode 编码，最长达到 255 字符。

(8) Sysv 是 UNIX 中广泛使用的 System V。UNIX 操作系统在操作风格上主要分为 System V 和 BSD，前者的代表操作系统有 Solaris 操作系统，后者的代表操作系统有 FreeBSD。BSD(Berkeley Software Distribution，伯克利软件套件)是 UNIX 的衍生系统，1970 年由加利福尼亚大学伯克利分校(University of California，Berkeley)开创。BSD 用来代表由此派生出的各种套件集合。

(9) UFS(UNIX 文件系统)是基于 BSD 高速文件系统的传统 UNIX 文件系统，是 Solaris 的默认文件系统。在早期的 Solaris 版本中，UFS 日志记录功能只能手动启用。Solaris 10 在运行 64 位 Solaris 内核的系统上支持多太字节的 UFS。早期，UFS 文件系统在 64 位系统和 32 位系统上的大小仅限于约 1TB。UFS1 文件系统是 OpenBSD 和 Solaris 的默认文件系统，也曾是 NetBSD 和 FreeBSD 的默认文件系统，但 NetBSD2.0 和 FreeBSD5.0 以后的版本开始使用 UFS2 作为默认的文件系统。UFS2 增加了对大文件和大容量磁盘的支持和一些先进的特性。目前 Apple OS X 和 Linux 也支持 UFS1，但并不作为它们的默认文件系统。

(10) VMFS(VMware Virtual Machine File System,虚拟机文件系统)是一种高性能的群集文件系统,使虚拟化技术的应用超出了单个系统的限制。VMFS 的设计、构建和优化针对虚拟服务器环境,可让多个虚拟机共同访问一个整合的群集式存储池,从而显著提高了资源利用率。VMFS 还能显著减少管理开销,它提供了一种高效的虚拟化管理层,特别适合大型企业和事业单位数据中心。采用 VMFS 可实现资源共享,使管理员轻松地从更高效率和存储利用率中直接获益。

(11) ReiserFS 是一种文件系统格式,Linux 内核从 2.4.1 版本开始支持 ReiserFS。ReiserFS 的命名是源自作者 Hans Reiser 的姓氏,这个日志型文件系统在技术上使用 B* Tree 为基础的文件系统,其特色是有效地处理大型文件到众多小文件,ReiserFS 在处理文件小于 1KB 的文件时,效率可以比 Ext3 快约 10 倍。

(12) EROFS(Extendable Read-Only File System,可扩展只读文件系统)的优点在于应用启动的速度非常快,随机读取性能平均可以提升 20%,甚至最高可以到 300%。它还能节省空间,避免低内存情况出现的失误。另外,EROFS 的安全性是极高的。EMUI9.1 流畅度之所以能够得到很大的提升,主要得益于 EROFS 和方舟编译器。EROFS 作为一个新的 Linux 文件系统,不管是在磁盘性能还是文件读取速度上都比传统的 Ext4 要快很多。

(13) JFS 是一种字节级的日志文件系统,借鉴了数据库保护系统的技术,以日志的形式记录文件的变化。JFS 通过记录文件结构而不是数据本身的变化来保证数据的完整性。这种方式确保在任何时刻都能维护数据的可访问性,该文件系统主要是为满足服务器(从单处理器系统到高级多处理器和群集系统)的高吞吐量和可靠性需求。2000 年 2 月,IBM 宣布在一个开放资源许可证下移植 Linux 版本的 JFS。JFS 也是一个有大量用户安装使用的企业和事业单位级文件系统,具有可伸缩性和健壮性。与非日志文件系统相比,它的突出优点是快速重启能力,JFS 能够在几秒或几分钟内就把文件系统恢复到一致状态。JFS 的缺点是系统性能上会有一定损失,系统资源占用的比率也偏高,因为当它保存一个日志时,系统需要写较多的数据。

Linux 采用虚拟文件系统(Virtual File System,VFS)技术,因此 Linux 可以支持多种文件。每个文件系统都提供一个公共的接口给 VFS,不同文件系统的所有细节都由软件进行转换。如图 7-3 所示,VFS 是一个内核软件层,是物理文件系统与服务之间的一个接口层,它对 Linux 的每个文件系统的所有细节进行抽象,使得不同的文件系统在 Linux 核心以及系统中运行的其他进程看来都是相同的。严格说来,VFS 并不是一种实际的文件系统。它只存在于内存中,不存在于任何外存空间。VFS 在系统启动时建立,在系统关闭时消亡。

从 Linux 内核和 Linux 运行的程序来看,不同的文件系统之间没有差别。例如,用户可以把自己原有的 Windows 分区挂接到 Ubuntu 操作系统中的一个目录下,也可以同时把网络文件系统(Network File System,NFS)挂接在另一目录,它们可以互相融合为一体进行访问操作等。在 Ubuntu 操作系统中,所有的文件系统都被连接到一个总的目录上,这个目录称为根目录,是在安装 Ubuntu 操作系统时候自动建立的。根目录下有许多分支,分支又有子分支,从而整个目录呈树状结构,如图 7-4 所示。

文件系统连接目录树上的一点,这个点称为索引点。图 7-4 中的每个虚框就是一个文件系统,所有不在虚框的部分也是一个文件系统,共有多个文件系统。就这样,不同的文件系统形成了一个无缝的整体。

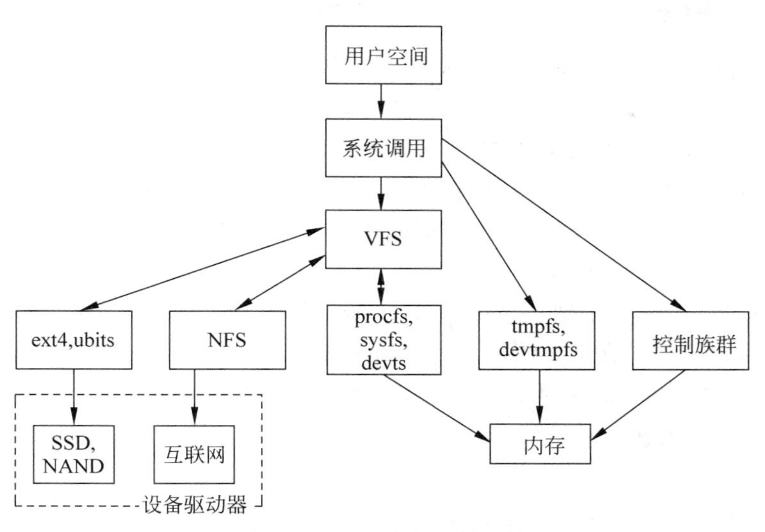

图 7-3 Linux 虚拟文件系统

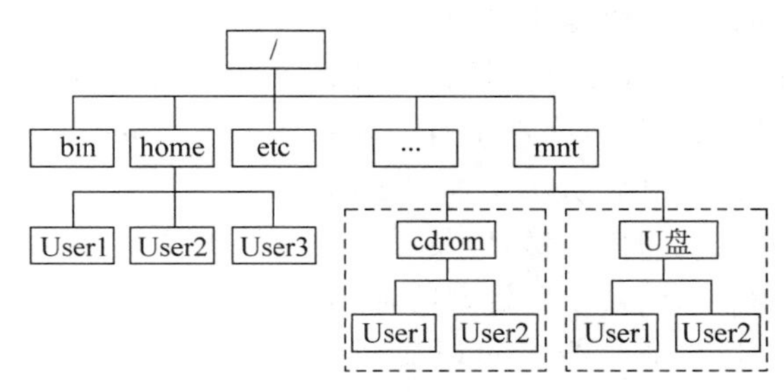

图 7-4 Ubuntu 文件系统根目录

7.1.3 文件和文件夹

文件是指一个可以独立操作的程序,可以是文本、图片、声音和视频等,不同的文件可以用不同程序打开。文件夹是用来组织和管理磁盘文件的一种数据结构,文件夹则是可以存放文件的地方,可以把文件分别按照不同的类型进行存放。文件跟文件夹是一个包含的关系。文件夹中可以包含多个文件,同样一个文件中也可以包含多个文件夹。文件夹是计算机磁盘空间中为了分类储存电子文件而建立独立路径的目录,文件夹就是一个目录,它提供了指向对应磁盘空间的路径地址,它可以有扩展名,但不具有文件扩展名的作用,不同于文件那样用扩展名来标识格式。操作系统对它也有几种分类,如文档、下载、图片、相册、音乐和音乐集等。使用文件夹的最大优点是为文件的共享和保护提供了方便。

为了分门别类地有序存放文件,操作系统把文件组织在若干目录中,也称文件夹。文件夹一般采用多层次的树状结构,在这种结构中每个磁盘有一个根文件夹,它包含若干文件和文件夹。文件夹不但可以包含文件,而且可包含下一级文件夹,这样类推下去形成的多级文件架结构,既帮助了用户将不同类型和功能的文件分类存储,又方便文件查找,还允许不同文件夹中的文件拥有同样的文件名。注意,一般文件名不能超过 255 个字符,其中包括空格。文件是有名字的一组相关信息的集合,它有多种分类方法,例如根据文件的用途把文件分为以下 4 种。

(1) 普通文件。文件可以是千差万别的,可以是普通的 Word 文件、图像文件、声音文件、网页 HTML 文件,也可以是脚本文件、程序员编写的可执行文件。这里还可以进一步把文件分为文本文件和二进制文件,文本文件即 ASCII 码文件,可以使用 cat、more 等命令查看,Ubuntu 操作系统的多种配置文件、源程序和 HTML 文件都属于此类。二进制文件一般不能被直接查看,而必须使用相应的软件才可以,如图像文件、声音文件和可执行文件都属于此类。

(2) 目录文件。Linux 中把目录也看成文件,这是跟 DOS 系统和 Windows 操作系统不相同的地方。目录可以包含下一级目录和普通文件。所谓系统目录就是指操作系统的主要文件存放的目录,采用树状结构形式组织,目录中的文件直接影响系统是否正常工作。

(3) 链接文件。链接的一个好处是不占用过多的磁盘空间。链接有软链接和硬链接之分,具体内容在后面介绍。

(4) 设备文件。Linux 中把系统中的设备也当成文件,用户可以跟访问普通文件一样来访问系统中的设备,并且把所有的设备文件都放在/dev 目录下。设备文件可以分为块设备和字符设备两类。例如,打印机是字符设备,磁盘是块设备。把设备当成文件的好处是使得 Linux 系统能够保证设备的独立性。计算机外设不断更新,但是操作系统不可能为了刚出现的设备文件而经常修改。设备文件中有一类特殊的文件是/dev/null,称为空设备。它是一个类似"黑洞"的设备,所有放入该设备的东西将不复存在。还有一种很特殊的文件是管道文件,它主要用于在进程间传递信息,是一个先进先出(FIFO)的缓冲区,管道文件类似日常生活中的管道,一端进入的是某个进程的输出,另一端输出的是另一个进程的输入,管道命令常用的符号是|。使用命令 ls -l 可以显示文件的类别,每个输出行中的第一个字符表示的就是文件的类别,例如,b 代表块设备,p 代表管道文件,c 代表字符设备,d 代表目录文件。

文件和文件夹的区别可以归纳成如下三部分。

(1) 属性不同。

文件拥有具体的内容或者用途,可以是文本文档、图片、程序和软件程序等。文件夹用来分类放置这些文件,让用户可以清晰明了地知道哪些文件在哪里,例如图片都放在图片文件夹中,游戏都放在游戏文件夹中,文件夹主要用于分类。

(2) 功能不同。

文件在计算机中有多种不同的类型,有可执行文件、数据文件、库文件、文本文件和图像文件等。文件夹在计算机中提供了指向对应空间的地址,它不像文件拥有各种各样的格式。

(3) 扩展名。

文件有各种各样的扩展名,如 exe 代表可执行文件、jpg 代表图片文件、mp3 代表音频文件和 mp4 代表视频文件等,而大多数文件夹没有扩展名,它只有文件夹名,这样方便识别和管理。

7.1.4 Ubuntu 系统的目录结构

对于每个 Ubuntu 操作系统用户来说,了解 Linux 文件系统的目录结构是学好 Linux 至关重要的一步,只有深入了解 Linux 文件目录结构的标准和每个目录的详细功能,才能使用好 Ubuntu 操作系统。Ubuntu 系统在分层树中组织文件,其中的关系就像父母和孩子一样。目录可以包含其他目录以及常规文件,它们是树的叶子。树的任何元素都可以通过路径名引用,绝对路径以字符“/”开头,然后列出必须遍历以到达该元素的每个子目录,每个子目录用“/”符号分隔。然而相对路径名是不以“/”开头的名称,在这种情况下,从给定点开始遍历目录树,该点根据上下文而变化,称为当前目录。所有文件和目录都具有公共的根目录,即使系统上存在多个不同的存储设备,一旦将它们安装到所需位置,它们都被看作树中某处的目录。文件权限是文件组织系统的另一个重要部分,它们被叠加到目录结构,并为树的每个元素分配权限,最终由谁可以访问以及如何访问。Windows 存在多个驱动器盘符,每个盘符形成多个树形并列的情形,Ubuntu 操作系统下没有盘符这个概念,只有一个根目录,所有文件都在“/”下面,每个用户都是在/home 目录下面建立自己的文件夹。

(1) 根目录“/”是整个系统最重要的一个目录,因为不但所有的目录都是由根目录衍生出来的,同时根目录也与开机、还原和系统修复等动作有关。由于系统开机时需要特定的开机软件、核心文件、开机所需程序和函数库等文件数据,若系统出现错误时,根目录也必须要包含有能够修复文件系统的程序才行。

(2) “/bin”目录是存放常用的字符界面命令的目录,其下放置的命令是在个人维护模式下能够被操作的指令。在“/bin”目录下的指令,可以被 root 与一般账号所使用,主要有 ls、mount、rm、cat、chmod、chown、date、mv、mkdir、cp 和 bash 等常用指令。

(3) “/boot”目录存放系统启动所需的文件,包括 linux kernel(vmlinuz)——一个随机存储磁盘镜像和 Bootloader 等开机所需设定的配置文件。如果使用 grub 这个开机管理程式,则还会存在“/boot/grub/”目录。

(4) “/dev”目录存放所有的设备文件,在 Linux 系统中,任何装置与外围设备都是以文件的形式存在于这个目录中,如硬盘驱动器。存取这个目录下的某个文件,就等于存取某个设置。计算机系统中比较重要的设备文件有/dev/null、/dev/zero、/dev/tty、/dev/lp *、/dev/hd * 和/dev/sd * 等,这些不是常规文件,而是指系统上的各种硬件设备。

(5) “/etc”目录存放系统的全局配置文件,其配置文件会影响 Ubuntu 操作系统所有用户的系统环境。例如人员的账号密码文件、各种服务的启动文件等。这个目录下的文件属性可以让一般用户查阅,但是只有 root 有权力修改。

(6) “/home”是操作系统预设的用户的家目录(home directory),建立一个用户,操作系统就会在“/home”目录下建立一个专有文件夹。每个用户都有自己的家目录。家目录有两种代号,其中~代表当前用户的家目录,然而 ~guest 代表用户名为 guest 的家目录。

(7) “/lib”目录存放非常重要的动态库和内核模块。系统的函数库较多,例如有些是在开机时会用到的函数库,而有些是“/bin”或“/sbin”目录下的指令需要调用的函数库。

(8) “/media”目录作为外围设备的一个挂载点,例如硬盘或者可移动设备 U 盘、DVD 和 CD 等。这些设备在不用时是可移除的装置。如果再次使用,可以重新进行挂载在这个目录下。

(9) “/mnt”和“/media”一样,也是一个挂载点,但是专用于挂载临时的设备,例如网络文件系统。

(10) “/opt”目录用于安装系统额外的软件,也称第三方软件,这里安装软件用手动安装,不受 Ubuntu 软件管理包的管理。例如 KDE 桌面管理系统就是一个独立的软件系统,它可以被安装到 Ubuntu 操作系统中，因此 KDE 软件系统就安装到这个目录下。另外，如果想要自行安装额外的软件，也可以放置在这个目录下。

(11) “/root”目录是系统管理员的家目录。如果进入用户个人维护模式而仅挂载根目录时，该目录就能够拥有 root 的家目录，所以希望 root 的家目录与根目录放置在同一个分区中。

(12) “/proc”目录是一个虚拟文件系统，为内核提供向进程发送信息的机制，其文件系统由内核自动产生。

(13) “/sbin” 用于存储二进制文件，但不同的是这些文件不让普通用户使用，只有超级用户 root 可以使用的重要管理命令 其他用户只能用来查询。

(14) “/srv”目录可以认为 service 的缩写，是一些网络服务启动之后，这些服务所需要获取的文件目录。常见的服务有 HTTP 和 FTP 等。例如 WWW 服务器需要的网页文件就放置在“/srv/www/”目录下。

(15) “/tmp”是应用程序使用的临时文件的位置，这个目录是任何用户都能够存取使用，所以需要定期清理其中一些不用的文件。

(16) “/usr”包含大多数用户实用程序和应用程序，并部分复制根目录结构，例如“/usr/bin/”和“/usr/lib”。

(17) “/var”用于可变数据，例如日志、数据库、网站和电子邮件等文件，这些文件从一次启动到下一次启动。

7.2 创建文件系统

所有的硬盘和 U 盘等存储介质都需要建立文件系统之后，才能使用。平常买到的硬盘和 U 盘标称数值之所以跟实际的容量不一样，就是因为里面存储着文件系统。没有文件系统，那就是纯粹的硬件，不能使用。在 Windows 操作系统中可以格式化 U 盘建立文件系统，然而在 Ubuntu 操作系统中，使用命令 mkfs 来建立文件系统。在硬盘中创建文件系统，首先要进行硬盘分区。硬盘分区有很多的工具，如 fdisk、cfdisk 等，用得最多的还是 fdisk 命令。

7.2.1 使用 fdisk 命令对硬盘进行分区

前面章节已经提到 “fdisk -l”命令显示所有分区的信息，其命令的选项参数及其含义说明如表 7-2 所示。

表 7-2 fdisk 命令的选项参数及其含义说明

选项参数	含义说明	选项参数	含义说明
-a	设置可引导标记	-p	显示分区列表
-b	编辑 BSD 磁盘标签	-q	不保存退出
-c	设置 DOS 操作系统兼容标记	-s	新建空白 SUN 磁盘标签
-d	删除一个分区	-t	改变一个分区的系统 ID
-l	显示已知的文件系统类型	-u	改变显示记录单位
-m	显示“帮助”菜单	-v	验证分区表
-n	新建分区	-w	保存退出
-o	建立空白 DOS 分区表	-x	附加功能

建立主分区的基本步骤是 fdisk 硬盘名→n(新建)→p(建立主分区)→1(指定分区号)→按 Enter 键(默认从 1 柱面开始建立分区)→+5GB(指定分区大小)。当然,这里的分区还没有格式化和挂载,所以还不能使用。另外,也可以在窗口环境下借助工具软件进行分区。

7.2.2 文件系统的建立

硬盘进行分区后,下一步的工作就是文件系统的建立,这和 Windows 操作系统下格式化磁盘类似。在一个分区上建立文件系统,会先删除分区上的所有数据,并且不能恢复,因此建立文件系统前要确认分区上的数据不再使用。建立文件系统的命令是 mkfs。mkfs 命令的选项参数及其含义说明如表 7-3 所示。

表 7-3 mkfs 命令的选项参数及其含义说明

选项参数	含义说明
-t	指定要创建的文件系统类型,默认是 ext2
-c	建立文件系统之前首先要检查坏块
-l	从文件 file 中读磁盘坏块列表,该文件一般是由磁盘坏块检查程序产生的
-V	输出建立文件系统详细信息

要理解文件的存储问题,就要了解 inode(索引节点)的知识,inode 用来存放文件及目录的基本信息,包含文件创建的时间、文件名和文件创建者以及群组等。文件存储在硬盘上,硬盘的最小存储单位称为扇区(sector)。每个扇区储存 512B,相当于 0.5KB 的大小。操作系统读取硬盘时,不会一个个扇区地读取,这样效率太低,而是一次性连续读取多个扇区,即一次性读取一个块(block)。这种由多个扇区组成的块,是文件存取的最小单位。块的大小最常见的是 4KB,即连续 8 个扇区组成一个块。文件数据都存储在块中,包括文件索引节点的所有元信息,具体有以下内容。

(1) 文件的字节数。

(2) 文件拥有者的用户 ID。

(3) 文件的组 ID。

(4) 文件的读、写、执行权限。

(5) 文件的时间变化情况,共有 3 个:ctime 指索引节点上一次变动的时间,mtime 指文件内容上一次变动的时间,atime 指文件上一次打开的时间。

(6) 链接数,即有多少文件名指向这个索引节点。

(7) 文件数据块的位置。

(8) 可以用 stat 命令,查看某个文件的索引节点信息。

1. 索引节点的大小

索引节点也会消耗硬盘空间,所以硬盘格式化时,Ubuntu 操作系统自动将硬盘分成两个区域:一个是数据区,存放文件的数据;另一个是索引节点区,也称为 inode table,存放索引节点所包含的信息。每个索引节点的大小是 128 字节或者 256 字节。索引节点的总数在格式化时就给定,一般是每 1KB 或者每 2KB 就设置一个索引节点。如果在一块 1GB 的硬盘中,每个索引节点的大小为 128 字节,每 1KB 就设置一个索引节点,那么 inode table 的大小就会达到 128MB,占整块硬盘的 12.8%。

（1）查看每个硬盘分区的索引节点总数和已经使用的数量，可以使用 df 命令。

```
df -i
```

（2）查看每个索引节点的大小，可以用如下命令：

```
sudo dumpe2fs -h /dev/hda | grep "Inode size"
```

由于每个文件都必须有一个索引节点，因此有可能发生索引节点已经用光，但是硬盘还未存满的情况。这时，就无法在硬盘上创建新文件，现实中遇到这样的情况比较少见。

2. 索引节点的索引号

每个索引节点都有一个索引号，Ubuntu 操作系统用索引节点的索引号来识别不同的文件。在 UNIX 和 Linux 操作系统内部不使用文件名，而使用索引节点的索引号来识别文件。对于操作系统来说，文件名只是索引节点的索引号便于识别的别称或者绰号。从表面上看，用户通过文件名打开文件，实际上系统内部把这个过程分成了三步：首先，系统找到这个文件名对应的索引节点的索引号；其次，通过索引节点索引号，获取索引节点信息；最后，根据索引节点信息，找到文件数据所在的块，读出该文件的数据。

使用 ls -i 命令，可以看到文件名对应的索引节点索引号：

```
ls -i example.txt
```

3. 目录文件

在 UNIX/Linux 操作系统中，目录也是一种文件。打开目录，实际上也是打开目录文件。目录文件的结构非常简单，就是一系列目录项的列表。每个目录项由两部分组成，分别是所包含文件的文件名和该文件名对应的索引节点索引号。

（1）ls 命令只列出目录文件中的所有文件名。

```
ls /etc
```

（2）ls -i 命令列出整个目录文件，即文件名和索引节点索引号。

```
ls -i /etc
```

如果要查看文件的详细信息，就必须根据索引节点索引号，访问索引节点，读取信息。

（3）ls -l 命令列出文件的详细信息。

```
ls -l /etc
```

如果理解了上面的这些知识，就容易理解目录的权限了。目录文件的读权限（r）和写权限（w）都是针对目录文件本身的，即不同用户能以什么权限访问操作对该目录文件，如不同用户对 tmp 目录文件的权限分别为 rwx、r-x 和 r-x，第一组的 3 个字符，即 rwx，表示文件拥有者用户的对该文件的读写权限，第二组的 3 个字符，即 r-x，表示文件拥有者用户所在的用户组里的其他用户对该文件的读写权限，第三组的 3 个字符，即 r-x，表示文件拥有者用户所在的用户组以外的用户对该文件的读写权限。某个用户下运行的进程访问操作该目录文件，只能以该用户所具有的对该目录文件的权限进行操作。由于目录文件内只有文件名和索引节点索引号，如果只有读权限，只能获取文件名，无法获取其他信息，因为其他信息都储存在索引节点中，而读取索引节点内的信息需要目录文件的执行权限 x。

4. 硬链接

一般情况下，文件名和索引节点索引号是一一对应的关系，每个索引节点索引号对应一个文件名。但是 UNIX 和 Linux 操作系统允许多个文件名指向同一个索引节点索引号。这样就可以用不同的文件名访问同样的内容，如果对文件内容进行修改，会影响所有文件名。如果要删除一个文件名，同时不影响另一个文件名的访问，这种情况就被称为硬链接。

ln 命令可以创建硬链接：

```
ln [源文件] [目标文件]
```

运行上面这条命令以后，源文件与目标文件的索引节点索引号相同，都指向同一个索引节点。索引节点元信息中有一项叫作链接数，记录指向该索引节点的文件名总数，这时就会增加 1。反之，删除一个文件名，就会使得索引节点中的链接数减少 1。当这个链接数值减到 0 时，表明没有文件名指向这个索引节点，系统就会回收这个索引节点索引号以及其所对应硬盘块存储空间。创建目录时，默认会生成两个目录项，分别是. 和. . 。前者的索引节点索引号就是当前目录的索引节点索引号，等同于当前目录的硬链接；后者的索引节点索引号就是当前目录的父目录的索引节点索引号，等同于父目录的硬链接。所以任何一个目录的硬链接总数总是等于 2 加上它的子目录总数。

5. 软链接

除了上述硬链接以外，还有一种特殊情况。如果文件 A 和文件 B 的索引节点索引号虽然不一样，但是文件 A 的内容是文件 B 的路径。读取文件 A 时，系统会自动将访问者导向文件 B。因此，无论打开哪一个文件，最终读取的都是文件 B。这时文件 A 就称为文件 B 的软链接或者符号链接。可见文件 A 依赖于文件 B 而存在，如果删除了文件 B，打开文件 A 就会报错，这就是软链接与硬链接最大的不同。所以文件 A 指向文件 B 的文件名，而不是文件 B 的索引节点索引号，文件 B 的索引节点链接数不会发生变化。

用 ln -s 命令可以创建软链接：

```
ln -s 源文件或目录 目标文件或目录
```

6. 硬链接和软链接的区别

每个目录都有一个唯一的索引节点，而每个索引节点可能有多个目录，这种情况是由硬链接产生的。硬链接就是同一个文件具有多个别名，具有相同索引节点，而目录不同。

(1) 文件具有相同的索引节点和数据块；

(2) 只能对已存在的文件进行创建；

(3) 不同交叉文件系统进行硬链接的创建；

(4) 不能对目录进行创建，只能对文件创建硬链接；

(5) 删除一个硬链接并不影响其他具有相同索引节点号的文件。

软链接具有自己的索引节点，即具有自己的文件，只是这个文件中存放的内容是另一个文件的路径名。因此软链接具有自己的索引节点号以及用户数据块。

(1) 软链接有自己的文件属性及权限等；

(2) 软链接可以对不存在的文件或目录进行创建；

(3) 软链接可以交叉文件系统；

(4) 软链接可以对文件或目录进行创建；

(5) 创建软链接时，链接数不会增加；

(6) 删除软链接不会影响被指向的文件，但若指向的原文件被删除，则成死链接，但重新创建指向的路径，即可恢复为正常的软链接，只是源文件的内容可能变了。

7. 索引节点的特殊作用

由于索引节点的索引号与文件名分离，这种机制导致了一些在 UNIX 和 Linux 操作系统中特有的现象。如果文件名包含特殊字符，则无法正常删除。这时直接删除索引节点，就能起到删除文件的作用。如果移动文件或重命名文件，只是改变文件名，不影响索引节点的索引号。如果打开一个文件以后，系统就以索引节点的索引号来识别这个文件，则不再考虑文件名。因此，系统无法从索引节点的号得知文件名，使得软件更新变得简单，可以在不关闭软件的情况下进行更新，不需要重启。因为系统通过索引节点的索引号识别运行中的文件，不通过文件名。更新时，新版文件以同样的文件名生成一个新的索引节点，不会影响运行中的文件。等到下一次运行这个软件时，文件名就自动指向新版文件，旧版文件的索引节点则被回收。

8. mkfs 命令

1) 作用

使用 mkfs 命令建立文件系统，创建结果如图 7-5 和图 7-6 所示。可以看出，同样的命令在不同分区下建立文件系统的块空间是不一样的。

```
设备             起点       末尾       扇区    大小 类型
/dev/sdb1        2048     264191     262144    128M 未知
/dev/sdb2      264192 1841844223 1841580032  878.1G 未知
/dev/sdb3  1841844224 1953521663  111677440   53.3G Microsoft 基本数据
root@xwj-virtual-machine:/home/xwj# sudo mkfs.ext3 /dev/sdb3
mke2fs 1.44.1 (24-Mar-2018)
/dev/sdb3 有一个标签为“新加卷”的 ntfs 文件系统
Proceed anyway? (y,N) y
创建含有 13959168 个块（每块 4k）和 3496608 个inode的文件系统
文件系统UUID：73602f40-07b2-40e6-914c-107f4e25eb16
超级块的备份存储于下列块：
        32768, 98304, 163840, 229376, 294912, 819200, 884736, 1605632, 2654208,

        4096000, 7962624, 11239424

正在分配组表： 完成
正在写入inode表： 完成
创建日志（65536 个块） 完成
写入超级块和文件系统账户统计信息： 已完成
```

图 7-5　使用 mkfs 命令建立文件系统

```
root@wfy-virtual-machine:/# sudo mkfs.ext3 /dev/sdb3
mke2fs 1.44.1 (24-Mar-2018)
/dev/sdb3 有一个标签为"新加卷"的 ntfs 文件系统
Proceed anyway? (y,N) y
创建含有 2659584 个块（每块 4k）和 665184 个inode的文件系统
文件系统UUID: 53e37e0a-aa9d-4f4f-b83e-35731b0d7545
超级块的备份存储于下列块:
        32768, 98304, 163840, 229376, 294912, 819200, 884736, 1605632, 2654208

正在分配组表: 完成
正在写入inode表: 完成
创建日志（16384 个块） 完成
写入超级块和文件系统账户统计信息: 已完成
```

图 7-6 不同分区使用 mkfs 命令建立文件系统

2）使用示例

```
# sudo mkfs .ext3 /dev/sdb3
```

要注意，创建 Ext3 和 Ext2 结果会有不同，Ext3 多出两行，分别是创建日志（65 536 个块）完成与写入超级块和文件系统账户统计信息已完成。

9. mke2fs 命令

1）作用

mke2fs 命令默认创建 Ext2 文件系统。

2）常见选项参数

mke2fs 命令的常见选项参数及其含义说明如表 7-4 所示。

表 7-4 mke2fs 命令的常见选项参数及其含义说明

选项参数	含义说明
-j	创建 Ext3 文件系统
-b	BLOCK_SIZE，指定块大小，默认为 4096，可用取值为 1024、2048 和 4096
-L	LABEL，制定分区卷标
-m	指定预留给超级用户的块数百分比
-i	用于指定为多少字节的空间创建一个索引节点，默认为 8192，这里给出的数值应该为块大小的 2^n 倍
-N	指定索引节点个数
-F	强制创建文件系统
-E	用户指定额外文件系统属性

3）使用示例

```
# sudo mke2fs /dev/sdb1
# sudo mke2fs -j /dev/sdb1
# sudo mke2fs -b 1024 /dev/sdb2
# sudo mke2fs -L DATA /dev/sdb1
# sudo mke2fs -m 3 /dev/sdb1
# sudo mke2fs -i 4096 /dev/sdb1
```

10. blkid 命令

1）作用

blkid 命令查询或者查看磁盘设备的相关属性。

2）使用示例

```
# sudo blkid /dev/sdb
/dev/sdb: LABEL = "DATA" UUID = "534e7479 - 904d - 423c - b299 - 09d1399ab365" TYPE = "ext2"
```

关注 UUID(全局唯一标识)和 TYPE(分区类型)和 LABEL(卷标)。

11．e2label 命令

1）作用

e2label 命令用于查看或定义卷标。

2）格式

```
e2label  [参数]
```

3）使用示例

```
# sudo e2label /dev/sdb zhy
# sudo e2label /dev/sdb
zhy
```

12．tune2fs 命令

1）作用

tune2fs 命令调整文件系统的相关属性。

2）常见选项参数

tune2fs 命令的常见选项参数及其含义说明如表 7-5 所示。

表 7-5　tune2fs 命令的常见选项参数及其含义说明

选项参数	含义说明
-l	查看文件系统信息
-c	设置强制自检的挂载次数，如果开启，则每挂载一次 mount conut 就会加 1，超过次数就会强制自检
-i	设置强制自检的时间间隔
-j	不损害原有数据，将 Ext2 升级为 Ext3。注意，不能降级
-r	调整系统保留空间
-o	设置或清除默认挂载的文件系统选项

3）使用示例

```
...
Filesystem volume name:     <none>
Last mounted on:            <not available>
Filesystem UUID:            9da08fdd - 5429 - 4143 - a90e - cc8fd4cb02b6
Filesystem magic number:    0xEF53
Filesystem revision #:      1 (dynamic)
```

```
Filesystem features:       has_journal ext_attr resize_inode dir_index filetype sparse_super
large_file
Filesystem flags:          signed_directory_hash
Default mount options:     (none)
Filesystem state:          clean
Errors behavior:           Continue
Filesystem OS type:        Linux
Inode count:               327680
Block count:               1310720
Reserved block count:      65536
Free blocks:               1254785
Free inodes:               327669
First block:               0
Block size:                4096
Fragment size:             4096
Reserved GDT blocks:       319
Blocks per group:          32768
Fragments per group:       32768
Inodes per group:          8192
Inode blocks per group:    512
Filesystem created:        Wed Apr 11 23:15:18 2018
Last mount time:           n/a
Last write time:           Wed Apr 11 23:15:18 2018
Mount count:               0
Maximum mount count:       27
Last checked:              Wed Apr 11 23:15:18 2018
Check interval:            15552000 (6 months)
Next check after:          Mon Oct  8 23:15:18 2018
Reserved blocks uid:       0 (user root)
Reserved blocks gid:       0 (group root)
First inode:               11
Inode size:                256
Required extra isize:      28
Desired extra isize:       28
Journal inode:             8
Default directory hash:    half_md4
Directory Hash Seed:       4c738d1c-b531-4926-8687-f76df8ef1ce3
Journal backup:            inode blocks
```

13. dumpe2fs 命令

dumpe2fs 命令的作用是显示内容中可以看到这个块组中的空闲块(free block),对于使用的硬盘能看到的空闲块是离散的,这意味着有碎片了,同时该命令可以兼容 Ext4 文件系统。

14. fsck 命令

fsck 命令的作用是检查并修复 Linux 支持的所有文件系统。

7.2.3 交换分区

如果在 Ubuntu 操作系统运行时物理内存不够,Ubuntu 操作系统会把内存的数据先写到磁盘上，当需要数据时再读回物理内存中，这个过程称为交换，而用于交换的磁盘空间称为交换空间。这些技术和 Windows 操作系统的虚拟内存技术类似，但 Ubuntu 操作系统支持两种形式的交换空间，分别是独立的磁盘交换分区和交换文件。

(1) 独立的磁盘交换分区是专门分出一个磁盘分区用于交换，而交换文件则是创建一个文件用于交换。使用交换分区比使用交换文件效率要高，因为独立的交换分区保证了磁盘块的连续，Ubuntu 操作系统读写数据的速度较快。交换空间的大小一般是物理内存的 2～3 倍。如果内存是 4GB，则交换空间的大小为 8～12GB 较为合适。

(2) 交换分区的建立和其他分区的建立没有太大的差别，唯一不同的是用 fdisk 命令建立分区时要使用 t 参数把分区类型改成 82 Linux Swap 交换分区，如图 7-2 分区显示时，可以看到“dev/sda5”被定义为交换分区。

7.3 文件系统的安装和卸载

Ubuntu 操作系统的文件系统组织方式与 DOS 和 Windows 操作系统的文件系统组织方式有很大的差别。Windows 操作系统把磁盘分区后用不同驱动器名字来命名，如“C:”“D:”“E:”等，把它们当成逻辑独立的硬盘来使用，每个逻辑盘有自己的根目录。而 Linux 内核只有一个总的根目录，或者说只有一个目录树，不同磁盘的不同分区都只是这个目录树的一部分。在 Linux 内核中创建文件后，用户还不能直接使用它，要安装文件系统后才能使用。安装文件系统首先要选择一个安装点。所谓的安装点就是要安装的文件系统的根目录所在的目录。

7.3.1 手工安装和卸载文件系统

手工安装文件系统常常用于临时使用文件系统的场合，尤其是硬盘的其他分区、U 盘和光盘的使用。手工安装文件系统使用 mount 命令，其命令的常见选项参数及其含义说明如表 7-6 所示。

表 7-6　mount 命令的常见选项参数及其含义说明

选项参数	含义说明
-a	安装“/etc/fstab”中的所有设备
-f	不执行真正的安装，只是显示安装过程中的信息
-n	表示不更新“/etc/mtab”文件，即使用 mount 命令不可见，起到了隐藏挂载的作用。可以通过查看“/proc/mounts”文件追踪内核挂载情况。注意，该选项在 CentOS 6. x 中支持良好，但在 CentOS 7. x 支持得并不友好。在 CentOS 7. 6 版本测试时发现基于 UUID 方式挂载，依旧会修改“/etc/mtab”文件
-r	用户对被安装的文件系统只有读权限
-w	用户对被安装的文件系统有写权限
-t	指定要挂载的设备上的文件系统类型，通常情况下无须指定，因为 mount 命令会自适应所挂载分区对应的文件系统类型，常用的有 Minix、Ext、Ext2、Ext3、msdos、HPFS、NFS、iso9880、vfat、reiserfs、umdos 和 smbfs
-o	指定安装文件系统的安装选项

使用实例：

```
# mount
# sudo mkdir /home/testdir
# sudo mount /dev/sdb3 /home/testdir/
```

该命令组合是将"/dev/sdb3"分区的文件系统安装在"/home/testdir/"目录下，文件系统的类型是 Ext3，安装点是"/home/testdir/"，具体的操作结果如图 7-7 所示。安装文件系统时，用户不能处在安装点(即当前目录是安装点)，否则安装文件系统后，用户看到的内容仍是没有安装文件系统前安装点目录原来的内容。

```
root@xwj-virtual-machine:/home/xwj# mount
sysfs on /sys type sysfs (rw,nosuid,nodev,noexec,relatime)
proc on /proc type proc (rw,nosuid,nodev,noexec,relatime)
udev on /dev type devtmpfs (rw,nosuid,relatime,size=982840k,nr_inodes=245710,mo
de=755)
devpts on /dev/pts type devpts (rw,nosuid,noexec,relatime,gid=5,mode=620,ptmxmo
de=000)
tmpfs on /run type tmpfs (rw,nosuid,noexec,relatime,size=201344k,mode=755)
/dev/sda1 on / type ext4 (rw,relatime,errors=remount-ro)
securityfs on /sys/kernel/security type securityfs (rw,nosuid,nodev,noexec,rela
time)
root@xwj-virtual-machine:/home/xwj# sudo mkdir /home/testdir
root@xwj-virtual-machine:/home/xwj# sudo mount /dev/sdb3 /home/testdir/
root@xwj-virtual-machine:/home/xwj# mount |grep sdb3
/dev/sdb3 on /home/testdir type ext3 (rw,relatime)
```

图 7-7　mount 命令的使用

remount 命令可以重新挂载，大部分分区或者目录都是可以卸载再重新挂载的，但是对于根目录是无法卸载的。如果卸载分区或者目录，就可以使用 remount 命令来重新挂载相关参数。

7.3.2　文件系统的自动安装

可以使用 mount 命令手工安装文件系统，对于用户经常使用的文件系统，最好能让 Linux 操作系统在启动时就自动安装好。配置"/etc/fstab"文件就可以解决这个问题，如果想实现开机自动挂载某设备，只要修改"/etc/fstab"文件即可。其格式内容包括文件系统、安装点、文件系统类型、安装选项、备份频率、检查顺序和开机自动挂载等项目，具体内容如图 7-8 所示。

```
[root@localhost ~]# cat /etc/fstab
erwe
#
# /etc/fstab
# Created by anaconda on Tue Jul 19 23:52:41 2016
#
# Accessible filesystems, by reference, are maintained under '/dev/disk'
# See man pages fstab(5), findfs(8), mount(8) and/or blkid(8) for more info
#
/dev/mapper/centos-root /                       xfs     defaults        0 0
UUID=6efb8a23-bae1-427c-ab10-3caca95250b1 /boot                   xfs     defaults        0 0
/dev/mapper/centos-swap swap                    swap    defaults        0 0
```

图 7-8　显示"/etc/fstab"文件的内容

查看此文件可知每行定义了计算机上硬盘分区的相关信息，启动 Linux 时，检查分区的 fsck 命令和挂载分区的 mount 命令，都需要"/etc/fstab"文件中的信息来正确地检查和挂载硬盘。然而"/etc/mtab"文件记载的是现在系统已经装载的文件系统，包括操作系统建立的虚拟文件等；而"/etc/fstab"是系统准备装载的。每当使用 mount 命令挂载分区、umount 命令卸载分区时，都会动态更新"/etc/mtab"文件，它总是保持着当前系统中已挂载的分区信息，fdisk、df 这类程序必须要读取"/etc/mtab"文件，才能获得当前系统中的分区挂载情况。当然还可以通过读取"/proc/mount"文件来获取当前挂载信息。

最后给出文件系统磁盘配额的问题，磁盘配额用于限制用户或者组可以在文件系统上使用的磁盘空间量。如果没有任何限制，用户可能会填满计算机或者服务网中的磁盘，并导致其他用户和服务出现问题。配额既可以设置软限制，也可以设置硬限制。系统不允许用户超过其硬限制。但是系统管理员一般会设置软限制，用户可以临时性地超过设置的软限制，但是软限制必须低于硬限制。常用的磁盘配额命令有 quota、edquota 和 grpquota 等。

7.4 文件系统的管理

文件系统管理是操作系统中一项重要的功能。在现代计算机系统中，用户的程序和数据、操作系统自身的程序和数据，甚至各种输出输入设备都是以文件形式出现的。文件系统管理主要涉及文件的逻辑组织和物理组织、目录的结构和管理。文件系统是对文件存储器的存储空间进行组织、分配和回收，负责文件的存储、检索、共享和保护。从用户角度讲，文件系统主要是实现按名取存，文件系统的用户只要知道所需文件的文件名，就可存取文件中的信息，而无须知道这些文件存放在硬盘中的具体细节。

7.4.1 文件系统管理工具

文件系统的管理工具较多，主要代表有 Windows 资源管理器、QTTab 文件整理、FreeCommander 文件整理工具、Total Commander 文件整理工具、Everything 文件名搜索、Ava Find 文件名搜索、Locate32 文件名搜索、谷歌桌面搜索、TrueCrypt 加密软件、WinZip 文件压缩、WinRAR 文件压缩、7-zip 文件压缩、EasyRecovery 磁盘数据恢复工具、FinalData 数据恢复工具和超级文件粉碎机。

7.4.2 文件安全的管理

一般情况下，随着计算机技术的发展，企业和事业单位对文件安全的管理方式大致分为以下 4 个阶段。

(1) 制定企业和事业单位内部保密制度，严格限定机密文件接触人群范围，设立保密管理机构，指派专人保管机密文件，通过制度和纪律约束来保证文件的安全。

(2) 随着计算机应用的普及，单纯通过制度进行文件安全管理越来越力不从心，企业和事业单位开始采用专门的保密设备来管理机密文件，如安装专门的涉密计算机和使用认证存储设备等。

(3) 为适应信息化工作及无纸化办公的要求，随着互联网技术的发展，为了应对来自互联网攻击和各种类型的威胁，很多企业和事业单位采用堵塞的方式，如内网隔离、封 USB 口和禁止打印等方式管理内部机密文件。

(4) 随着现代互联网技术的飞速发展，企业和事业单位逐渐认识到通过上述制度约束和封堵的方式并不能从根本上解决泄密的问题，给员工的日常工作也带来了极大的不便，严重降低了员工工作的积极性与工作效率，越来越不能适应管理的需求。企业和事业单位迫切需要通过一种更人性化的方式来进行文件安全管理，这时文件加密软件在文件安全管理应用方面成为了当前的主流方式。

7.4.3 文件管理系统分类

在信息大爆炸的时代，企业、政府、学校和医院等各种类型的组织的知识都是以电子文件的形式存在的。这些文件的范围广泛、格式多样，是一个组织极其重要的资产。它们包括文件、图形、影像、网页、音频、视频、产品数据、研发文件、数据库表格、应用程序代码、合约等结构化或非结构化数据。根据 Jupiter Research 的报告，组织所产生的文件量每 6～8 个月便以双倍或更快的速率激增。大量无序的文件给组织的成员及硬件均造成了沉重的压力，严重影响了组织的有效运行。于是各种类型的文档管理系统就在这样的背景下应运而生，下面主要罗列出国内外主要的文件管理系统。

1. 国内文件管理系统

(1) 开始文件管理系统，专注文件的管理，解决企业和事业单位与组织等多用户间的文件传输、共享版本与安全，系统为 B/S 结构加 C/S 结构，可完美使用于各种环境。该系统支持分布式存储、HA 双机热备、多服务器集群，可以满足大量用户、高并发等需求。

(2) edoc2 文件管理系统，为企业和事业单位提供了一个易用、安全和高效的文件管理系统。通过 edoc2 文件管理系统企业和事业单位可以集中存储和管理海量文件以及各类数字资产，如 Office 文件、电子邮件、多媒体文件、工程设计文件等。edoc2 文件管理系统采用了领先的文件权限控制和加密技术，以保障文件的安全。通过 edoc2 文件管理系统企业和事业单位可以更高效地管理文件的整个生命周期，其中包括创建、修改、版本控制、审批程序、存储、查询和重用以及归档。另外，edoc2 文件管理系统完整的产品线可以适应任何规模和复杂程度的公司体系。

(3) 三品 EDM 文件协同管理系统，可以帮助企业和事业单位集中规范管理文件，提升企业和事业单位的技术掌控力，主要的功能点有集中存储、分类管理、文件编码、文件归档、文件发布、版本管理、业务定义、工作计划、搜索定位、流程审批和流程提醒等，帮助企业和事业单位解决文件管理的混乱状态，让企业和事业单位的文件和图纸管理井井有条。

(4) 致得 E6 协同文件管理系统，将电子文件管理、纸质文件管理、多媒体管理、图文件管理、安全加密、协同办公等各种应用与管理全面整合，各功能间紧密关联，全程无缝管理。

(5) HOLA 企业和事业单位内容管理系统，为企业和事业单位提供包含知识管理、文件管理以及专业化咨询服务在内的企业和事业单位内容管理整体解决方案，帮助客户理解、规划、成功实施企业和事业单位内容管理战略。

(6) 易度文件管理系统，帮助企业和事业单位解决文件的存储、安全管理、查找、在线查看、协作编写及文件发布控制等问题。易度文件管理系统采用了领先的文档权限控制和 SSL 传输加密技术，为企业中的个人、团队以及部门提供海量文档资料的安全集中存储空间，支持文档的共享和审核协作管理，并提供强大的文档检索机制。

(7) 云脉纸质文档管理系统，具备独有的文件夹列表，可以对文档进行分门别类的有序管理，独有的排序模式可使个人按照个人习惯进行排序，随心所欲地全面掌控文件资源；还具备关键字检索功能，可以让工作人员通过该功能对系统存储的文档名称、文档全文、文档备注进行检索，快速调取所需的原件扫描件、识别资料。另外，云脉纸质文档管理系统还可跨空间、时间进行信息共享，通过文档共享功能协助企业内部各个部门建立起必要的信息通道。线上共享，实现一份资料，多方共商，有助于提升员工的办事效率。

(8) 网络硬盘，基于云存储的文件存储、传输平台，使文件的管理更加高效和便捷。其无限量的存储空间、多移动终端的协同工作，使网络硬盘得到企业和事业单位及个人的青睐。目前，国内较为知名的网络硬盘有百度网盘、360 网盘、115 网盘、同步盘、阿里云和华为网盘等。

2. 国外文件管理系统

(1) DocMgr，使用的是 PostgreSQL 数据库。

(2) KnowledgeTree Document Management，除了开源的版本，还有商业版本可用。

(3) MyDMS，主要致力于普通文件的管理系统。

(4) OwnCloud，源于德国的著名开源软件项目，该项目提供了一套强大的系统解决方案，是一套兼顾移动性和安全性的云存储文件管理解决方案。其能为企业和事业单位或项目提供集中式的文件存储、上传和共享服务，特别适合企业和事业单位建立自己专用的文件管理系统，是非结构化大数据和多媒体文件的存储管理的首选平台，实施该项目最大的价值在于取得企业和事业单位运营关键信息数据的控制权。

(5) 其他 flickr、yupoo 等在线图片管理网站，只能管理图片，不能管理其他类型的文件。

现在市场上的文件系统管理软件也发展了很长时间，有些偏向于内容管理，有些偏向于文档类型管理。其实文件管理系统最主要的是考虑清楚具体的应用场景，企业信息化内容和类型较多，建议文件管理软件要与企业的业务协同挂钩，同时要符合员工的使用场景。文件管理系统提供什么样的监控平台，什么人、在什么时间、对什么文件进行了什么操作行为均有实时记录，打造一个易管控、可追溯的综合文件管理平台，在实现文档的有序化管理的同时，避免出现人员流失造成的文档丢失。

7.4.4 Ubuntu 检查文件系统

Linux 是一个稳定的操作系统，一般情况下文件系统并不会出现什么问题。如果系统异常断电或不遵守正确的关机步骤，磁盘缓冲的数据没有写入磁盘，文件系统常常会不正常，这时就需要进行文件系统的检查。Linux 操作系统启动时，会自动检查“/etc/fstab”文件中设定要自动检查的文件系统，就像 Windows 操作系统开机时用 scandisk 命令检查磁盘一样。

1. 文件系统的检查

可以使用 fsck 命令，手工对文件系统进行检查。fsck 命令的常见选项参数及其含义说明如表 7-7 所示。

表 7-7　fsck 命令的常见选项参数及其含义说明

选项参数	含义说明
-t	指定文件系统类型，若在“/etc/fstab”中已有定义或者是 Kernel 本身已支持的文件类型，则不需加上此参数
-s	依序一个一个地执行指令来检查
-A	对“/etc/fstab”中所有列出来的分区做检查
-V	详细显示模式，显示 fsck 命令执行时的信息
-N	只是显示 fsck 命令每一步的工作，而不进行实际操作
-R	和-A 同时使用时，跳过根文件系统
-P	和-A 同时使用时，不跳过根文件系统
-a	如果检查有错，则自动修复
-C	显示完整的检查进度
-r	如果检查有错，则由用户回答是否修复
-y	指定检测每个文件时自动输入 yes，在不确定哪些是不正常时，可以执行“# sudo fsck -y”命令表示全部检查修复
-p	检查文件系统时，不需要确认就执行所有的修复

用 fsck 命令检查结束后，会给出错误代码，如表 7-8 所示。另外用 fsck 命令检查文件系统后，实际的返回值可能是表 7-8 中代码值的和，表示出现了多个错误。

表 7-8　用 fsck 命令检查文件系统后错误代码列表

参数返回值	功能说明	参数返回值	功能说明
0	没有发现错误	8	操作错误
1	文件系统错误已经更正	18	语法错误
2	系统需要重新启动	128	共享库错误
4	文件系统错误没有更正		

2. 存储器坏块的检查

在磁盘进行分区之后，创建文件系统之前，最好能够使用 badblocks 命令检查磁盘上的坏块。创建文件系统时，可以利用坏块检查结果来跳过坏块，避免数据保存到磁盘坏块上。badblocks 命令的常见选项参数及其含义说明如表 7-9 所示。

表 7-9　badblocks 命令的常见选项参数及其含义说明

选项参数	含义说明
-o	将检查的结果写入指定的输出文件
-s	显示已经检查过的磁盘块数
-w	在检查时，执行写入测试
-b	指定磁盘的区块大小，单位为字节
-c	每一次检测区块的数目，默认值是 16。增加这个数目可以增加检测块的效率，同时也会增加内存的耗费
-v	执行时显示详细的信息

使用实例：

```
#sudo badblocks -s /dev/sdb3
```

以上命令检查"/dev/sdb3"的坏块情况，并显示检查的进度。另外，可以使用 du 命令统计目录使用磁盘空间的情况，还可以使用 df 命令统计未使用磁盘空间的数值。

习　题

一、选择题

1. 使用 Vi 编辑文本只读时，强制存盘并退出的命令是(　　)。

A. w!　　B. q!　　C. wq!　　D. e!

2. 使用(　　)命令把两个文件合并成一个文件。

A. cat　　B. grep　　C. awk　　D. cut

3. 以下(　　)命令只查找源码、二进制文件和帮助文件，而不是所有类型的文件。此命令查找的目录是由环境变量 $PATH 指定的。

A. whereis　　B. whatis　　C. which　　D. apropos

4. 使用(　　)命令进行查询，并不真正对硬盘上的文件系统进行查找，而是对文件名数据库进行检索，而且可以使用通配符? 和 *?。

A. whereis　　B. find　　C. locate　　D. type

5. 使用(　　)命令把打印任务放到打印队列中去打印。

A. Iprm　　B. lpq　　C. Ipd　　D. Ipr

6. 如果文件"/usr/bin/passwd"的属性为"-rwsr-xr-x"，则 s 代表(　　)。

A. SUID　　B. SGID　　C. Sticky　　D. Excutable

7. 当一个文件属性为"drwxnwxrwt"，则这个文件的权限是(　　)。

A. 任何用户皆可读取、可写入　　B. root 可以删除该目录的文件

C. 给普通用户以文件所有者的特权　　D. 文件拥有者有权删除该目录的文件

8. 一个文件名为 rr.Z，可以用来解压缩的命令为(　　)。

A. tar　　B. gzip　　C. compress　　D. uncompress

9. 在"/etc/fstab"指定的文件系统加载参数中，(　　)参数一般用于 CD-ROM 等移动设备。

A. defaults　　B. sw　　C. rw 和 ro　　D. noauto

二、填空题

1. 文件是________，它以________为标识。

2. 文件系统的主要目的是________________。

3. 文件的逻辑结构有两种，分别是________和________。

4. 某文件的访问权限用数字法标识为 567，用字母法则表示为________。

5. 文件系统配额可分为软配额和硬配额。在一定的时间内，允许用户超过________，但不得超过________配额使用文件系统。

6. 文件系统中删除一个文件实际上是删除________，内外存交换的基本单位是________。

三、简答题

1. Linux 操作系统的目录结构与 Windows 操作系统有何不同？

2. Linux 操作系统的目录配置标准有何规定？

3. Linux 操作系统的文件有哪些类型？

4. 关于文件显示的命令主要有哪些？

5. 编写程序，将当前主目录打包成 tar.gz 格式备份，并将该文件权限设置为 666。

6. Linux 操作系统下有几种类型文件？它们分别是什么？有哪些相同点和不同点？如果文件的类型和权限用“drwxrwr”表示，那么这个文件属于什么类型的文件？各类用户对这个文件拥有什么权限？

7. 假定一个文件系统组织方式与 MS-DOS 相似，在 FAT 中可有 64K 个指针，磁盘的盘块大小为 512B，试问该文件系统能否指引一个 512MB 的磁盘？

8. Linux 操作系统下不同文件系统如何形成一个完整的目录？

9. 要使用硬盘上的某一空闲空间一般要经过什么步骤？使用什么命令？

10. “/etc/fstab”文件中有如下一行：“/dev/sda1/ reiserfs defaults,notail 1 1”，请解析各个字段的含义。

11. 文件系统管理的工具有哪些？

12. Ubuntu 操作系统如何检查文件系统？具体需要哪些步骤？

上机实验

实验一：文件基本操作命令

实验目的

了解并掌握 Linux 操作系统中常用的文件操作相关命令的基本使用方法，可以通过命令对文件进行处理。

实验内容

(1) 使用 ls 命令查看当前目录下的文件；

(2) 使用 touch 命令在当前目录下新建 a.c、b.c、c.c 文件；

(3) 使用 mkdir 命令在“/root”目录下创建一个 test 目录；

(4) 使用 cp 指令将第(2)步创建的三个文件复制到 test 文件夹下；

(5) 使用 rm 指令将第(2)步创建的三个文件删除；

(6) 在 test 文件夹下再新建一个文件夹 test1；

(7) 使用 rm 指令将 a.c 文件移动到 test1 文件夹下；

(8) 使用 rmdir 指令删除 test 目录。

实验二：文件压缩与解压

实验目的

了解并掌握 Linux 操作系统中常用的文件解压缩命令的基本使用方法，可以通过命令对文件进行压缩和解压处理。

实验内容

(1) 使用 touch 命令在当前目录下新建 a. c、b. c、c. c 文件；

(2) 使用 pwd 命令查看当前路径，在计算机中定位到当前路径，采用图形化的方式，对 a. c 文件进行压缩，选择压缩文件的格式为 *. zip；

(3) 使用 mkdir 命令在"/root"目录下创建一个 test 目录；

(4) 使用 cp 指令将第(1)步创建的三个文件复制到 test 文件夹下；

(5) 使用 zip 命令将 test 文件夹下的三个文件进行压缩，使用 ls 命令查看压缩完成的文件；

(6) 使用 umzip 命令对第(2)步生成的 zip 文件进行解压；

(7) 使用 tar 命令将 test 目录压缩成 *. bz2 格式的文件；

(8) 使用 rm 命令删除 test 压缩包。

第 8 章　进程和线程管理

提高微处理器(CPU)的使用率,使它尽可能处于工作状态,是操作系统管理功能的主要目标之一。在 Linux 操作系统中,提高微处理器使用率的技术措施主要是多通道和分时处理,微处理器在进程之间切换,按照一定的规则轮流执行每个进程。

8.1 作　　业

作业的概念是计算机用户向计算机系统提交一项工作的基本单位,是用户在一次事务处理或计算过程中要求计算机所做工作的总和。如果一次业务处理可以由某一个程序完成,就是说这个业务处理只要提交这一个程序就够了,这种情况下,这个程序就是一个作业。通常,完成一次业务需要由多个程序协同完成,这时多个程序需要的数据以及必要的作业说明一起构成一个作业。按照对作业的处理方式,可以分为联机、批处理等。

作业是一个比程序更为广泛的概念,它不仅包含了通常的程序和数据,而且还应配有一份作业说明书。系统通过作业说明书控制文件形式的程序和数据,使之执行和操作,并在系统中建立作业控制块的数据结构。批处理系统是以作业为基本单位从外存调入内存,Windows 操作系统提供了一个新的作业内核对象,它能将进程组合到一起,并且建立一个沙盒以限制进程能够进行的操作。所以可以将作业看作进程的容器。Linux 操作系统中的 shell 提供了操作系统和用户之间的联机命令接口。同时提供了程序级接口,用户通过提交一个命令或一个命令序列以批处理方式执行特定的操作。在 Linux 操作系统的分时批处理系统中,根据对作业执行时的响应特征分为前台作业和后台作业。另外,在多用户系统中,多个用户和不同类型的作业可能同时请求执行。

8.2 进　　程

在 20 世纪 60 年代初,进程的概念是由麻省理工学院的 MULTICS 系统和 IBM 公司的 CTSS/360 系统引入的。进程是一个具有独立功能的程序,关于某个数据集合的一次运行活动。它可以申请和拥有系统资源,是一个动态的概念,是一个活动的实体。它不只是程序的代码,还包括当前的活动,通过程序计数器的值和处理寄存器的内容来表示。计算机内存中同时存放多个相互独立的已经开始运行的程序实体,按照某种规则轮流使用处理器,这是现代多道操作系统实现资源共享、提高系统资源利用率的主要方式。描述这些程序实体的概念就是进程。在多道情况下,每个进程独立地拥有各种必要的资源,占有微处理器,独立地运行。在多道系统中,同时存在多个进程,所以当某个进程进入等待状态时,操作系统将把微处理器控制权拿过来,并交给其他可以运行的进程。一种最糟糕的情况是所有进程都拥有部分资源,同时在等待其他进程拥有的资源,这样,系统都无法运行,进入一种永久等待的状态,这种情况称为死锁。死锁是对系统资源极大的浪费,必须设法避免。

8.2.1 进程的特征

在Linux操作系统中,进程也称为任务,具体有如下特征。

(1) 动态性。进程的实质是程序在多道程序系统中的一次执行过程,进程可以动态产生和消亡。

(2) 并发性。任何进程都可以同其他进程一起并发执行。多道系统中同时存在多个进程,这些进程拥有各自的资源,各自独立地执行。对于单微处理器系统,进程宏观上是同时运行而微观上是依次执行,也把这种情况称为并发执行。

(3) 独立性。进程是一个能独立运行的基本单位,同时也是系统分配资源和调度的独立单位。

(4) 异步性。由于进程间的相互制约,使进程具有执行的间断性,即进程按各自独立的、不可预知的速度向前推进。

(5) 结构特征。进程由程序、数据和进程控制块三部分组成。多个不同的进程可以包含相同的程序,一个程序在不同的数据集中就构成不同的进程,能得到不同的结果,但是在执行过程中,程序不能发生改变。

1. 进程和程序

进程和程序是一对相互联系的概念。程序是指令的有序集合,是一个静态的概念,描述完成某个功能的一个具体操作过程;而进程是程序针对某一组数据的一次执行过程,更强调动态特征。一个完整的进程包括程序、执行程序所需要的数据,同时还必须包括记录进程状态的数据资料。

在多道分时操作系统中,按照时间片轮流在各个进程间切换。让出处理器的进程必须记录好正在运行的状态,包括寄存器、堆栈等各种信息,这些信息保证当处理器下次切换到这个进程时,进程能够正确地从上次执行到的位置继续往下执行。一个程序在处理相同或不同的操作数据时可以同时对应于多个进程。一个进程也可以包含多个程序,某个程序在运行过程中,可能同时会调用多个其他程序,这些具有调用关系的多个程序共同构成一次完整的运行活动,即一个完整的进程。

2. 进程和作业

作业是用户向计算机系统提交的一项工作的基本单位,是用户在一次事务处理或计算过程中要求计算机所做工作的总和。进程是一个具有一定独立功能的程序关于某个数据集合的一次运行活动,是操作系统分配资源和进行调度的基本单位。作业是描述用户向系统提交工作任务的实体单位,而进程是系统完成工作任务时程序执行的实体单位。作业描述用户和操作系统之间的任务委托关系,而进程描述操作系统内部任务的具体执行过程。

对于批处理系统,作业放在外存中专门的作业队列中等待进入内存执行,要经过一次宏观调度,由外存进入内存,以进程的形式运行。而对于UNIX和Linux这样的分时操作系统,没有宏观调度,作业不经过调度,直接进入内存,以进程的形式开始运行。任何一个进程都存在于内存中,并且是已经开始运行的动态实体。

8.2.2 进程的描述

进程是一个动态的概念，描述程序的一次运行活动。它存在于系统的内存中，是操作系统可感知、可控制的动态实体，是系统分配各种资源、进行调度的基本单位。每一个进程都有它自己的地址空间，包括文本区域、数据区域和堆栈。文本区域存储处理器执行的代码，数据区域存储变量和进程执行期间使用的动态分配的内存，堆栈区域存储活动过程调用的指令和本地变量。

进程是多道系统出现后，为了刻画系统内部出现的动态情况，描述系统内部各道程序的活动规律而引进的一个概念，所有多道程序设计操作系统都建立在进程的基础上。在多道系统中，微处理器在多个进程之间来回切换，每个进程都会在暂停、运行这两种状态之间来回转换。当一个进程在微处理器切换过来重新进入运行状态时，它必须严格、精确地接着上次运行的位置继续进行，顺利完成程序所规定的任务。进程切换现场称为进程上下文(context)，包含了一个进程所具有的全部信息，一般包括进程控制块(Process Control Block，PCB)、有关程序段和相应的数据集，具体组成如图 8-1 所示。

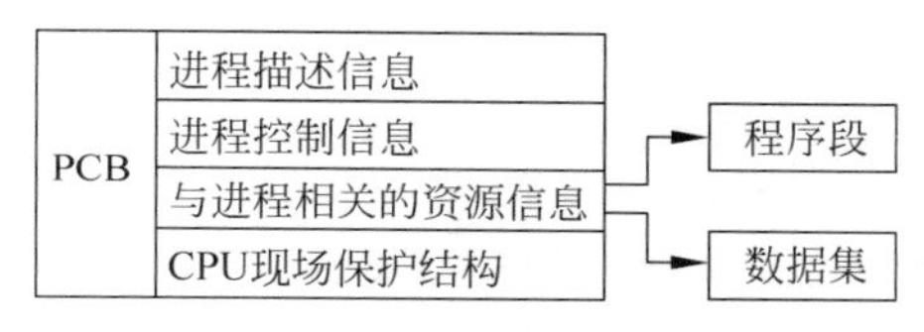

图 8-1　进程切换现场的组成

PCB 记录了进程的全部控制信息，一般较庞大而复杂，它可以按照功能大概分成四个组成部分，分别是进程描述信息、进程控制信息、与进程相关的资源信息和 CPU 现场保护结构。Linux 操作系统的 PCB 用一个称为 task-struct 的结构体来描述。这些描述信息包括进程号、用户和组标识以及描述进程家族关系的连接信息。Linux 操作系统可以唯一地确定某一个进程的基本情况，可以了解该进程所属的用户及用户组等信息，同时还能确定这个进程与所有其他进程之间的关系。

Linux 的 PCB 为一个由结构 task_struct 所定义的数据结构，task_struct 存储在"/include/ linux/sched. h"中，其中包括管理进程所需的各种信息。Linux 系统的所有 PCB 组织成结构数组形式。早期的 Linux 版本最多可同时运行进程的个数由 NR_TASK(默认值为 512)规定，NR_TASK 即为 PCB 结果数组的长度。现代版本中的 PCB 组成一个环形结构，系统中实际存在的进程数由其定义的全局变量 nr_task 来动态记录。结构数组"struct task_struct * task[NR_TASK]={&init_task}"记录指向各 PCB 的指针，该指针数组定义于"/kernel/sched. c"中。在创建一个新进程时，系统在内存中申请一个空的 task_struct 区，即空闲 PCB，并填入所需信息。同时将指向该结构的指针填入 task[]数组中。当前处于运行状态进程的 PCB 用指针数组 current_set[]来指出。这是因为 Linux 支持多处理机系统，系统内可能存在多个同时运行的进程，故 current_set 定义成指针数组。Linux 系统的 PCB 包括很多参数，每个 PCB 约占 1KB 的内存空间。

(1) 进程号(Process Identifier，PID)。Linux 操作系统为每一个进程分配一个标识号，通过这个标识号识别、控制和调度这个进程。

(2) 用户和组标识(user and group identifier)。Linux操作系统中有四类不同的用户和组标识。Linux操作系统使用组将文件和目录的访问特权授予一组用户,一个进程可以同时属于多个组,这些组都被放在进程的task-struct中的group数组中。

(3) 连接信息(link)。Linux操作系统中的进程之间形成树状的家族关系,连接信息记录某个进程的父进程、兄弟进程(具有相同父进程的进程)以及子进程的信息,描述一个进程在整个家族系统中的具体位置。

(4) 进程控制信息。进程控制信息记录了进程的当前状态、调度信息、计时和时间信息以及进程间通信信息。

(5) 进程资源信息。Linux操作系统的PCB中包含大量的系统资源信息,这些信息记录了与该进程有关的存储器的各种地址和资料、文件系统以及打开文件的信息等。通过这些资料,进程就可以得到运行需要的相关程序段以及必要的数据。task-struct是Linux操作系统的PCB,通过对PCB的操作,系统为进程分配资源并进行调度,最终完成进程的创建和撤销。系统利用PCB中的描述信息来标识一个进程,根据PCB中的调度信息决定该进程是否应该运行。如果这个进程要进入运行,首先根据其中的CPU现场信息来恢复运行现场,然后根据资源信息获取对应的程序段和数据集,接着上次的位置开始执行,同时通过PCB中的通信信息和其他进程协同工作。

(6) 微处理器现场信息。进程的静态描述必须保证一个进程在获得微处理器并重新进入运行状态时,能够精确地接着上次运行的位置继续进行。相关程序段和数据集以及微处理器现场或微处理器状态都必须保存。微处理器现场信息一般包括微处理器的内部寄存器和堆栈等基本数据。

8.2.3 进程状态及转换

操作系统通过PCB对进程进行控制,进程不断地在不同的状态之间转换。一个进程从创建产生至撤销、消亡的整个生命期间,有时占有处理器执行,有时虽可运行但分不到处理器,有时虽有空闲处理器但因等待某个事件的发生而无法执行,这一切都说明进程和程序不相同,它是活动的且有状态变化的,这可以用一组状态加以刻画。进程状态反映进程执行过程的变化。这些状态随着进程的执行和外界条件的变化而转换。在三态模型中,如图8-2所示,进程状态分为三个基本状态,即运行态、等待态(阻塞态)和就绪态。在五态模型中,也可以把进程分为新建态、终止态、运行态、就绪态、阻塞态。

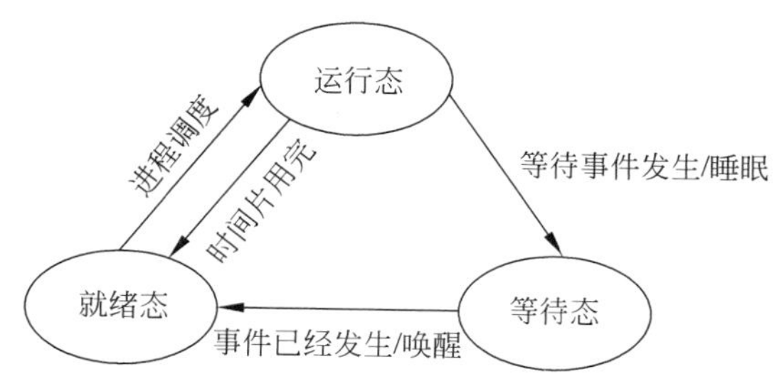

图8-2　操作系统进程状态及转换示意

(1) 运行态(running):进程占有处理器正在运行。Linux操作系统中的运行态实际包含了上述基本状态中的运行和就绪两种状态,进程到底是正在运行还是处于就绪状态准备运行，要根据当前是否占有CPU资源来区分。

（2）等待态（waiting）：又称为阻塞（blocked）态或睡眠（sleep）态，指进程不具备运行条件，正在等待某个事件的完成。Linux操作系统把基本的等待态进一步细化为可中断的等待态和不可中断的等待态两种。

（3）就绪态（ready）：进程具备运行条件，等待系统分配处理器以便运行。

（4）新建态：也可以归类到就绪态，当操作系统完成了进程创建的必要操作并且当前系统的性能和内存的容量均允许。

（5）终止态：完成善后操作。在就绪态和等待态允许父进程终结子进程，由于某些原因进程被终止，这个进程所拥有的内存和文件等资源全部释放之后，还保存着PCB信息，这种占有PCB但已经无法运行的进程就处于阻塞状态。

（6）进程切换：就是从正在运行的进程中收回微处理器，然后再使等待运行进程来占用微处理器。从某个进程收回微处理器，实质上就是把进程存放在微处理器的寄存器中的中间数据找个地方存起来，从而把微处理器的寄存器腾出来让其他进程使用。让其他进程来占用微处理器，实质上是把某个进程存放在私有堆栈中寄存器的数据（如前一次本进程被中止时的中间数据）再恢复到微处理器的寄存器中去，并把等待运行进程的断点送入微处理器的程序指针PC，于是等待运行的进程就开始被微处理器处理，也就是这个进程已经占有微处理器的使用权了。在切换时，一个进程存储在微处理器各寄存器中的中间数据叫作进程的上下文，所以进程的切换实质上就是被中止运行进程与等待运行进程上下文的切换。在进程未占用微处理器时，进程的上下文是存储在进程的私有堆栈中的。

8.2.4 进程状态控制

进程状态控制是进程管理中最基本的功能，用于创建一个新进程、终止一个已完成的进程或者终止一个因出现某事件而使其无法运行下去的进程，还要负责进程运行中的状态转换。

1. 进程的创建

每个进程都有生命期，即从创建到消亡的时间周期。当操作系统为一个程序构造一个PCB并分配地址空间之后，就创建了一个进程。在多道程序环境中，只有进程才能在系统中运行，为了使程序能运行，就必须为它创建进程。导致一个进程去创建另一个进程的典型事件，可以来源于以下四个事件。

（1）在终端上交互式作业登录。在分时系统中，用户在终端输入登录命令后，如果是合法用户，系统将为该终端建立一个进程，并把它插入就绪队列中。

（2）提交批处理作业。在批处理系统中，当作业调度程序按照一定的算法调度到某作业时，便将该作业装入到内存，为它分配必要的资源，并立即为它创建进程，再插入就绪队列中。

（3）提供新的服务，在已经存在的进程中创建新的进程。当运行中的用户程序提出某种请求后，系统将专门创建一个进程来提供用户所需要的服务，例如，用户程序要求进行文件打印，操作系统将为它创建一个打印进程，这样不仅可以使打印进程与该用户进程并发执行，而且还便于计算出为完成打印任务所花费的时间。

（4）应用请求，操作系统创建一个服务进程。在上述三种情况中，都是由系统内核为它创建一个新进程，而这一类事件则是基于应用进程的需求，由它创建一个新的进程，以便使新进程以并发的运行方式完成特定任务。

2. 进程的创建过程

一旦操作系统发现了要求创建新进程的事件后，便调用进程创建原语create()按下述步骤创建一个新进程。

(1) 向操作系统申请新的PCB，为新进程申请获得唯一的数字标识符，并从PCB集合中索取一个空白的PCB。

(2) 为新进程分配资源，为新进程的程序和数据以及用户栈分配必要的内存空间。显然，此时操作系统必须知道新进程所需要的内存大小。

(3) 初始化PCB。

(4) 将新进程插入就绪队列，如果进程就绪队列能够接纳新进程，便将新进程插入就绪队列中。

3. 进程的终止

引起进程终止的事件主要有如下三方面。

(1) 正常结束。在计算机系统中都有一个表示进程已经运行完成的指示。如在批处理系统中，通常在程序的最后安排一条Hold指令或终止的系统调用。当程序运行到Hold指令时，将产生一个中断，去通知计算机操作系统本进程已经完成。

(2) 异常结束。在进程运行期间，由于出现某些错误和故障而迫使进程终止。常见异常事件有越界错误、保护错误、非法指令、特权指令错误、运行超时、等待超时、算术运算错和I/O故障异常。

(3) 外界干预。外界干预并非指在本进程运行中出现了异常事件，而是指进程应外界的请求而终止运行。这些干预有操作员或者操作系统干预、父进程请求和父进程终止等。

4. 进程的终止过程

如果系统发生了上述要求终止进程的某事件后，计算机操作系统便调用进程终止原语，按下述过程去终止指定的进程。

(1) 根据被终止进程的标识符，从PCB集合中检索出该进程的PCB，从中读出该进程状态。

(2) 若被终止进程正处于执行状态，应立即终止该进程的执行，并置调度标志为真，用于指示该进程被终止后应重新进行调度。

(3) 若该进程还有子孙进程，还应将其所有子孙进程予以终止，以防它们成为不可控的进程。

(4) 将被终止的进程所拥有的全部资源，或者归还给其父进程，或者归还给操作系统。

(5) 将被终止的进程PCB从所在队列中移出，等待其他程序来搜集信息。

5. 进程的阻塞和唤醒

进程的阻塞是指使一个进程让出微处理器，去等待一个事件，如等待资源、等待I/O完成、等待一个事件发生等。通常进程自己调用阻塞原语阻塞自己，所以这也是进程自主行为，是一个同步事件。当一个等待事件结束后会产生一个中断，从而激活计算机操作系统，在系统的控制之下将被阻塞的进程唤醒，如I/O操作结束、某个资源可用或者已经期待事件出现。进程的阻塞和唤醒是由进程切换来完成的，引起进程阻塞和唤醒的事件有如下四方面。

(1) 请求系统服务。当正在执行的进程请求操作系统提供服务时，由于某种原因，操作系统并不立即满足该进程的要求时，该进程只能转变为阻塞状态来等待，一旦要求得到满足后，进程被唤醒。

(2) 启动某种操作。当进程启动某种操作后，如果该进程必须在该操作完成之后才能继续执行，则必须先使该进程阻塞，以等待该操作完成，该操作完成后，将该进程唤醒。

(3) 新数据尚未准备好。对于相互合作的进程，如果其中一个进程需要先获得另一进程提供的数据才能运行以对后续数据进行处理，但是其所需数据尚未准备好，该进程只有等待或者阻塞，等到数据到达后，该进程才被唤醒。

(4) 无新工作可做。操作系统往往设置一些具有某特定功能的系统进程，每当这种进程完成任务后，便把自己阻塞或者挂起来以等待新任务到来，新任务到达后，该进程被唤醒。

6. 进程的阻塞过程

正在执行的进程，当发现上述某事件后，由于无法继续执行，于是进程便通过调用阻塞原语 block()把自己阻塞。可见，进程的阻塞是进程自身的一种主动行为。进入阻塞过程后，由于此时该进程还处于执行态，所以应先立即停止执行，把 PCB 中的现行状态由执行态改为阻塞态，并将 PCB 插入阻塞队列。如果系统中设置了因不同事件而阻塞的多个阻塞队列，则应将本进程插入具有相同事件的阻塞或者等待队列中。最后，转调度程序进行重新调度，将微处理器分配给另一个就绪进程，并进行切换，同时保留被阻塞进程的微处理器状态在 PCB 中，再按新进程的 PCB 中的微处理器状态设置微处理器环境。

7. 进程的唤醒过程

当被阻塞的进程所期待的事件出现时，如 I/O 完成或者其所期待的数据已经准备好，则由有关进程(如用完并释放了该 I/O 设备的进程)调用唤醒原语 wakeup()，将等待该事件的进程唤醒。唤醒原语执行的过程是先把被阻塞的进程从等待该事件的阻塞队列中移出，将其 PCB 中的现行状态由阻塞态改为就绪态，然后再将该 PCB 插入就绪队列中。

8. 进程的撤销

一个进程完成了特定的工作或出现了严重的异常后，操作系统则收回它所占有的地址空间和 PCB，此时就说撤销了一个进程。进程的撤销可以分正常撤销和非正常撤销，前者如分时系统中的注销和批处理系统中的撤离作业步骤，后者如进程运行过程中出现错误与异常等。

9. 进程的挂起和激活

当出现了引起挂起的事件时，系统或进程利用挂起原语把指定进程或处于阻塞态的进程挂起。其执行过程是先检查要被挂起进程的状态，如果处于活动就绪态就修改为挂起就绪态；如果处于阻塞态，则修改为挂起阻塞。同时被挂起进程 PCB 的非常驻部分要交换到磁盘交换区。

当系统资源尤其是内存资源充裕或进程请求激活指定进程时，系统或有关进程会调用激活原语把指定进程激活，同时把进程的 PCB 非常驻部分调进内存，然后修改它的状态，挂起等待态改为等待态，挂起就绪态改为就绪态，并分别排入相应队列中。

10. 调度算法

进程的调度算法包括两大部分，分别是实时系统中的先进先出(First Input First

Output,FIFO)算法、最短作业优先(Shortest Job First,SJF)算法、最短剩余时间优先(Shortest Remaining Time First,SRTF)算法和交互式系统中的时间片轮转(Round Robin,RR)算法、最高优先级(Highest Priority First,HPF)算法、多级队列(Multilevel Queue,MQ)算法、最短进程优先(Shortest Process First,SPF)算法等。

11. 进程约束

现代操作系统中,程序并发执行,多个进程各自独立地运行,同时竞争和共享系统中有限的资源,这种竞争与合作构成了系统进程之间的约束关系。每个进程独立地申请和释放系统资源,把申请某类资源的进程称为该类资源的消费者,把释放同类资源的进程称为该类资源的生产者,就得到描述进程约束关系的一般模型——生产者和消费者问题,也称为有界缓冲区问题。

12. 进程间的通信

进程间通信是协调解决多个进程之间的约束关系,实现进程共同执行的关键技术,是多道系统中控制进程并发执行必不可少的机制。进程间的通信有两种方式:一种方式是互相发送少量的控制信息;另一种方式称为进程间的高级通信,基本不涉及进程执行速度控制,用来在进程之间传递大量的信息。按照通信进程双方的地位,可以把进程通信的方式分为主从式、会话式、消息或邮箱机制以及共享存储区四种类型。

(1) 主从式:主进程一方在整个通信过程中处于绝对的控制地位,自由地使用从进程的资源和数据。

(2) 会话式:一方进程提供服务,另外一方进程在得到服务方的许可之后,可以使用其提供的服务。

(3) 消息或邮箱机制:通信双方具有平等的地位,和现实生活中的邮件类似。通信双方通过缓冲区或邮箱存放被传送的数据不需要建立双方直接的连接关系。

(4) 共享存储区:该方式中,通信双方进程共享内存中的一段存储空间,共同操作这个存储区,达到数据共享的目的。

13. 进程死锁

死锁是指所有并发进程都拥有部分资源,同时都在等待其他进程拥有的资源,而且在得到对方资源之前不会释放自己占有的资源,所有进程都进入永久等待状态而无法运行的情况。死锁是并发进程约束关系处理不当造成的最严重的后果,是对系统资源极大的浪费,必须设法避免。

死锁出现的根本原因是系统资源的有限性。产生死锁的必要条件有四个:第一是并发进程之间是互斥关系,每个进程必须独占某个系统资源;第二是进程占有的资源在未结束使用之前,不能被强行剥夺,只能由该进程自己释放;第三是进程需要的资源采用部分分配的方式,在等待新资源的同时,继续占有已分配的资源;第四是各占有资源的进程形成环路,每一个进程已获得的资源同时被下一个进程请求。

解决死锁的方案就是破坏死锁产生的必要条件。其方法分为预防、避免、检测恢复三种。预防指采取某种策略,控制并发进程对资源的请求,保证死锁的四个必要条件在系统运行的任何时刻都无法满足。避免指系统采取某种算法,对资源使用情况进行预测,使资源分配尽可能合理,避免死锁的发生。这两种方法需要大量的系统开销,而且系统的资源也无法得到充分的利用。因此,一般系统都采取检测恢复的方法,这种方法是在死锁发生之后,根据系统情况，检测死锁发生的位置和原因，使用外力，重新分配资源，破坏死锁发生的条件。

8.2.5 Linux 系统的进程通信

Linux 系统提供了多种通信机制，利用这些机制，可以方便地进行进程之间的相互协调，实现进程的互斥和同步。

(1) 信号(signal)。信号属于 Linux 系统的低级通信，主要用于在进程之间传递控制信号。信号可以发给一个或多个进程，可以由某个进程发出，也可以由键盘中断产生，还可以由 shell 程序向其子进程发送任务控制命令时产生。进程在某些系统错误环境下也会有信号产生。

(2) 管道(pipe)。管道是 UNIX 操作系统传统的进程通信技术。Linux 管道通信包括无名管道和有名管道两种，通过文件系统来实现。管道也是一种特殊的文件类型，实际上是通过文件系统的高速缓冲来实现。两个进程通过管道进行通信时，两个进程分别进行读和写操作，都指向缓冲区中同样的物理单元，一个进程写入数据，另一个进程从缓冲区中读取数据，从而实现信息传递。管道方式只能按照先进先出的方式单向传递信息。

(3) System Ⅴ 进程间通信。它包括信号量、消息队列和共享内存 3 种通信机制，这 3 种通信机制是 UNIX 和 Linux 操作系统常用的通信方式。消息队列用来在进程之间传递分类的格式化数据，共享内存方式，可以使不同进程共同访问一块虚拟存储空间，通过对该存储区的共同操作来实现数据传递，信号量主要用于进程之间的同步控制，通常和共享内存共同使用。共享内存可以实现两个进程间的大数据量的通信，其在内存中专门开辟出一个独立的内存，然后映射到各自的进程之中，进行数据的传输，通信效率较高。

(4) 套接字(socket)。套接字是用来通过网络实现运行于不同计算机上的进程之间通信的机制。它可以实现数据的双向传递，是整个网络通信的基础。具体的原理和实现与网络协议等有关。

8.3 线　　程

针对进程切换的时间和资源耗费问题，为了减少系统进程切换的时间，提高整个系统的效率，引入了线程的概念。

8.3.1 线程的概念

线程是在一个进程内的基本调度单位。线程可以看作一个执行流，拥有记录自己状态和运行现场的少量数据(栈段和上下文)，但没有单独的代码段和数据段，而是与其他线程共享。多个线程共享一个进程内部的各种资源，分别按照不同的路径执行，同时线程也是一个基本调度单位，可以在一个进程内部进行线程切换，现场保护工作量小。通常，在一个进程中可以包含若干线程，它们可以利用进程所拥有的资源。在引入线程的操作系统中，通常都把进程作为分配资源的基本单位，而把线程作为独立运行和独立调度的基本单位，由于线程比进程更小，基本上不拥有系统资源，故对它的调度所付出的开销就会小得多，能更高效地提高系统内多个程序间并发执行的程度。当下推出的通用操作系统都引入了线程，以便进一步提高系统的并发性，并把它看作现代操作系统的一个重要指标。

按照系统的管理策略，线程可以分为用户级线程和系统级线程（即内核级线程）两种基本类型。用户级线程不需要内核支持，在用户程序中实现的线程都需要用户程序自己完成。系统级线程由内核完成线程的调度并提供相应的系统调用，用户程序可以通过接口函数对线程进行一定的控制和管理。用户级线程不需要额外的内核开销，一般只要提供一个线程库即可，剩下的工作主要由用户自己负责。然而系统级线程的调度由内核完成，不需要更多用户干预，但要占用更多的系统开销，效率相对低一些。线程也是系统中动态变化的实体，它描述程序的运行活动，在内存中需要记录。在线程的生命周期中，线程作为一个基本的执行单位而存在，不断地在执行和停止的状态之间转换。线程的基本状态是执行、就绪和等待。

8.3.2 线程和进程

进程是表示资源分配的基本单位，又是调度运行的基本单位。用户运行自己的程序，系统就创建一个进程，并为它分配各类资源，然后就把该进程放入进程的就绪队列。进程调度程序选中它，为它分配 CPU 以及其他有关资源，该进程才真正运行。进程是系统中的并发执行的单位。

线程是进程中执行运算的最小单位，即执行微处理器调度的基本单位。如果把进程理解为在逻辑上操作系统所完成的任务，那么线程表示完成该任务的许多可能的子任务之一，因为线程便于调度和使用。计算机操作系统在运行时会为每个进程分配不同的内存，但是不会为线程分配内存（线程所使用的资源是它所属的进程的资源），线程组只能共享资源。也就是说，除了线程在运行时要占用 CPU 资源外，计算机内部的软硬件资源的分配与线程无关，线程只能共享它所属进程的资源。可以理解为线程是进程的一部分。多线程的进程结构如图 8-3 所示。一个线程只能属于一个进程，而一个进程可以有多个线程。线程是进程的一部分，所以线程有时被称为轻权进程或者轻量级进程。

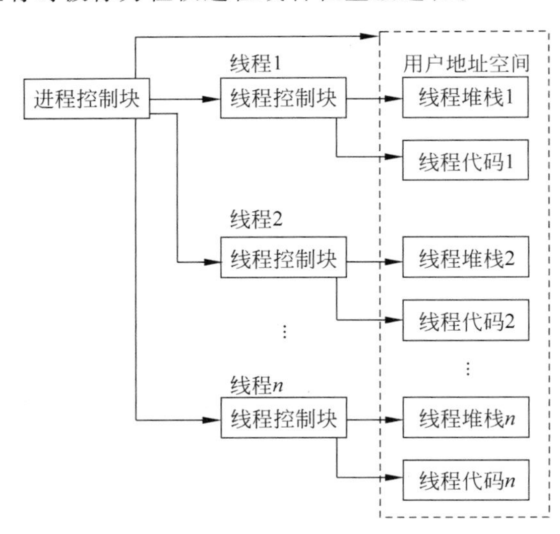

图 8-3 多线程的进程结构

进程是操作系统资源分配和系统调度的基本单位，每一个进程都有自己独立的地址空间和各种资源，线程也是一种系统调度的基本单位，多个线程可以共享一个进程的资源，在存储方面，线程占用的资源更少。进程的调度主要由操作系统完成，而线程根据其类型的不同，可以由系统调度（内核级线程），也可以由用户进行调度（用户级线程）。进程调度的过程中要进行切换，切换现场的保护与恢复要求对进程上下文做完整的记录，要消耗一定的存储资源和微处理器时间；线程共享进程的资源，可以在进程内部切换，不涉及资源保存和内存地址变换等操作，可以节约大量的空间和时间资源。多个线程共享同一进程的资源，线程相互间通信比较容易。而进程间通信一般必须要通过系统提供的进程间通信机制。线程控制块（Thread Control Block，TCB）是与进程控制块（PCB）相似的子控制块，只是 TCB 中所保存的线程状态比 PCB 中少而已。

8.3.3 Linux 系统的线程

Linux 系统可以同时支持内核级线程（也称为系统级线程）和用户级线程。系统级线程在表示格式、管理调度等方面与进程没有严格的区分，都是当作进程来统一对待。Linux 操作系统级线程和进程的区别主要在于资源管理方面，线程可以共享父进程的部分资源（执行上下文）等。Linux 系统的内核级线程和其他操作系统的内核实现不同。大多数操作系统单独定义描述线程的数据结构，采用独立的线程管理方式，提供专门的线程调度，这些都增加了内核和调度程序的复杂性。而 Linux 系统中，将线程定义为"执行上下文"，它实际只是进程的另外一个执行上下文而已，和进程采用同样的表示、管理、调度方式。这样，Linux 系统内核并不需要区分进程和线程，只需要一个进程或线程数组，调度程序也只有进程的调度程序，内核的实现相对简单得多，而且节约系统用于管理方面的时间开销。

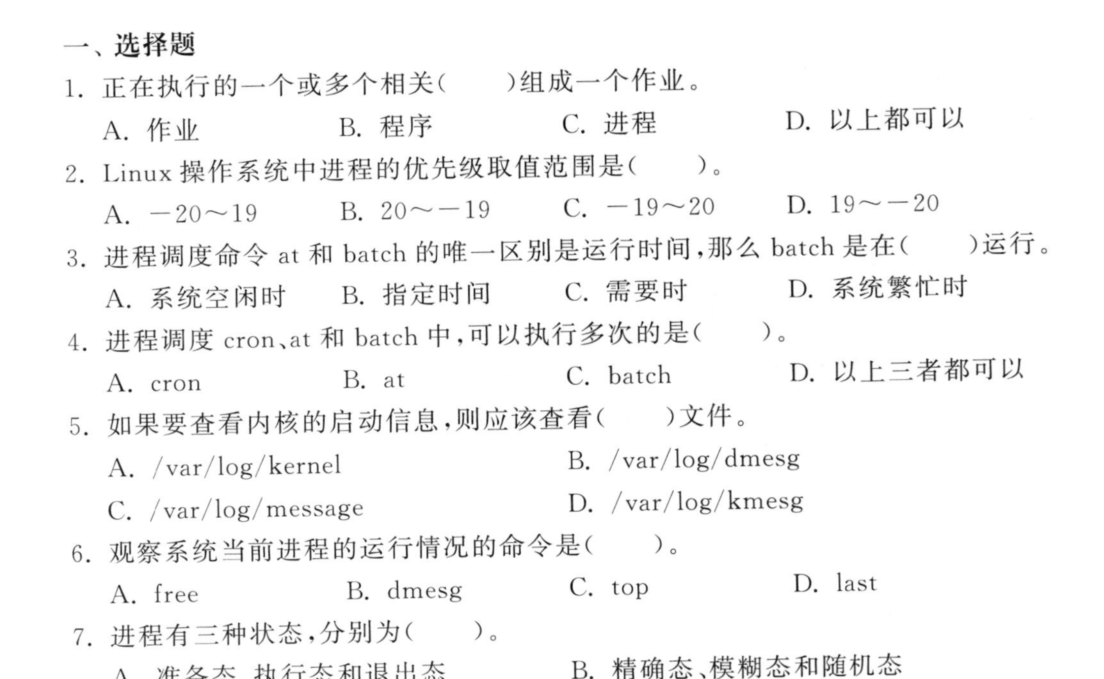

习　　题

一、选择题

1. 正在执行的一个或多个相关（　　）组成一个作业。

   A. 作业　　B. 程序　　C. 进程　　D. 以上都可以

2. Linux 操作系统中进程的优先级取值范围是（　　）。

   A. −20～19　　B. 20～−19　　C. −19～20　　D. 19～−20

3. 进程调度命令 at 和 batch 的唯一区别是运行时间，那么 batch 是在（　　）运行。

   A. 系统空闲时　　B. 指定时间　　C. 需要时　　D. 系统繁忙时

4. 进程调度 cron、at 和 batch 中，可以执行多次的是（　　）。

   A. cron　　B. at　　C. batch　　D. 以上三者都可以

5. 如果要查看内核的启动信息，则应该查看（　　）文件。

   A. /var/log/kernel　　B. /var/log/dmesg

   C. /var/log/message　　D. /var/log/kmesg

6. 观察系统当前进程的运行情况的命令是（　　）。

   A. free　　B. dmesg　　C. top　　D. last

7. 进程有三种状态，分别为（　　）。

   A. 准备态、执行态和退出态　　B. 精确态、模糊态和随机态

C. 运行态、就绪态和等待态　　　D. 手工态、自动态和自由态

8. 不是进程和程序的区别的是(　　)。

A. 程序是一组有序的静态指令,进程是一次程序的执行过程

B. 程序只能在前台运行,而进程可以在前台和后台运行

C. 程序可以长期保存,进程是暂时的

D. 程序没有状态,而进程是有状态的

二、简答题

1. 什么是作业？简述 Linux 操作系统作业的概念。
2. 作业、程序和进程有什么区别？
3. Linux 操作系统可采用哪两种方式启动进程？
4. 根据作业的运行方式,作业可以分为哪两类？
5. Linux 操作系统进程间通信的机制有哪些？请分别简要说明。
6. 试以交通死锁为例,说明死锁产生的 4 个必要条件。
7. 进程能不能理解为由伪微处理器执行的一个程序？为什么？
8. 什么是进程的阻塞和唤醒？
9. 并发进程间的制约有哪几种？引起的原因分别是什么？
10. Linux 操作系统中的线程有哪几类？分别是如何描述和管理的？
11. Linux 操作系统中进程控制块的定义是什么？有哪些改进？

上 机 实 验

实验：进程管理实验

实验目的

了解并掌握 Linux 操作系统中常用的进程管理命令的基本使用方法。

实验内容

(1) 使用 chkonfig 命令打印所有的服务列表状态；

(2) 使用 at 命令定时列举“var/log”目录文件的详细信息,并将其保存到 test. txt 文本文件中；

(3) 查询系统是否有 at 例行任务,查到后删除该任务；

(4) 使用 ps 命令打印当前进程,包括 CPU 和内存等信息；

(5) 使用 ps 打印当前进程,以扩展格式显示输出；

(6) 使用 ps 打印当前进程,以树状格式显示输出；

(7) 用 top 命令显示当前系统进程状态,每隔 2s 更新一次；

(8) 用 top 命令将显示两次的结果输出到 top. txt 文件中。

第9章 编程工具GCC和GDB

9.1 文本编辑器

9.1.1 认识Vi

1. 命令行模式

任何时候,不管用户处于何种模式,只要按Esc键,即可使Vi进入命令行模式。用户在shell环境下输入并启动Vi命令,进入编辑器时,也是处于该模式下。在该模式下,用户可以输入各种合法的Vi命令,用于管理自己的文档。此时,从键盘上输入的任何字符都被作为编辑命令来解释,若输入的字符是合法的Vi命令,则Vi在接受用户命令之后完成相应的动作。但要注意的是,所输入的命令并不在屏幕上显示出来。若输入的字符不是Vi的合法命令,Vi会响铃提示用户。

2. 文本输入模式

在命令行模式下输入插入命令i、附加命令a、打开命令o、修改命令c、取代命令r或替换命令s都可以进入文本输入模式。在该模式下,用户输入的任何字符都被Vi当作文件内容保存起来,并将其显示在屏幕上。在文本输入过程中,如果要回到命令行模式下,按Esc键即可。

3. 末行模式

末行模式也称ex转义模式。Vi和ex编辑器的功能是相同的,二者的主要区别是用户界面。在Vi中,命令通常是单个键,例如i、a、o等;而在ex中,命令是以按Enter键结束的正文行。Vi有一个专门的"转义"命令,可访问很多面向行的ex命令。在命令行模式下,用户输入":"即可进入末行模式,此时Vi会在显示窗口的最后一行(通常也是屏幕的最后一行)显示一个":"作为末行模式的提示符,等待用户输入命令。多数文件管理命令都是在此模式下执行的(如把编辑缓冲区的内容写到文件中等)。末行命令执行完后,Vi自动回到命令行模式。若在末行模式下输入命令过程中改变了主意,可按Backspace键将输入的命令全部删除之后,再按一下Backspace键,即可使Vi回到命令行模式下。Vi编辑器的3种工作模式之间的转换关系具体如下。

(1) 如果要从命令行模式转换到文本输入模式,可以输入命令a或者i。

(2) 如果需要从文本输入模式返回,则按Esc键即可。

(3) 在命令行模式下输入":"即可切换到末行模式,然后输入命令。

9.1.2 启动 Vi 编辑器

使用 Vi 进行编辑工作的第一步是进入该编辑界面。Ubuntu 操作系统提供的进入 Vi 编辑器界面的命令如表 9-1 所示。

表 9-1 Ubuntu 操作系统提供的进入 Vi 编辑器界面的命令

命　令	含义说明
Vi filename	打开或新建文件，并将光标置于第一行
Vi+n filename	打开文件，并将光标置于第 n 行行首
Vi+ filename	打开文件，并将光标置于最后一行行首
Vi+/pattern filename	打开文件，并将光标置于第一与 pattern 匹配的串处
Vi -r filename	在上次正用 Vi 编辑时发生系统崩溃，恢复文件
Vi filename...filename	打开多个文件，依次进行编辑

根据表 9-1 的格式，打开已经存在的 C 程序文件 test.c 进行编辑，操作结果如图 9-1 所示。

1. 显示 Vi 中的行号

如果一个文件的行数较多，用户需要了解光标当前行是哪一行、在文件中处于什么位置，可在 Vi 命令行模式下用组合键 n+u，让编辑显示窗口的最后一行显示出相应信息，并且该命令可以在任何时候使用。其命令的示例如图 9-2 所示。

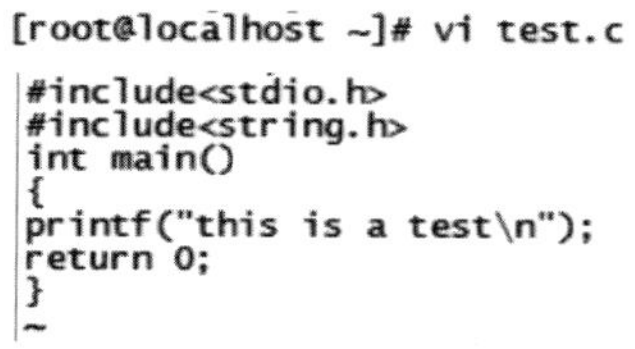

```
[root@localhost ~]# vi test.c

#include<stdio.h>
#include<string.h>
int main()
{
printf("this is a test\n");
return 0;
}
~
```

图 9-1 使用 Vi 编辑 test.c 文件

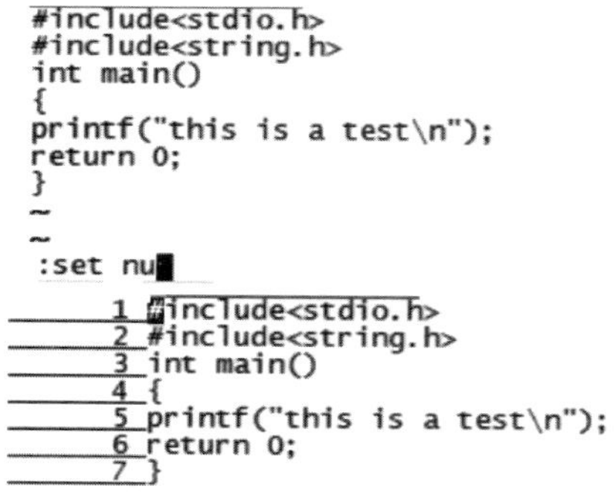

```
#include<stdio.h>
#include<string.h>
int main()
{
printf("this is a test\n");
return 0;
}
~
~
:set nu
      1 #include<stdio.h>
      2 #include<string.h>
      3 int main()
      4 {
      5 printf("this is a test\n");
      6 return 0;
      7 }
```

图 9-2 采用 nu 组合命令显示行号

2. 光标移动操作

在全屏幕文本编辑器中，光标的移动操作是使用频率最高的操作。用户只有熟练地掌握使用移动光标的这些命令，才能迅速地到达准确的位置进行编辑。在 Vi 中的光标移动操作既可以在命令行模式下，也可以在文本输入模式下，但两者操作的方法存在区别。在文本输入模式下，可直接使用键盘上的 4 个方向键移动光标。在命令行模式下，有很多移动光标的方法。不但可以使用 4 个方向键来移动光标，还可以用 h、j、k 和 l 这 4 个键代替 4 个方向键来移动光标。这样可以避免由于不同机器上的不同键盘定义所带来的冲突，而且使用熟练后可以只依靠键盘就能完成所有操作，从而提高工作效率。Vi 除了可以用向下键将光标下移外，还可以用数字键和“+”键将光标下移一行或 n 行，这里的操作不包括本行在内，但此时光标下移之后将位于该行的第一个字符处。具体举例及说明如下。

(1) 3j：光标下移3行，且光标所在列的位置不变。

(2) 3+或者3：光标下移3行，且光标位于该行的行首。执行一次向上键光标向上移动一个位置(即一行)，但光标所在的列不变。同样，在这些命令前面加上数字 n，则光标上移 n 行。若希望光标上移之后光标位于该行的行首，则可以使用命令"—"。

(3) L：移至行首命令将光标移到当前行的开头，即将光标移至当前行的第一个非空白处，其中包括非制表符和非空格符等。

(4) $：移至行尾命令将光标移到当前行的行尾，停在最后一个字符上。若在 $ 命令之前加上一个数字 n，则光标下移 $n-1$ 行并到达行尾。

(5) 行号+G：移至指定行，该命令将光标移至指定行号所指定的行的行首，这种移动称为绝对定位移动。

9.1.3 屏幕命令

1. 滚屏命令

Vi 编辑器关于滚屏命令有两个，分别是：

(1) Ctrl+U 组合键：将屏幕向前(文件头方向)翻滚半屏。

(2) Ctrl+D 组合键：将屏幕向后(文件尾方向)翻滚半屏。

可以在这两个命令之前加上一个数字 n，则屏幕向前或向后翻滚 n 行。并且这些值会被系统记住，如果以后再用 Ctrl+U 组合键和 Ctrl+D 组合键滚屏时，将仍然翻滚相应的行数。

2. 分页命令

Vi 编辑器关于分页命令也有两个，分别是：

(1) Ctrl+F 组合键：将屏幕向文件尾方向翻滚一整屏，即一页。

(2) Ctrl+B 组合键：将屏幕向文件首方向翻滚一整屏，即一页。

同样也可以在这两个命令之前加上一个数字 n，则屏幕向前或向后移动 n 页。

3. 状态命令

Vi 状态显示命令使用 Ctrl+G 组合键，状态行上的状态信息包括正在编辑的文件名、是否修改过、当前行号和文件的行数以及光标之前的行占整个文件的百分比。

4. 屏幕调零命令

Vi 提供了3个有关屏幕调零的命令。它们的格式分别是[行号] z [行数] <回车>、[行号] z [行数] . 和[行号] z [行数] _。如果省略了行号和行数，这3个命令将光标所在的当前行作为屏幕的首行、中间行和最末行重新显示；如果给出行号，那么该行号所对应的行就作为当前行显示在屏幕的首行、中间行和最末行；如果给出行数，则它规定了在屏幕上显示的行数。下面举例说明一些使用屏幕调零的情况。

(1) 8z16：将文件中的第8行作为屏幕显示的首行，并一共显示16行。

(2) 15z.：将文件中的第15行作为屏幕显示的中间行，显示行数为整屏。

(3) 15z5_：将文件中的第15行作为屏幕显示的最末行，显示行数为5行。

9.1.4 文本编辑命令

1. 插入命令

在命令行模式下用户输入的任何字符都被Vi当作命令加以解释执行。如果用户要将输入的字符当作文本内容,则首先应将Vi的工作模式从命令行模式切换到文本输入模式。Vi提供了两个插入命令,分别是i和I。

(1) i命令插入文本从光标所在位置前开始,并且插入过程中可以使用删除键删除错误的输入。此时,Vi处于插入状态,屏幕最下行显示“--INSERT--”字样。

(2) I命令是将光标移到当前行的行首,然后在其前面插入文本。

2. 附加插入命令

Vi提供了两个附加插入命令,分别是a和A。

(1) a命令用于在光标当前所在位置之后追加新文本。新输入的文本放在光标之后,在光标后的原文本将相应地向后移动,光标可在一行的任何位置。

(2) A命令与a命令不同,A命令将把光标移到所在行的行尾,从那里开始插入新文本。输入A命令后,光标自动移到该行的行尾。

3. 打开命令

不论是插入命令,还是附加命令,所插入的内容都是从当前行中的某个位置开始。如果希望在某行之前或某行之后插入一些新行,则应使用open命令。Vi提供了两个打开命令,分别是o和O。

(1) o命令将在光标所在行的下面新开一行,并将光标置于该行的行首,等待输入文本。注意,当使用删除字符时,只能删除从插入模式开始的位置以后的字符,对于以前的字符不起作用。而且还可以在文本输入模式下输入一些控制字符,例如Ctrl+l组合键,即是插入分页符,显示为^L。

(2) O命令和o命令相反,O命令是在光标所在行的上面插入一行,并将光标置于该行的行首,等待输入文本。

4. 删除命令

在命令行模式下可以使用Vi提供的各种有关命令对文本进行修改,包括对文本内容的删除、复制、取代和替换等。在命令行模式下,Vi提供了许多删除命令,这些命令大多是以d开头的。常用的命令如下。

(1) 删除单个字符。x:删除光标处的字符,如果在x之前加上一个数字*n*,则删除从光标所在位置开始向右的*n*个字符。X:删除光标前面的那个字符,如果在X之前加上一个数字*n*,则删除从光标前面那个字符开始向左的*n*个字符。显然这两个命令是删除少量字符的快捷方法。

(2) 删除多个字符。dd:删除光标所在的整行。在dd前可加上一个数字*n*,表示删除当前行及其后*n*−1行的内容。D或d$:两命令功能一样,都是删除从光标所在处开始到行尾的内容。d0:删除从光标前一个字符开始到行首的内容。dw:删除一个单词。若光标处在某个词的中间,则从光标所在位置开始删至词尾。同dd命令一样,可在dw之前加一个数字*n*,表示删除*n*个指定的单词。

如果进行了误删除操作,Vi还提供了恢复误操作的命令,并且可以将恢复的内容放在文本的任何地方。恢复命令用 np，其中 n 为寄存器号。这是因为 Vi 内部有 9 个用于维护删除操作的寄存器，分别用数字 1、2、……、9 表示，它们分别保存以往用 dd 命令删除的内容，这些寄存器组成一个队列。

5. 取消命令

取消命令也称复原命令，其可以取消前一次的误操作或不合适的操作对文件造成的影响，使之恢复到这种误操作或不合适操作被执行之前的状态。取消命令有两种形式，即在命令行模式下输入字符 u 和 U。它们的功能都是取消刚才输入的命令，恢复到原来的情况。u 和 U 在具体细节上有所不同，二者的区别在于 U 命令的功能是恢复到误操作命令前的情况，如果插入命令后使用 U 命令，就删除刚刚插入的内容；如果删除命令后使用 U 命令，就相当于在光标处又插入刚刚删除的内容。这里把所有修改文本的命令都看作插入命令。也就是说，U 命令只能取消前一步的操作，如果用 U 命令撤销了前一步操作，当再按 U 键时，并不是取消再前一步的操作，而是取消了刚才 U 命令执行的操作。而 u 命令的功能是把当前行恢复成被编辑前的状态，而不管此行被编辑了多少次。

6. 重复命令

在文本编辑中经常会碰到需要机械地重复一些操作，这时就要用到重复命令。它可以让用户方便地再执行一次前面刚完成的某个复杂的命令。重复命令只能在命令行模式下工作，在该模式下输入“.”就可以了。执行一次重复命令时，其结果依赖于光标当前位置，具体执行结果如图 9-3 所示。

```
#include<stdio.h>
void main ()
{
}
```

使用命令 o，插入如下一行文字。

```
printf("this is a test\n");
```

按 Esc 键返回到命令行模式下，则屏幕显示内容如下所示。

```
#include<stdio.h>
void main ()
{
printf("this is a test\n");
}
```

此时输入“.”，屏幕显示内容如下所示。

```
#include<stdio.h>
void main ()
{
printf("this is a test\n");
printf("this is a test\n");
}
```

图 9-3　重复命令操作结果

9.1.5 退出 Vi

当编辑完文件，准备退出 Vi 返回 shell 时，可以使用以下两种方法。

(1) 在命令行模式中,连按两次大写字母 Z,若当前编辑的文件曾被修改过,则 Vi 保存该文件后退出,返回 shell。如果当前编辑的文件没有被修改过,则 Vi 直接退出,返回 shell。

(2) 在末行模式下,输入命令":w"。Vi 保存当前编辑文件,但是并不退出,而是等待用户继续输入命令。在使用 w 命令时,可以再给编辑文件起一个新的文件名。如果用户不想保存被修改后的文件而要强行退出 Vi 时,可使采用命令":q!",Vi 放弃所做的修改而直接返回 shell 下。在末行模式下,输入命令":wq",Vi 将先保存文件,然后退出 Vi 返回 shell。在末行模式下,输入命令":x",该命令的功能同命令模式下的 ZZ 命令功能相同。

与其他 Linux 程序一样,Vi 也可以通过配置文件来进行默认设置。全局的配置文件位于"/etc/vim/vimrc"。用户也可以拥有自己独立的配置文件,配置文件位于"~/. vimrc"。如果没有该文件,也可以直接用命令"vi ~/. vimrc"创建并编辑。

9.2 GCC 编译器

9.2.1 GCC 简介

GCC(GNU Compiler Collection)是一套由 GNU 开发的编程语言编译器。它是一套以 GPL 以及 LPGL 许可证所发行的自由软件,也是 GNU 计划的关键部分,同时也是自由的类 UNIX 以及苹果计算机 Mac OS X 操作系统的标准编译器。GCC 原名为 GNU C 语言编译器(GNU C Compiler),它原本只能处理 C 语言。随着计算机技术的发展 GCC 很快得到扩展,可以处理 C++ 语言(也有专门的 g++ 编译器)。之后又增加功能可以处理 FORTRAN、Pascal、Objective-c、Java、Ada 以及 Go 等语言。GCC 是一个多功能交叉平台编译器,能够在当前 GPU 平台上为多种不同体系结构的硬件平台开发软件,同时也适合在嵌入式领域的开发编译工作。因为 GCC 可以对多种编程语言的源码进行编译,所以为了不至于混淆,GCC 通过文件扩展名进行区分。以下为部分扩展名的说明。

(1) 以". c"为扩展名的文件:C 语言源码文件。

(2) 以". a"为扩展名的文件:由目标文件构成的文档库文件。

(3) 以". cpp"为扩展名的文件:C++源码文件。

(4) 以". h"为扩展名的文件:程序所包含的头文件。

(5) 以". i"为扩展名的文件:已经预处理过的 C 源码文件。

(6) 以". ii"为扩展名的文件:已经预处理过的 C++源码文件。

(7) 以". m"为扩展名的文件:Objective-c 源码文件。

(8) 以". o"为扩展名的文件:编译后的目标文件。

(9) 以". s"为扩展名的文件:汇编语言源码文件。

(10) 以". S"为扩展名的文件:经过预编译的汇编语言源码文件。

GCC 对于 C 源程序的编译流程大致可分为如下 4 步。

(1) 预处理(pre-processing),生成". i"的文件。在该阶段,编译器将代码中的 stdio. h 编译进来,并且用户可以使用 GCC 的选项"-E"进行查看。该选项的作用是让 GCC 在预处理结束后停止编译过程。

(2) 编译(compiling),将预处理后的文件转换为汇编语言,生成文件". s"。在这个阶段中,GCC 首先检查代码的规范性和是否有语法错误等,以确定代码实际要做的工作。在检查无误后,GCC 把代码翻译成汇编语言。用户可以使用"-S"选项来进行查看,该选项只进行编译而不进行汇编,生成汇编代码。

(3) 汇编(assembling),由汇编变为目标代码(机器代码)生成".o"的文件。

(4) 链接(linking),连接目标代码,生成可执行程序。在成功编译后,就进入了链接阶段。这里要涉及一个重要的概念——函数库。关于实现 printf 函数,在没有特别指定时,GCC 会到系统默认的搜索路径"/usr/lib"下进行查找,从而链接到 libc.so.6 库函数,这样就实现了函数 printf。函数库一般分为静态库和动态库。静态库是指在编译链接时,把库文件的代码全部加入可执行文件中,因此生成的文件较大,但在运行时也就不再需要库文件,其扩展名一般为".a"。动态库是在编译链接时,并没有把库文件的代码加入可执行文件中,而是在程序执行时由运行时链接文件加载库,这样可以节省系统的开销。动态库文件的扩展名一般为".so"。

9.2.2 GCC 的基本用法

1. GCC 用法举例

GCC 最基本用法举例如图 9-4 所示,打印输出 Hello World,直接编译源程序默认生成可执行文件 a.out。GCC 有超过 100 个的可用选项,主要包括总体选项、警告和出错选项、优化选项和体系结构相关选项。下面具体介绍 GCC 编译器中常用的选项及含义。

```
#include<stdio.h>
main()
{
printf("Hello Wrold\n");
}
~
~
:wq

"hello.c" [New] 5L, 54C written
[root@localhost ~]# gcc hello.c
[root@localhost ~]# ./a.out
Hello Wrold
[root@localhost ~]#
```

图 9-4 GCC 最基本用法举例

2. 总体选项

(1) -E:使用此选项表示仅做预处理,不进行编译、汇编和链接。只激活预处理而不生成文件,可以把它重定向到一个输出文件中。

(2) -S:激活预处理和编译,把文件编译成汇编代码。

(3) -c:编译到目标代码。激活预处理、编译和汇编,也就是只把程序编译成.obj 文件(目标文件),而不链接成可执行文件。

(4) -o:编译文件输出到文件,指定目标名称,如果不指定则默认为 a.out。

(5) -pipe:使用管道代替编译的临时文件,如目标文件(以".o"为扩展名的文件)等。

(6) -static:禁止使用动态库。所以,编译出来的文件一般都很大,不需要动态链接库就可以运行。

(7) -share:尽量使用动态库。所以,生成的文件比较小,但是要操作系统提供需要的动态库。

(8) -I dir:在头文件的搜索路径列表中添加 dir 目录。在使用 #include"file"时,GCC 会先在当前目录查找所指定的头文件。如果没有找到,将会到默认的头文件目录找。如果使用-I 规定了目录,编译器将会先在所指定的目录查找,然后再按照常规的顺序去查找。对于 #include,GCC 会到-I 规定的目录查找,若查找不到,再到系统默认的头文件目录查找。

(9) -L dir:在库文件的搜索路径列表中添加 dir 目录。指定编译时搜索库的路径,例如自己定义的库,可以用其规定目录。否则,编译器将只能在标准库的目录中查找。这个

dir 就是目录的名称。

(10) -l library：链接名为 library 的库文件。

3. 警告和出错选项

警告是针对程序结构的诊断信息，出现警告时程序不一定有错误，而是表明有风险，或者可能存在错误。

(1) -Wall：打开所有类型的语法警告。

(2) -W comment：当"/"出现在"/*......*/"注释中，或者"\"出现在"//..."注释结尾处时，给出警告。

(3) -f syntax-only：检查程序中的语法错误，但是不产生输出信息。

(4) -w：禁止所有警告信息。

(5) -W no-import：禁止所有关于 #import 的警告信息。

(6) -ansi：强制 GCC 生成标准语法所要求的警告信息。关闭 gnu c 中与 ansi c 不兼容的特性，激活 ansi c 的专有特性（包括禁止一些 asm、inline 和 typeof 关键字，以及 UNIX、vax 等预处理宏）。

(7) -pedantic：打开完全服从 ANSI C 标准所需的全部警告诊断；拒绝接收采用了被禁止的语法扩展程序。

(8) -pedantic-errors：和-pedantic 类似，但是显示错误而不是信息。

(9) -g：生成调试信息。GNU 调试器(GDB)可以利用该信息。

4. 体系结构相关选项

(1) -mcpu=type：针对不同 CPU 使用相应的 CPU 指令。type 可选择 i386、i486 和 Pentium(i686)。

(2) -mieee-fp：使用 IEEE 标准进行浮点数的比较。

(3) -mno-ieee-fp：不使用 IEEE 标准进行浮点数的比较。

(4) -msoft-float：输出包含浮点库调用的目标代码。

(5) -mshort：把 int 类型作为 16 位处理，相当于 short int。

(6) -mrtd：强行将函数参数个数固定的函数用 ret num 返回，这样可以节省一条调用指令。

5. 优化信息

(1) -O0：无优化（默认）。

(2) -O 和-O1：使用能减少目标文件大小及执行时间，并且不会使编译时间明显增加的优化。在编译大型程序时会显著增加编译时内存的使用。

(3) -O2：包含-O1 的优化并增加了不需要在目标文件大小和执行速度上进行折中的优化。编译器不执行循环展开以及内联函数。此选项将增加编译时间和目标文件的执行性能。

(4) -Os：专门优化目标文件大小，执行所有的不增加目标文件大小的-O2 优化选项，并且执行专门减少目标文件大小的优化选项。

(5) -O3：打开所有-O2 的优化选项并且增加-finline-functions、-funswitch-loops、-fpredictive-commoning、-fgcse-after-reload 和-free-vectorize 优化目标。简单地说，-O0、-O1、-O2、-O3 是编译器的优化选项的 4 个级别，-O0 表示没有优化，-O1 为默认值，-O3 优

化级别最高。

(6) -g 和-pg：指定编译器在编译时产生调试信息。-g 选项告诉 GCC 产生能被 GNU 调试器(如 GDB,它是 GNU 开源组织发布的一个强大的 UNIX 下的程序调试工具,下面会对该调试工具做详细介绍)使用的调试信息,以便调试用户的程序。-pg 选项告诉 GCC 在用户的程序中加入额外的代码,执行时产生 gprof 用的剖析信息以显示程序的耗时情况。

(7) -gstabs：此选项以 stabs 格式声称调试信息,但是不包括 GDB 调试信息。

(8) -gstabs+：此选项以 stabs 格式声称调试信息,并且包含仅供 GDB 使用的额外调试信息。

(9) -ggdb：此选项将尽可能地生成 GDB 的可以使用的调试信息。

用 GCC 编译 C 和 C++代码时,其编译系统会尝试用最少的时间完成编译,并且编译后的代码易于调试。这样编译后的代码与源码有同样的执行顺序,编译后的代码没有经过优化。有很多选项可以改变 GCC 在耗费更多编译时间和牺牲易调试性的基础上产生更小、更快的可执行文件。这些选项中最典型的就是-O 和-O2。-O 选项改变 GCC 对源码进行基本优化；-O2 选项改变 GCC 产生尽可能小的和尽可能快的代码。还有一些很特殊的选项可以通过 man gcc 查看。虽然优化选项可以加速代码的运行速度,但对于用户调试而言将是一个较大的挑战。因为代码在经过优化后,原先在程序中声明和使用的变量很有可能不再使用,控制流可能会突然跳转到意外的地方,循环语句也有可能因为循环展开而变得到处都有,这些对调试用户来讲都是一场灾难。因此,在调试时最好不要使用任何优化选项,只有当程序在最终发行时才考虑对其进行优化。

9.3 GDB 调试工具

9.3.1 GDB 调试工具简介

编译后运行程序,出现执行结果不正确,就需要用到程序调试工具 GDB,它是一个功能强大的调试器,能在程序运行时观察程序的内部结构和内存堆栈的情况。GDB 具有如下几个主要的功能。

(1) 监视程序中变量的值。可以通过设置,进行跟踪主要变量的数值变化情况,方便查找有问题的程序段。

(2) 设置程序断点。一个好的程序员大都喜欢设置断点来查找程序中的错误之处,特别是当程序行数较多时,设置断点,再结合查看变量的值,判断程序出现问题的地方,就比较容易。同样耗费的调试时间也比较少。

(3) 逐行执行代码。这里还有一个概念是单步执行,可以方便跟踪较少行数的代码段。

这三个主要的功能互相结合,对程序员帮助较大。

9.3.2 GDB 的基本用法

调试工具 GDB 支持很多命令,可以实现不同的功能。这些命令从简单的文件装入到检查所调用的堆栈内容等复杂命令。表 9-2 列出了利用 GDB 调试时会用到的一些常用命令,关于 GDB 调试工作的详细使用,用户可以参考 GDB 的帮助文档。

表 9-2　调试工具 GDB 的命令参数及功能说明

命令参数	功能说明
file	装入想要调试的执行文件
kill	终止正在调试的程序
list	列出产生执行文件的源码的一部分
next	执行一行源码但不进入函数内部
step	执行一行源码而且进入函数内部
run	执行当前被调试的程序
backtrace	查看各级函数调用及参数
watch	监视一个变量的值而不管它何时被改变
finish	连续运行到当前函数返回为止，然后停下来等待命令
make	不退出 GDB 的情况下，就可以重新产生可执行文件
x	查看变量内存
b	后面加行号，表示在该行打断点
c	继续运行到下一个断点
r	运行
vi	后面加文件名可以打开文件用 Vim 进行编辑
start	开始执行程序，停在 main()函数第一行语句前面等待命令
i	查看当前栈帧局部变量的值

另外，GDB 支持很多与 UNIX shell 程序一样的命令编辑特征。用户可以如同在 bash 环境中那样按 Tab 键让 GDB 补齐一个唯一的命令。如果补齐的命令不唯一，调试工具 GDB 会列出所有匹配的命令供选择。用户也能用光标键上下翻动历史命令，而不必每次都进行手动输入。

9.3.3　调试工具 GDB 的实例

调试工具 GDB 调试源程序的文件名是“test. c”，主程序计算从 1 到 100 的和并打印结果，还有调用 func()函数计算从 1 到 300 的和，并打印输出结果。在 Ubuntu 操作系统字符界面下，编译生成可执行文件，必须要把调试信息加到可执行文件中。采用的命令格式如下：

```
gcc -g test.c -o test
```

如果没有-g 选项参数，在调试时将看不见程序的函数名和变量名，所代替的全是运行时的内存地址。当使用-g 选项参数，把调试信息加入，并成功编译目标代码以后，就可以用 GDB 来调试生成的 test 文件。调试信息如下：

```
gdb test                                    //启动 GDB，注意要在生成的 test 文件目录下
GNU gdb 5.1.1
Copyright 2002 Free Software Foundation, Inc
GDB is free software, ...                   //显示 GDB 的版本信息
(gdb) l                                     // l 命令相当于 list，从第一行开始列出原码
```

```
1          #include <stdio.h>
2
3          int func(int n)
4          {
5                  int sum = 0,i;
6                  for(i = 0; i < n; i++)
7                  {
8                          sum += i;
9                  }
10                 return sum;
(gdb)                                           //直接按 Enter 键表示,重复上一次命令
11         }
12
13
14         main()
15         {
16                 int i;
17                 long result  =  0;
18                 for(i = 1; i <= 100; i++)
19                 {
20                         result  +=  i;
(gdb) break 16                                  //设置断点,在源程序第 16 行处
Breakpoint 1 at 0x8048496: file test.c, line 16.
(gdb) break func                                //设置断点,在函数 func()入口处
Breakpoint 2 at 0x8048456: file test.c, line 5.
(gdb) info break                                //查看断点信息
Num Type           Disp Enb Address    What
1   breakpoint     keep y   0x08048496 in main at test.c:16
2   breakpoint     keep y   0x08048456 in func at test.c:5
(gdb) r                                         //运行程序,run 命令简写
Starting program: /home/hchen/test/test
Breakpoint 1, main () at test.c:17              //在断点处停住
17                 long result  =  0;
(gdb) n                                         //单条语句执行,next 命令简写
18                 for(i = 1; i <= 100; i++)
(gdb) n
20                         result  +=  i;
(gdb) n
18                 for(i = 1; i <= 100; i++)
(gdb) n
20                         result  +=  i;
(gdb) c                                         //继续运行程序,continue 命令简写
Continuing.
result[1 - 100]  =  5050                        //程序输出

Breakpoint 2, func (n = 300) at test.c:5
5                  int sum = 0,i;
(gdb) n
```

```
6                  for(i = 1; i <= n; i++)
(gdb) p i                                    //打印变量 i 的值,p 是 print 命令的简写
$ 1 = 134513808
(gdb) n
8                          sum += i;
(gdb) n
6                  for(i = 1; i <= n; i++)
(gdb) p sum
$ 2 = 1
(gdb) n
8                          sum += i;
(gdb) p i
$ 3 = 2
(gdb) n
6                  for(i = 1; i <= n; i++)
(gdb) p sum
$ 4 = 3
(gdb) bt                                     //查看函数堆栈
#0  func (n = 300) at test.c:5
#1  0x080484e4 in main () at test.c:24
#2  0x400409ed in __libc_start_main () from /lib/libc.so.6
(gdb) finish                                 //退出函数
Run till exit from #0   func (n = 300) at test.c:5
0x080484e4 in main () at test.c:24
24                printf("result[1 - 300] = %d /n", func(300) );
Value returned is $ 6 = 45150
(gdb) c                                      //继续运行
Continuing.
result[1 - 300] = 45150                      //程序输出

Program exited with code 027.                //程序退出,调试结束
(gdb) q                                      //退出 GDB
```

9.4 使用 make 命令编译多个源程序

9.4.1 makefile 文件简介

makefile 文件是提供 make 命令解释执行的文件。make 命令是 Ubuntu 操作系统下的一个编译命令,根据 makefile 文件对工程组织的描述,完成对最终目标文件的生成和管理。make 命令的功能是通过 makefile 文件来描述源程序之间的相互关系,并自动维护编译工作。而 makefile 文件要按照某种语法进行编写,文件中需要说明如何编译各个源文件,并连接生成可执行文件,并要求定义源文件之间的依赖关系,如图 9-5 所示。makefile 文件是许多编译器维护编译信息的常用方法,同时在集成开发环境中,用户通过友好的界面修改 makefile 文件。makefile 的好处是半自动化编译,一旦写好后,只需要一个 make 命令,整个项目完全自动编译,极大地提高了开发的效率。

make 命令根据修改时间判断需要编译的源文件和所有依赖于此文件的. o 文件以及可执行文件，其他未修改部分不会重新编译。从图 9-5 中可知，可执行程序 main 依赖于 main. o、file1. o 和 file2. o。与此同时，main. o 依赖于 main. c 和 def1. h；file1. o 依赖于 file1. c、def1. h 和 def2. h；而 file2. o 则依赖于 file1. c、def2. h 和 def3. h。在 makefile 中，可以用目标名称加冒号，后跟空格键或 Tab 键，再加上由空格键或 Tab 键分隔的一组用于生产目标模块的文件来描述模块之间的依赖关系。对于图 9-5 来说，可以做以下描述。

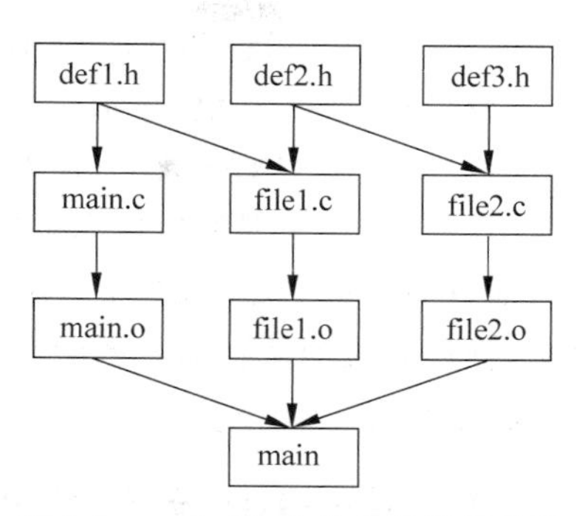

图 9-5　makefile 中的文件依赖关系

(1) main：main. o f1. o f2. o。

(2) main. o：main. c def1. h。

(3) f1. o：f1. c def1. h def2. h。

(4) f2. o：f2. c def2. h def3. h。

可以发现，各个源文件与各模块之间的关系具有一个明显的层次结构，如果 def2. h 发生了变化，那么就需要更新 file1. o 和 file2. o，而如果 file1. o 和 file2. o 发生了变化，那么 main 也需要随之重新构建。

9.4.2　make 命令行选项

make 命令的使用非常简单，只需要在 make 命令后面输入目标体名称，即可建立指定的目标。如果直接执行 make 命令，则建立 makefile 文件中的第一个目标，即位于 makefile 文件前面的目标。在 make 命令中也可使用命令行选项，用来完成不同的功能。make 命令行选项以及含义如下。

(1) -f file：指定 file 文件为描述文件，如果 file 参数为“-”，那么描述文件指向标准输入。如果没有-f 参数，则系统将默认当前目录下名为 makefile 的文件为描述文件。如果在 Ubuntu 操作系统中安装有 GNU make 工具，在当前工作目录中按照 GNU makefile、makefile、Makefile 的顺序搜索 makefile 文件。

(2) -i：忽略命令执行返回的出错信息。

(3) -s：沉默模式，在执行之前不输出相应的命令行信息。

(4) -r：禁止使用 build-in 规则。

(5) -n：非执行模式，输出所有执行命令，但并不执行。可以用来检查 makefile 文件的正确性。

(6) -t：更新目标文件。

(7) -q：make 操作将根据目标文件是否已经更新返回 0 或非 0 的状态信息。

(8) -p：输出所有宏定义和目标文件描述，表示打印出 makefile 文件中所有宏定义和描述内部规则的相关行。

(9) -d：Debug 模式，输出有关文件和检测时间的详细信息。

(10) -c dir：在读取 makefile 文件之前改变到指定的目录 dir。

(11) -I dir：当包含其他 makefile 文件时，利用该选项指定搜索目录。

(12) -h：help 文档，显示所有的 make 选项。

(13) -w：在处理 makefile 文件之前和之后，都显示工作目录。

(14) -k：在错误发生后尽可能地继续执行。

通过命令行参数中的 targets，可指定 make 要编译的目标，并且允许同时定义编译多个目标，操作时按照从左向右的顺序依次编译 targets 选项中指定的目标文件。如果命令行中没有指定目标，则系统默认 targets 指向描述文件中第一个目标文件。

9.4.3 makefile 文件的结构

makefile 文件是 make 读入的唯一配置文件，因此要求学习的重点就是 makefile 文件的编写规则。通常在一个 makefile 文件中包含如下内容。

(1) 需要由 make 工具创建的目标体 target，通常是目标文件或者可执行文件。target 也就是一个目标文件(object file)，也可以是执行文件，还可以是一个标签(label)，如伪目标文件等。

(2) 要创建的目标体所依赖的文件 dependency_file，要生成那个 target 所需要的文件或者目标。

(3) 创建每个目标体时需要运行的命令 command，command 也就是 make 需要执行的命令。这一行必须以制表符(Tab 键)开头，“#”后的文字是注释信息。

1. 指定目标

根据依赖文件生成指定目标文件。例如 edit：main. o kbd. o command. o display. o insert. o search. o 表示根据“：”后面指出的依赖文件生成目标文件 edit。

有时候目标文件名不止一个，由空格分开，常用于多个目标同时依赖于一组文件，并且其生成的命令大体类似。例如 object1 object2：text. c，目标 object1 和 object2 都是根据依赖文件 text. c 生成。

2. 伪目标(标签)

伪目标不代表一个真正的目标文件名，在执行 make 命令时，可以指定这个伪目标来执行其所属规则定义的命令，可以理解为一个命令入口。伪目标一般没有依赖的文件，但是也可以为伪目标指定所依赖的文件。伪目标同样可以作为默认目标，只要将其放在第一个。举例如下：

(1) all：prog1 prog2 prog3。

(2) . PHONY ：all。

(3) prog1 ：prog1. o utils. o。

(4) gcc -o prog1 prog1. o utils. o。

(5) prog2 ：prog2. o。

(6) gcc -o prog2 prog2. o。

makefile 中声明了一个“all”的伪目标，其依赖于其他 3 个目标。因为伪目标的特性是要被执行，所以其依赖的那 3 个目标就总是不如“all”这个目标新。因此 3 个目标对应规则中的命令总是会被决议。表 9-3 是 makefile 文件中常见的伪目标及其含义说明。

表 9-3　makefile 文件中常见的伪目标及其含义说明

伪　目　标	含 义 说 明
all	所有目标的目标，其功能一般是编译所有的目标
clean	删除所有被 make 命令创建的文件
install	安装已编译好的程序，将目标执行文件复制到指定的目标中去
print	列出改变过的源文件
tar	把源程序备份生成一个 tar 文件

3. 变量的定义、赋值与引用

（1）变量特征。变量名是不包括“:”“#”“=”前置空白和尾空白的任何字符串，并且区分大小写。变量名中可以包含函数或者其他变量的引用，在长度上没有限制。当引用一个没有定义的变量时，make 默认它的值为空。

（2）直接赋值。格式：变量 := 变量值，例如 my_file := file1.c file2.c; p := main.c。如果一个变量赋值后再次被赋值，则变量内容为最后被赋的值。同时要注意有冒号和没有冒号赋值的区别。

（3）变量引用赋值。举例：my_pro1 := file1.c file2.c; my_pro2 := file3.c file4.c; my_file := $(my_pro1) $(my_pro2) main.c。要注意赋值语句中的空格，变量 my_file 的最终值为 file1.c file2.c file3.c file4.c main.c。另外，变量赋值还有追加赋值、条件赋值、递归赋值、利用 shell 命令为变量赋值、使用通配符等自定义变量。

（4）默认变量。make 命令规定了一批系统变量即默认变量。在编写 makefile 文件时要注意自定义变量名称不要与其发生冲突。表 9-4 所示为默认变量及其含义说明。

表 9-4　默认变量及其含义说明

变　　量	含 义 说 明
AR	函数库打包程序。默认命令是 ar
AS	汇编语言编译程序。默认命令是 as
CC	C 语言编译程序。默认命令是 cc
CPP	C 程序的预处理器(输出是标准输出设备)。默认命令是 $(CC)-E
CXX	C++语言编译程序。默认命令是 g++
RM	删除命令。默认是 rm -f
ARFLAGS	函数库打包程序 AR 命令的参数。默认值是 rv
CFLAGS	C 语言编译器参数
CPPFLAGS	C 语言预处理器参数
CXXFLAGS	C++语言编译器参数
EXEC	表示编译后生成的可执行文件名称
LDFLAGS	链接器参数
ASFLAGS	汇编语言编译器参数
LDLIBS	连接时需要加载的库文件

（5）自动变量。变量名由 $ 和一个特殊字符构成，这样的变量称为自动变量。表 9-5 所示为常用自动变量及其含义说明。

表 9-5 常用自动变量及其含义说明

自动变量	含义说明
$@	表示目标文件的完整名称
$<	表示规则中的第一个依赖文件名称
$^	所有不重复依赖文件，以空格分隔
$*	不包含扩展名的目标文件名称
$+	所有以空格分隔的依赖文件，并以出现的先后为序，可能包含重复的依赖文件
$?	表示时间戳比目标文件晚的依赖文件，以空格分隔
$%($>)	当规则的目标文件是一个静态库文件时，代表静态库的一个成员名；如果目标不是静态库文件，则其值为空

(6) makefile 文件中内嵌命令(函数)的使用。makefile 文件中的变量用来存放 make 命令过程中所使用的文件名与路径，可以使用内嵌命令(函数)对变量进行操作。系统中定义了一批为 make 命令所使用的函数。这些函数主要用来对文件名、路径名字符串进行处理，如替换、截取、拼接等，可以非常方便地生成所需的文件名、路径名字符串，使 makefile 文件的编写更加简洁。GNU make 函数的调用格式类似于变量的引用，以“$”开始表示一个引用。其语法格式为：$(函数名 参数)或者 ${函数名 参数}。例如：字符串替换函数 $(subst FROM, TO, TEXT)、去空格函数 $(strip STRINT)和查找字符串函数 $(findstring FIND,IN)等。调用中的函数是 make 内嵌的函数。对于用户自定义函数需要通过 make 的“call”函数来间接调用。参数和函数名之间使用若干空格分隔，建议采用一个空格，参数之间使用逗号分隔。参数中存在变量或者函数的引用时，对它们所使用的分界符(圆括号或者花括号)建议和引用函数的相同。

9.4.4 makefile 文件举例

下面介绍 makefile 文件中 3 种常用的规则。

1. 显式规则

makefile 文件如下：

```
1.  OBJS := control.o  ui.o  main.o
2.  CC   := gcc
3.  CFLAGS :=  - Wall
4.  all : program
5.  program: $(OBJS)
6.   $(CC) -o $@ $(OBJS)
7.  control.o: control.c
8.   $(CC) $(CFLAGS) -c $^ -o $@
9.  ui.o: ui.c
10. $(CC) $(CFLAGS) -c $^ -o $@
11. main.o: main.c
12. $(CC) $(CFLAGS) -c $^ -o $@
13. clean:
14. $(RM) program $(OBJS)
```

在工程目录下执行 make -n 结果如下：

```
gcc -Wall -c control.c -o control.o
gcc -Wall -c ui.c -o ui.o
gcc -Wall -c main.c -o mian.o
gcc -o program control.o ui.o main.o
```

2. 隐式规则

隐含规则能够告诉 make 怎样使用传统的规则完成任务，这样，当用户使用它们时就不必详细指定编译的具体细节，而只需把目标文件列出即可。

3. 模式规则

在目标和依赖模式中有“%”这个通配符。如果文件名中有%，可以使用反斜杠“\”进行转义，标明真实%字符。模式规则是用来定义相同处理规则的多个文件的，它不同于隐式规则，隐式规则仅仅能够用 make 默认的变量来进行操作，而模式规则还能引入用户自定义变量，为多个文件建立相同的规则，从而简化了 makefile 文件的编写。模式规则的格式类似于普通规则，这个规则中的相关文件前必须用“%”标明。“$<”是每次匹配到的那个依赖文件，“$@”是每次匹配到的那个目标文件。

9.4.5 make 命令的执行过程

make 命令执行的过程大致可以分为以下 8 个步骤。

(1) 读入当前目录下所有的 makefile 文件。

(2) 读入被包含的其他 makefile 文件。

(3) 读入命令行选项-f 指定的 makefile 文件。

(4) 初始化文件中的变量。

(5) 推导隐含规则，并分析所有规则。

(6) 为所有的目标文件创建依赖关系链。

(7) 根据依赖关系，决定哪些目标要重新生成。

(8) 执行生成命令。

读取当前目录下的 makefile 文件，分析 makefile 文件内容，将指示符 include 指定的以及命令行选项-f 指定的 makefile 文件读入，内建所有的变量、显式规则和模式规则，并建立所有目标和依赖之间的依赖关系结构链表。根据已经建立的依赖关系结构链表决定哪些目标需要更新，并使用对应的规则来重建这些目标。

如果 make 命令中指出了目标，则直接转入目标行执行。如果 make 命令中没有指出目标，则查询以 all 为目标的目标行；如果没有以 all 为目标的目标行，则查询第一个目标并转入目标行。make 命令执行时，首先将所有变量赋值，根据指定的目标依次寻找依赖文件并执行相应的命令。

对于一些简单的应用而言，makefile 文件的编写并不复杂，可以自己编写或者在他人编写好的 makefile 文件基础上修改生成自己所需要的 makefile 文件。当工程比较复杂时，makefile 文件编写是一件比较麻烦和费力的事情。为了减少 makefile 文件编写带来的不便,Ubuntu 操作系统为用户提供了一套 makefile 文件自动生成工具 Autotools。它只需要用户输入简单的目标文件、依赖文件和文件目录等就可以轻松生成 makefile 文件。

9.5 集成开发环境

Ubuntu 操作系统下也有集成开发环境(IDE),例如 kdeveloper 等。这些 IDE 工具可以自动生成 makefile 文件,并且能够集编写、调试和发布程序于一体,这对于命令行下的编程方式是一种有力的补充。当然,对于熟练的程序员而言,Vi、GCC 和 GDB 三个工具仍然是编写程序的首选软件系统。

9.6 通过源码安装程序

首先需要下载所需软件的源码并解压缩。这里以 nano 为例,其官方网站为 http://www. nanoeditor. org,软件下载地址为 http://www. nano-editor. org/dist/v2. 2/nano-2. 2. 6. tar. gz。下载操作如图 9-6 所示。

```
[root@localhost ~]# wget http://www.nano-editor.org/dist/v2.2/nano-2.2.6.tar.gz
--2021-05-17 22:44:10--  http://www.nano-editor.org/dist/v2.2/nano-2.2.6.tar.gz
Resolving www.nano-editor.org (www.nano-editor.org)... 213.138.109.86
Connecting to www.nano-editor.org (www.nano-editor.org)|213.138.109.86|:80... co
nnected.
HTTP request sent, awaiting response... 301 Moved Permanently
Location: https://www.nano-editor.org/dist/v2.2/nano-2.2.6.tar.gz [following]
--2021-05-17 22:44:13--  https://www.nano-editor.org/dist/v2.2/nano-2.2.6.tar.gz
Connecting to www.nano-editor.org (www.nano-editor.org)|213.138.109.86|:443... c
onnected.
HTTP request sent, awaiting response... 200 OK
Length: 1572388 (1.5M) [application/x-tar]
Saving to: 鈥榥ano-2.2.6.tar.gz鈥
100%[======================================>] 1,572,388    212KB/s   in 7.2s

2021-05-17 22:44:22 (212 KB/s) - 鈥榥ano-2.2.6.tar.gz鈥saved [1572388/1572388]
```

图 9-6 下载 nano-2. 2. 6. tar. gz 压缩包

进入解压之后的源码目录后,就可以对编译方式进行配置了,图 9-7 所示为配置后的输出结果。一般源码发布时,都会随源码发布一个 configure 的脚本。该脚本可以对系统环境进行检测,生成有针对性的 makefile 文件,以便下一步编译。configure 的脚本最常用的选项是前缀 prefix,用于指定安装的路径。通常用户使用的软件路径为"/usr/bin"或者"/usr/local/bin",所以可以指定前缀为"/usr"或"/usr/local"。接下来安装软件时,将被安装的文件放到"/usr/bin"或者"/usr/local/bin"中。如果指定前缀为"/",则软件通常被安装在"/bin"下。

configure 脚本会对系统环境进行检测,如果没有问题即可安装。如果出现问题可能是缺少安装用的某些软件或者版本不合适,还可能是缺少相应的开发库,如缺少 curses. h 文件。如果遇到这类问题,可以具体问题具体分析,此处介绍配置是为了熟悉整个软件手动安装的工程。编译和测试的指令分别为 make 和 make test,二者可以一起执行。本例中 nano 没有为测试编写 make test 入口,因此只使用 make 进行编译,图 9-8 给出整个安装的过程。

如果编译顺利结束无错误,并且测试通过(如果有测试)则可以安装。安装的命令为 make install。执行该命令后即可安装完成软件。

```
[root@localhost ~]# tar -xzf nano-2.2.6.tar.gz
[root@localhost ~]# ls
naconda-ks.cfg  Downloads    nano-2.2.6.tar.gz  Templates
.out            hello.c      original-ks.cfg    test
esktop          Music        Pictures           test.c
ocuments        nano-2.2.6   Public             Videos
[root@localhost ~]# cd nano-2.2.6
[root@localhost nano-2.2.6]# ./configure -prefix=/usr
hecking build system type... x86_64-unknown-linux-gnu
hecking host system type... x86_64-unknown-linux-gnu
hecking target system type... x86_64-unknown-linux-gnu
hecking for a BSD-compatible install... /usr/bin/install -c
hecking whether build environment is sane... yes
hecking for a thread-safe mkdir -p... /usr/bin/mkdir -p
hecking for gawk... gawk
hecking whether make sets $(MAKE)... yes
hecking for style of include used by make... GNU
hecking for gcc... gcc
hecking whether the C compiler works... yes
hecking for C compiler default output file name... a.out
hecking for suffix of executables...
hecking whether we are cross compiling... no
hecking for suffix of object files... o
hecking whether we are using the GNU C compiler... yes
hecking whether gcc accepts -g... yes
hecking for gcc option to accept ISO C89... none needed
hecking dependency style of gcc... gcc3
hecking how to run the C preprocessor... gcc -E
hecking for grep that handles long lines and -e... /usr/bin/grep
hecking for egrep... /usr/bin/grep -E
hecking for ANSI C header files... yes
hecking for sys/types.h... yes
hecking for sys/stat.h... yes
hecking for stdlib.h... yes
hecking for string.h... yes
hecking for memory.h... yes
hecking for strings.h... yes
hecking for inttypes.h... yes
hecking for stdint.h... yes
hecking for unistd.h... yes
hecking minix/config.h usability... no
hecking minix/config.h presence... no
hecking for minix/config.h... no
hecking whether it is safe to define __EXTENSIONS__... yes
hecking for gcc... (cached) gcc
hecking whether we are using the GNU C compiler... (cached) yes
hecking whether gcc accepts -g... (cached) yes
hecking for gcc option to accept ISO C89... (cached) none needed
hecking dependency style of gcc... (cached) gcc3
hecking whether ln -s works... yes
isable-color or installing ncurses
hecking whether LINES and COLS can be redefined... no
hecking for HTML support in groff... yes
onfigure: creating ./config.status
onfig.status: creating Makefile
onfig.status: creating doc/Makefile
onfig.status: creating doc/nanorc.sample
onfig.status: creating doc/man/Makefile
onfig.status: creating doc/man/fr/Makefile
onfig.status: creating doc/syntax/Makefile
onfig.status: creating doc/texinfo/Makefile
onfig.status: creating m4/Makefile
onfig.status: creating po/Makefile.in
onfig.status: WARNING:  'po/Makefile.in.in' seems to ignc
etting
onfig.status: creating src/Makefile
onfig.status: creating nano.spec
onfig.status: creating config.h
onfig.status: executing depfiles commands
onfig.status: executing default-1 commands
onfig.status: creating po/POTFILES
onfig.status: creating po/Makefile
[root@localhost nano-2.2.6]#
```

图 9-7　配置 nano 后的输出结果

```
[root@localhost nano-2.2.6]# make
make  all-recursive
make[1]: Entering directory `/root/nano-2.2.6'
Making all in doc
make[2]: Entering directory `/root/nano-2.2.6/doc'
Making all in man
make[3]: Entering directory `/root/nano-2.2.6/doc/man'
make  all-recursive
make[4]: Entering directory `/root/nano-2.2.6/doc/man'
Making all in fr
make[5]: Entering directory `/root/nano-2.2.6/doc/man/fr'
make  all-am
make[6]: Entering directory `/root/nano-2.2.6/doc/man/fr'
make[6]: Nothing to be done for `all-am'.
make[6]: Leaving directory `/root/nano-2.2.6/doc/man/fr'
make[5]: Leaving directory `/root/nano-2.2.6/doc/man/fr'
make[5]: Entering directory `/root/nano-2.2.6/doc/man'
make[5]: Nothing to be done for `all-am'.
make[5]: Leaving directory `/root/nano-2.2.6/doc/man'
make[4]: Leaving directory `/root/nano-2.2.6/doc/man'
make[3]: Leaving directory `/root/nano-2.2.6/doc/man'
Making all in syntax
make[3]: Entering directory `/root/nano-2.2.6/doc/syntax'
make[3]: Nothing to be done for `all'.
make[3]: Leaving directory `/root/nano-2.2.6/doc/syntax'
Making all in texinfo
make[3]: Entering directory `/root/nano-2.2.6/doc/texinfo'
make  all-am
make[4]: Entering directory `/root/nano-2.2.6/doc/texinfo'
make[4]: Nothing to be done for `all-am'.
make[4]: Leaving directory `/root/nano-2.2.6/doc/texinfo'
make[3]: Leaving directory `/root/nano-2.2.6/doc/texinfo'
make[3]: Entering directory `/root/nano-2.2.6/doc'
make[3]: Nothing to be done for `all-am'.
make[3]: Leaving directory `/root/nano-2.2.6/doc'
make[2]: Leaving directory `/root/nano-2.2.6/doc'
Making all in m4
make[2]: Entering directory `/root/nano-2.2.6/m4'
make[2]: Nothing to be done for `all'.
make[2]: Leaving directory `/root/nano-2.2.6/m4'
Making all in po
make[2]: Entering directory `/root/nano-2.2.6/po'
make[2]: Nothing to be done for `all'.
make[2]: Leaving directory `/root/nano-2.2.6/po'
Making all in src
make[2]: Entering directory `/root/nano-2.2.6/src'
gcc -DHAVE_CONFIG_H -I. -I.. -DLOCALEDIR=\"/usr/share/locale\" -DSYSCONFDIR=\"/u
sr/etc\"    -g -O2 -MT browser.o -MD -MP -MF .deps/browser.Tpo -c -o browser.o b
rowser.c
In file included from proto.h:27:0,
                 from browser.c:24:
nano.h:92:20: fatal error: curses.h: No such file or directory
 #include <curses.h>
                    ^
compilation terminated.
make[2]: *** [browser.o] Error 1
make[2]: Leaving directory `/root/nano-2.2.6/src'
make[1]: *** [all-recursive] Error 1
make[1]: Leaving directory `/root/nano-2.2.6'
make: *** [all] Error 2
[root@localhost nano-2.2.6]# █
```

图 9-8　安装软件 nano 的过程

习　　题

一、选择题

1. 下面 Linux 操作系统中调试程序，(　　)是调试器。

　A. Vi　　B. GCC　　C. GDB　　D. make

2. 以下关于 GCC 选项的说法错误的是(　　)。

　A. -c：只编译并生成目标文件　　B. -w：生成警告信息

　C. -g：生成调试信息　　D. -o file：生成指定的输出文件

3. 对代码文件 code.c 进行编译，生成可调式代码的命令是(　　)。

A. ＃gcc -g code.c -o code　　B. ＃gcc code.c -o code

C. ＃gcc -g code.c code　　D. ＃gcc -g code

4. 为了利用 GDB 调试 C/C++程序，在编译时需要把调试信息加载到可执行文件中，则用 GCC 编译源程序时，需要利用选项(　　)。

A. -O2　　B. -E　　C. -Wall　　D. -g

5. 在 Vi 文本输入模式下，可直接使用键盘上的 4 个方向键移动光标，同时也可以用(　　)键向上移动光标。

A. h　　B. j　　C. k　　D. i

6. 在 Vi 编辑文件时，如果需要查看状态行上的状态信息，以及光标之前的行占整个文件的百分比，可以使用的组合键是(　　)。

A. Ctrl + G　　B. Ctrl + B　　C. Ctrl + F　　D. Ctrl + C

7. 在 GDB 调试时，如果想要终止正在调试的程序，可以使用的命令是(　　)。

A. file　　B. kill　　C. step　　D. shell

二、填空题

1. 不管用户处于何种模式，只要单击________键，即可使 Vi 进入命令行模式。

2. Vi 有 3 种基本工作模式，分别为________、________和________。

3. Vi 编辑器中要想定位到文件中的第 11 行按________键，删除一个字母后按________键可以恢复。

4. Vi 编辑器编辑文件时跳到文档的最后一行的命令是________，跳到第 100 行的命令是________。

5. Vi 编辑器使用________ 命令删除当前光标所在的一整行。

6. Vi 编辑器关于滚屏的命令有两个，分别是：________组合键，将屏幕向前翻滚半屏；________组合键，将屏幕向后翻滚半屏。

7. 变量名是不包括________、________、________前置空白和尾空白的任何字符串，________(区分/不区分)大小写。变量名中可以包含函数或者其他变量的引用，在长度上________(有/没有)限制。当引用一个没有定义的变量时，make 默认它的值为________。

三、简答题

1. 列出 5 个 Vi 编译时的命令，例如 i 为插入。

2. 用 Vi 命令编辑 text.txt，如何跳转到末行、首行、行首、行末？如何在光标下一行插入？如何复制 5 行、删除 10 行，查找 liyi 的字符，把 liyi 替换为 liyiwu.NET？

3. 在 Vi 开启的文件中，如何到该文件的页首或页尾？

4. 写出 Vi 编辑器的 3 种工作模式之间的转换关系。

5. 在 Linux 操作系统下最常使用的文本编辑器为 Vi，如何进入编辑模式？

6. GCC 对 C 语言源程序的编译流程包括哪 4 个过程？

7. 简述 GDB 的几个主要功能。

8. 通常在一个 makefile 文件中包含哪些内容？

上机实验

实验一：Vi 编辑器

实验目的

了解并掌握 Linux 操作系统中 Vi 编辑器的基本使用方法。

实验内容

(1) 在"/tmp"目录下创建一个名为 vitest 的目录；

(2) 进入 vitest 目录中；

(3) 将"/etc/man_ db. conf"复制到本目录下面；

(4) 使用 Vi 打开本目录下的 man_ _db. conf 文件；

(5) 在 Vi 中设置行号；

(6) 移动到第 43 列，向右移动 59 个字符，请问看到的小括号内是哪个文字？

(7) 移动到第一列，并且向下搜索"gzip"这个字串，请问它在第几列？

(8) 删除第 113～128 列的开头为#符号的注解数据；

(9) 将这个文件另存为一个名为 man-test-config 的文件；

(10) 光标移动到第 25 列，并且删除 15 个字符，出现的第一个单词是什么？

(11) 在第一列新增一列，在该列输入"I am a student..."；

(12) 保存文件后退出编辑。

实验二：GCC 编译器

实验目的

了解并掌握 Linux 操作系统中 GCC 编译器的基本使用方法。

实验内容

(1) 新建一个名为 gcctest 的文件夹；

(2) 使用 Vi 在文件夹中创建一个 main. c 文件；

(3) 在 main. c 文件中输入如下代码：

```
#include<stdio.h>
Int main(int argc,char *argv[])
{
    Int a,b;
    a = 3;
    b = 4
    Printf("a+b=\n",a+b);
}
```

(4) 采用 GCC 编译器编译以上代码，查看编译信息是否有错误提示，如果有错误提示，对提示的错误进行修改，继续编译，直到没有错误、编译成功为止；

(5) 在编译成功之后，生成了可执行文件 main，执行 main，看看结果和设计的是否一样。

实验三：makefile 文件

实验目的

了解并掌握 Linux 操作系统中 makefile 文件的基本使用方法。

实验内容

(1) 新建一个 test 文件夹；

(2) 在 test 文件夹下新建 5 个文件，分别为 main.c，input.c，calcu.c，input.h，calcu.h；

(3) 在 main.c 文件中输入以下代码：

```
#include < stdio.h >
#include < input.h >
#include < calcu.h >
int main(int argc,char *argv[])
{
    int a,b,num;
    input_int(&a,&b);
    num - calcu(a,b);
    printf(" %d + %d = %d\r\n",a,b,num);
}
```

(4) 在 input.c 中编写以下代码：

```
#include < stdio.h >
#include < input.h >
void input_int(int *a, *b)
{
    printf("input two num;");
    scanf(" %d %d",a,b);
    printf("\r\n");
}
```

(5) calcu.c 中编写如下代码：

```
#include < calcu.h >
int calcu(int a,int b)
{
    return(a + b);
}
```

(6) 在 input.h 文件中输入以下代码：

```
#ifndef input_H
#define input_H

void input_int(int *a,int *b);

#endif
```

(7) 在 calcu.h 中编写代码如下：

```
#ifndef calcu_H
#define calcu_H

void calcu(int a, int b);

#endif
```

(8) 根据 makefile 文件书写的规则，书写一个 makefile 文件编译如下 3 个源文件，makefile 文件中的内容具体如下：

```
main: main.o input.o calcu.o
    gcc -o main main.o input.o calcu.o
main.o: main.c
    gcc -c main.c
input.o: main.c
    gcc -c input.c
calcu.o: main.c
    gcc -c calcu.c
clean:
    rm *.o
    rm main
```

(9) makefile 编写好以后，可以使用 make 命令来编译，直接在命令行中输入 make 命令即可，make 命令会在当前目录下查找是否存在 makefile 文件，如果存在就会按照 makefile 中定义的编译方式进行编译；

(10) 如果仅修改了 input.c 中的文件，那么使用 make 命令进行编译，便会只编译 input.c，然后进行连接；

(11) 如果要删除中间产生的 *.o 文件和 main 文件，只需要输入 make clean 命令即可。

第 10 章 shell 编程基础

在 UNIX 和 Linux 操作系统下，shell 编程是较为重要的学习内容，目前较流行的 shell 称为 Bash（bourne again shell）。作为系统与用户之间的交互接口，shell 编程是把多个 Ubuntu 命令适当地组合到一起，使其协同工作，以便我们更加高效地处理身边的大量数据。

10.1 输入输出重定向

通过对 Ubuntu 操作系统的安装学习，较好地掌握了在字符界面下的工作，那么接下来的任务是把多个 Ubuntu 命令适当地组合到一起，使其协同工作，以便更加高效地处理数据。要能够完成这样的工作，需要明白命令的输入重定向和输出重定向的原理。输入重定向是指把文件导入命令中，而输出重定向则是指把原本要输出到屏幕的数据信息写入指定文件中。在日常的学习和工作中，使用输出重定向的频率更高，所以又将输出重定向分为标准输出重定向和错误输出重定向两种不同的方式，以及清空写入与追加写入两种模式。

（1）标准输入重定向（STDIN，文件描述符为 0），默认从键盘输入，也可从其他文件或者命令行中输入。

（2）标准输出重定向（STDOUT，文件描述符为 1），默认输出到屏幕。

（3）错误输出重定向（STDERR，文件描述符为 2），默认输出到屏幕。

图 10-1 是分别查看两个文件夹 test2 和 test3 的属性信息，其中 test3 文件夹是不存在的。虽然针对这两个文件夹的操作都分别会在屏幕上输出一些数据信息，但是这两个操作的差异较大。

```
[root@localhost ~]# touch localhost
[root@localhost ~]# ls -l test2
total 4
drwxr-xr-x. 2 root root   6 Apr 25 23:12 111.txt
-rwxr-xr-x. 1 root root 116 Apr 25 23:11 36.sh
[root@localhost ~]# ls -l test3
ls: cannot access test3: No such file or directory
```

图 10-1 显示查看文件夹信息

在图 10-1 中，可以看出 test2 的文件夹中有两个文件，分别是 111.txt 和 36.sh，输出信息是该文件的一些相关权限、所有者、所属组和文件大小及修改时间等信息，这也是该命令的标准输出信息。然而 test3 文件夹是不存在的，因此在执行完 ls 命令之后显示的报错提示信息（No such file or directory）也是该命令的错误输出信息。对于输入重定向，用到的符号及其作用如表 10-1 所示。

表 10-1　输入重定向中用到的符号及其作用

符　　号	作　　用
命令 < 文件	将文件作为命令的标准输入
命令 << 分界符	从标准输入中读入，直到遇见分界符才停止
命令 < 文件 1 > 文件 2	将文件 1 作为命令的标准输入，并将标准输出到文件 2

对于输出重定向，用到的符号及其作用如表 10-2 所示。

表 10-2　输出重定向中用到的符号及其作用

符　　号	作　　用
命令 > 文件	将标准输出重定向到一个文件中（清空原有文件的数据）
命令 2> 文件	将错误输出重定向到一个文件中（清空原有文件的数据）
命令 >> 文件	将标准输出重定向到一个文件中（追加到原有内容的后面）
命令 2>> 文件	将错误输出重定向到一个文件中（追加到原有内容的后面）
命令 >> 文件 2>&1 或命令 &>> 文件	将标准输出与错误输出共同写入文件中（追加到原有内容的后面）

对于重定向中的标准输出模式，可以省略文件描述符 1 不写，而错误输出模式的文件描述符 2 必须要写。通过标准输出重定向命令“man bash > readme. txt”，将原本要输出到屏幕的 Bash 介绍信息写入文件 readme. txt 中，然后通过显示命令“cat readme. txt”显示文件中的内容。具体部分显示结果如图 10-2 所示。

```
BUGS
       It's too big and too slow.

       There are some subtle differences between bash and traditional versions
       of sh, mostly because of the POSIX specification.

       Aliases are confusing in some uses.

       Shell builtin commands and functions are not stoppable/restartable.

       Compound commands and command sequences of the form `a ; b ; c' are not
       handled  gracefully  when  process  suspension  is  attempted.   When a
       process is stopped, the shell immediately executes the next command  in
       the  sequence.   It  suffices to place the sequence of commands between
       parentheses to force it into a subshell, which  may  be  stopped  as  a
       unit.

       Array variables may not (yet) be exported.

       There may be only one active coprocess at a time.


GNU Bash-4.2                 2010 December 28                        BASH(1)
```

图 10-2　Bash 部分显示结果

接下来研究输出重定向方式中的清空写入与追加写入这两种不同模式带来的变化。首先通过清空写入模式向 readme. txt 文件写入一行数据，该文件中包含上一个操作的 man 命令信息，然后再通过追加写入模式向文件再写入一次数据，其操作命令如图 10-3 所示。

```
[root@localhost ~]# echo "Welcome to LinuxProbe.Com" > readme.txt
[root@localhost ~]# echo "Quality linux learning materials" >> readme.txt
```

图 10-3　清空写入和追加写入两种模式

执行“cat readme. txt”命令之后，可以看到如图 10-4 所示的文件清空写入和追加写入内容，体会到输出重定向方式的功能。

```
[root@localhost ~]# cat readme.txt
Welcome to LinuxProbe.Com
Quality linux learning materials
```

图 10-4　清空写入和追加写入后的显示结果

虽然标准输出和错误输出重定向都是输出重定向方式，但是不同命令的标准输出和错误输出还是有区别。图 10-5 中查看当前目录中某个文件的信息，这里以 test2 和 test3 文件夹为例。因为 test2 文件夹真实存在，所以使用标准输出即可将原本要输出到屏幕的信息写入文件中。反之，test3 文件夹不存在，在屏幕上给出错误信息，即不能进入 test3 文件夹操作。

```
[root@localhost ~]# ls -l test2
total 4
drwxr-xr-x. 2 root root   6 Apr 25 23:12 111.txt
-rwxr-xr-x. 1 root root 116 Apr 25 23:11 36.sh
[root@localhost ~]# ls -l test2 > /root/stderr.txt
[root@localhost ~]# ls -l test3 > /root/stderr.txt
ls: cannot access test3: No such file or directory
```

图 10-5　标准输出和错误输出重定向的区别

因为输入重定向方式应用较少，所以在工作中遇到的概率会小一点。输入重定向的作用是把文件直接导入命令中。接下来使用输入重定向方式把 readme. txt 文件导入给 wc -l 命令，统计 readme. txt 文件中的内容行数。具体操作结果如图 10-6 所示。

```
[root@localhost ~]# wc -l < readme.txt
2
```

图 10-6　输入重定向方式应用实例

10. 2　管道命令符

“|”是 Linux 管道命令符，简称管道符。按 Shift+\组合键可以输入管道符，其执行的命令格式为“命令 A|命令 B”。管道符的作用是把前一个命令原本要输出到屏幕的数据当作后一个命令的标准输入。图 10-7 所示为 grep 文本搜索命令的操作结果，通过匹配关键词“/sbin/nologin”找出了所有被限制登录系统的用户。通过管道符可以把这两条命令合并为一条，即把原本要输出到屏幕的用户信息列表再交给 wc 命令做进一步的加工，只需要把管道符放到两条命令之间即可，非常方便。

```
[root@localhost ~]# grep "/sbin/nologin" /etc/passwd | wc -l
39
```

图 10-7　grep 文本搜索命令和 wc 命令的管道符合成操作结果

用户如果掌握了管道符的使用，平常操作计算机就会非常便捷。也可以将它套用到其他不同的命令上，图 10-8 所示为用翻页的形式查看“/etc”目录中的文件列表及属性信息。

在修改用户密码时，通常都需要输入两次密码以进行确认，这在编写自动化脚本时将成为一个非常致命的缺陷。通过把管道符和“passwd”命令的“--stdin”参数相结合，可以以用一条命令来完成密码重置操作，操作结果如图 10-9 所示。

```
[root@localhost ~]# ls -l /etc/ | more
total 1428
drwxr-xr-x.  3 root root     101 Mar  3 22:11 abrt
-rw-r--r--.  1 root root      16 Mar  3 22:18 adjtime
-rw-r--r--.  1 root root    1518 Jun  7  2013 aliases
-rw-r--r--.  1 root root   12288 Mar  3 22:19 aliases.db
drwxr-xr-x.  3 root root      65 Mar  3 22:13 alsa
drwxr-xr-x.  2 root root    4096 Mar  3 22:14 alternatives
-rw-------.  1 root root     541 Apr 10  2018 anacrontab
-rw-r--r--.  1 root root      55 Oct 30  2018 asound.conf
-rw-r--r--.  1 root root       1 Oct 30  2018 at.deny
drwxr-x---.  3 root root      43 Mar  3 22:11 audisp
drwxr-x---.  3 root root      83 Mar  3 22:19 audit
-rw-r--r--.  1 root root   14622 Oct 30  2018 autofs.conf
-rw-------.  1 root root     232 Oct 30  2018 autofs_ldap_auth.conf
-rw-r--r--.  1 root root     795 Oct 30  2018 auto.master
drwxr-xr-x.  2 root root       6 Oct 30  2018 auto.master.d
-rw-r--r--.  1 root root     524 Oct 30  2018 auto.misc
-rwxr-xr-x.  1 root root    1260 Oct 30  2018 auto.net
-rwxr-xr-x.  1 root root     687 Oct 30  2018 auto.smb
drwxr-xr-x.  4 root root      71 Mar  3 22:13 avahi
drwxr-xr-x.  2 root root    4096 Mar  3 22:13 bash_completion.d
--More--
```

图 10-8　用翻页的形式查看“/etc”目录中的文件

```
[root@localhost ~]# echo "localhost" | passwd --stdin root
Changing password for user root.
passwd: all authentication tokens updated successfully.
```

图 10-9　管道符结合 passwd 重置密码

用户可能会觉得上面的命令组合已经十分复杂了，但是有过运维经验的用户认为还是较为简单，他们希望能将这样方便的命令写得更高级一些，功能更强大一些。例如通过重定向技术能够一次性地把多行信息打包输入或输出，让日常的运维工作更有效率。当然，千万不要认为管道符只能在一个命令组合中使用一次，它们完全可以多次使用，完成难以想象的复杂工作。

10.3　通　配　符

用户在操作计算机时，有时候需要查找某个文件。例如，只记得一个文件的开头几个字母，想遍历查找出所有以这个关键词开头的文件，该怎么操作呢？又如，想要批量查看所有硬盘分区的相关权限属性，可以采用如图 10-10 所示的命令进行显示，可以看出其硬盘没有 sda4 这个分区的信息。

```
[root@localhost ~]# ls -l /dev/sda
brw-rw----. 1 root disk 8, 0 May 18 17:03 /dev/sda
[root@localhost ~]# ls -l /dev/sda1
brw-rw----. 1 root disk 8, 1 May 18 17:03 /dev/sda1
[root@localhost ~]# ls -l /dev/sda2
brw-rw----. 1 root disk 8, 2 May 18 17:03 /dev/sda2
[root@localhost ~]# ls -l /dev/sda4
ls: cannot access /dev/sda4: No such file or directory
```

图 10-10　查看磁盘分区的信息

图 10-11 显示的硬盘分区只有 4 个，如果有几百个，估计需要花费较多的时间来进行检查和测试。由此可见，逐个分区检查的方式效率确实很低。根据 Ubuntu 操作系统知识，目前硬盘设备文件大都是以 sda 开头，并且存放到了“/dev”目录中，这样即使在不知道硬盘的分区编号和具体分区个数的情况下，也可以使用通配符来查看。通配符是通用的匹配信息的符号，如星号“ * ”代表匹配零个或多个字符，问号“?”代表匹配单个字符，中括号内加上数

字如[0-9]代表匹配0～9的单个数字的字符，而中括号内加上字母如[abc]则是代表匹配a、b、c 3个字符中的任意一个字符。

```
[root@localhost ~]# ls -l /dev/sda*
brw-rw----. 1 root disk 8, 0 May 18 17:03 /dev/sda
brw-rw----. 1 root disk 8, 1 May 18 17:03 /dev/sda1
brw-rw----. 1 root disk 8, 2 May 18 17:03 /dev/sda2
brw-rw----. 1 root disk 8, 3 May 18 17:03 /dev/sda3
```

图 10-11　匹配所有在"/dev"目录中以sda开头的文件

如果只想查看文件名是以sda开头，但是后面还紧跟其他某一个字符的文件的相关信息，这时就需要用"?"来进行通配。操作结果如图10-12所示，只显示了"sda1""sda2"和"sda3"3个分区的信息，缺少了图10-11中的sda分区(也称为0号分区)的信息。

```
[root@localhost ~]# ls -l /dev/sda?
brw-rw----. 1 root disk 8, 1 May 18 17:03 /dev/sda1
brw-rw----. 1 root disk 8, 2 May 18 17:03 /dev/sda2
brw-rw----. 1 root disk 8, 3 May 18 17:03 /dev/sda3
```

图 10-12　"?"通配符显示的硬盘分区信息

除了使用中括号内加上数字[0-9]来匹配0～9的单个数字外，也可以用[135]这样的方式仅匹配1、3和5指定数字中的一个，若没有匹配到，则不会显示出来，具体操作结果如图10-13所示。

```
[root@localhost ~]# ls -l /dev/sda[0-9]
brw-rw----. 1 root disk 8, 1 May 18 17:03 /dev/sda1
brw-rw----. 1 root disk 8, 2 May 18 17:03 /dev/sda2
brw-rw----. 1 root disk 8, 3 May 18 17:03 /dev/sda3
[root@localhost ~]# ls -l /dev/sda[135]
brw-rw----. 1 root disk 8, 1 May 18 17:03 /dev/sda1
brw-rw----. 1 root disk 8, 3 May 18 17:03 /dev/sda3
```

图 10-13　指定数字通配符显示的硬盘分区信息

10.4　常用的转义字符

有时为了能够更好地操作计算机和理解其他用户编写的shell程序，shell解释器还提供了丰富的转义字符来处理输入的特殊数据。最常用的几个转义字符如下。

(1) 反斜杠"\"：使反斜杠后面的一个变量变为单纯的字符串。

(2) 单引号"''"：转义其中所有的变量为单纯的字符串。

(3) 双引号""""：保留其中的变量属性，不进行转义处理。

(4) 反引号"``"：把其中的命令执行后返回结果。

图10-14中先定义一个名为PRICE的变量并赋值为5，然后输出以双引号括起来的字符串与变量信息。可以看出在字符串输出时，变量PRICE被所赋值替换。

```
[root@localhost ~]# PRICE=5
[root@localhost ~]# echo "Price is $PRICE"
Price is 5
```

图 10-14　定义PRICE变量转义输出处理

如果希望能够输出"Price is ＄5"，即价格是5美元的字符串内容，但是美元的符号与变量提取符号合并后的＄＄作用是显示当前程序的进程ID号码，如图10-15所示。可以看出，命令执行后输出的内容并不是所想要的结果。

```
[root@localhost ~]# echo "Price is $$PRICE"
Price is 7952PRICE
```

图 10-15 转义字符使用不当

如何让第一个"$"作为美元符号呢？那么就需要使用反斜杠"\"来进行转义，将这个命令提取符转义成单纯的文本，去除其特殊功能。如图 10-16 所示，采用反斜杠"\"进行转义后，输出正确的结果。

```
[root@localhost ~]# echo "Price is \$$PRICE"
Price is $5
```

图 10-16 反斜杠转义符的使用

在操作计算机时，如果只需要某个命令的输出值，可以将命令用反引号括起来，达到预期的效果。图 10-17 将反引号与"uname -a"命令结合，然后使用 echo 命令来查看本机的 Linux 版本和内核信息，即显示本机的操作系统是 x86_64 GNU/Linux。

```
[root@localhost ~]# echo `uname -a`
Linux localhost.localdomain 3.10.0-957.el7.x86_64 #1 SMP Thu Nov 8 23:39:32 UTC
2018 x86_64 x86_64 x86_64 GNU/Linux
```

图 10-17 转义字符反引号与命令的结合

10.5 环境变量的使用

变量是计算机系统用于保存可变值的数据类型，可以直接通过变量名称来提取对应的变量值。在 Ubuntu 操作系统中，变量名称一般都是大写的字母，这已经成为一种约定俗成的规范。Ubuntu 操作系统中的环境变量是用来定义系统运行环境的一些参数，例如每个用户不同的家目录和邮件存放位置等。要想保证 Ubuntu 操作系统能够正常运行，并且为用户提供服务，就需要数百个环境变量来协同工作，但是用户没有必要逐一查看和学习每一个变量，而是应该掌握常用变量的名称和作用。在 Ubuntu 操作系统中可以使用"env"命令来查看所有的环境变量，较为重要的 10 个环境变量如表 10-3 所示。

表 10-3 Ubuntu 操作系统中较为重要的 10 个环境变量

变量名称	作用
HOME	用户的主目录(即家目录)
SHELL	用户在使用的 shell 解释器名称
HISTSIZE	输出的历史命令记录条数
HISTFILESIZE	保存的历史命令记录条数
MAIL	邮件保存路径
LANG	系统语言、语系名称
RANDOM	生成一个随机数字
PS1	Bash 解释器的提示符
PATH	定义解释器搜索用户执行命令的路径
EDITOR	用户默认的文本编辑器

在 Ubuntu 操作系统中一切都是文件，其命令也不例外。那么，在用户执行了一条命令之后，命令在 Ubuntu 操作系统中的执行主要分为 4 个步骤。

(1) 判断用户是否以绝对路径或相对路径的方式输入命令(如“/bin/ls”)，如果是则直接执行。

(2) Ubuntu 操作系统检查用户输入的命令是否为别名命令，即用一个自定义的命令名称来替换原本的命令名称。可以用 alias 命令来创建一个属于自己的命令别名，格式为“alias 别名=命令”。若要取消一个命令别名，则用 unalias 命令，格式为“unalias 别名”。如图 10-18 所示，在使用 rm 命令删除文件时，Ubuntu 操作系统会要求用户再确认是否执行删除操作，其实这就是 Ubuntu 操作系统为了防止用户误删除文件而特意设置的 rm 别名命令，接下来把它取消掉。

```
[root@localhost ~]# ls
006.war                          bk          original-ks.cfg  test
anaconda-ks.cfg                  bk.tar.gz   readme.txt       test2
apache-tomcat-8.5.40.tar.gz      localhost   stderr.txt       test.tar.gz
[root@localhost ~]# rm readme.txt
rm: remove regular file 'readme.txt'? y
[root@localhost ~]# alias rm
alias rm='rm -i'
[root@localhost ~]# unalias rm
[root@localhost ~]# rm stderr.txt
```

图 10-18　取消 rm 命令删除文件时的确认操作

(3) 操作系统中的 Bash 解释器判断用户输入的是内部命令还是外部命令。内部命令是解释器内部的指令，会被直接执行；而用户在绝大部分时间输入的是外部命令，这些命令交由步骤(4)继续处理。可以使用“type 命令名称”来判断用户输入的命令是内部命令还是外部命令。

(4) 系统在多个路径中查找用户输入的命令文件，而定义这些路径的变量叫作 PATH，可以简单地把它理解成是解释器的小助手，作用是告诉 Bash 解释器待执行的命令可能存放的位置，然后 Bash 解释器就会在这些位置中逐个查找。PATH 是由多个路径值组成的变量，每个路径值之间用冒号分隔，对这些路径的增加和删除操作将影响 Bash 解释器对 Ubuntu 命令的查找。图 10-19 显示 PATH 环境变量的执行结果。

```
[root@localhost ~]# echo $PATH
/usr/local/jdk1.8.0_231/bin:/usr/local/sbin:/usr/local/bin:/usr/sbin:/usr/bin:/u
sr/local/mysql/bin:/usr/local/mysql/lib:/root/bin
[root@localhost ~]# PATH=$PATH:/root/bin
```

图 10-19　PATH 环境变量的执行结果

对于目录的操作有较多的注意事项，对于一名有经验的运维人员，在接手了 Ubuntu 操作系统后一定会在执行命令前先检查 PATH 变量中是否有可疑的目录，防止系统遭受各种病毒和木马的攻击。Ubuntu 系统作为一个多用户多任务的操作系统，能够为每个用户提供独立、合适的工作环境，因此，一个相同的变量会因为用户身份的不同而具有不同的值。其实变量是由固定的变量名与用户或系统设置的变量值两部分组成的，用户完全可以自行创建变量来满足工作需求。图 10-20 设置一个名称为 WORKDIR 的变量，方便用户更轻松地进入一个层次较深的目录。

```
[root@localhost ~]# mkdir /home/workdir
[root@localhost ~]# WORKDIR=/home/workdir
[root@localhost ~]# cd $WORKDIR
[root@localhost workdir]# pwd
/home/workdir
```

图 10-20　用户自行创建变量 WORKDIR

10.6　shell 编程

shell 编程是以文件形式存放批量的 Linux 命令集合，该文件能够被 shell 解释执行，这种文件就是 shell 脚本程序，图 10-21 所示为 shell 程序在 Ubuntu 操作系统中的功能。shell 程序通常由一段 Linux 命令、shell 命令、控制语句以及注释语句构成。用户的参数可以是任意一种文字编辑器，如 gedit、kedit、emacs、Vim 和 Vi 等编写的 shell 脚本，它必须以“#！/bin/bash”这些内容开始，需要放在文件的第一行。这里如果使用 tc shell 改为 tcsh，同样如果使用其他的 bash，就类似改为其他内容，符号“#!”就是用来告诉系统执行该脚本的程序标记。当然“#!”也可以被忽略，不过这样用户的脚本文件就只能是一些命令的集合，不能使用 shell 内建的指令，如果不能使用变量进行 shell 编程，就失去了脚本编程的意义了。

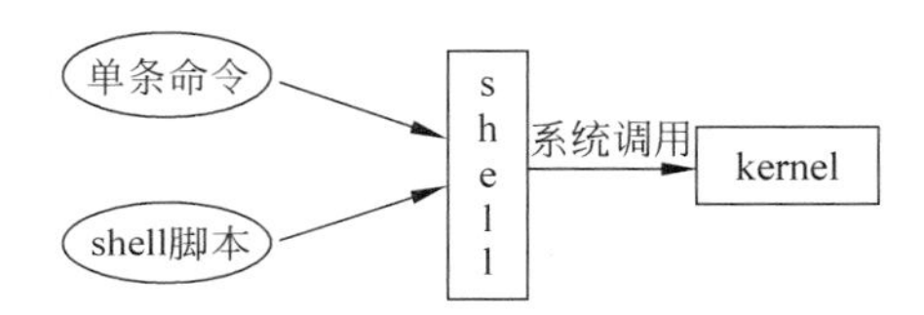

图 10-21　shell 程序在 Ubuntu 操作系统中的功能

10.6.1　编写简单的脚本

在一个最简单的例子中，一个 shell 脚本其实就是将一堆系统操作命令放在一个文件中。其好处是用户在每次输入这些特定顺序的命令时，可以不用重复输入相同的信息。如图 10-22 所给出的范例脚本内容，采用 Vim 编辑器进行编辑处理，脚本程序名称为“example.sh”，其功能是查看当前所在工作路径，并列出当前目录下所有的文件及属性信息。

```
[root@localhost ~]# vim example.sh

#!/bin/bash
#For Example BY localhost.com
pwd
ls -al
```

图 10-22　简单范例的脚本内容编辑

shell 脚本文件的名称可以任意命名，但为了规范，建议遵循操作系统要求的文件命名方式。编辑完成 shell 文件后，在保存时文件的扩展名是“.sh”，以表示是一个脚本文件。在图 10-22 所示的 example.sh 脚本程序中出现了 3 种不同的内容。

(1) 第一行的脚本声明“#!”用来告诉系统使用哪种 shell 解释器来执行该脚本。

(2) 第二行的注释信息(#)是对脚本功能和某些命令的介绍信息，使得用户在今后看到这个脚本内容时,可以快速知道该脚本的作用或一些警告信息。

(3) 第三、四行的可执行语句也就是用户平时执行的 Ubuntu 操作系统命令。具体的执行结果如图 10-23 所示。

```
[root@localhost ~]# bash example.sh
/root
total 12920
dr-xr-x---.  7 root root    4096 May 18 18:20 .
dr-xr-xr-x. 18 root root     235 Mar 15 17:39 ..
-rw-r--r--.  1 root root 3477798 Mar 22 23:34 006.war
-rw-------.  1 root root    2757 Mar  3 22:19 anaconda-ks.cfg
-rw-r--r--.  1 root root 9690027 Mar 22 17:05 apache-tomcat-8.5.40.tar.gz
-rw-------.  1 root root     592 Apr 22 00:30 .bash_history
-rw-r--r--.  1 root root      18 Dec 28  2013 .bash_logout
-rw-r--r--.  1 root root     176 Apr 18 23:43 .bash_profile
-rw-r--r--.  1 root root     176 Dec 28  2013 .bashrc
drwxr-xr-x.  2 root root      79 Apr 21 20:02 bk
-rw-r--r--.  1 root root      52 Apr 21 20:02 bk.tar.gz
drwx------.  3 root root      18 Mar  3 22:27 .cache
drwxr-xr-x.  3 root root      18 Mar  3 22:27 .config
-rw-r--r--.  1 root root     100 Dec 28  2013 .cshrc
-rw-r--r--.  1 root root      53 May 18 18:20 example.sh
-rw-r--r--.  1 root root       0 May 18 17:23 localhost
-rw-------.  1 root root     313 Mar 22 23:47 .mysql_history
-rw-------.  1 root root    2037 Mar  3 22:19 original-ks.cfg
-rw-r--r--.  1 root root     129 Dec 28  2013 .tcshrc
drwxr-xr-x.  2 root root      79 Mar 10 16:16 test
drwxr-xr-x.  3 root root      34 Apr 25 23:12 test2
-rw-r--r--.  1 root root     287 Mar 10 16:17 test.tar.gz
-rw-------.  1 root root     625 May 18 18:20 .viminfo
```

图 10-23　简单脚本程序的执行结果

除了图 10-23 用 Bash 解释器命令直接运行 shell 脚本 example.sh 文件外,第二种运行脚本程序的方法是通过输入完整路径的方式来执行。但是默认情况下,会因为权限不足而提示报错信息,此时只需要为脚本文件增加执行权限,详细操作流程如图 10-24 所示。

```
[root@localhost ~]# ./example.sh
-bash: ./example.sh: Permission denied
[root@localhost ~]# chmod u+x example.sh
[root@localhost ~]# ./example.sh
/root
total 12920
dr-xr-x---.  7 root root    4096 May 18 18:20 .
dr-xr-xr-x. 18 root root     235 Mar 15 17:39 ..
-rw-r--r--.  1 root root 3477798 Mar 22 23:34 006.war
-rw-------.  1 root root    2757 Mar  3 22:19 anaconda-ks.cfg
-rw-r--r--.  1 root root 9690027 Mar 22 17:05 apache-tomcat-8.5.40.tar.gz
-rw-------.  1 root root     592 Apr 22 00:30 .bash_history
-rw-r--r--.  1 root root      18 Dec 28  2013 .bash_logout
-rw-r--r--.  1 root root     176 Apr 18 23:43 .bash_profile
-rw-r--r--.  1 root root     176 Dec 28  2013 .bashrc
drwxr-xr-x.  2 root root      79 Apr 21 20:02 bk
-rw-r--r--.  1 root root      52 Apr 21 20:02 bk.tar.gz
drwx------.  3 root root      18 Mar  3 22:27 .cache
drwxr-xr-x.  3 root root      18 Mar  3 22:27 .config
-rw-r--r--.  1 root root     100 Dec 28  2013 .cshrc
-rwxr--r--.  1 root root      53 May 18 18:20 example.sh
-rw-r--r--.  1 root root       0 May 18 17:23 localhost
-rw-------.  1 root root     313 Mar 22 23:47 .mysql_history
-rw-------.  1 root root    2037 Mar  3 22:19 original-ks.cfg
-rw-r--r--.  1 root root     129 Dec 28  2013 .tcshrc
drwxr-xr-x.  2 root root      79 Mar 10 16:16 test
drwxr-xr-x.  3 root root      34 Apr 25 23:12 test2
-rw-r--r--.  1 root root     287 Mar 10 16:17 test.tar.gz
-rw-------.  1 root root     625 May 18 18:20 .viminfo
```

图 10-24　通过输入路径的方式执行脚本程序

10.6.2　变量描述

变量名称必须以字母或者下画线开头,后面可以跟字母、数字或者下画线,中间不能有空格,不能使用其他标点符号。任何其他字符都标志变量名称的结束,同时变量名称关于大小写敏感。根据变量的作用域，变量可以分为局部变量和环境变量，局部变量只在创建它们自己的 shell 程序中可用。而环境变量则在 shell 中的所有用户进程中可用，通常也称为全局变量。

(1) 显示变量的值的命令为"echo $variable"或者"echo ${variable}"；清除变量的值的命令为"unset variable"。

(2) 位置参量是一组特殊的内置变量，通常被 shell 脚本用来从命令行接受参数，或被函数用来保存传递给它的参数。执行 shell 脚本时，用户可以通过命令行向脚本传递信息，紧跟在脚本名后面的用空格隔开的每个字符串都称为位置参量。在脚本中使用这些参数时，需通过位置参量来引用。例如 $1 表示第一个参数，$2 表示第二个参数，以此类推。$9 以后需要用花括号把数字括起来，如第 10 个位置参量以 ${10} 的方式来访问。表 10-4 给出了详细的位置参量。

表 10-4　详细的位置参量

符　　号	含 义 说 明
$0	当前脚本的文件名
$1-$9	第 1～9 个位置参量
${10}	第 10 个位置参量，类似地，有 ${11}等
$#	位置参量的个数
$*	以单字符串显示所有位置参量
$@	没有加双引号时与 $*含义相同，加双引号时有区别
$$	脚本运行的当前进程号
$!	最后一个后台运行的进程的进程号
$?	显示最后一个命令的退出状态。0 表示没有错误，其他任何值表示有错误
$-	显示当前 shell 使用的选项

简单的脚本程序只能执行一些预先定义好的功能，未免有些刻板。为了让 shell 脚本程序更好地满足用户的一些实时需求，以便灵活完成工作，必须要让脚本程序能够像之前执行命令时那样，可以接收用户输入的参数。其实，在 Ubuntu 操作系统中，shell 脚本语言早就考虑到了，已经内设了如表 10-4 所示的内置参量用于接收参数的变量，变量之间可以使用空格隔开。图 10-25 所示为 shell 位置参数脚本编程的结果。$0 对应的是当前 shell 脚本程序的名称，$#对应的是总共有几个参数，$*对应的是所有位置的参数值，$? 对应的是显示上一次命令的执行返回值，而 $1、$2、$3……则分别对应第 N 个位置的参数值。

```
[root@localhost ~]# vim example.sh

#!/bin/bash
echo "当前脚本名称为$0"
echo "总共有$#个参数，分别是$*。"
echo "第1个参数为$1，第5个为$5。"
[root@localhost ~]# sh example.sh one two three four five six
当前脚本名称为example.sh
总共有6个参数，分别是one two three four five six。
第1个参数为one，第5个为five。
```

图 10-25　shell 脚本程序中的参数位置变量

(3) 数组的初始化定义如"arr=(Math English Chinese Chemistry)"，数组的赋值如"arr[0]=Physics"，数组的引用如"${arr[0]}"。

10.6.3 条件测试判断

在 Ubuntu 操作系统中，用户在执行 mkdir 命令时会判断用户输入的信息，即判断用户指定的文件夹名称是否已经存在，如果存在则提示报错，反之，则自动创建。shell 编程脚本中的条件测试语法可以判断表达式是否成立，如果条件成立则返回数值 0，否则返回其他随机数值。按照测试对象来划分，条件测试语句可以分为以下 4 种基本类型。

（1）文件测试语句。即使用指定条件来判断文件是否存在或权限是否满足等情况的运算符，具体的选项参数及其含义说明如表 10-5 所示。

表 10-5　文件测试所用的选项参数及其含义说明

选项参数	含义说明
-f	存在且是普通文件时，返回真（即返回 0）
-l	存在且是链接文件时，返回真
-d	存在且是一个目录时，返回真
-e	文件或目录存在时，返回真
-s	存在且大小大于 0 时，返回真
-r	文件或目录存在且可读时，返回真
-w	文件或目录存在且可写时，返回真
-x	文件或目录存在且可执行时，返回真

图 10-26 使用文件测试语句来判断"/etc/fstab"是否为一个目录类型的文件，然后通过 shell 解释器的内设 $? 变量显示上一条命令执行后的返回值。如果返回值为 0，则目录存在；如果返回值为非 0 值，则意味着目录不存在。

```
[root@localhost ~]# [ -d /etc/fstab ]
[root@localhost ~]# echo $?
1
```

图 10-26　文件测试语句-d 参数操作

图 10-27 使用文件测试语句来判断"/etc/fstab"是否为一般文件，如果返回值为 0，则代表文件存在，且为一般文件。

```
[root@localhost ~]# [ -f /etc/fstab ]
[root@localhost ~]# echo $?
0
```

图 10-27　文件测试语句-f 参数操作

（2）逻辑测试语句。逻辑语句用于对测试结果进行逻辑分析，根据测试结果可以实现不同的效果。如图 10-28 所示，在 shell 字符界面中逻辑与的运算符是"&&"，它表示当前面的命令执行成功后才会执行它后面的命令，因此可以用来判断"/dev/cdrom"文件是否存在，若存在则输出"Exist"字样。

```
[root@localhost ~]# [ -e /etc/fstab ] && echo "Exist"
Exist
```

图 10-28　逻辑与的运算

除了逻辑与外，还有逻辑或，它在 Ubuntu 操作系统中的运算符为"‖"。图 10-29 的或操作表示当前面的命令执行失败后才会执行它后面的命令，因此可以结合系统环境变量

USER 来判断当前登录的用户是否为非管理员身份。

```
[root@localhost ~]# echo $USER
root
[root@localhost ~]# [ ! $USER = root ] || echo "administrator"
administrator
```

图 10-29 逻辑或命令的操作

还有一种常用的逻辑语句是非，在 Ubuntu 操作系统中的运算符是"!"，它表示把条件测试中的判断结果取相反值。也就是说，如果原本测试的结果是正确的，则将其变成错误的；原本测试错误的结果则将其变成正确的。用户现在切换到一个普通用户的身份，再判断当前用户是否为一个非管理员的用户。由于判断结果因为两次否定而变成正确，因此会正常地输出预设信息。如图 10-29 所示，当前用户正在登录的即为管理员用户 root 身份。图 10-30 示例的执行顺序是先判断当前登录用户的 USER 变量名称是否等于 root 身份，然后用逻辑运算符非进行取反操作，结果就变成了判断当前登录的用户是否为非管理员用户。最后若条件成立则会根据逻辑与运算符输出"user"字样；或者条件不满足则会通过逻辑或运算符输出 root 字样。

```
[root@localhost ~]# [ ! $USER = root ] || echo "user" || echo "root"
user
```

图 10-30 逻辑运算综合操作

(3) 整数值比较语句。整数比较运算符仅是对数字的操作，不能将数字与字符串、文件等内容一起操作，而且不能想当然地使用日常生活中的等号、大于号、小于号等来判断。因为等号与赋值命令符冲突，大于号和小于号分别与输出重定向命令符和输入重定向命令符冲突，所以一定要使用规范的整数比较运算符来进行操作。常用的整数比较运算符及其含义说明如表 10-6 所示。

表 10-6 常用的整数比较运算符及其含义说明

整数比较运算符	含 义 说 明	整数比较运算符	含 义 说 明
-eq	是否等于	-lt	是否小于
-ne	是否不等于	-le	是否等于或小于
-gt	是否大于	-ge	是否大于或等于

如图 10-31 所示，测试一下 10 是否大于 10 以及 10 是否等于 10，可以看出通过输出的返回值内容来判断大小情况。

```
[root@localhost ~]# [ 10 -gt 10 ]
[root@localhost ~]# echo $?
1
[root@localhost ~]# [ 10 -eq 10 ]
[root@localhost ~]# echo $?
0
```

图 10-31 测试整数比较运算符

图 10-32 使用整数运算符来判断内存可用量的值是否小于 1024，若小于则会提示"Insufficient Memory"即内存不足。

```
[root@localhost ~]# [ $FreeMem -lt 1024 ] && echo "Insufficient Memory"
```

图 10-32 整数运算符判断内存可用量

（4）字符串比较语句。字符串比较语句用于判断测试字符串是否为空值，或两个字符串是否相同。它经常用来判断某个变量是否未被定义，即内容是否为空值。字符串比较中常用的运算符如表 10-7 所示。操作符两边必须留空格。

表 10-7　常用的字符串比较运算符及其含义说明

字符串比较运算符	含义说明
str1= str2	比较两个字符串的内容是否相同
str1 ! = str2	比较两个字符串的内容是否不同
-z str	判断字符串 str 的内容是否为空值，若为空，则返回真
-n str	如果字符串 str 的长度不为空值，若为空，则返回真

图 10-33 通过字符串比较运算符判断 string 变量是否为空值，进而判断是否定义了这个变量。

```
[root@localhost ~]# [ -z $string]
[root@localhost ~]# echo $?
0
```

图 10-33　字符串比较运算符

图 10-34 引入逻辑运算符和字符串比较运算相互结合，当用于保存当前的环境变量值 LANG 不是英语时，则会满足逻辑测试条件，并输出“Not en. US”的字样。

```
[root@localhost ~]# echo $LANG
en_US.UTF-8
[root@localhost ~]# [ $LANG !="en.US" ] && echo "Not en.US"
```

图 10-34　逻辑运算符和字符串比较运算结合来测试

10.6.4　流程控制语句

尽管可以通过使用 Ubuntu 操作系统命令、管道符和重定向以及条件测试语句来编写最基本的 shell 脚本程序，但是这种脚本并不适用于复杂的工作环境。原因是它不能根据真实的工作需求来调整具体的执行命令，也不能根据某些条件实现自动循环执行。例如，某服务器运维人员需要批量创建 1000 位用户，首先要判断这些用户是否已经存在，如果不存在，就通过循环语句让脚本自动且依次创建不存在的用户名称。接下来将通过 if、for、case 和 while 这 4 种流程控制语句来学习编写难度更大和功能较强的 shell 脚本程序。

1. if 条件测试语句

if 条件测试语句能够让脚本根据实际情况自动执行相应的命令，根据分支数量的不同，if 语句分为单分支结构、双分支结构和多分支结构。if 条件语句的结构由 if、then、else、elif 和 fi 关键词组成，而且只在条件成立后才执行预设的 commands 命令。如果为空，则需使用 shell 提供的空命令“:”，即冒号。该命令不做任何事情，只返回一个退出状态数值 0。任何一种测试中，都要有退出状态，即返回值，退出状态为 0 表示命令成功或表达式为真，非 0 则表示命令失败或表达式为假。整体的语法格式如图 10-35 所示。

（1）单分支的 if 语句属于最简单的一种条件判断结构，图 10-36 使用单分支的 if 条件语句来判断“/media/cdrom”目录是否存在，若存在就结束条件判断和整个 shell 脚本，反之则创建这个目录。

```
if expr1   # 如果测试条件expr1为真(返回值为0)
then    # 那么
commands1   # 执行命令序列commands1
elif expr2   # 若测试条件expr1不为真，而测试条件expr2为真
then    # 那么
commands2   # 执行命令序列commands2
...      # 可以有多个elif语句
else   # else最多只能有一个
commands4   # 执行命令序列commands4
fi     # if语句必须以fi 终止
```

图 10-35 if 语句的语法格式

```
[root@localhost ~]# vim mkcdrom.sh

#!/bin/bash
DIR="/media/cdrom"
if [ ! -e $DIR ]
then
mkdir -p $DIR
fi
```

图 10-36 编辑单分支脚本程序

图 10-37 为执行单分支脚本程序的结果，这里采用 bash 后跟脚本名称的方式来执行脚本，也可以采取设置属性的方式，在任何目录下都可以执行。但是如果顺利执行完脚本文件后没有任何输出信息，可以使用 ls 命令验证“/media/cdrom”目录是否已经成功创建。

```
[root@localhost ~]# bash mkcdrom.sh
[root@localhost ~]# ls -d /media/cdrom
/media/cdrom
[root@localhost ~]#
```

图 10-37 执行单分支脚本程序

(2) 在 shell 脚本编程中 if 条件语句的双分支结构由 if、then、else 和 fi 共 4 个关键词组成，它只进行一次条件匹配判断，如果与条件匹配，则去执行相应的预设命令；反之则去执行不匹配时的预设命令。其实 if 条件语句的双分支结构也是一种很简单的判断结构。图 10-38 为使用双分支的 if 条件语句来验证某台主机是否在线，然后根据返回值的结果判断显示主机是否在线的信息。这里采用脚本命令 ping 来测试与对方主机的网络连通性，然而 Ubuntu 操作系统中的 ping 命令不像 Windows 一样尝试 4 次就结束，因此为了避免用户等待时间过长，需要通过-c 参数来规定尝试的次数，并且使用-i 参数定义每个数据包的发送间隔，以及使用-w 参数定义等待超时时间。

```
[root@localhost ~]# vim chkhost.sh

#!/bin/bash
ping -c 3 -i 0.2 -w 3 $1 &> /dev/null
if [ $? -eq 0 ]
then
echo "Host $1 is on-line."
else
echo "Host $1 is off-line."
fi
```

图 10-38 使用双分支的 if 条件语句

图 10-39 为执行双分支的 if 条件语句脚本程序，测量两个服务器的 IP 地址分别为 192.168.171.130 和 192.168.171.131，可以看出一个处于在线状态，另一个处于离线状态。

(3) if 条件语句的多分支结构由 if、then、else、elif 和 fi 共 5 个关键词组成，其要进行多

```
[root@localhost ~]# bash chkhost.sh 192.168.171.130
Host 192.168.171.130 is On-line.
[root@localhost ~]# bash chkhost.sh 192.168.171.131
Host 192.168.171.131 is Off-line.
```

图 10-39 执行双分支的 if 条件语句脚本程序

次条件匹配判断,这里多次判断中的任何一项在匹配成功后都会执行相应的预设 commands 命令。if 条件语句的多分支结构是工作环境中最常使用的一种条件判断结构,尽管相对复杂但是更加灵活。图 10-40 为使用多分支的 if 条件语句来判断用户输入的分数在哪个成绩区间内,然后输出 Excellent、Pass 和 Fail 3 个等级的提示信息。在 Ubuntu 系统中,read 是用来读取用户输入信息的命令,能够把接收到的用户输入信息赋值给后面的指定变量,-p 参数用于向用户显示一定的提示信息。

```
[root@localhost ~]# vim chkscore.sh

# !/ bin/bash
read -p "Enter your score (0-100): "GRADE
if [ $GRADE -ge 85 ] &&[ $GRADE -le 100 ] ; then
echo "$GRADE is Excellent"
elif [$GRADE -ge 70 ] &&[$GRADE -le 84 ] ; then
echo "$GRADE is Pass "
else
echo "$GRADE is Fail"
fi
```

图 10-40 使用多分支的 if 条件语句

图 10-41 为执行多分支的 if 条件语句脚本程序,可以看出只有当用户输入的分数大于或等于 85 且小于或等于 100 时,才输出 Excellent;如果分数不满足该条件,即匹配不成功,则继续判断分数是否大于或等于 70 且小于或等于 84,如果成功匹配,就输出 Pass;如果两次都没有匹配成功,即两次的匹配操作都失败了,则输出 Fail。

```
[root@localhost ~]# bash chkscore.sh
Enter your score (0-100): 88
88 is Excellent
[root@localhost ~]# bash chkscore.sh
Enter your score (0-100): 80
80 is Pass
[root@localhost ~]# bash chkscore.sh
Enter your score (0-100): 30
30 is Fail
[root@localhost ~]# bash chkscore.sh
Enter your score (0-100): 200
200 is Fail
```

图 10-41 执行多分支的 if 条件语句脚本程序

当用户输入的分数分别为 30 和 200 时,输出的结果是相同的。为什么输入的分数为 200 时,依然显示 Fail 呢?原因是没有成功匹配脚本中的两个条件判断语句,自动执行了最终的输出结果。可见,这个脚本考虑得不够全面,建议用户自行完善这个脚本程序,使得用户在输入大于 100 或者小于 0 的分数时,输出 Error 的报错提示。

2. for 循环语句

在 shell 脚本编程中,for 循环语句允许脚本一次性读取多个信息,然后逐一对信息进行操作处理,当要处理的数据有范围时,使用 for 循环语句比较适合。list(列表)可以是命令替换、变量名替换、字符串和文件名列表(可包含通配符)。执行第一轮循环时,将 list 中的第一个词赋给循环变量,并把该词从 list 中删除,然后进入循环体,执行 do 和 done 之间的命令。下一次进入循环体时,则将第二个词赋给循环变量,并把该词从 list 中删除,再往后的循环也以此类推。当 list 中的词全部被移走后，循环就结束了。for 循环语句的语法格式如图 10-42 所示。

```
for variable in list     # 每一次循环，依次把列表 list 中的一个值赋给循环变量
do    # 循环开始的标志
commands     # 循环变量每取一次值，循环序列命令就执行一遍
done    # 循环结束的标志
```

图 10-42　for 循环语句的语法格式

图 10-43 为使用 for 循环语句从列表文件中读取多个用户名，然后为其逐一创建用户账户并设置密码。首先创建用户名的列表文件 users. txt，每个用户名单独一行，运维人员可以自行决定具体的用户名和个数。

```
[root@localhost ~]# vim users.txt
andy
barry
carl
duke
eric
george
[root@localhost ~]# vim Example.sh

#!/bin/bash
read -p "Enter The Users Password : " PASSWD
for UNAME in `cat users.txt`
do
id $UNAME &> /dev/null
if [ $? -eq 0 ]
then
echo "Already exists"
else
useradd $UNAME &> /dev/null
echo "$PASSWD" | passwd --stdin $UNAME &> /dev/null
if [ $? -eq 0 ]
then
echo "$UNAME , Create success"
else
echo "$UNAME , Create failure"
fi
fi
done
```

图 10-43　编辑使用 for 循环语句的脚本程序

如图 10-43 所示，编写 shell 脚本程序 Example. sh，在脚本中使用 read 命令读取用户输入的密码值，然后赋值给 PASSWD 变量，并通过-p 参数向运维人员显示一段提示信息，告诉运维人员正在输入的内容即将作为账户密码。在执行该脚本后，会自动使用从列表文件 users. txt 中获取所有的用户名，然后逐一使用“id 用户名”命令查看用户的信息，并使用 $? 判断这条命令是否执行成功，也就是判断该用户是否已经存在。

需要多说一句，“/dev/null”是一个被称作 Ubuntu 操作系统中的黑洞文件，其把输出信息重定向到这个文件等同于删除数据，类似于没有回收功能的垃圾箱，可以让用户的屏幕窗口保持简洁。

图 10-44 所示为执行批量创建用户的 shell 脚本程序 Example. sh，在输入为账户设定的密码后将由脚本自动检查，并创建这些账户。由于已经将多余的信息通过输出重定向符转移到了“/dev/null”黑洞文件中，因此在正常情况下屏幕窗口除了“ * ,Create success”的提示后不会有其他内容。另外，在 Ubuntu 操作系统中，“/etc/passwd”是用来保存用户账户信息的文件。如果想确认这个脚本是否成功创建了用户账户，可以打开这个文件，看其中

是否有这些新创建的用户信息，可以看出所有的用户都成功创建。

```
[root@localhost ~]# bash Example.sh
Enter The Users Password : localhost
andy , Create success
barry , Create success
carl , Create success
duke , Create success
eric , Create success
george , Create success
[root@localhost ~]# tail -6 /etc/passwd
andy:x:1001:1002::/home/andy:/bin/bash
barry:x:1002:1003::/home/barry:/bin/bash
carl:x:1003:1004::/home/carl:/bin/bash
duke:x:1004:1005::/home/duke:/bin/bash
eric:x:1005:1006::/home/eric:/bin/bash
george:x:1006:1007::/home/george:/bin/bash
```

图 10-44 执行 for 循环语句批量创建用户的脚本程序

在介绍双分支 if 条件语句时，举例说明了测试主机是否在线的脚本（见图 10-38）。既然现在已经掌握了 for 循环语句，可以尝试让脚本从文本中自动读取主机列表，就能自动逐个测试这些主机是否在线。

如图 10-45 所示，首先创建一个主机列表文件 ipadds. txt。接着编辑 shell 脚本程序 CheckHosts. sh，采用前面介绍的双分支 if 条件语句与 for 循环语句相结合，让脚本从主机列表文件 ipadds. txt 中自动读取 IP 地址，并将其赋值给 HLIST 变量，从而通过判断 ping 命令执行后的返回值来逐个测试列表中主机是否在线。脚本中出现的 $ 命令是一种转义字符中的反引号，其作用是执行括号或双引号括起来的字符串中的命令。

```
[root@localhost ~]# vim ipadds.txt

192.168.171.130
192.168.171.131
192.168.171.132

[root@localhost ~]# vim CheckHosts.sh

#!/bin/bash
HLIST=$(cat ~/ipadds.txt)
for IP in $HLIST
do
ping -c 3 -i 0.2 -W 3 $IP &> /dev/null
if [ $? -eq 0 ] ; then
echo "Host $IP is On-line."
else
echo "Host $IP is Off-line."
fi
done
[root@localhost ~]# chmod u+x CheckHosts.sh
[root@localhost ~]# ./CheckHosts.sh
Host 192.168.171.130 is On-line.
Host 192.168.171.131 is Off-line.
Host 192.168.171.132 is Off-line.
```

图 10-45 自动测试服务器是否在线的脚本

3. case 条件测试语句

在 shell 脚本编程中，case 条件测试语句类似于之前学习过的 C 语言中 switch 语句的功能。case 条件测试语句是在多个范围内匹配数据，一旦有一个模式匹配成功，则执行相关命令并结束整个条件测试；而如果数据不在所列出的范围内，则会去执行星号“ * ”中所定义的默认命令。每个命令块的最后必须有一个双分号，可以独占一行，或放在最后一个命令的后面。case 条件测试语句的语法结构如图 10-46 所示。

```
case expr in     # expr 为条件表达式，关键词 in 不要漏掉
pattern1)  # 如果测试条件 expr 与 pattern1 匹配，注意括号
commands1    # 执行语句块命令 commands1
;;    # 跳出 case 结构
pattern2)   # 若 expr 与 pattern2 匹配
commands2    # 执行语句块命令commands2
;;    # 跳出 case 结构
... ...      # 可以有任意多个模式匹配
*)   # 如果测试条件 expr 与上面的模式都不匹配
commands    # 执行语句块 commands
;;    # 跳出 case 结构
esac    # case 语句必须以 esac 终止
```

图 10-46　case 条件测试语句的语法结构

在有些脚本中定义了输入内容只能接受数字，如果输入了字母，会发现脚本立即就崩溃了。原因是有时字母无法与数字进行大小比较，那么就需要对用户输入的内容进行判断，当用户输入的内容不是脚本要求的数字时，脚本能够输出信息进行提示，从而免于脚本程序执行的崩溃。如图 10-47 所示，通过在脚本中组合使用 case 条件测试语句和通配符，完全可以满足判断输入的内容是否符合需求。接下来编写脚本程序的名称为 Checkkeys. sh，提示用户输入一个字符并将其赋值给变量 KEY，然后根据变量 KEY 的值向用户显示其值是字母、数字还是其他字符。

```
[root@localhost ~]# vim Checkkeys.sh

#!/bin/bash
read -p "请输入一个字符，并按Enter键确认：" KEY
case "$KEY" in
[a-z]|[A-Z])
echo "您输入的是 字母。"
;;
[0-9])
echo "您输入的是 数字。"
;;
*)
echo "您输入的是 空格、功能键或其他控制字符。"
esac

[root@localhost ~]# bash Checkkeys.sh
请输入一个字符，并按Enter键确认：6
您输入的是 数字。
[root@localhost ~]# bash Checkkeys.sh
请输入一个字符，并按Enter键确认：c
您输入的是 字母。
[root@localhost ~]# bash Checkkeys.sh
请输入一个字符，并按Enter键确认：
您输入的是 空格、功能键或其他控制字符。
```

图 10-47　组合使用 case 条件测试语句和通配符

4. while 条件循环语句

在 shell 脚本程序中，while 条件循环语句是一种让脚本根据某些条件来重复执行命令的语句，它的循环结构在执行前并没有确定最终执行的次数，但是在理解程序的基础上，循环次数较少的情况下，可以推算出具体的循环次数。完全不同于 for 循环语句中有目标、有范围的使用场景，while 循环语句通过判断条件测试的真假来决定是否继续执行命令，如果条件为真就继续执行，反之判断结果为假就结束循环。while 条件循环语句的语法格式如图 10-48 所示。先执行 expr 的条件测试，如果其退出状态为 0，就执行循环体命令。执行到

关键字 done 后，回到循环的顶部，while 命令再次检查 expr 的测试条件是否满足退出状态，以此类推，循环将一直继续下去，直到 expr 的退出状态非 0 为止。

```
while expr  # 判断 expr 条件测试
do # 若 expr 的退出状态为 0，进入循环，否则退出 while
  commands  # 执行循环体命令
done         # 循环结束标志，返回循环的顶部
```

图 10-48 while 条件循环语句的语法格式

图 10-49 为使用多分支的 if 条件测试语句与 while 条件循环语句相结合的示例，编写一个用来猜测数值大小的脚本程序 Guess. sh。该脚本使用 $RANDOM 变量来调取出一个随机的数值，数值的范围要求为 0～32 767，将这个随机数对 1000 进行取余操作，并使用条件测试 expr 命令取得其结果，再用这个数值与用户通过 read 命令输入的数值进行比较判断。其中的判断语句分为 3 种情况，分别是判断用户输入的数值是等于、大于还是小于使用条件测试 expr 命令取得的数值。同时要关注的是 while 条件循环语句中的条件测试值始终为真，因此判断语句会无限执行下去，直到用户输入的数值等于测试条件 expr 命令取得的数值后，才能运行 exit 0 命令，终止脚本的执行。

```
[root@localhost ~]# vim Guess.sh

#!/bin/bash
PRICE=$(expr $RANDOM % 1000)
TIMES=0
echo "商品实际价格为0-999, 猜猜看是多少?"
while true
do
read -p "请输入您猜测的价格数目:" INT
let TIMES++
if [ $INT -eq $PRICE ] ; then
echo "恭喜您答对了, 实际价格是$PRICE"
echo "您总共猜测了 $TIMES 次"
exit 0
elif [ $INT -gt $PRICE ] ; then
echo "太高了!"
else
echo "太低了!"
fi
done
```

图 10-49 使用多分支的 if 条件测试语句与 while 条件循环语句相结合的示例

图 10-50 执行 Guess. sh 脚本程序，其中添加了一些交互式的信息，从而使得用户与系统的互动性得以增强。而且每当循环到"let TIMES++"命令时都会让 TIMES 变量的数值加 1，用来统计循环总计执行了多少次。这可以让用户得知总共猜测了多少次之后，才猜对价格。

5. until 条件循环语句

在 shell 脚本编程中 until 条件循环语句与 while 循环语句类似，只是当 expr 测试条件满足退出状态非 0 时，才执行循环体命令，直到 expr 的测试条件为 0 时退出循环。图 10-51 为 until 条件循环语句的语法格式。

6. break 和 continue 命令

break[n]用于强行退出当前循环。如果是嵌套循环，则 break 命令后面可以跟数字 n，

```
[root@localhost ~]# bash Guess.sh
商品实际价格为0-999，猜猜看是多少?
请输入您猜测的价格数目:400
太高了!
请输入您猜测的价格数目:200
太低了!
请输入您猜测的价格数目:300
太低了!
请输入您猜测的价格数目:350
太低了!
请输入您猜测的价格数目:375
太低了!
请输入您猜测的价格数目:385
太低了!
请输入您猜测的价格数目:390
太高了!
请输入您猜测的价格数目:387
太高了!
请输入您猜测的价格数目:386
恭喜您答对了，实际价格是386
您总共猜测了 9 次
```

图 10-50　执行 Guess. sh 脚本程序

```
until expr   # 判断expr测试条件
do   # 若expr的退出状态非0，进入循环，否则就退出until
commands   # 执行循环体命令
done   # 循环结束标志，返回循环的顶部
```

图 10-51　until 条件循环语句的语法格式

表示退出第 n 重循环(最里面的为第一重循环)。

continue[n]用于忽略本次循环的剩余部分，回到循环的顶部，继续下一次循环。如果是嵌套循环，continue 命令后面也可以跟数字 n，表示回到第 n 重循环的顶部。

7. exit 和 sleep 命令

exit 命令用于退出脚本或当前进程。n 是一个从 0 到 255 的整数，0 表示成功退出，非 0 表示遇到某种失败而非正常退出。该整数被保存在状态变量 $?中。

sleep n 表示暂停 n 秒。

8. select 循环语句与菜单

select 循环语句主要用于创建菜单，按数字顺序排列的菜单项将显示在标准错误上，并显示 PS3 提示符(在 Linux Ubuntu 操作系统下有 PS1、PS2、PS3 和 PS4 这 4 个提示符，并且这 4 个变量都是环境变量)，等待用户输入。用户输入菜单列表中的某个数字，操作系统执行相应的命令，同时用户输入的信息被保存在内置变量 REPLY 中。图 10-52 所示为 select 循环语句的语法格式。

```
select variable in list   # 每一次循环，依次把列表list中的一个值赋给循环变量
do   # 循环开始的标志
commands   # 循环变量每取一次值，循环体命令就执行一遍
done   # 循环结束的标志
```

图 10-52　select 循环语句的语法格式

select 命令是个无限循环，因此用的情况较少，如果想要跳出循环，可以采用 break 命令退出循环，或者采用 exit 命令终止脚本，也可以按 Ctrl+C 组合键退出循环。select 命令经常和 case 命令联合使用，与 for 循环类似，可以省略 in list，此时使用位置参量。

10.6.5 计划任务服务程序

经验丰富的系统运维工程师可以让 Ubuntu 操作系统在无人为介入的情况下，在指定的时间段自动启用或停止某些服务命令，从而实现服务器系统运行和维护的自动化。假如需要在每天凌晨两点按 Enter 键来执行某个脚本程序，这简直太痛苦了。那么如何设置服务器的计划任务服务，把周期性、规律性的工作交给系统自动完成呢？计划任务分为一次性计划任务与长期性计划任务，可以按照如下方式理解：一次性计划任务，即今晚 11 点 30 分开启网站服务。长期性计划任务，即每周一的凌晨 3 点 50 分把/home/目录打包备份为 homebackup. tar. gz。

顾名思义，一次性计划任务只执行一次，一般用于满足临时的工作需求。如图 10-53 所示，用户可以用 at 命令实现这种功能，只需要写成“at 时间”的形式就可以。如果想要查看已设置好但还未执行的一次性计划任务，可以使用“at -l”命令；要想将其删除，可以用“atrm 任务序号”。在使用 at 命令来设置一次性计划任务时，默认采用的是交互式方法。例如，使用下述命令将系统设置为在今晚 23:30 分自动重启网站服务。

```
[root@localhost ~]# at 23:30
at> systemctl restart httpd
at> 此处请同时按下Ctrl + D组合键来结束编写计划任务<EOT>
job 1 at Tue May 18 23:30:00 2021
[root@localhost ~]# at -l
1       Tue May 18 23:30:00 2021 a root
[root@localhost ~]# echo "systemctl restart httpd" | at 23:30
job 2 at Tue May 18 23:30:00 2021
[root@localhost ~]# at -l
1       Tue May 18 23:30:00 2021 a root
2       Tue May 18 23:30:00 2021 a root
[root@localhost ~]# atrm 2
[root@localhost ~]# at -l
1       Tue May 18 23:30:00 2021 a root
[root@localhost ~]#
```

图 10-53 用 at 和 atrm 命令实现各种功能

如果用户想挑战一下自我综合知识的掌握情况，可以把前面学习的管道符放到两条命令之间，让 at 命令接收前面 echo 命令的输出信息，以达到通过非交互式的方式创建计划一次性任务的目的。如果不小心设置了两个一次性计划任务，可以使用 atrm 命令轻松删除其中一个。另外，如果用户希望使用 Ubuntu 操作系统能够周期性、有规律地执行某些具体的任务，那么 Ubuntu 操作系统中默认启用的 crond 服务非常好。创建、编辑计划任务的命令为“crontab -e”，查看当前计划任务的命令为“crontab -l”，删除某条计划任务的命令为“crontab -r”。另外，如果是以管理员的身份登录的系统，还可以在 crontab 命令中加上-u 参数来编辑其他人的计划任务。

习　题

一、选择题

1. 下面（　　）命令是用来定义 shell 的全局变量。

   A. exportfs　　B. alias　　C. exports　　D. export

2. 在 shell 脚本中，用来读取文件内各个领域的内容，并将其赋值给 shell 变量的命令是（　　）。

   A. fold　　B. join　　C. tr　　D. read

3. 要关闭虚拟控制台时在 shell 提示符下输入(　　)命令。

A. quit　　B. exit　　C. halt　　D. close

4. shell 是(　　)。

A. 命令解释器　　B. 程序设计语言　C. 脚本编辑器　　D. 编译器

5. 在 shell 编程中关于 $2 的描述正确的是(　　)。

A. 程序后携带了两个位置参数　　B. 程序后面携带的第二个位置参数

C. 携带位置参数的个数　　D. 用 $2 引用第二个位置参数

二、填空题

1. 管道符的作用是把前一个命令原本要输出到屏幕的数据当作________的标准输入；把管道符和________命令的 stdin 参数相结合，可以用一条命令来完成密码重置操作。

2. 在 Ubuntu 操作系统中，变量名称一般都是________(大写/小写)的字母。

3. shell 程序通常由一段 Linux 命令、shell 命令、________以及注释语句构成；编辑完成 shell 文件后，在保存时文件的扩展名是________，以表示是一个脚本文件。

4. 变量名称必须以________或者________开头，后面可以跟字母、________或者________，中间不能有空格，不能使用其他标点符号。

5. 变量可以分为________和________，________只在创建它们自己的 shell 程序中可用。而________则在 shell 中的所有用户进程中可用，通常也称为________。

6. break 用于强行退出当前循环。如果是嵌套循环，则 break 命令后面可以跟数字________，表示退出第 n 重循环，最里面的为第一重循环。

三、简答题

1. 什么是 shell? 它的作用是什么?

2. shell 解释器提供了丰富的转义字符来处理输入的特殊数据，最常用的转义字符有哪些?

3. 在用户执行了一条命令之后，该命令在 Ubuntu 操作系统中的执行主要分为哪 4 个步骤?

4. 按照测试对象来划分，条件测试语句可以分为哪 4 种基本类型?

5. 运行 shell 脚本文件的方法有哪些? 试简要说明。

6. Linux 操作系统中，可以用于 shell 脚本程序的流程控制语句有哪些? 试简要说明。

7. 简述 Linux 操作系统中 shell 的类型及特点。

四、编程题

1. 编写脚本/root/bin/systeminfo. sh，显示当前主机系统信息，包括主机名、IPv4 地址、操作系统版本、内核版本、CPU 型号、内存大小和硬盘大小。

2. 编写脚本“/root/bin/backup. sh”，可实现每日将“/etc/”目录备份到“/root/etc”目录中。

3. 编写脚本“/root/bin/sumid. sh”，计算“etc/passwd”文件中的第 11 个用户个第 21 个用户的 ID 之和。

4. 编写脚本“/root/bin/sumfile. sh”，统计“/etc”“/var”和“/usr”目录中共有多少个一级子目录和文件。

5. 用 shell 编程，判断一个文件是不是字符设备文件，如果是则将其复制到“/dev”目录下。

6. 编写一个 shell 程序，添加一个新组为 class1，然后添加属于这个组的 30 个用户，用户名的形式为 stdxx，其中 xx 为从 01 到 30。

7. 编写 shell 程序，实现自动删除 50 个账号的功能。账号名为 stud1～stud50。

8. 编写一个 shell 程序，在"/userdata"目录下建立 50 个目录，即 user1～user50，并设置每个目录的权限，其中其他用户的权限为读；文件所有者的权限为读、写和执行；文件所有者所在组的权限为读和执行。

上 机 实 验

实验：Linux 操作系统脚本编程实验

实验目的

了解并掌握 Linux 操作系统中 shell 脚本的基本使用方法。

实验内容

(1) 可以使用 Vim 编辑器创建一个 shell 脚本 my.sh，在里面编写一些需要执行的字符界面命令。需要注意的是，shell 脚本文件的开头一定为 #!/bin/bash，在 shell 脚本中输入的是命令的集合，这里在 shell 脚本文件中输入以下内容：

```
#!/bin/bash
echo "hello word!"
```

(2) 这里如果要运行 shell 脚本文件，一定需要所创建的 shell 脚本具有可执行的权限，可以查看一下当前 shell 脚本文件的权限，同时通过 chmod 指令进行修改文件的权限，使得 shell 脚本可以运行，输入./my.sh 运行 shell 脚本。

(3) 可以通过 read 指令编写一个简单的交互式的 shell 脚本文件，在 shell 脚本文件中输入以下内容：

```
#!/bin/bash
read -p  "please input your name and age:"name age
echo "your name is $name,your age is $age"
```

(4) 运行以上 shell 脚本，根据提示信息输入年龄和姓名，便会显示出输入的信息。

(5) shell 脚本仅支持整型，数值计算使用 $((表达式))。例如想要编写一个 shell 脚本，用来计算键盘输入的两个整型数据的和，那么可以在 shell 脚本中输入如下内容：

```
#!/bin/bash
echo "please input two int num:"
read -p "first num: " first
read -p "second num:" second
total=$(($first + $second))
echo "$first + $second = $total"
```

(6) 输入./my.sh 运行 shell 脚本，查看一下运行结果。

第 11 章 Linux 网络基础

Linux 本是一个网络操作系统平台，系统管理的很大一部分工作与网络有关，本章通过一些常用网络操作命令的介绍和对网络配置文件的分析，帮助用户更好地理解网络的工作原理，提高网络管理的综合能力。Linux 操作系统可以提供各种各样的网络服务，例如 Web 服务、FTP 服务、DNS 服务、邮件服务器和数据管理等功能。

11.1 TCP/IP 简介

11.1.1 计算机网络概述

在信息化社会中，计算机已从单一使用发展到集群使用。越来越多的应用领域需要计算机在一定的地理范围内联合起来进行集群工作，从而促进了计算机和通信技术的紧密结合，形成了计算机网络。进入 21 世纪，随着计算机和手机的价格降低、性能增强，各类应用纷纷出现，计算机网络的普及程度越来越高。随着互联网的普及，现在，人们越来越离不开互联网。生活和学习工作也都要依靠网络信息，万物互联的时代已经到来了。

1. 计算机网络的分类

按照地理覆盖范围进行分类，计算机网络可以被分为以下 3 部分。

(1) 局域网(Local Area Network，LAN)。常见的办公室、宿舍或者网吧中的网络就是局域网，链接访问范围在几米到 10km 以内。其特点是连接范围窄，用户少，配置容易，连接速率高。

(2) 城域网(Metropolitan Area Network，MAN)。用于将一个城市、一个地区的企业、机关或者学校的局域网连接起来，实现较大区域内或者较多用户的资源共享。

(3) 广域网(Wide Area Network，WAN)。也称为远程网，不同城市间的 LAN 或者 MAN 网络互联。因为跨度距离远，信息衰减比较严重，所以这种网络一般要租用专线，通过特殊协议进行连接，构成网状结构。广域网因为所连接的用户多，所以每个用户的连接速率一般较低。但是随着网络技术的发展，网速变得越来越快了。

2. 计算机网络的拓扑结构

(1) 总线结构。其优点是费用较低，易于扩展，线路的利用率高；其缺点是可靠性不高，维护困难，传输效率低。

(2) 环形结构。其优点是令牌控制，没有线路竞争，实时性强，传输控制容易；其缺点是维护困难，可靠性不高。

(3) 星形结构。其优点是可靠性高，方便管理，易于扩展，传输效率高；其缺点是线路利用率低,中心节点需要很高的可靠性和冗余度。

3. TCP/IP

在计算机网络中,为了实现计算机之间的相互通信,有许多不同的通信规程和约定,这些规程和约定就是计算机网络协议,这就要求不同的计算机厂商在开发和研制自己的网络系统、设计自己的网络协议时,必须遵循一个统一的约定,国际标准化组织在 1981 年颁布了开放系统互连参考模型,即 OSI 参考模型,如图 11-1 所示,现在绝大多数网络协议都是参考这一标准设计的。

TCP/IP 于 20 世纪 70 年代末开始被研究和开发,现在已广泛应用于各种网络中。不论是局域网还是广域网都可以用 TCP/IP 来构造网络环境,同时 TCP/IP 也是 UNIX/Linux 等操作系统中最重要的网络协议。TCP/IP(Transmission Control Protocol/Internet Protocol,传输控制协议/网际协议)是指能够在多个不同网络间实现信息传输的协议簇。TCP/IP 不仅仅指的是 TCP 和 IP 两个协议,而是指一个由 FTP、SMTP、TCP、UDP、IP 等协议构成的协议簇,只是因为在 TCP/IP 中 TCP 和 IP 最具代表性,所以被称为 TCP/IP。

OSI	TCP/IP协议簇	
应用层	应用层	Telnet、FTP、SMTP、DNS、HTTP 以及其他应用协议
表示层		
会话层		
传输层	传输层	TCP、UDP
网络层	网络层	IP、APP、RAPP、ICMP
数据链路层	网络接口层	各种通信网络接口(以太网等) (物理网络)
物理层		

图 11-1　OSI 参考模型和 TCP/IP 的相应关系

从体系结构来看,TCP/IP 是 OSI 参考模型 7 层结构的简化,它只有应用层、传输层、网络层和网络接口层,如图 11-1 所示。其中,网络接口层对应于 OSI 参考模型的物理层和数据链接层;网络层与 OSI 参考模型的网络层相对应;传输层包含 TCP 和 UDP 两个协议,与 OSI 参考模型的传输层相对应;应用层包含了 OSI 参考模型的会话层、表示层和应用层的功能,规定了与特定的网络应用相关的应用协议,如远程登录、文件传输及电子函件等应用协议。

11.1.2　TCP/IP 通信过程

在网络通信的过程中,将发出数据的主机称为源主机,接收数据的主机称为目的主机。当源主机发出数据时,数据在源主机中从上层向下层传送。源主机中的应用进程先将数据交给应用层,应用层加上必要的控制信息就成了报文流,向下传给传输层。传输层将收到的数据单元加上本层的控制信息,形成报文段、数据报,再交给网络层。网络层加上本层的控制信息,形成 IP 数据报,传给网络接口层。网络接口层将网络层交下来的 IP 数据报组装成帧,并以比特流的形式传给网络硬件,即物理层,数据就离开源主机。通过各种类型的网络传输线到达目的主机,目的主机采用与源主机相反的数据包解码流程,还原源主机用户发送来的信息。

1. 链路层

以太网协议规定，接入网络的设备都必须安装网络适配器，即网卡，数据包必须是从一块网卡传送到另一块网卡。而网卡地址是由网络设备制造商生产时烧录在网卡的EPROM中，也称为MAC(Media Access Control，MAC)，它就是数据包的发送地址和接收地址，有了MAC地址以后，以太网采用广播的形式，把数据包发给该子网内所有的主机，子网内每台主机在接收到这个包以后，都会读取首部中的目标MAC地址，然后和自己的MAC地址进行对比，如果相同就做下一步处理，如果不同就丢弃这个包。所以链路层的主要工作就是对电信号进行分组，并形成具有特定意义的数据帧，然后以广播的形式通过物理介质发送给目的主机。

2. 网络层

(1) 网络层引入了IP，制定了一套新地址，使得能够区分两台主机是否属于同一个网络，这套地址就是网络地址，也就是所谓的IP地址。IP将这个32位或者128位的地址分为两部分，前面部分代表网络地址，后面部分表示该主机在局域网中的地址。如果两个IP地址在同一个子网内，则网络地址就一定有部分相同。为了判断IP地址中的网络地址，IP还引入了子网掩码，IP地址和子网掩码通过按位与运算后，就可以得到该主机的网络地址。

(2) ARP即地址解析协议，是根据IP地址获取MAC地址的一个网络层协议。其工作原理是ARP首先会发起一个请求数据包，数据包的首部包含了目的主机的IP地址，然后这个数据包会在链路层进行再次包装，生成以太网数据包，最终由以太网广播的形式提供给子网内的所有主机，每一台主机都会接收到这个数据包，并取出包头里的IP地址，然后跟自己的IP地址进行比较，如果相同就返回自己的MAC地址，如果不同就丢弃该数据包。ARP接收返回消息，以此确定目标机的MAC地址；与此同时，ARP还会将返回的MAC地址与对应的IP地址存入本机ARP缓存中并保留一定时间，下次请求时直接查询ARP缓存以节约资源。

(3) 路由协议首先通过IP来判断两台主机是否在同一个子网中，如果在同一个子网中，就通过ARP查询对应的MAC地址，然后以广播的形式向该子网内的主机发送数据包；如果不在同一个子网中，以太网会将该数据包转发给本子网的网关进行路由。网关是互联网上子网与子网之间的桥梁，所以网关会进行多次转发，最终将该数据包转发到目的主机IP地址所在的子网中，然后再通过ARP获取目的主机MAC地址，最终也是通过广播的形式将数据包发送给目的主机。完成这个路由协议的物理设备就是路由器。路由器在互联网通信中扮演着交通枢纽的角色，它会根据信道情况，选择并设定路由算法，以最佳路径来转发数据包。所以，网络层的主要工作是定义网络地址、区分网段、子网内MAC寻址、对于不同子网的数据包进行路由转发工作。

3. 传输层

链路层定义了主机的身份，即MAC地址，而网络层定义了IP地址，明确了主机所在的网段。有了这两个地址，数据包就可以从一个主机发送到另一个主机。但实际上数据包是从一个主机的某个应用程序发出，然后由目的主机的应用程序接收。而每个主机都有可能同时运行多个应用程序，所以当数据包被发送到主机上以后，是无法确定哪个应用程序要接收这个数据包。因此在传输层引入了UDP来解决这个问题，这是为了给每个应用程序标识身份。

(1) UDP定义了端口,同一个主机上的每个应用程序都需要指定唯一的端口号,并且规定网络中传输的数据包必须加上端口信息,当数据包到达主机以后,就可以根据端口号找到对应的应用程序了。UDP比较简单,实现容易,但它没有确认机制,数据包一旦发出,无法知道对方是否收到,因此可靠性较差,为了解决这个问题,提高网络可靠性,TCP就诞生了。

(2) TCP即传输控制协议,是一种面向连接的、可靠的、基于字节流的通信协议。简单来说,TCP就是有确认机制的UDP,每发出一个数据包都要求确认,如果有一个数据包丢失,就收不到确认,发送方就必须重发这个数据包。为了保证传输的可靠性,TCP在UDP基础之上建立了三次对话的确认机制,即在正式收发数据前,必须和对方建立可靠的连接。所谓三次握手是指建立一个TCP连接时需要客户端和服务器端总共发送三个包以确认连接的建立。在socket编程中,这一过程由客户端执行connect来触发。三次握手的过程分别是:第一次握手,客户端将标志位SYN置为1,随机产生一个值SEQ=J,并将该数据包发送给服务器端,客户端进入SYN_SENT状态,等待服务器端确认。第二次握手,服务器端收到数据包后,由标志位SYN=1知道客户端请求建立连接,服务器端将标志位SYN和ACK都置为1,ACK=J+1,随机产生一个值SEQ=K,并将该数据包发送给客户端以确认连接请求,服务器端进入SYN_RCVD状态。第三次握手,客户端收到确认后,检查ACK是否为J+1,ACK是否为1,如果正确则将标志位ACK置为1,ACK=K+1,并将该数据包发送给服务器端,服务器端检查ACK是否为K+1,ACK是否为1,如果正确则连接建立成功,客户端和服务器端进入ESTABLISHED状态,完成三次握手。随后,客户端与服务器端之间可以开始传输数据了。四次挥手即终止TCP连接,就是指断开一个TCP连接时,需要客户端和服务端总共发送4个包以确认连接的断开。在socket编程中,这一过程由客户端或服务端任一方执行close来触发。由于TCP连接是全双工的,因此,每个方向都必须要单独进行关闭,这一原则是指当一方完成数据发送任务后,发送一个FIN来终止这一方向的连接,收到一个FIN只是意味着这一方向上没有数据流动了,即不会再收到数据了,但是在这个TCP连接上仍然能够发送数据,直到这一方向也发送了FIN。首先进行关闭的一方将执行主动关闭,而另一方则执行被动关闭。

(3) 重发超时是指在重发数据之前,等待确认应答到来的那个特定时间间隔。如果超过这个时间仍未收到确认应答,发送端将进行数据重发。最理想的情况是,找到一个最小时间,它能保证"确认应答一定能在这个时间内返回"。TCP要求无论处在何种网络环境下都要提供高性能通信,并且无论网络拥堵情况发生何种变化,都必须保持这一特性。为此,它在每次发包时都会计算往返时间及其偏差。将这个往返时间和偏差时间相加,重发超时的时间就是比这个总和要稍大一点的值。在BSD的UNIX和Windows操作系统中,超时都以0.5s为单位进行控制,因此重发超时都是0.5s的整数倍。不过,最初其重发超时的默认值一般设置为6s左右。数据被重发之后,如果还是收不到确认应答,就进行再次发送。此时,等待确认应答的时间将会以2倍、4倍的指数函数延长。当网络系统达到一定重发次数之后,如果仍没有任何确认应答返回,就会判断为网络或目的主机发生了异常,强制关闭连接,并且通知应用通信异常强行终止。

(4) TCP数据包和UDP一样,都是由首部和数据两部分组成,唯一不同的是,TCP数据包没有长度限制,理论上可以无限长,但是为了保证网络的效率,通常TCP数据包的长度不会超过IP数据包的长度，以确保单个TCP数据包不必再分割。UDP也是常用的传输协议，提供非面向连续的、不可靠的数据流传输服务。这种服务不确认报文是否到达，不对报文排序，也不进行流量控制，因此UDP报文可能会出现丢失、重复和失序等现象。与TCP相同的是，UDP也是通过端口号支持多路复用功能，但是不能建立连接，而是向目标计算机发送独立的数据包。UDP是一种简单的协议机制，通信开销很小，效率比较高，适用于对可靠性要求不高，但需要快捷、低延迟通信的应用场合，如多媒体通信QQ语音、QQ视频和直播等。传输层的主要工作是定义端口，标识应用程序身份，实现端口到端口的通信，TCP可以保证数据传输的可靠性。

4. 应用层

从理论上讲，有了以上链路层、网络层和传输层三层协议的支持，数据已经可以从一个主机上的应用程序传输到另一台主机的应用程序了，但是此时传过来的数据是字节流，不能很好地被程序识别，应用的操作性较多。因此，应用层定义了各种各样的协议来规范字节流的数据格式，常见的有HTTP、FTP和SMTP等，在数据的请求Header中，分别定义了请求数据格式Accept和响应数据格式Content-Type，有了这些规范以后，当对方接收到请求以后就知道该用什么格式来解析，然后对其请求进行处理，最后按照请求方要求的格式将数据返回，请求端接收到响应后，就按照规定的格式进行解读。所以应用层的主要工作就是定义数据格式并按照对应的格式解读数据。

11.1.3 IP地址

IP位于TCP/IP协议簇的第三层，是TCP/IP的传输系统，也是整个TCP/IP协议簇的核心。在互联网中，它是能使连接到网上的所有计算机网络实现相互通信的一套规则，规定了计算机在互联网上进行通信时应当遵守的规则。任何厂家生产的计算机以及设备系统，只要遵守IP就可以与互联网互联互通。各个厂家生产的网络系统和设备，如以太网、分组交换网等，它们相互之间不能互通，不能互通的主要原因是它们所传送数据的帧的格式不同。IP实际上是一套由软件程序组成的协议软件，它把各种不同的数据帧统一转换为IP数据报的格式，这种转换是互联网的一个最重要的特点，使所有各种计算机都能在互联网上实现互通，所以互联网才得以迅速发展成为世界上最大的、开放的计算机通信网络。

IP中还有一个非常重要的内容，那就是给互联网上的每台计算机和其他设备都规定了一个唯一的地址，叫作"IP地址"。由于有这种唯一的地址，才保证了用户在联网的计算机上操作时，能够高效而且方便地从千千万万台计算机中选出自己所需的主机对象。IP地址就像是我们的家庭地址一样，如果要写信给一个人，就要知道他的地址，这样邮递员才能把信送到。计算机发送信息就好比是邮递员，它必须知道唯一的家庭地址才能不至于把信送错人家。只不过家庭地址是用文字来表示的，计算机的地址是用二进制数字表示的。IP地址相当于给互联网上的每一台计算机一个编号，日常生活中，只要一台计算机需要连接到互联网，那么就需要有IP地址，才能正常通信。这里可以把个人计算机比作一台电话，那么IP地址就相当于电话号码，而互联网中的路由器，就相当于通信公司的程控式交换机。

IPv4的地址长度是一个32位的二进制数，通常被分为4个八位二进制数，也就是4字节。IP地址之间通常用点分十进制表示成"a.b.c.d"的形式，其中，a、b、c、d都是0～255的十进制整数。例如国内某高校的点分十进制IP地址为211.70.160.8，其实际上是32位二进制数“1101 0011.0100 0110.1010 0000.0000 1000”。

1. IP 地址的发展历程

首先出现的 IP 地址是 IPv4，它只有 4 段十进制数字，每一段最大不超过 255。由于互联网的蓬勃发展，IP 地址的需求量愈来愈大，使得 IP 地址的发放日趋严格，各项资料显示全球 IPv4 地址可能在 2005—2010 年间全部发完，但是实际情况是在 2019 年 11 月 25 日 IPv4 的地址分配才完毕。地址空间的不足必将阻碍互联网的进一步发展。为了扩大地址空间，拟通过 IPv6 重新定义地址空间。IPv6 采用 128 位地址长度。在 IPv6 的设计过程中除了一劳永逸地解决了地址短缺问题以外，还考虑了在 IPv4 中解决不好的其他问题。IPv6 是下一版本的互联网协议，也可以说是下一代互联网的协议，按保守方法估算 IPv6 实际可分配的地址，整个地球的每平方米面积上仍可分配 1000 多个地址。在 IPv6 的设计过程中除解决了地址短缺问题以外，还考虑了在 IPv4 中解决不好的其他一些问题，主要有端到端 IP 连接、服务质量（QoS）、安全性、多播、移动性、即插即用、采用认证与加密功能等。随着互联网的飞速发展和互联网用户对服务水平要求的不断提高，IPv6 在全球将会越来越受到重视。事实上并不急于推广 IPv6，只需在现有的 IPv4 基础上将 32 位扩展 8～40 位，即可解决 IPv4 地址不够的问题，这样可用地址的数量就扩大了 256 倍。

2. IP 地址的类型

（1）公有地址（public address）由 Inter NIC（Internet Network Information Center，因特网信息中心）负责。这些 IP 地址分配给注册并向 Inter NIC 提出申请的组织机构。

（2）私有地址（private address）属于非注册地址，专门为组织机构内部使用。以下列出留用的内部私有地址：A 类地址为 10.0.0.0～10.255.255.255，B 类地址为 172.16.0.0～172.31.255.255，C 类地址为 192.168.0.0～192.168.255.255。

3. IP 地址的编址方式

最初设计互联网时，为了便于寻址以及层次化构造网络，每个 IP 地址都包括两个标识码（ID），即网络 ID 和主机 ID。同一个物理网络上的所有主机都使用同一个网络 ID，网络上的一个主机（其中包括网络上工作站、服务器和路由器等）都有一个主机 ID 与其对应。Internet 委员会定义了 5 种 IP 地址类型以适应不同容量的网络，即 A～E 类。图 11-2 所示为 IP 地址的编址方式以及地址范围。

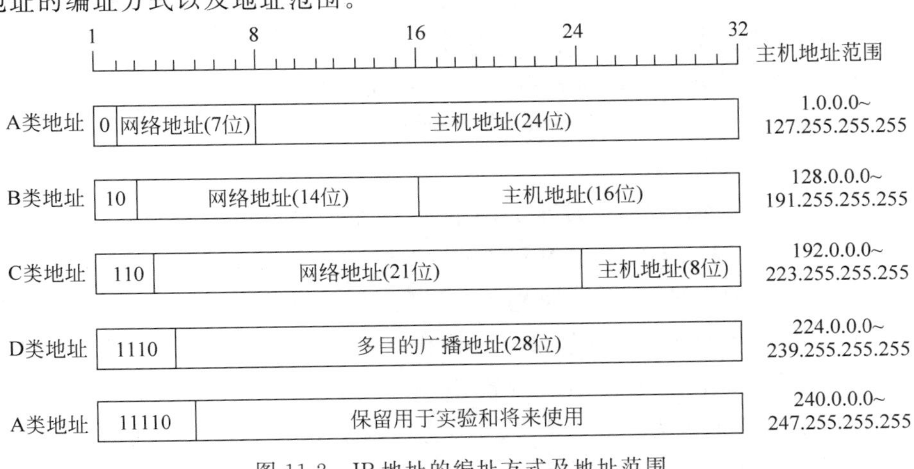

图 11-2　IP 地址的编址方式及地址范围

(1) A类IP地址。在IP地址的4段号码中,第一段号码为网络号码,剩下的3段号码为本地计算机的号码。如果用二进制表示IP地址,A类IP地址就由1字节的网络地址和3字节的主机地址组成,网络地址的最高位必须是0。A类IP地址中网络的标识长度为8位,主机的标识长度为24位,A类网络地址数量较少,有126个网络,每个网络可以容纳主机数达1600多万台。

(2) B类IP地址。在IP地址的4段号码中,前两段号码为网络号码。如果用二进制表示IP地址,B类IP地址就由2字节的网络地址和2字节的主机地址组成,网络地址的最高位必须是10。B类IP地址中网络的标识长度为16位,主机的标识长度为16位,如某计算中心的网关地址131.111.002.001分解成协议所能识别的地址就是:网络ID等于132.111,主机ID等于022.001。B类网络地址适用于中等规模的网络,有16 384个网络,每个网络所能容纳的计算机数为6万多台。B类IP地址的子网掩码为255.255.0.0,每个网络支持的最大主机数为65 534台。

(3) C类IP地址。在IP地址的4段号码中,前3段号码为网络号码,剩下的一段号码为本地计算机的号码。如果用二进制表示IP地址,C类IP地址就由3字节的网络地址和1字节的主机地址组成,网络地址的最高位必须是110。C类IP地址中网络的标识长度为24位,主机的标识长度为8位,C类网络地址的数量较多,有209万余个网络。C类IP地址适用于小规模的局域网,每个网络最多只能包含254台计算机。C类IP地址的子网掩码为255.255.255.0,每个网络支持的最大主机数为254台。

(4) D类IP地址。D类IP地址在过去被称为多播地址(multicast address),即组播地址。在以太网中,多播地址命名了一组应该在这个网络中接收到的一个分组的站点。多播地址的最高位必须是1110,范围从224.0.0.0到239.255.255.255。

(5) 特殊的网址。每一字节都为0的地址0.0.0.0对应于当前主机;IP地址中的每一字节都为1的IP地址255.255.255.255被称为当前子网的广播地址;IP地址中凡是以11110开头的E类IP地址都保留用于将来和实验使用。IP地址中不能以十进制127作为开头,该类地址127.0.0.1~127.255.255.255用于回路测试,如127.0.0.1代表本机IP地址,用http://127.0.0.1就可以测试本机中配置的Web服务器。

在互联网中,一台计算机可以有一个或多个IP地址,就像一个人可以有多个通信地址一样,但两台或多台计算机不能同时共用一个IP地址。如果两台计算机的IP地址相同,则会引起异常现象,无论哪台计算机都将无法正常工作。

4. 子网掩码

通常将一个较大网络分成多个较小的网络,每个小网络使用不同的网络ID,这样的小网络称为子网。在网络通信时,若想找到子网,需要定义子网掩码。子网掩码跟IP地址一样,也是一个32位的二进制数值,将它与主机的IP地址做按位"与"运算,可以屏蔽一部分IP地址,从而确定出这个网络地址。子网掩码的功能可概括为如下两个:用于区分出网络地址和主机地址;用于将网络分割为多个子网。例如,某主机A的IP地址为192.166.008.002,子网掩码为255.255.255.0,将这两个数据做"与"运算后,得出值中非0部分即为网络地址192.166.008,剩余字节为主机地址,也就是002。若有主机B的IP地址为 192.166.008.103，子网掩码同主机 A，通过子网掩码发现主机 B 与主机 A 网络地址相同，因此两台主机在同一个网络上。当主机 A 向主机 B 发送数据包时，就可以将数据包直接发送给主机 B。

根据子网掩码的工作原理，还可以设计可变长子网掩码(VLSM)，从而将大的网段划分成小的网段，也可以用小的网段构建成大的网段，即超网。超网是通过较短的子网掩码将多个小网络合成一个大网络。例如一个单位分到了 8 个 C 类地址 202.120.224.0～202.120.231.0，只要将其子网掩码设置为 255.255.248.0，就能使这些 C 类网络相通。另外，对于传统 IP 地址分类来说，A 类地址的子网掩码是 255.0.0.0；B 类地址的子网掩码是 255.255.0.0；C 类地址的子网掩码是 255.255.255.0。

5. 路由

在网络通信中，发送数据包时所使用的地址是网络层的地址，即 IP 地址。然而仅仅有 IP 地址还不足以实现将数据包发送到目的地址，在数据发送过程中还需要指明路由器或者主机的信息，以便真正发往目标地址，保存这种信息的就是路由控制表。路由控制表的形成方式有两种：一种是管理员手动设置；另一种是路由器与其他路由器相互交换信息时自动刷新。前者称为静态路由控制，而后者称为动态路由控制。所以在网络通信中，IP 始终认为路由表是正确的。然后 IP 本身并没有定义制作路由控制表的协议，该表示由一个叫作路由协议的协议制作而成。路由控制表中记录着网络地址与下一步应该发送至路由器的地址。在发送 IP 包时，首先要确定 IP 包首部中的目标地址，再从路由控制表中找到与该地址具有相同网络地址的记录，根据该记录将 IP 包转发给相应的下一个路由器。如果路由控制表中存在多条相同网络地址的记录，就选择一个最为吻合的网络地址。

无类域间路由(Classless Inter-Domain Routing，CIDR)地址根据网络拓扑来分配，可以将连续的一组网络地址分配给一家公司，并使整组地址作为一个网络地址。例如，使用超网技术，在外部路由表上只有一个路由表项。这样既解决了地址匮乏问题，又解决了路由表膨胀的问题。另外，CIDR 还将整个世界分为 4 个地区，给每个地区分配了一段连续的 C 类地址，分别是欧洲地区(194.0.0.0～195.255.255.255)、北美地区(198.0.0.0～199.255.255.255)、中南美地区(200.0.0.0～201.255.255.255)和亚太地区(202.0.0.0～203.255.255.255)。这样，当一个亚太区域以外的路由器收到前 8 位为 202 或 203 的数据包时，它只需要将其放到通向亚太地区的路由即可，而对后 24 位的路由则可以在数据报到达亚太地区后再进行处理，这样就大大缓解了路由表膨胀的问题。

6. IP 地址的分配和管理

TCP/IP 针对不同的网络进行不同的设置，且每个计算机节点一般需要一个 IP 地址、一个子网掩码和一个默认的网关。IP 地址可以通过手工管理分配，也可以通过动态主机自动配置协议(DHCP)，给客户端自动分配一个 IP 地址，避免了出错，也简化了 TCP/IP 的设置。

(1) IP 地址现由因特网名字与号码指派公司(Internet Corporation for Assigned Name and Number，ICANN)分配。

(2) InterNIC，负责美国及其他地区，同时负责北美地区 B 类 IP 地址的分配。

(3) ENIC,负责欧洲地区,同时负责 A 类 IP 地址的分配。

(4) APNIC(Asia Pacific Network Information Center),我国用户可向 APNIC 申请,但是需要缴费。1998 年,APNIC 的总部从东京搬迁到澳大利亚布里斯班。同时负责亚太区域 B 类 IP 地址的分配。

如果不能对 IP 地址进行有效管理,可能会造成网络可用性与服务质量的低效率,严重的可能会导致网络崩溃。

11.1.4 配置 Ubuntu 网络

在 Ubuntu 操作系统进行网络配置,有时用图形界面不起作用,这种情况下可以直接修改某些配置文件。Ubuntu 操作系统的网络配置文件主要有以下 3 个:IP 地址配置文件、主机名称配置文件和 DNS 配置文件。

1. IP 地址配置文件

通过编辑文件"/etc/network/interfaces",可以设置操作系统通过 DHCP 自动获取 IP 地址或者手动设置静态 IP。如果设置了 auto eth0,操作系统就会让网卡开机自动挂载网络 IP 地址。

(1) 采用 DHCP 方式配置网卡。在字符命令行采用"sudo vi /etc/network/interfaces"编辑 interfaces 文件。具体操作如下:采用下面的内容来替换有关 eth0 的内容。

```
# The primary network interface - use DHCP to find our address
auto eth0
iface eth0 inet dhcp
```

当上述编辑 interfaces 文件的内容完成后,可以用"sudo /etc/init. d/networking restart"命令使网络设置生效,也可以在命令行下直接输入"sudo dhclient eth0"命令来获取地址。

(2) 网卡配置静态 IP 地址。在字符命令行采用"sudo vi /etc/network/interfaces"命令编辑 interfaces 文件。具体操作如下:采用下面的内容来替换有关 eth0 的内容。

```
# The primary network interface
auto eth0
iface eth0 inet static
address 192.168.13.190
gateway 192.168.13.1
netmask 255.255.255.0
```

根据自己的实际情况,将上面的 IP 地址等信息换成当前自己主机所在的网络信息就可以了。当上述编辑 interfaces 文件的内容完成后,可以用"sudo /etc/init. d/networking restart"命令使网络设置生效。

(3) 设定第二个 IP 地址。在字符命令行采用"sudo vi /etc/network/interfaces"命令编辑 interfaces 文件。具体操作如下:在该文件中添加如下信息。

```
auto eth0:1
iface eth0:1 inet static
address 192.168.1.60
netmask 255.255.255.0
network x.x.x.x
broadcast x.x.x.x
gateway x.x.x.x
```

根据实际情况填上自己主机所属于的 address、netmask、network、broadcast 和 gateway 等信息。当上述编辑 interfaces 文件的内容完成后，可以用“sudo /etc/init.d/networking restart”命令使网络设置生效。

2. 主机名称配置文件

在 Ubuntu 操作系统中，主机名称配置文件在“bin/hostname”中设置，使用“sudo /bin/hostname”命令来查看当前主机的主机名称，也可以使用“sudo /bin/hostname newname”命令来设置当前主机的新名称。每次操作系统启动时，它会从“/etc/hostname”中读取主机的名称.

3. DNS 配置文件

如果访问 DNS 服务器来进行查询，则要设置“/etc/resolv.conf”文件。该文件是由 DNS 客户端解析器(resolver，一个根据主机名解析 IP 地址的库)使用的配置文件，它包括主机的域名搜索顺序和 DNS 服务器的地址。在字符命令行采用“sudo vi /etc/resolv.conf”命令编辑 resolv.conf 文件。

```
search cic.tsinghua.edu.cn
nameserver 202.96.128.68
nameserver 61.144.56.101
nameserver 192.168.8.220
```

“search 域名”表示当提供了一个不包括完全域名的主机名时，在该主机名后添加域名后缀 nameserver 表示解析域名时使用该地址指定的主机为域名服务器，其中域名服务器是按照文件中出现的顺序来查询的。当上述编辑 resolv.conf 文件的内容完成后，可以用“sudo /etc/init.d/networking restart”命令使网络设置生效。

从 Ubuntu 18.04.2 后的版本开始，系统的网络配置改成了新的 netplan.io 方式，弃用了之前使用的 ifupdown 方式。所以网络配置文件和配置方式也跟之前有所不同，其中 ifupdown 就是用脚本“/etc/init.d/networking”“systemctl start networking.service”启动网络服务的方式。另外，Ubuntu 18.04.2 后的版本域名服务器 DNS 解析设置改成了 systemd-resolved，不在原先的配置文件“/etc/resolv.conf”中设置了。在之前 Ubuntu 版本中的网卡配置文件“etc/network/interfaces”也不起作用，改成了 netplan 方式。如果新的 netplan 不能满足用户的网络使用需求，可以安装 ifupdown 软件包，仍然可以在 Ubuntu 中使用。

4. netplan 配置网络

netplan 是一个在 Linux 系统中简单方便配置网络的程序，使用 YAML 格式的文件进行配置，图 11-3 所示为采用 netplan 的配置流程。YAML(Yet Another Markup Language)不是一种标记语言。YAML 的语法和其他高级语言类似，并且可以简单表达清单、散列表和标量等数据。它使用空白符号缩进和大量依赖外观的特色，特别适合用来表达或编辑数据结构、各种配置文件、调试内容、文件大纲和电子邮件的标题格式等。YAML 的配置文件扩展名为“. yml”，如“/etc/netplan/01-network-manager-all. yaml”和“/etc/netplan/50-cloud-init. yaml”。

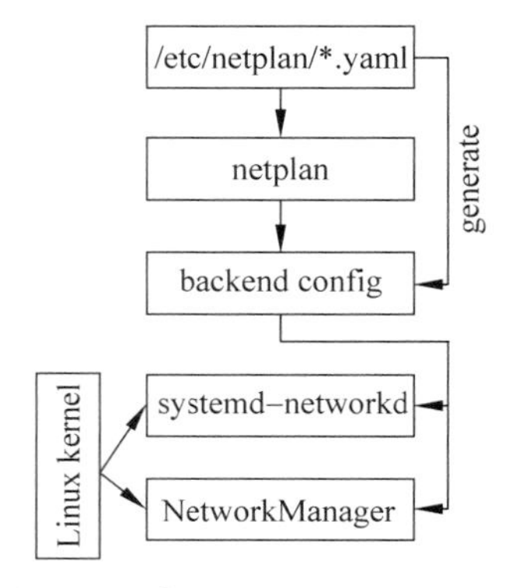

图 11-3 采用 netplan 的配置流程

netplan 从配置文件“/etc/netplan/ * . yaml”读取网络配置，启动后 netplan 在“/run”目录中生成特定网卡名称扩展名的配置文件，然后将网卡设备的控制权移交给特定的网络守护程序。每个网卡都需要在“/etc/netplan”目录中设置配置文件，在配置中指定网卡 IP 信息，使用 DHCP 或者静态 IP 方式。然后运行“sudo netplan apply”命令，如果配置有问题就会报错，如果没有问题，则会让新的配置会立即生效。netplan 目前支持以下两种服务：NetworkManager 和 systemd-networkd。下面给出配置文件中的一些关键字说明。

(1) renderer：指定后端网络服务，支持 networkd，即 systemd-networkd 和 NetworkManager 两种，默认情况下是 networkd。

(2) ethernets：指定是以太网配置，其他的还包括 WiFi 或者 bridges。

(3) eth0：以太网网卡名称。

(4) dhcp4：开启使用 IPv4 的 DHCP，默认是关闭。

(5) dhcp6：开启使用 IPv6 的 DHCP，默认是关闭。

(6) addresses：对应网卡配置的静态 IP 地址，是子网掩码的格式，支持 IPv6 地址。

(7) gateway4，gateway6：指定 IPv4 和 IPv6 默认网关，使用静态 IP 配置时使用。例如指定 IPv4 的默认网关为 gateway4："172. 16. 0. 1"；指定 IPv6 的默认网关为 gateway6："2001:4::1"。

(8) nameservers：设置域名服务器 DNS 和搜索域。有两个受支持的字段：addresses 是域名服务器 DNS 的地址列表；search 是搜索域列表，没有特殊需要可以不配置 search 这项。

11.2 DHCP 服务器

DHCP(Dynamic Host Configuration Protocol)即动态主机配置协议。使用 DHCP 可以为客户端主机自动分配 TCP/IP 参数信息，如 IP 地址、子网掩码、网关和 DNS 等。DHCP 是由 IETF(Internet 工作任务小组)开发设计的，于 1993 年 10 月成为标准协议，其前身是 BOOTP。当前的 DHCP 定义可以在 RFC 2131 中找到，而基于 IPv6 的建议标准 DHCPv6 可以在 RFC 3315 中找到。首先，DHCP 服务器可以选择固定分配特定的参数信息给指定的一台主机，也可以设置多台主机分享这些参数信息；然后客户端再通过竞争获得这些参数信息，即当多个客户端发送请求给服务器时，服务器将遵循先到先得的机制进行资源分配。

在使用 TCP/IP 的网络中，每一台计算机都必须至少有一个 IP 地址，才能与其他计算机进行通信。为了便于统一规划和管理网络中的 IP 地址，DHCP 应运而生。当用户的计算机连上网时，DHCP 服务器才从地址池中临时分配一个 IP 地址，每次上网分配的 IP 地址可能会不一样，这跟当时的 IP 地址资源有关。当用户下线时，DHCP 服务器可能就会把这个地址分配给之后上线的其他计算机。这样就可以有效节约 IP 地址，既保证了网络通信，又提高 IP 地址的使用率。这种网络服务有利于对校园网络中的客户机 IP 地址进行有效管理，而不需要一个一个手动指定 IP 地址。DHCP 的出现就是为了方便统一规划和管理网络中的 IP 地址。在 DHCP 服务器的工作原理中，包含了 3 种 IP 分配方式，分别为自动分配、手动分配和动态分配。

(1) 自动分配：当 DHCP 客户端首次成功地从 DHCP 服务器获取一个 IP 地址后就永久地使用这个 IP 地址。

(2) 手动分配：由 DHCP 服务器管理员专门指定的 IP 地址。

(3) 动态分配：当客户端第一次从 DHCP 服务器获取到 IP 地址后，并不是永久使用该地址，而是每次使用完后，DHCP 客户端就需要立刻释放这个 IP 地址供其他客户端使用。

1. 安装 isc-dhcp-server 软件

isc-dhcp-server 软件提供了 DHCP 的全部实现功能。安装 isc-dhcp-server 软件时，如果出现 complete 信息则说明安装成功。如果没有安装成功，可以结合相关的检查命令和错误问题，完成要安装的 isc-dhcp-server 软件包。

2. 配置文件

DHCP 安装完成之后需要对其文件进行配置才能正常使用。主要配置文件为“/etc/default/isc-dhcp-server”和“/etc/dhcp/dhcpd. conf”。采用命令“vim /etc/dhcp/dhcpd. conf”进行编辑。标准 dhcpd. conf 文件中包括全局配置参数、子网网段声明、网关、域名服务器 DNS、广播地址配置选项以及地址配置参数，如图 11-4 所示。

可以使用 host 命令定义具体主机的 MAC 专用地址，全局配置参数用于定义整个配置文件的全局参数，而子网网段声明用于配置整个子网网段的地址属性。ntp-servers 和 netbios-name-servers 设置与 DNS 一致，netbios-node-type 默认为 8。dhcpd. conf 模板文件中的具体选项参数及其含义说明如表 11-1 所示。

```
# dhcpd.conf
#
# Sample configuration file for ISC dhcpd
#

# option definitions common to all supported networks...
option domain-name "example.org";
option domain-name-servers ns1.example.org, ns2.example.org;

default-lease-time 600;
max-lease-time 7200;

# Use this to enble / disable dynamic dns updates globally.
#ddns-update-style none;

# If this DHCP server is the official DHCP server for the local
# network, the authoritative directive should be uncommented.
#authoritative;

# Use this to send dhcp log messages to a different log file (you also
# have to hack syslog.conf to complete the redirection).
log-facility local7;

# No service will be given on this subnet, but declaring it helps the
# DHCP server to understand the network topology.

subnet 10.152.187.0 netmask 255.255.255.0 {
}

# This is a very basic subnet declaration.

subnet 10.254.239.0 netmask 255.255.255.224 {
  range 10.254.239.10 10.254.239.20;
  option routers rtr-239-0-1.example.org, rtr-239-0-2.example.org;
}

# This declaration allows BOOTP clients to get dynamic addresses,
# which we don't really recommend.

subnet 10.254.239.32 netmask 255.255.255.224 {
  range dynamic-bootp 10.254.239.40 10.254.239.60;
  option broadcast-address 10.254.239.31;
  option routers rtr-239-32-1.example.org;
}

# A slightly different configuration for an internal subnet.
subnet 10.5.5.0 netmask 255.255.255.224 {
  range 10.5.5.26 10.5.5.30;
  option domain-name-servers ns1.internal.example.org;
  option domain-name "internal.example.org";
  option routers 10.5.5.1;
  option broadcast-address 10.5.5.31;
```

图 11-4 配置 dhcpd.conf 文件中的参数

表 11-1 dhcpd.conf 模板文件中的具体选项参数及其含义说明

选项参数	含义说明
option domain-name "example.org"	定义全局参数、默认搜索域
option domain-name-servers ns1.example.org, ns2.example.org	定义全局参数、域名服务器,如果有多个 DNS 服务器就使用逗号隔开
default-lease-time 600	定义全局参数,默认租期单位为秒
max-lease-time 7200	定义全局参数,最大租期单位为秒
ddns-update-style	定义 DNS 服务动态更新的类型,类型包括 none(不支持动态更新)、interim(互动更新模式)与 ad-hoc(特殊更新模式)
allow、ignore client-updates	允许忽略客户主机更新 DNS 记录
range	用于分配的 IP 地址池
option subnet-mask	定义客户机的子网掩码
option routers	定义客户机的网关地址
broadcase-address	定义客户机的广播地址

续表

选项参数	含义说明
ntp-server IP address	定义客户机的网络时间服务器(NTP)
nis-servers IP address	定义客户机的 NIS 域服务器的地址
Hardware MAC address	指定网卡接口的类型与 MAC 地址
server-name	通知 DHCP 客户机服务器的主机名
fixed-address IP address	将某个固定 IP 地址分配给指定主机
time-offset	指定客户机与格林尼治时间的偏移差

3. 调试 DHCP 服务

配置完成之后,通过"sudo systemctl restart isc-dhcp-server. service"命令重启 DHCP 服务,还可查看 DHCP 是否正常运行,如果正常运行就表示 DHCP 服务安装配置启动成功。默认状态下,DHCP 服务器会将日志文件存放在"/var/log/messages"或者"/var/log/syslog"文件中,如果遇到服务器故障问题,可以检查这些文件。服务器租期文件为"/var/lib/dhcpd/leases",可以通过该文件查看服务器已经分配的资源及相关租期信息。客户端从 DHCP 服务器获得 IP 地址的过程叫作 DHCP 的租约过程。IP 地址的有效使用时间段称为租用期。租用期满之前,客户端必须向 DHCP 服务器请求继续租用。服务器接受请求后才能继续使用,否则无条件放弃。

经过上述设置,DHCP 服务已经正式启动,需要在用户机上进行测试。只需把用户机的 IP 地址选项设为"自动获取 IP 地址",随后重新启动用户机即可。如果用户机是 Windows 操作系统,在用户机的"运行"对话框中输入"ipconfig /all",即可看到用户机分配到的动态 IP 地址。

11.3 DNS

随着互联网在世界范围的快速发展,网络已经走进人们的生活。在 TCP/IP 网络上,每个设备必须分配一个唯一的 IP 地址,计算机在网络上通信时只能识别如 202.196.134.163 之类的数字地址,而人们在使用网络资源时,为了便于记忆和理解,更倾向于使用有代表意义的名称,即域名系统 DNS。如 www. tsinghua. edu. cn 代表清华大学网站的域名,这就是为什么打开浏览器,在地址栏中输入如 www. tsinghua. edu. cn 的域名后,就能看到所需要的浏览页面。用户输入域名后,计算机就开始搜索指定的 DNS(域名服务器),找到 DNS 之后会向域名服务器发送请求,以帮助解析该域名对应的 IP 地址,待成功解析之后,将获得该域名对应的真实的 IP 地址,然后使用该 IP 地址与对方进行通信,调出那个 IP 地址所对应的网页,最后再传回给用户的浏览器。

域名由一串用点分隔的名字组成。其中,点代表根域,是所有域名的起点,通常包含组织名,而且必须包括几个字母的后缀,以指明组织的类型或该域名所在的国家或地区。DNS 服务器的核心思想是分级的,计算机域名中最后的点表示根域,其次是根域下面的顶级域名,接着是二级域名、子域名和主机名等。图 11-5 所示为域名树状结构图。

根域是 DNS 域名的最上层,当下层的任何一台 DNS 服务器无法解析某个 DNS 名称时,便可以向根域的 DNS 寻求协助。理论上,只要所查找的主机有按规定注册,那么无论它位于何处,从根域的 DNS 服务器往下层查找,一定可以解析出它的 IP 地址。二级域名的命

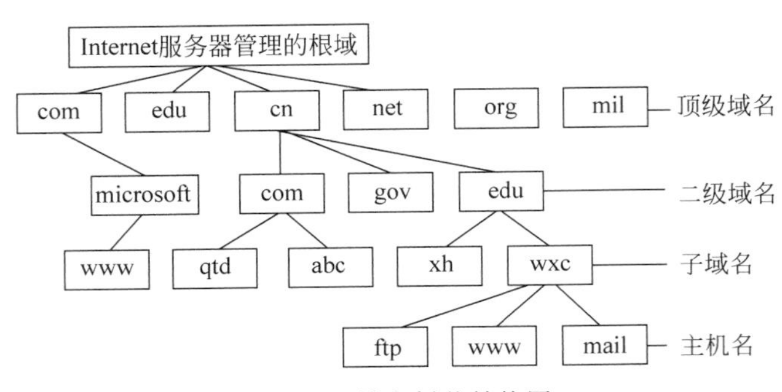

图 11-5　域名树状结构图

名方式有争议。在美国以外的国家或地区，大多数以 ISO3116 所定制的国码来区分，例如，cn 为中国，jp 为日本，hk 为香港等。但是在美国，虽然它也有 us，但却很少用来当成二级域名，反而是以组织性质来区分，如图 11-4 所示。其中 com 表示商业组织，edu 表示教育机构，org 表示非营利组织，net 表示计算机网络组织，gov 表示美国政府组织，mil 表示军事部门等。子域名可以说是整个 DNS 系统中最重要的部分，在这些域名下都可以开放给所有人申请，名称则由申请者自己定义。最后一层是主机名，这一层是由各个域的管理员自行建立，不需要通过管理域名的机构。

11.3.1　解析的过程

DNS 的核心思想是分级的，它主要用于将主机名和电子邮件映射成 IP 地址。每个组织有其自己的 DNS 服务器，这个 DNS 服务器维护着所在域的主机和 IP 地址的映射记录。当请求名称解析时，DNS 服务器先在自己的记录中检查是否有对应的 IP 地址。如果未找到，它就会向其他 DNS 服务器逐级询查该信息。DNS 解析程序的查询流程如图 11-6 所示。

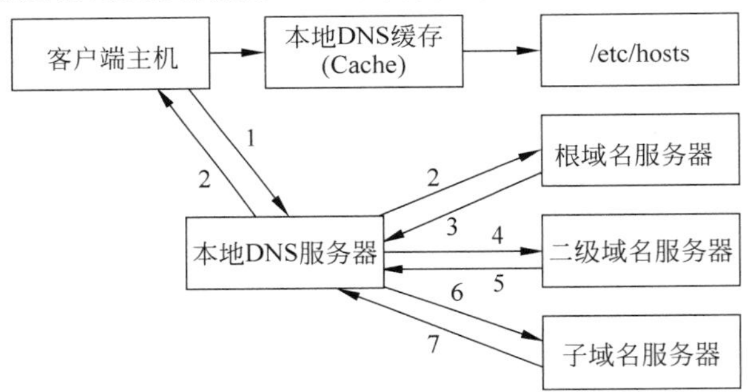

图 11-6　DNS 解析程序的查询流程

清华大学网站的域名为 www. tsinghua. edu. cn，这个域名是从. edu. cn 所委派下来的。. edu. cn 又是从. cn 委派所得，. cn 是从所谓的根域而来。那么 DNS 服务器是怎么查出域名 www. tsinghua. edu. cn 的 IP 地址呢？

（1）当用户在浏览器中输入 www. tsinghua. edu. cn 域名访问该网站时，操作系统会先检查自己本地的 hosts 文件是否有这个网址映射关系，如果有，就先调用这个 IP 地址 166. 111. 4. 100 的映射，完成域名解析。

（2）如果 hosts 中没有这个域名的映射，则查找本地 DNS 解析器缓存是否有这个网址映射关系，如果有，则直接返回，完成域名解析。

(3) 如果 hosts 与本地 DNS 解析器缓存都没有相应的网址映射关系，首先会找 TCP/IP 参数中设置的首选 DNS 服务器，在此也称它为本地 DNS 服务器，此服务器收到查询时，如果要查询的域名包含在本地配置区域资源中，则返回解析结果给客户端主机，完成域名解析，此解析具有权威性。

(4) 如果要查询的域名不由本地 DNS 服务器区域解析，但该服务器已缓存了此网址映射关系，则调用这个 IP 地址 166.111.4.100 的映射，完成域名解析，此解析不具有权威性。

(5) 如果本地 DNS 服务器的本地区域文件与缓存解析都失效，则根据本地 DNS 服务器的设置(是否设置转发器)进行查询，如果未用转发模式，本地 DNS 就把请求发至一台根 DNS 域名服务器，根 DNS 域名服务器收到请求后会判断这个域名(.cn)是谁来授权管理，并会返回一个负责该顶级域名服务器的一个 IP 地址。本地 DNS 服务器收到 IP 信息后，将会联系负责.cn 域的这台服务器。这台负责.cn 域的服务器收到请求后，如果自己无法解析，它就会找一个管理.cn 域的下一级 DNS 服务器地址 edu.cn 给本地 DNS 服务器。当本地 DNS 服务器收到这个地址后，就会找 edu.cn 域服务器，重复上面的动作，进行查询，直至找到 www.tsinghua.edu.cn 主机。

(6) 如果用的是转发模式，此 DNS 服务器就会把请求转发至上一级 DNS 服务器，由上一级服务器进行解析，上一级服务器如果不能解析，或找根 DNS 或把转请求转至上上级，以此循环。不管是用本地 DNS 服务器转发，还是用根提示，最后都是把结果返回给本地 DNS 服务器，由此 DNS 服务器再返回给客户机。

提示：从客户端到本地 DNS 服务器属于递归查询，而 DNS 服务器之间的交互查询是迭代查询。首先用户的计算机 DNS 会先看一看是不是在它自己的 Cache 中，如果是，就给出答案；如果不是，就从最上层查起。在 DNS 服务器的最上一层是根域，所以，这个时候它就往“.”层的任何一台 DN 查询.cn，接着.cn 的这层就会去查询.edu.cn，直到 www.tsinghua.edu.cn 回答：www.tsinghua.edu.cn 的 IP 是 166.111.4.100。经过了这么多的过程，终于得到了这个 IP，接下来才能做进一步的通信。要注意的是，在每一层都会把查询的结果记下来，放在高速缓存 Cache 中，以便下次继续使用。

11.3.2 BIND 软件的安装

BIND 已经发展成为一个非常灵活、功能齐全的 DNS 域名服务器系统。无论用户的应用程序是什么，BIND 都可能具有所需的功能。作为第一个最古老和最常部署的解决方案，熟悉 BIND 的网络工程师比任何其他系统都多。BIND 是透明的开源软件，在 MPL 2.0 下获得许可。用户可以自由地向 BIND 9 添加功能，并通过开放的 Gitlab 回馈社区。如果需要源码，可以从 https://www.isc.org/bind/网站下载当前版本。同时为 Ubuntu、CentOS/Fedora 和标准 Debian 等操作系统提供更新的软件包，BIND 软件提供了最广泛的 DNS 服务。在 Linux 平台下，BIND 软件还提供了 chroot 与 utils 的软件包。bind-chroot 的主要功能是使 BND 软件可以运行在 chroot 模式下，从而使 BIND 软件运行在相对路径的根路径，而并不是 Linux 系统真正的路径；bind-utils 提供了对 DNS 服务的测试工具程序，如 nslookup、dig 等。如图 11-7 所示，在 CentOS 操作系统下，输入“yum -y install bind”命令进行 BIND 软件的安装。

输入安装命令之后，等待系统自动安装，安装过程需要等待几分钟。用同样的方法，可以安装 bind-chroot 和 bind-utils 两个软件包。

```
[root@VM-0-5-centos ~]# yum -y install bind
Loaded plugins: fastestmirror, langpacks
Loading mirror speeds from cached hostfile
Resolving Dependencies
--> Running transaction check
---> Package bind.x86_64 32:9.11.4-26.P2.el7_9.5 will be installed
--> Processing Dependency: bind-libs-lite(x86-64) = 32:9.11.4-26.P2.el7_9.5 for package: 32:bind-9.11.4-26.P2.el7_9.5.x86_64
--> Processing Dependency: bind-libs(x86-64) = 32:9.11.4-26.P2.el7_9.5 for package: 32:bind-9.11.4-26.P2.el7_9.5.x86_64
--> Processing Dependency: policycoreutils-python for package: 32:bind-9.11.4-26.P2.el7_9.5.x86_64
--> Processing Dependency: policycoreutils-python for package: 32:bind-9.11.4-26.P2.el7_9.5.x86_64
--> Running transaction check
---> Package bind-libs.x86_64 32:9.11.4-26.P2.el7_9.3 will be updated
--> Processing Dependency: bind-libs(x86-64) = 32:9.11.4-26.P2.el7_9.3 for package: 32:bind-utils-9.11.4-26.P2.el7_9.3.x86_64
---> Package bind-libs.x86_64 32:9.11.4-26.P2.el7_9.5 will be an update
--> Processing Dependency: bind-license = 32:9.11.4-26.P2.el7_9.5 for package: 32:bind-libs-9.11.4-26.P2.el7_9.5.x86_64
---> Package bind-libs-lite.x86_64 32:9.11.4-26.P2.el7_9.3 will be updated
---> Package bind-libs-lite.x86_64 32:9.11.4-26.P2.el7_9.5 will be an update
---> Package policycoreutils-python.x86_64 0:2.5-34.el7 will be installed
--> Processing Dependency: setools-libs >= 3.3.8-4 for package: policycoreutils-python-2.5-34.el7.x86_64
--> Processing Dependency: libsemanage-python >= 2.5-14 for package: policycoreutils-python-2.5-34.el7.x86_64
--> Processing Dependency: audit-libs-python >= 2.1.3-4 for package: policycoreutils-python-2.5-34.el7.x86_64
--> Processing Dependency: python-IPy for package: policycoreutils-python-2.5-34.el7.x86_64
--> Processing Dependency: libqpol.so.1(VERS_1.4)(64bit) for package: policycoreutils-python-2.5-34.el7.x86_64
--> Processing Dependency: libqpol.so.1(VERS_1.2)(64bit) for package: policycoreutils-python-2.5-34.el7.x86_64
--> Processing Dependency: libcgroup for package: policycoreutils-python-2.5-34.el7.x86_64
--> Processing Dependency: libapol.so.4(VERS_4.0)(64bit) for package: policycoreutils-python-2.5-34.el7.x86_64
--> Processing Dependency: checkpolicy for package: policycoreutils-python-2.5-34.el7.x86_64
--> Processing Dependency: libqpol.so.1()(64bit) for package: policycoreutils-python-2.5-34.el7.x86_64
--> Processing Dependency: libapol.so.4()(64bit) for package: policycoreutils-python-2.5-34.el7.x86_64
--> Running transaction check
---> Package audit-libs-python.x86_64 0:2.8.5-4.el7 will be installed
---> Package bind-license.noarch 32:9.11.4-26.P2.el7_9.3 will be updated
---> Package bind-license.noarch 32:9.11.4-26.P2.el7_9.5 will be an update
---> Package bind-utils.x86_64 32:9.11.4-26.P2.el7_9.3 will be updated
---> Package bind-utils.x86_64 32:9.11.4-26.P2.el7_9.5 will be an update
---> Package checkpolicy.x86_64 0:2.5-8.el7 will be installed
---> Package libcgroup.x86_64 0:0.41-21.el7 will be installed
---> Package libsemanage-python.x86_64 0:2.5-14.el7 will be installed
---> Package python-IPy.noarch 0:0.75-6.el7 will be installed
---> Package setools-libs.x86_64 0:3.3.8-4.el7 will be installed
--> Finished Dependency Resolution

Dependencies Resolved
```

图 11-7　BIND 软件的安装

11.3.3　配置 named 文件

安装成功后，会自动生成一个 named 的系统服务。named 服务的配置文件主要有 3 个："/etc/named.conf"是主配置文件，其配置 DNS 服务器主要运行参数；"/etc/named.rfc1912.zones"是区域文件，主要指定要解析哪些域名；"/var/named/xxx.xx"是数据文件，用来正向和反向地解析。

1. "/etc/named.conf"文件

使用 Vim 工具进入插入模式，修改主配置文件"etc/named.conf"的两个地方为{any;}，named.conf 文件中的基本指令格式同 C 语言相似，修改之后如图 11-8 所示。

"/etc/named.conf"文件中的 option 语句用来定义全局配置选项，在全局配置中至少需要定义一个工作路径，默认的工作路径为"/var/named"。具体的常见选项参数及其含义说明如表 11-2 所示。

表 11-2　named 常见选项参数及其含义说明

选项参数	含义说明
directory	设置域名服务的工作目录，默认情况下工作目录为"/var/named"
dump-file	执行 rndc dumpdb 后及备份缓存资料后，保存的目录与名称
statistics-file	执行 rndc stats 后，统计信息的保存目录与名称
lisen-on port	指定监听的 IPv4 网络接口
allow-query	指定哪些主机可以查询服务器的权威解析记录
allow-query-cache	指定哪些主机可以通过服务器查询非权威解析数据，如递归查询数据信息
blackhole	设置拒绝哪些主机的查询请求
recursion	是否允许递归查询
forwards	指定一个 IP 地址，所有对本服务器的查询都将转发到该 IP 地址进行解析
mx-cache-size	设置缓存文件的最大容量

```
// Provided by Red Hat bind package to configure the ISC BIND named(8) DNS
// server as a caching only nameserver (as a localhost DNS resolver only).
//
// See /usr/share/doc/bind*/sample/ for example named configuration files.
//

options {
        listen-on port 53 { any; };
        listen-on-v6 port 53 { ::1; };
        directory       "/var/named";
        dump-file       "/var/named/data/cache_dump.db";
        statistics-file "/var/named/data/named_stats.txt";
        memstatistics-file "/var/named/data/named_mem_stats.txt";
        allow-query     { any; };
        recursion yes;

        dnssec-enable yes;
        dnssec-validation yes;

        /* Path to ISC DLV key */
        bindkeys-file "/etc/named.iscdlv.key";

        managed-keys-directory "/var/named/dynamic";
};

logging {
        channel default_debug {
                file "data/named.run";
                severity dynamic;
        };
};

zone "." IN {
        type hint;
        file "named.ca";
};

include "/etc/named.rfc1912.zones";
include "/etc/named.root.key";
~
```

图 11-8　编辑 named. conf 文件

(1) 全局定义选项 options。该选项的一些定义影响整个 DNS 服务器的环境，例如，这里的 directory 用来指定文件的路径，一般是将其指定到"/var/named"下。用户还可以指定端口等，默认端口是 53。图 11-9 是在全局定义选项 options 中最常用的 directory 参数的格式。这里的 pathname 是区数据库的路径名。

```
options{
directory "/var/named";
};
```

图 11-9　将 directory 参数指定区数据库存储在/var/named 中

(2) 定义服务器所服务的域指令 zone。该指令用来指明服务器所服务的域。zone 指令有几个重要的参数，如图 11-10 所示。这些参数在配置主从域名服务器时会用到。

```
//BIND9.7 confiuration
logging{
category cname {null;};
};
options{
directory "/car/named";
};
zone "."in{
type hint;
file "named.ca";
};
zone "bengo.com"in{
type master;
file "named.bengo.com";
master {10.1.1.29;};
};
zone "1.1.10.in-addr.arpa"{
type master;
file "10.1.1";
master {10.1.1.29;};
};
zone "0.0.127.in-addr.arpa"in{
type master;
file "named.local";
master {10.1.1.29;};
};
```

图 11-10　配置 zone 指令的常用参数

这里的 domain 充当主域名服务器所在域的 FQDN，而 pathname 包括指定区数据库的文件对应的路径名。给定的 pathname 应该是与在 options 指令的 directory 参数中指定的目录相关的路径名。zone 指令指定了该域名服务器应该充当 bengo. com 域的主域名服务器。这里 type 参数为给定的域定义配置了主域名服务器，master 为主域名服务器。而 address 是主域服务器的 IP 地址。给的 pathname 应该是与在 options 指令的 directory 参数中指定的目录相关的路径名。在此例中假设 bengo. com 城的主域名服务器的 IP 地址为 192. 168. 1. 3。第一个 zone 指令为". "定义指明根名字服务器的线索区域，列出这些服务器的缓冲数据库文件是 name. ca。第二个 zone 指令为 bengo. com 域定义一个区域，其类型为 master 区域(主域名服务器区域)，数据库文件是"name. bengo. com"。第三个 zone 指令用于前一个区域的 IP 地址逆向映射，其名字由 bengo. com 域的 IP 地址的逆序排列再加上术语 in-addr. arpa 构成。这里将主 DNS 域名服务器的地址设定为 10. 1. 1. 29。

2. "/etc/named. rfc1913. zones"文件

"/etc/named. rfc1913. zones"文件中的 zone 语句用来定义域及相关选项，zone 语句内常见选项参数及其含义说明如表 11-3 所示。

表 11-3 zone 语句内常见选项参数及其含义说明

选项参数	含义说明
type	设置域类型，类型 hint 是当本地找不到相关解析后，可以查询根域名服务器；master 是定义权威域名服务器；slave 是定义辅助域名服务器；forward 是定义转发域名服务器
file	定义域数据文件，文件保存在 directory 所定义的目录下
notify	当域数据资料更新后，是否主动通知其他域名服务器
masters	定义主域名服务器 IP 地址，当 type 设置为 slave 后此选择才有效
allow-update	允许主机动态更新域数据信息
allow-transfer	设置从服务器到主服务器进行区域数据传输，默认值是允许和所有主服务器进行域传输

3. 正反向解析文件

在 BIND 软件的主配置文件中，一旦定义了 zone 语句，还必须创建域数据文件。域数据文件默认被存储在"/var/named"目录下，文件名称是由 zone 语句中的 file 选项决定。数据文件分为正向解析文件和反向解析文件。正向解析文件保存了域名到 IP 地址的映射记录，反向解析文件保存了 IP 地址到域名的映射记录。常用的记录类型如下。

(1) A 记录地址正向解析，域名到 IP 地址的映射。A 记录是将一个主机名和一个 IP 地址关联起来。这也是大多数客户端程序默认的查询类型。

(2) PTR 记录，即反向解析记录，IP 地址到域名的映射。这些记录保存在"in-addr. arpa"域中。

(3) CNAME 记录，称为别名记录，即相当于为主机添加别名。这种记录允许将多个名字映射到同一台计算机。

(4) MX 记录是邮件交换记录，它指向一个邮件服务器，用于电子邮件系统发邮件时，根据收信人的地址后缀来定位邮件服务器。MX 记录也称为邮件路由记录，用户可以将该域名下的邮件服务器指向自己的 mail server 上，然后即可自行操控所有的邮箱设置。当有多个 MX 记录，即有多个邮件服务器时，需要设置数值来确定其优先级。通过设置优先级数字来指明首选服务器，数字越小表示优先级越高。

(5) NS(Name Server)记录是域名服务器记录，也称为授权服务器，用来指定该域名由哪个 DNS 服务器进行解析。将网站的 NS 记录指向目标地址，在设置 NS 记录的同时还需要设置目标网站的指向，否则 NS 记录将无法正常解析。另外，NS 记录优先于 A 记录，如果一个主机地址同时存在 NS 记录和 A 记录，则 A 记录不生效。

11.3.4 域名服务器分类

从理论上讲，一台 DNS 域名服务器可以包括多个整个 DNS 数据库，并响应所有的查询。如果是这样的话，这台 DNS 服务器会由于负载过重而一无用处。另外，服务器失效，整个互联网就会崩溃。所以现实生活中采用的域名服务器不仅能够进行一些域名到 IP 地址的转换，还具有与其他 DNS 域名服务器联系的信息。当不能在本地 DNS 服务器进行域名到 IP 地址的转换时，就能够知道到什么地方找别的域名服务器，这样就使得这些域名服务器组成一个大的域名服务系统。Internet 上的域名服务器系统是按照域名的层次来划分的。每个域名服务器都只对域名体系中的一部分进行管辖，一个独立管理的 DNS 子树称为一个区域。我国域名体系分为类别域名和行政区域名两套。类别域名依照申请机构的性质依次分为：ac，代表科研机构；com、top，代表工商和金融等专业；edu，代表教育机构；gov，代表政府部门；net，代表互联网络、接入网络的信息中心和运行中心；org，代表各种非营利性的组织。行政区域名是按照我国的各个行政区划分而成的，其划分标准依照国家技术监督局发布的国家标准而定，包括行政区域名 34 个，适用于我国的各省、自治区、直辖市，分别为：BJ，代表北京市；SH，代表上海市；TJ，代表天津市；CQ，代表重庆市；HE，代表河北省；SX，代表山西省；NM，代表内蒙古自治区；LN，代表辽宁省；JL，代表吉林省；HL，代表黑龙江省；JS，代表江苏省；ZJ，代表浙江省；AH，代表安徽省；FJ，代表福建省；JX，代表江西省；SD，代表山东省；HA，代表河南省；HB，代表湖北省；HN，代表湖南省；GD，代表广东省；GX，代表广西壮族自治区；HI，代表海南省；SC，代表四川省；GZ，代表贵州省；YN，代表云南省；XZ，代表西藏自治区；SN，代表陕西省；GS，代表甘肃省；QH，代表青海省；NX，代表宁夏回族自治区；XJ，代表新疆维吾尔自治区；TW，代表台湾省；HK，代表香港；OM，代表澳门。CN 域名除 edu.cn 由 CernNic(教育网)运行外，其他均由 CNNIC 运行。DNS 域名服务器的划分主要分为如下几类。

1. 主域名服务器

通常每个区域有且只有一个主域名服务器(primary server)。虽然 DNS 规则中没有明确禁止使用多个主域名服务器，但是由于维护多个主域名服务器一般来说是比较困难的，而且很容易产生错误，所以不鼓励一个域有多个主域名服务器。对每个区域的所有 DNS 数据库文件的修改都在该区域的主域名服务器上修改。主域名服务器对该域中的辅助域名服务器进行周期性的更新。

2. 辅助域名服务器

辅助域名服务器(secondary server)用作同一区域中主服务器的备份服务器，以防主域名服务器无法访问。辅助域名服务器定期与主域名服务器通信，确保它的区域信息保持最新。如果不是最新信息，辅助域名服务器就会从主域名服务器获取最新区域数据文件的副本。这种将区域文件复制到多台域名服务器的过程称为区域复制。

3. 缓存域名服务器

所有的域名服务器都缓存非它们授权管理的远地域名的信息。而缓存域名服务器(cache-only server)只用来缓存任何 DNS 域的信息，它们不管理任何授权的域名信息，所以它们对任何域提供的信息都是非授权的。缓存服务器可以分担辅助域名服务器从主域名服务器获得数据库文件副本的负担,可以为用户提供本地的域名信息服务而不用设置主域名服务器和辅助域名服务器。

4. 转发域名服务器

转发域名服务器(forwarding server)是主域名服务器和辅助域名服务器的一种变形,它负责所有非本地域名的本地查询。如果用户定义了一台转发域名服务器,那么所有对非本地域名的查询都首先发送给它。转发域名服务器通常有大量的域名缓存信息,从而可以减少非本地域名查询的重复次数。转发域名服务器不能解析域名查询,本地域名服务器仍然可以访问远地的域名服务器,直到找到结果,否则返回未映射的结果。

连接 TCP/IP 的每个网络接口用一个唯一的 32 位的 IP 地址标识,但由于数字比较复杂,难以记忆,而且没有形象性,因此发明了域名系统。在这种情况下,可以使用易于理解和较为形象的名称作为一台计算机的标识。大多数情况下,数字地址和域名地址可以交替使用,但无论用数字地址或是域名地址进行网络应用时,总是以 IP 地址为基础进行的。在网络进行连接前,系统必须将域名地址转换成 IP 地址,这就是 DNS 的任务。大多数 DNS 服务器,包括各种 Linux 附带的版本,都使用 Bind(Berkeley Internet Name Domain),当前是 Bind 9 版本,DNS 提供了从名字到 IP 地址的映射关系,这种映射关系不必是一一映射,一个 IP 可以有多个域名,一个域名也可以对应多个 IP。如果要为网络站点配置 DNS 域名服务器,还需要如下工具。

(1) named 程序。named 是在 DNS 上运行的守护程序,用来查询处理和负责执行区间传输。如果它不能对某一查询做出应答,它将负责把这一请求转发给可以应答的 DNS 域名服务器,通过区间传输,可以在 Internet 上传播修改过的 DNS 域名信息。

(2) 解析程序库。为了使用和测试 named,要通过在/etc 目录下创建 resolve. conf 文件,把 Linux 设置在使用 DNS 状态,这个文件的作业是设置域名服务器的顺序,如果在第一个域名服务器上找不到某个域名,它就会到第二个域名服务器上去寻找,以此类推。服务器也可通过网关接入 Internet,而它的 DNS 只包含本地网段的主机信息,因此,在连入 Internet 后,在本地找不着某个域名时,就必须到别的 DNS 服务器上去查找。

(3) traceroute 程序。这个程序用来确定数据包从当前网络传输到其他网络所采取的路径,对调试网络连接非常有用,特别是当网络发生故障时。

(4) nslookup 程序。这个程序用来确保解析程序和 DNS 服务器正确配置,这一任务是通过主机名解析 IP 地址或者把一个 IP 地址解析为域名来完成的。

11.4 常用网络命令

11.4.1 hostname 和 ping 命令

1. 作用

(1) hostname: 显示或设置系统的主机名。

（2）ping：测试本主机和目标主机连通性。

（3）host：IP 地址查找工具。

2. 格式

（1）hostname。

查看本机的 hostname：

```
hostname
```

修改本机的主机名：

```
hostname [新主机名]
```

（2）ping。

```
ping [参数] [目标地址]
```

（3）host。

```
host [参数]
```

3. 常见参数

（1）hostname 命令常见选项参数及其含义说明如表 11-4 所示。

表 11-4 hostname 命令常见选项参数及其含义说明

选项参数	含义说明
-f	显示主机名的长格式带域名，例如 localhost. localdomain
-d	显示域名，例如 localdomain iv>hostname -I //显示主机名对应的 IP 地址
-a	显示主机别名(alias)和 hostname 的输出结果一样，例如 localhost
-s	显示主机名的短格式，也就是从左边第一个逗号前面部分，例如 localhost. localdomain 逗号前面就是 localhost

（2）ping 命令常见选项参数及其含义说明如表 11-5 所示。

表 11-5 ping 命令常见选项参数及其含义说明

选项参数	含义说明
-c count	共发出 count 次信息。若不加此项，则发无限次信息
-i interval	两次信息之间的时间间隔为 interval。若不加此项，时间间隔为 1s

（3）host 命令常见选项参数及其含义说明如表 11-6 所示。

表 11-6　host 命令常见选项参数及其含义说明

选项参数	含义说明
-v	显示指令执行的详细信息
-4	使用 IPv4 查询传输（默认）
-6	使用 IPv6 查询传输
-r	不使用递归的查询方式查询域名

4. 使用示例

（1）hostname。

表示本人的系统主机名是 WUqy。

```
#sudo hostname
WUqy
```

把主机名设置为 just.edu.cn。

```
#sudo hostname just.edu.cn
```

（2）ping。

```
# sudo ping www.jsut.edu.cn
正在 Ping www.jsut.edu.cn [39.134.69.205] 具有 32 字节的数据:
来自 39.134.69.205 的回复: 字节 = 32 时间 = 109ms TTL = 56
来自 39.134.69.205 的回复: 字节 = 32 时间 = 54ms TTL = 56
来自 39.134.69.205 的回复: 字节 = 32 时间 = 66ms TTL = 56
来自 39.134.69.205 的回复: 字节 = 32 时间 = 108ms TTL = 56
39.134.69.205 的 Ping 统计信息:
    数据包: 已发送 = 4,已接收 = 4,丢失 = 0 (0% 丢失),
往返行程的估计时间(以毫秒为单位):
    最短 = 54ms,最长 = 109ms,平均 = 84ms
```

（3）host。

```
#sudo host www.jsut.edu.cn
www.jsut.edu.cn has address 39.134.69.205
```

DNS 查找出 www.jsut.edu.cn 的 IP 地址为 39.134.69.205。

```
#sudo host 39.134.69.205
39.134.69.205 in-addr.arpa. domain name pointer www.jsut.edu.cn.
```

11.4.2 ifconfig 命令

1. 作用

ifconfig 命令用于配置网卡和显示网卡信息的工具。

2. 使用示例

```
#sudo ifconfig -a
以太网适配器 eth0  28:D2:44:2F:00:F2
无线局域网适配器 eth1  16:DB:30:26:F6:E4
```

显示本主机有一个网卡 eth0。如果显示 lo 是本地环路(虚拟的)网卡,不是物理上实际存在的网卡。这里输出中有几个重要的信息:IP 地址、网卡 MAC 地址、网卡的配置以及网卡的数量。

11.4.3 traceroute 命令

1. 作用

traceroute 命令显示本机到达目标主机的路由路径。

2. 使用示例

```
# sudo traceroute www.sina.com
traceroute to www.sina.com (66.77.9.79), 30 hops max, 38 byte packets
1   *  *  *
2  211.162.65.62 (211.162.65.62)  1.116 ms  1.010 ms  0.945 ms
3  211.162.78.201 (211.162.78.201)  1.061 ms  1.053 ms  1.030 ms
```

traceroute 利用 ICMP 定位网络数据包的路由途径,这里预设的最大跳数是 30,预设的数据包大小是 38B,还有一些定位数据包的统计数,包括接收和发送包的 IP 地址总量和时间等。

11.4.4 Telnet 和 FTP 命令

1. 作用

(1) Telnet:远程登录客户程序。

(2) FTP:FTP 客户程序。

2. 格式

(1) Telnet。

```
Telnet [主机名/iP 地址]
```

(2) FTP。

```
FTP [主机名/IP 地址]
```

3. 使用示例

(1) Telnet。

```
#sudo telnet 192.168.0.200
```

远程登录到服务器192.168.0.200。服务器192.168.0.200应开启Telnet服务，否则会连接失败。如果成功连接Telnet，程序会提示输入用户名和口令，登录成功后就可以远程管理或使用服务器。

(2) FTP。

```
#sudo ftp 192.168.10
```

FTP登录到远程FTP服务器192.168.0.10，同样服务器192.168.0.10要开启FTP服务。连接成功后，FTP程序会提示输入用户名和口令。如果连接成功，将得到“ftp >”提示符。

习　　题

一、选择题

1. Linux操作系统中eth1表示(　　)设备。
   A. 显卡　　B. 网卡　　C. 声卡　　D. 视频压缩卡
2. TCP/IP为临时性的网络连接分配(　　)的端口号。
   A. 1024以上　　B. 0～1024　　C. 256～1024　　D. 0～128
3. 关于网络服务默认的端口号，以下说法正确的是(　　)。
   A. FTP服务使用的端口号是2123　　B. SSH服务使用的端口号是23
   C. DNS服务使用的端口号是53　　D. SMTP服务使用的端口号是25
4. named常用的参数中，用于指定监听的IPv4网络接口的参数是(　　)。
   A. directory　　B. statistics-file　　C. allow-query　　D. lisen-on port
5. DHCP可以实现动态的(　　)地址分配。
   A. TCP　　B. IP　　C. Mac　　D. DNS
6. DNS域名系统主要负责主机名和(　　)之间的解析。
   A. IP地址　　B. MAC地址　　C. 网络地址　　D. 主机别名
7. 主机通过局域网直接接入Internet，应该配置(　　)。
   A. IP地址
   B. 子网掩码
   C. 默认网关和DNS服务器的IP地址
   D. 以上选项都是

二、填空题

1. 在网络通信的过程中，将发出数据的主机称为________，接收数据的主机称为________。

2. IP将这个32位或者128位的地址分为两部分，前面部分代表________，后面部分表示________。

3. 当数据包被发送到主机上以后，UDP通过________的方式确定哪个应用程序要接收这个数据包。

4. IP中还有一个非常重要的内容，那就是给互联网上的每台计算机和其他设备都规定了一个唯一的地址，叫作________。

5. IPv4的地址长度是一个________位的二进制数，通常被分为4个八位二进制数，也就是________字节。

6. 通常将一个较大网络分成多个较小的网络，每个小网络使用不同的网络ID，这样的小网络称为________。在网络通信时，若想找到子网，需要定义________。

7. 路由控制表的形成方式有两种：一种是管理员手动设置；另一种是路由器与其他路由器相互交换信息时自动刷新。前者称为________，而后者称为________。

8. Ubuntu操作系统的网络配置文件主要有以下3个：________、________和________。

9. ________是DNS域名的最上层。

10. 常见的域名服务器的分类有________、________、________、________。

三、简答题

1. 讲述计算机网络配置的分层体系结构。

2. 简述IP地址的分类。

3. 在用户系统的/etc目录下查看hosts和host.conf文件，执行添加主机名等简单操作，查看结果。

4. 简述DNS配置过程。

5. 阅读httpd.conf文件，给出较为详细的配置语句注释。

上机实验

实验一：Linux操作系统网络基础

实验目的

掌握Ubuntu操作系统网络配置的相关操作，同时应用netplan配置网络。

实验内容

掌握下列命令的用法。

(1) renderer：指定后端网络服务，支持networkd。

(2) ethernets：指定是以太网配置，主要包括WiFi。

(3) eth0：设置自己的以太网网卡名称为自己名字的拼音全称。

(4) dhcp4：开启使用IPv4的DHCP。

(5) dhcp6：开启使用IPv6的DHCP。

(6) addresses：对应网卡配置的静态IP地址，是子网掩码的格式，支持IPv6地址。

(7) gateway4，gateway6：指定IPv4和IPv6默认网关地址，使用静态IP配置时使用。

实验二：DHCP 服务器配置

实验目的

理解 DHCP 的工作过程，熟练掌握安装和配置 DHCP 服务器的方法。

实验内容

某单位销售部有 80 台计算机，所使用的 P 地址段为 192.168.1.1～192.168.1.254，子网掩码为 255.22.255.0，网关为 192.168.1.1。其中，192.168.1.2～192.168.1.30 分配给各服务器使用，客户端仅可以使用 192.168.1.100～192.168.1.200，其余 IP 地址保留。

实验三：DNS 服务器配置

实验目的

了解 DNS 域名解析过程，熟悉 Linux Bind 服务器的常用配置，掌握配置 DNS 服务器的方法。

实验内容

假设某单位所在的域 gztzy.org 内有 3 台主机，主机名分别为 jwc.gztzy.org 、yds.gzy.org 和 cys.computer.org。其中 DNS 服务器的地址为 192. 168.1.3。3 台主机的 IP 地址为 192.168.1.4、192.168.1.5 和 192.168.1.6。现要求 DNS 服务器 dns.gztzy.org 可以解析 3 台主机名和 IP 地址的对应关系。

第12章 网络信息安全

网络信息安全是一门涉及计算机科学、网络技术、通信技术、密码技术、信息安全技术、应用数学和信息论等多种学科的综合性学科。它主要是指网络系统中的硬件和软件及其系统中的数据受到保护，不受偶然因素或者恶意的原因而遭受破坏、更改和泄露，整个网络系统连续、可靠、正常地运行。随着互联网技术的日益发展，以网络为代表的全球性信息化浪潮日益高涨，网络信息技术的应用日益普及，安全也成为影响网络效能的重要问题。而网络所具有的开放性、国际性和自由性也在日益增加。在自由度增加的同时，对网络信息安全也提出了更高的要求。

12.1 信息安全存在的问题

现阶段，虽然生活方式呈现出简单和快捷性，但其背后也伴有诸多信息安全隐患。例如诈骗电话、大学生“裸贷”问题、推销信息以及人肉搜索信息等均对个人信息安全造成影响。不法分子通过各类软件或者程序来盗取个人信息，并利用信息来获利，严重影响了公民生命和财产安全。网络上个人信息的肆意传播、电话推销源源不绝等情况时有发生，从其根源来看，这与公民欠缺足够的信息保护意识密切相关。公民在个人信息层面的保护意识相对薄弱，给信息被盗取创造了条件。例如，随便进入一个网站便需要填写相关资料，有的网站甚至要求精确到身份证号码等信息。很多公民并未意识到上述行为是对信息安全的侵犯。此外，部分网站基于公民意识薄弱的特点公然泄露或者是出售相关信息，日常生活中随便填写传单等资料也存在信息被违规使用的风险。研究及实践表明，目前生活中存在的信息系统安全问题主要表现在以下多个方面。

(1) 非授权获取，没有预先经过同意或认可，就使用网络或者个人计算机资源被看作非授权访问，如有意避开系统访问控制机制，对网络设备及资源进行非正常使用，或擅自扩大权限，越权访问信息等。

(2) 信息泄露或丢失，指敏感数据在有意或无意中被泄露出去或丢失。这通常包括信息在传输中丢失或泄露(如黑客们利用电磁泄漏或搭线窃听等方式截获机密信息)或通过对信息流向、流量、通信频度和长度等参数的分析，推算出有用信息(如用户口令、账号等重要信息)；信息在存储介质中丢失或泄露；通过建立隐蔽隧道等窃取敏感信息等。

(3) 破坏数据完整性，以非法手段窃得对数据的使用权，删除、修改、插入或重发某些重要信息，以取得有益于攻击者的响应；恶意添加、修改数据，以干扰用户的正常使用。

(4) 拒绝服务攻击，不断对网络服务系统进行干扰，改变其正常的作业流程，执行无关程序使系统响应减慢甚至瘫痪，影响正常用户使用网络服务系统，甚至使合法用户被排斥而不能进入计算机网络系统或不能得到相应的正常服务,破坏系统的可用性。

(5) 网络病毒和木马。网络传播的计算机病毒和木马破坏性远高于单机系统,而且用户很难防范。

(6) 相关部门监管不力,政府部门针对个人信息采取监管和保护措施时,可能存在界限模糊的问题,这主要与管理理念模糊和机制缺失联系密切。大数据需要以网络为基础,网络用户较多并且信息较为繁杂,因此政府也很难实现精细化管理。再加上与网络信息管理相关的规范条例等并不系统,使得政府很难针对个人信息安全做到合理有效的监管。

12.2 信息安全的防护

由于互联网的技术是全开放的,任何个人、团体都可能通过各种途径获得,因而网络所面临的破坏和攻击可能是多方面的。这就意味着网络的攻击不仅仅来自本地网络的用户,也可以来自互联网上的任何一个国家或者地区的任何一台机器。网络安全所面临的是一个国际化的挑战,没有国家或者地域等界限。开放、自由和国际化的互联网的发展给人们的生活带来巨大便利的同时,也对很多重要领域的信息安全提出了挑战。信息网络涵盖国家的政府、军事和文教等诸多领域,涉及政府决策、商业机密,以及金融、科研等重要乃至机密数据。如何保证这些数据及个人隐私等不被泄露,就成了保障网络安全的重中之重。

1. 网站检测

网站安全检测也称网站安全评估、网站漏洞测试和 Web 安全检测等。它是通过技术手段对网站进行漏洞扫描,检测网页是否存在漏洞、网页是否潜伏有木马、网页有没有被篡改、是否有欺诈网站等,提醒网站管理员及时修复和加固,保障 Web 网站的安全运行。网站检测主要检测如下几方面。

(1) 外来注入攻击。检测 Web 网站是否存在诸如 SQL 注入、SSI 注入、Ldap 注入和 Xpath 注入等漏洞,如果存在该漏洞,攻击者对注入点进行注入攻击,可轻易获得网站的后台管理权限,甚至网站服务器的管理权限。

(2) XSS 跨网站脚本程序。检测 Web 网站是否存在 XSS 跨网站脚本漏洞,如果存在该漏洞,网站可能遭受 Cookie 欺骗、网页潜伏木马等攻击。

(3) 网页潜伏木马。检测 Web 网站是否被黑客或恶意攻击者非法植入了木马程序。

(4) 缓冲区溢出检测。检测 Web 网站服务器和服务器软件是否存在缓冲区溢出漏洞,如果存在,攻击者可通过此漏洞获得网站或服务器的管理权限。

(5) 上传漏洞。检测 Web 网站的上传功能是否存在上传漏洞,如果存在此漏洞,攻击者可直接利用该漏洞上传木马获得 Web shell。

(6) 源码泄露。检测 Web 网络是否存在源码泄露漏洞,如果存在此漏洞,攻击者可直接下载网站的源码。

(7) 隐藏目录泄露。检测 Web 网站的某些隐藏目录是否存在泄露漏洞,如果存在此漏洞,攻击者可了解网站的全部结构。

(8) 数据库泄露。检测 Web 网站是否在数据库泄露的漏洞,如果存在此漏洞,攻击者通过暴库等方式,可以非法下载网站数据库。

(9) 管理地址泄露。检测 Web 网站是否存在管理地址泄露功能,如果存在此漏洞,攻击者可轻易获得网站的后台管理地址。

(10) 设置较弱密码强度。检测 Web 网站的后台管理用户以及前台用户是否存在使用弱口令的情况。

2. 网络检测

(1) 检测网络结构安全与网段划分情况,保证网络设备的业务处理能力具备冗余空间,满足业务高峰期需要;根据机构业务的特点,在满足业务高峰期需要的基础上,合理设计网络带宽。

(2) 网络访问控制,不允许数据带通用协议通过。拨号访问控制,不开放远程拨号访问功能,例如远程拨号用户或者移动 VPN 用户等。

(3) 开展有效的网络安全审计工作,记录网络设备的运行状况、网络流量和用户行为等事件的日期和时间、用户、事件类型、事件是否成功,及其他与审计相关的信息。还要开展边界完整性检查工作,其能够对非授权设备私自连到内部网络的行为进行检查,准确定出位置,并对其进行有效阻断;能够对内部网络用户私自连到外部网络的行为进行检查,准确定出位置,并对其进行有效阻断。

(4) 网络入侵防范工作,在网络边界处监视端口扫描、强力攻击、木马后门攻击、拒绝服务攻击、缓冲区溢出攻击、IP 碎片攻击、网络蠕虫攻击等入侵事件的发生;当检测到入侵事件时,记录入侵源 IP、攻击类型、攻击目的、攻击时间等,并在发生严重入侵事件时提供报警(如可采取屏幕实时提示、E-mail 告警、声音告警等几种方式)及自动采取相应动作。同时在网络边界处对恶意代码进行检测和清除,维护防恶意代码库的升级和检测系统的更新。

(5) 定期开展网络设备防护,对登录网络设备的用户进行身份鉴别,对网络设备的管理员登录地址进行限制,主要网络设备对同一用户选择两种或两种以上组合的鉴别技术来进行身份鉴别。

3. 保护主机

(1) 身份鉴别。对登录操作系统和数据库系统的用户进行身份标识和鉴别,依据安全策略控制主体对客体的访问。应对重要信息资源和访问重要信息资源的所有主体设置敏感标记,强制访问控制的覆盖范围应包括与重要信息资源直接相关的所有主体、客体及它们之间的操作,强制访问控制的强度应达到主体为用户级,客体为文件、数据库表、记录和字段级等。

(2) 可信路径的构建。在系统对用户进行身份鉴别时,保证系统与用户之间能够建立一条安全的信息传输路径,同时审计范围覆盖到系统内重要的安全相关事件、服务器和重要客户端上的每个操作系统用户和数据库用户。数据库信息安全检测具有很强的系统性和综合性,需要完善的安全机制才能及时发现数据库信息中存在的问题。在计算机网络系统应用时,需要高度重视数据库信息安全检测安全机制的构建。

(3) 保证操作系统和数据库管理系统用户的鉴别信息所在的存储空间,被释放或再分配给其他用户前得到完全清除,无论这些信息是存放在硬盘上还是在内存中;确保系统内的文件、目录和数据库记录等资源所在的存储空间安全。能够检测到对重要服务器进行入侵的行为,能够记录入侵的源 IP、攻击的类型、攻击的目的、攻击的时间,并在发生严重入侵事件时提供报警;能够对重要程序的完整性进行检测,并在检测到完整性受到破坏后具有恢复的措施;操作系统遵循最小安装的原则,仅安装需要的组件和应用程序,并通过设置升级服务器等方式保持系统补丁及时得到更新。

(4) 恶意代码的防范。安装防恶意代码软件,并及时更新防恶意代码软件版本和恶意代码库、主机防恶意代码产品,具有与网络防恶意代码产品不同的恶意代码库,支持防恶意代码的统一管理。

(5) 资源控制策略。通过设定终端接入方式、网络地址范围等条件限制终端登录。根据安全策略设置登录终端的操作超时锁定,对重要服务器进行监视,包括监视服务器的CPU、硬盘、内存、网络等资源的使用情况。同时限制单个用户对系统资源的最大或最小使用限度,当系统的服务水平降低到预先规定的最小值时,能够检测和及时报警处理。

国际标准化组织定义计算机信息网络系统的安全概念为:“为数据处理系统建立和采取的技术和管理的安全保护,保护计算机硬件、软件和数据不因偶然和恶意的原因而遭到破坏、更改和显露。”综上所述,可以把网络信息安全归纳为6个基本方面,分别是机密性、完整性、可用性、可控性、可审查性和抗抵赖性。

(1) 机密性:确保信息不暴露给未授权的实体或进程。

(2) 完整性:只有得到允许的人才能修改数据,并且能够判别出数据是否已被篡改。

(3) 可用性:得到授权的实体在需要时可访问数据,即攻击者不能占用所有的资源而阻碍授权者的工作。

(4) 可控性:可以控制授权范围内的信息流向及行为方式。

(5) 可审查性:对出现的网络安全问题提供调查的依据和手段。

(6) 抗抵赖性:任何用户在使用网络信息资源时都会在系统中留下一定痕迹,操作用户无法否认自身在网络上的各项操作,整个操作过程均能够被有效记录。这样做能够应对不法分子否认自身违法行为的情况,提升整个网络信息系统的安全性,创造更好的网络环境。

12.3 常见的攻击类型

随着互联网技术的快速发展,恶意攻击者所控制的肉鸡攻击也越来越凶猛,在这样的环境下,不少网站遭到攻击,这样不少的用户因为各种类型的网络攻击损失巨大。无论是正规企业网站、游戏网站和购物网站都有可能遭受攻击,导致客户不能访问和利益的流失。计算机网络遭受攻击的手段不同,所造成的危害程度和检测防御办法也各不相同。这里给出几种最常用的攻击类型。

12.3.1 端口扫描

扫描不是彻底的网络攻击,而是攻击前的侦查。对于位于网络中的计算机系统来说,一个端口就是一个潜在的通信通道,也就是一个入侵通道。对目标计算机进行端口扫描,能得到许多有用的信息,从而发现系统的安全漏洞。通过端口扫描可以使系统用户了解系统目前向外界提供了哪些服务,从而为系统用户管理网络提供了一种参考的手段。

从技术原理上来说,端口扫描向目标TCP/IP服务端口发送探测数据包,并记录目标主机的响应。通过分析响应来判断服务端口是打开的还是关闭的,也可以判断端口提供了哪些服务或者信息。端口扫描也可以通过捕获本地主机或服务器的流入、流出IP数据包来监视本地主机的运行情况，不仅能对接收到的数据进行分析，而且能够帮助用户发现目标主机的某些内在的弱点。端口扫描常用的有全连接扫描和半连接扫描。此外，还有不常用的间接扫描和秘密扫描。

1. 全连接扫描

全连接扫描是 TCP 端口扫描的基础，现有的全连接扫描有 TCP connect 扫描和 TCP 反向 ident 扫描等，其中 TCP connect 扫描的实现原理如下。扫描主机通过 TCP/IP 的 3 次握手与目标主机的指定端口建立一次完整的连接。连接由系统调用 connect 开始。如果端口开放，则连接将建立成功；否则返回 −1 表示端口关闭。如果建立连接成功，则响应扫描主机的 SYN/ACK 连接请求。这一响应表明目标端口处于监听状态。如果目标端口处于关闭状态，则目标主机会向扫描主机发送 RST 的响应。图 12-1 所示为 namp 的半连接扫描和全连接扫描，TCP 的全连接扫描会在被扫描机器留下记录，半连接扫描不会留下记录。只有 TCP 3 次握手完整才会在服务器留下记录，所以可以省略第 3 次握手，同样可以达到扫描的目的，但是不会在服务器留下记录。

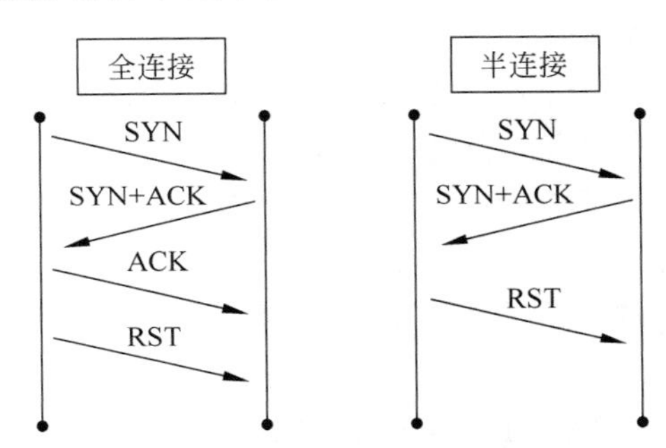

图 12-1　namp 的全连接扫描和半连接扫描

2. 半连接扫描

若端口扫描没有完成一个完整的 TCP 连接，在扫描主机和目标主机的一个指定端口建立连接时只完成了前两次握手，在第 3 步时，扫描主机中断了本次连接，使连接没有完全建立起来，那这样的端口扫描称为半连接扫描，也称为间接扫描。现有的半连接扫描有 TCP SYN 扫描和 IP ID 头 dumb 扫描等。TCP SYN 扫描的优点在于即使日志中对扫描有所记录，但是尝试进行连接的记录也要比全扫描少得多；缺点是在大部分操作系统下，发送主机需要构造适用于这种扫描的 IP 包。通常情况下，构造 SYN 数据包需要超级用户或者授权用户访问专门的系统调用。没有完成 TCP 3 次握手的攻击方式还有 ARP（Address Resolution Protocol，地址解析协议）欺骗。ARP 是一个重要的 TCP/IP，用于确定对应 IP 地址的网卡物理地址。当计算机接收到 ARP 应答数据包时，会对本地的 ARP 缓存进行更新，将应答中的 IP 地址和 MAC 地址存储在 ARP 缓存中。如果局域网中的某台主机 B 向主机 A 发送一个自己伪造的 ARP 应答，而如果这个应答是主机 B 冒充主机 C 伪造来的，即 IP 地址为主机 C 的 IP，而 MAC 地址是伪造的，则当主机 A 接收到主机 B 伪造的 ARP 应答后，就会更新本地的 ARP 缓存。这样在主机 A 看来，主机 C 的 IP 地址没有变，而其 MAC 地址已经改变。由于局域网的网络流通不是根据 IP 地址进行的，而是按照 MAC 地址进行传输的，伪造出来的 MAC 地址在主机 A 上被改变成一个不存在的 MAC 地址，即可造成网络不通。

12.3.2 DoS和DDoS攻击

2019年9月初，北京市公安局网络安全保卫总队（以下简称网安总队）发起了针对分布式拒绝服务（Distributed Denial of Service，DDoS）攻击类违法犯罪的全国性专项打击行动。3个月内，网安总队在全国范围内共抓获违法犯罪嫌疑人379名，清理在京被控主机7268台。先后发现10个专门从事DDoS攻击的网站，其中一个网站内的会员有1万人左右，攻击峰值流量高达400Gb/s，总攻击次数达30余万次。此后，网安总队会同北京市丰台公安分局对上述线索开展分析梳理，获取了涉及全国25个省的220条DDoS攻击类线索，并由公安部统一指挥、全国相关地区公安机关共同开展集中打击。可见，拒绝服务（Denial of Service，DoS）在网络安全攻击现象中不断增强。从网络攻击的各种方法和所产生的破坏情况来看，DoS攻击是一种很简单但很有效的进攻方式，其目的就是拒绝用户的服务访问，破坏服务器的正常运行，最终会使用户的部分互联网连接和网络系统失效。DoS的攻击方式有很多种，最基本的DoS攻击就是利用合理的服务请求来占用过多的服务资源，从而使合法用户无法得到服务。DoS攻击的基本过程是：首先攻击者向服务器发送众多的带有虚假地址的请求，服务器发送回复信息后等待回传信息，由于地址是伪造的，因此服务器一直等不到回传的消息，分配给这次请求的资源就始终没有被释放；当服务器等待一定的时间后，连接会因超时而被切断，攻击者会再度传送新的一批请求，在这种反复发送伪地址请求的情况下，服务器资源最终会被耗尽。

DDoS攻击的原理是一种基于DoS攻击的特殊形式的拒绝服务攻击，是一种分布的、协同的大规模攻击方式。单一的DoS攻击一般是采用一对一方式的，它利用网络协议和操作系统的一些缺陷，采用欺骗和伪装的策略来进行网络攻击，使网站服务器充斥大量要求回复的信息，消耗网络带宽或系统资源，导致网络或系统不堪重负以至于瘫痪而停止提供正常的网络服务。与DoS攻击由单台主机发起攻击相比较，DDoS攻击是借助数百甚至数千台被入侵后安装了攻击进程的主机同时发起的集团行为。一个完整的DDoS攻击体系由攻击者、主控端、代理端和攻击目标4部分组成。主控端和代理端分别用于控制和实际发起攻击，其中主控端只发布命令而不参与实际的攻击，代理端发出DDoS的实际攻击包。对于主控端和代理端的计算机，攻击者有控制权或者部分控制权。它在攻击过程中会利用各种手段隐藏自己不被发现。真正的主控端攻击者一旦将命令发布到各个代理主机上，就可以关闭或离开网络，逃避打击。这时每一个攻击代理主机都会向受害者主机发送大量的服务请求数据包，这些数据包经过伪装，无法识别它的来源，而且这些数据包所请求的服务往往要消耗大量的系统资源，造成目标主机无法为用户提供正常服务，甚至导致系统崩溃。因此，这样来势迅猛的攻击有时令人难以防备，具有较大的破坏性。DDoS攻击类型的分类较为复杂，下面给出几种分类方法并给出防御措施。

1. 依据自动化程度

早期的DDoS攻击全采用手动配置，即发动DDoS攻击时，扫描远端有漏洞的计算机，侵入它们并且安装代码全是手动完成的。为了减少人为参与，出现了半自动化的DDoS攻击。在半自动化的攻击中，DDoS攻击属于主控端指示代理端的攻击模型，攻击者用自动化的Scripts来扫描，主控端的机器对主控端和代理端之间进行协商攻击的类型、受害者的地址、何时发起攻击等信息由进行详细记录。在自动化的DDoS攻击类型中，攻击者和代理端机器之间的通信是绝对不允许的，这类攻击的攻击阶段绝大部分被限制用一个单一的命令来实现，攻击的所有特征，例如攻击的类型，持续的时间和受害者的地址等，在攻击代码中都预先用程序实现好了。

2. 采用系统及协议的弱点分类

这种攻击的生存能力非常强，为了能够在网络上进行互通、互联，所有的软件实现都必须遵循既有的协议，如果这种协议存在漏洞，那么所有遵循此协议的软件都会受到影响。最经典的攻击利用 TCP/IP 的漏洞完成攻击。

（1）洪水攻击。在洪水攻击中向受害者主机系统发送大量的数据流，目的是充塞受害者主机系统的带宽，小的影响则降低受害者主机本身提供的服务，大的影响则使整个网络带宽持续饱和，以至于网络服务瘫痪。典型的洪水攻击有 UDP 和 ICMP 洪水攻击。

（2）扩大攻击。扩大攻击分为两种：一种是利用广播 IP 地址的特性的攻击；另一种是利用反射体来发动攻击。前一种攻击者利用了广播 IP 地址的特性来扩大和映射攻击，导致路由器将数据包发送到整个网络的广播地址列表中的所有的广播 IP 地址。后一种攻击是一种新的变种，攻击者并不直接攻击目标服务 IP 地址，而是利用互联网的某些特殊服务，如开放的服务器，通过伪造被攻击者的 IP 地址向有开放服务的服务器发送构造的请求报文，该服务器会将数倍于请求报文的回复数据发送到被攻击 IP 地址，从而对后者间接形成 DDoS 攻击。这些恶意的流量将减少受害者主机系统可提供的带宽。典型的扩大攻击有 Smurf、DNS、NTP、SSDP 和 Fraggle 攻击。

（3）利用协议的攻击。该类攻击则是利用某些协议的特性或者利用安装在受害者主机上的协议，针对这些协议中存在的漏洞来耗尽它的大量资源。典型的利用协议攻击的例子是 TCP SYN 攻击，通常一次 TCP 连接的建立包括三个步骤，客户端发送 SYN 包给服务器端，服务器分配一定的资源给这个连接，并返回 SYN/ACK 包，等待建立连接最后的 ACK 确认字符包，客户端发送 ACK 报文。这样两个主机之间的连接建立起来后，就可以发送数据了。而攻击的过程就是疯狂发送 SYN 报文，而不返回 ACK 报文，服务器占用过多资源，而导致系统资源占用过多，没有能力响应别的操作，或者不能响应正常的网络请求。这类攻击是经典的以小搏大的攻击，即自己使用少量资源占用对方大量资源。

（4）反射拒绝服务攻击。由于 TCP/IP 相信报文的源地址，可以利用广播地址和组播协议辅助反射拒绝服务攻击。不过大多数路由器都禁止广播地址和组播协议的地址。还有一类攻击方式是使用大量符合协议的正常服务请求，由于每个请求耗费很大系统资源，导致正常服务请求不能成功。例如，超文本传输协议（Hyper Text Transfer Protocol，HTTP）是无状态协议，攻击者构造大量搜索请求，这些请求耗费大量服务器资源，导致 DDoS 攻击。这种方式的攻击比较好处理，由于是正常请求，暴露了正常的源 IP 地址，因此直接禁止这些 IP 就可以了。现在有些安全厂商认识到 DDoS 攻击的危害，开始研发专用的抗拒绝服务产品。

（5）畸形数据包攻击。攻击者通过向受害者发送不正确的 IP 地址的数据包，导致受害者主机系统崩溃。畸形数据包攻击可分为两种类型，分别是 IP 地址攻击和 IP 数据包属性攻击。

3. 基于攻击速率分类

DDoS 攻击从基于攻击速率上进行分类，可以分为持续速率的攻击和可变速率的攻击。

持续速率的攻击是指只要开始发起攻击，就用全力不停顿，也不削减力量，像这种攻击的影响是非常快的。关于可变速率的攻击，从名字就可以看出是用不同的速率攻击。基于这种速率改变的机制，可以把这种攻击分为增加速率的攻击和波动速率的攻击两种。

4. 依据影响力进行分类

DDoS攻击从基于影响力进行分类可以分为网络服务彻底崩溃的攻击和降低网络服务的攻击。服务彻底崩溃的攻击将导致受害者的服务器完全拒绝对客户端提供的服务。而降低网络服务的攻击消耗受害者系统的一部分资源，这将延迟攻击被发现的时间，同时对受害者造成一定的破坏。

5. 基于入侵目标分类

DDoS攻击从基于入侵目标进行分类可以分为带宽攻击和连通性攻击。带宽攻击通过使用大量的数据包来淹没整个网络，使得有效的网络资源被浪费，合法用户的请求得不到响应，大大降低了互联网的服务效率。而连通性攻击是通过发送大量的请求来使网络服务计算机瘫痪，所有有效的操作系统资源被耗尽，导致网络服务计算机不能够再处理合法的用户请求。

6. 基于攻击特征分类

从攻击特征的角度，可以将DDoS攻击分为攻击行为特征可提取的攻击和攻击行为特征不可提取的攻击两类。攻击行为特征可提取的攻击又可以细分为可过滤型的攻击和不可过滤型的攻击。可过滤型的攻击主要指那些使用畸形的非法数据包进行的攻击。不可过滤型攻击通过使用精心设计的数据包，模仿合法用户的正常请求所用的数据包，一旦这类数据包被过滤将会影响合法用户的正常使用。

7. 防御措施

在面对DDoS所有网络类型的攻击，都应该采取尽可能周密的防御措施，同时加强对主机系统的检测，建立迅速有效的应对策略。应该采取的防御措施有：

(1) 全面综合地设计网络的安全体系，注意所使用的安全产品和网络设备。网络用户和管理者以及ISP之间应经常交流，共同制订计划，提高整个网络的安全性。

(2) 提高网络管理人员的素质，关注安全信息，遵从有关安全措施，及时地升级系统，加强系统抗攻击的能力。

(3) 在网络服务器系统中加装防火墙系统，利用防火墙系统对所有出入的数据包进行过滤，检查边界安全规则，确保输出的包受到正确限制。

(4) 优化路由及网络结构。对路由器进行合理设置，降低攻击的可能性。优化对外提供网络服务的主机，对所有在网上提供公开服务的主机都加以限制。

(5) 安装入侵检测工具(如NIPC、NGREP)，经常扫描检查网络服务器系统，解决系统的漏洞，对系统文件和应用程序进行有效加密，并定期检查这些文件的变化。

总之，在防御响应方面，虽然还没有很好的手段对付各类攻击行为，但仍然可以采取措施使攻击的影响降至最小。由于DDoS入侵网络上的大量机器和网络设备，所以要对付这种攻击归根到底还是要解决网络的整体安全问题。真正解决安全问题一定要多个部门的配合，从边缘设备到骨干网络都要认真做好防范攻击的准备，一旦发现攻击就要及时地掐断攻击来源的所有路径，限制攻击力度的不断增强。对于提供信息服务的主机系统，尽可能地保持服务和迅速恢复服务。

12.3.3 计算机病毒

计算机病毒(computer virus)指编制或者在计算机程序中插入的破坏计算机功能或者破坏数据、影响计算机正常使用,并且能够自我复制的一组计算机指令。计算机病毒是人为编制的既有破坏性又有传染性和潜伏性的程序代码,能够对计算机信息或系统起破坏作用。计算机病毒按存在的媒体分类可分为引导型病毒、文件型病毒和混合型病毒3种;按链接方式分类可分为源码型病毒、嵌入型病毒和操作系统型病毒3种;按计算机病毒攻击的系统分类分为攻击DOS系统的病毒、攻击Windows系统的病毒和攻击UNIX\Linux系统的病毒。如今的计算机病毒正在不断地推陈出新,其中包括一些独特的新型病毒暂时无法按照常规的类型进行分类,如互联网病毒和电子邮件病毒等。新型病毒正向更具破坏性、更加隐秘、感染率更高和传播速度更快等方向发展。它们不是独立存在的,而是隐蔽在其他可执行的程序中。计算机中病毒后,轻则影响机器运行速度,重则死机,系统破坏无法使用。计算机病毒被公认为数据安全的头号大敌,其危害性越来越大,方式多种多样。目前世界各国政府都在不断建立和完善针对计算机病毒的法律法规,以打击有意制造和扩散计算机病毒的行为。同时各国还加强预防计算机病毒的技术研究,开发预防计算机病毒的软件和其他产品,尽可能减少计算机病毒带来的危害。

1. 病毒传播的途径

计算机病毒有自己的传输模式和不同的传输路径。计算机本身的主要功能是它自己的复制和传播,这意味着计算机病毒的传播非常容易,通常只要有交换数据的环境就可以进行病毒传播。有如下3种主要类型的计算机病毒传输方式。

(1) 通过移动存储设备进行病毒传播。如U盘、CD和移动硬盘等都可以是传播病毒的路径,因为它们经常被移动和使用,所以它们更容易得到计算机病毒的青睐,成为计算机病毒的携带者。

(2) 网络传播计算机病毒。特别是近年来,随着网络技术的发展和互联网全方位运行在多个领域,计算机病毒的速度越来越快,范围也在逐步扩大。

(3) 利用计算机系统和应用软件的弱点传播。越来越多的计算机病毒利用应用系统和软件应用的不足传播出去,因此这种途径也被划分在计算机病毒基本传播方式中。

2. 常见的病毒类型

(1) "爱虫"病毒。该病毒是通过Microsoft Outlook电子邮件系统传播的,邮件的主题为I LOVE YOU并包含一个附件。一旦在Microsoft Outlook里打开这个邮件,系统就会自动复制并向地址簿中的所有邮件地址发送这个病毒。"爱虫"病毒是一种蠕虫病毒,蠕虫病毒是一种常见的计算机病毒,是无须计算机用户干预即可运行的独立程序,它通过不停地获得网络中存在漏洞的计算机上的部分或全部控制权来进行传播。可以改写本地及网络硬盘上的某些文件,染毒以后邮件系统会变慢,并可能导致整个网络系统崩溃。如WannaCry勒索软件运用蠕虫技能攻击网络和计算机系统,在几天内感染了超越300 000台计算机。

(2) CIH病毒。CIH病毒是一个纯粹的Windows 95/98病毒,通过软件之间的相互复制、盗版光盘的使用和互联网的传播而大面积传播。CIH病毒发作时将用杂乱数据覆盖硬盘前1024KB数据,破坏主板BIOS芯片,使计算机无法启动,彻底摧毁计算机系统。

(3) Happy 99蠕虫。它是一种自动通过E-mail传播的病毒,如果单击了它,就会出现一幅五彩缤纷的图像，许多人以为它是贺年卡之类的软件。它将自身安装到Windows下并修改注册表，下次启动时自动加载。自此病毒安装成功之后，发出的所有邮件都会有一个附件——Happy 99.exe，如果收信人单击了此附件，那么计算机就会中毒。

(4) 木马病毒、黑客病毒。木马病毒的前缀是Trojan，黑客病毒的前缀是Hack。木马病毒的公有特性是通过网络或者系统漏洞进入用户的系统并隐藏，然后向外界泄露用户的信息；而黑客病毒则有一个可视的界面，能对用户的计算机进行远程控制。木马病毒和黑客病毒往往是成对出现的，即木马病毒负责侵入用户的计算机，而黑客病毒则会通过该木马病毒来进行控制，现在这两种类型越来越趋向于整合了。

(5) 脚本病毒。脚本病毒的前缀是Script。脚本病毒的公有特性是使用脚本语言编写，通过网页进行传播的病毒。脚本病毒还会有的前缀是VBS和JS，表明是用何种脚本编写的，如欢乐时光“VBS.Happytime”和十四日“Js.Fortnight.c.s”等。

(6) 宏病毒。其实宏病毒也是脚本病毒的一种，由于它的特殊性，因此把它单独归纳成一类。宏病毒的前缀是Macro，第二前缀很多，如Word、Word97、Excel、Excel97等。如果感染Word97及以前版本Word文档的病毒采用Word97作为第二前缀，格式是“Macro.Word97”；如果感染Word97以后版本Word文档的病毒采用Word作为第二前缀，格式是“Macro.Word”；如果感染Excel97及以前版本Excel文档的病毒采用Excel97作第二前缀，格式是“Macro.Excel97”；如果感染Excel97以后版本Excel文档的病毒采用Excel作为第二前缀，格式是“Macro.Excel”，以此类推。该类病毒的公有特性是能感染Office系列文档，然后通过Office通用模板进行传播。

(7) 后门病毒。后门病毒的前缀是Backdoor。该类病毒的公有特性是通过网络传播，给系统开后门，给用户计算机带来安全隐患，如较多用户曾经遇到过的IRC后门Backdoor.IRCBot病毒。

3. 防护措施

计算机病毒时刻都在关注着计算机，时刻都准备对有漏洞的计算机发出攻击，但计算机病毒也不是不可控制的，可以通过下面几方面来减少计算机病毒对计算机系统带来的破坏。

(1) 安装最新的杀毒软件，每天升级杀毒软件病毒库，定时对计算机进行病毒查杀，上网时开启杀毒软件的全部监控。培养良好的上网习惯，例如，对不明邮件及附件慎重打开，可能带有病毒的网站尽量别上，尽可能使用较为复杂的密码，猜测简单密码是许多网络病毒攻击系统的一种新方式。

(2) 不要执行从网络下载后未经杀毒处理的软件等；不要随便浏览或登录陌生的网站，加强自我保护。现在有很多非法网站被潜入恶意的代码，一旦被用户打开，即会被植入木马或其他病毒。当运行IE时，选择“工具”→“Internet选项”→“安全”→“Internet区域的安全级别”选项，把安全级别由“中”改为“高”。因为这一类网页主要是含有恶意代码的ActiveX或Applet、JavaScript的网页文件，所以在IE设置中将ActiveX插件和控件、Java脚本等全部禁止，就可以大大减少被网页恶意代码感染的概率。

(3) 培养自觉的信息安全意识，在使用移动存储设备时，尽可能不要共享这些设备，因为移动存储不仅是计算机进行传播的主要途径，也是计算机病毒攻击的主要目标。在对信息安全要求比较高的场所，应将计算机上的USB接口封闭，同时，有条件的情况下应该做到专机专用。

（4）用 Windows Update 功能打全系统补丁，同时，将应用软件（例如播放器软件、通信工具等）升级到最新版本，避免病毒以网页木马的方式入侵系统或者通过其他应用软件漏洞来进行病毒的传播；将受到病毒侵害的计算机进行尽快隔离，在使用计算机的过程中，若发现计算机上存在有病毒或者是计算机异常时，应该及时中断网络；当发现计算机网络一直中断或者网络异常时，立即切断网络，以免病毒在网络中传播。

（5）对数据文件进行备份。在计算机系统运行中，及时复制一份资料副本，当计算机系统受病毒破坏时，启用备份。当发现计算机系统受到计算机病毒侵害时，应采取有效措施，清除病毒，对计算机系统进行修复，如果损失了重要的资料，应请有经验的技术人员处理，尽可能保护有关资料。同时还要关注各种媒体如报纸、电视台、防病毒网站提供的最新病毒报告和病毒发作预告，及时做好预防病毒的工作。

12.3.4 木马病毒

木马病毒是隐藏在正常程序中的一段具有特殊功能的恶意代码，是能够破坏和删除文件、发送密码、记录键盘和攻击 DOS 等特殊功能的后门程序。木马病毒其实是计算机黑客用于远程控制计算机的程序，将控制程序寄生于被控制的计算机系统中，里应外合，对被感染木马病毒的计算机实施操作。木马病毒程序主要为了寻找目标计算机的后门，伺机窃取被控计算机中的密码和重要文件等，可以对被控计算机实施监控和资料修改等非法操作。木马病毒具有很强的隐蔽性，可以根据黑客意图突然发起攻击。就现在的网络攻击方式来说，木马病毒攻击绝对是一种主流的手段。木马病毒渗透到用户的计算机系统内，盗取用户的各类账号和密码，窃取各类机密文件，甚至远程控制用户主机，对用户的财产安全构成了威胁，严重侵害人民和国家的利益。

1. 木马的工作原理

木马入侵的主要途径是先通过一定的方法把木马执行文件传送到被攻击者的计算机系统中，利用的途径有浏览器链接、邮件附件和下载软件等手段，然后通过一定的提示故意误导被攻击者打开执行文件。例如某用户送给朋友用户的贺卡，可能用户打开这个文件后，确实有贺卡的画面出现，但这时很可能木马已经悄悄在用户的后台运行了。一般的木马执行文件非常小，大部分都是几千字节到几十千字节，如果把木马捆绑到其他正常文件上，用户很难发现，因此，有一些网站提供的软件下载往往是捆绑了木马文件的，用户执行这些下载的文件，也同时运行了木马。木马也可以通过 Script、ActiveX 及 ASP. CGI 交互脚本的方式植入。当服务器端程序在被感染的机器上成功运行以后，攻击者就可以使用客户端与服务器端建立连接，并进一步控制被感染的机器。在客户端和服务器端通信协议的选择上，绝大多数木马使用 TCP/IP 进行通信，但是也有一些木马由于特殊的原因，使用 UDP 进行通信。当服务器端在被感染机器上运行以后，它一方面尽量把自己隐藏在计算机的某个角落里面，以防被用户发现；同时监听某个特定的端口，等待客户端与其取得连接。另外，为了下次重启计算机时仍然能正常工作，木马程序一般会通过修改注册表或者其他的方法让自己成为自启动程序。

2. 木马的种类

（1）网络游戏木马。随着网络在线游戏的普及化发展，中国拥有规模庞大的网游玩家。网络游戏中的金钱、装备等虚拟财富与现实财富之间的界限越来越模糊。与此同时，以盗取网游账号、密码为目的的木马病毒也随之发展并泛滥起来。网络游戏木马通常采用记录用户键盘输入、Hook 游戏进程 API 函数等方法获取用户的账号和密码。窃取到的信息一般通过发送电子邮件或向远程脚本程序提交的方式发送给木马作者。网络游戏木马的种类和数量在国产木马病毒中都首屈一指。目前流行的网络游戏大都受到网络游戏木马的威胁。一款新游戏正式发布后,往往在一到两个星期内就会有相应的木马程序被制作出来。大量的木马生成器和黑客网站的公开销售,也是网络游戏木马泛滥的原因之一。

(2) 网银木马。网银木马是针对网上交易系统编写的木马病毒,其目的是盗取用户银行的卡号、密码,甚至安全证书。此类木马种类数量虽然比不上网络游戏木马,但它的危害更加直接,受害用户的损失更加惨重。网银木马通常针对性较强,首先对某银行的网上交易系统进行仔细分析,然后针对安全薄弱环节编写病毒程序。2013 年,安全软件计算机管家截获网银木马最新变种"弼马温","弼马温"病毒能够毫无痕迹地修改支付界面,使用户根本无法察觉。通过不良网站提供假 QVOD 下载地址进行广泛传播,当用户下载这一挂马播放器文件安装后就会中木马,该病毒运行后即开始监视用户网络交易,屏蔽余额支付和快捷支付,强制用户使用网银,并借机篡改订单,盗取财产。随着中国网上交易的普及,受到外来网银木马威胁的用户也在不断增加。

(3) 下载类木马。下载类木马程序的体积一般很小,其功能是从网络上下载病毒程序或安装广告软件。通常功能强大、体积也很大的后门类病毒,如"灰鸽子"和"黑洞"等,传播时都单独编写一个小巧的下载型木马,用户中毒后就会把后门主程序下载到本机运行。

(4) 代理类木马。用户感染代理类木马后,会在本机开启 HTTP 和 SOCKS 等代理服务功能。黑客把受感染计算机作为跳板,以被感染用户的身份进行黑客活动,达到隐藏自己的目的。

(5) FTP 型木马。FTP 型木马打开被控制计算机的 21 号端口(这个端口是 FTP 所使用的默认端口),使每一个人都可以用一个 FTP 客户端程序而不用密码连接到受控制端计算机,并且可以进行最高权限的上传和下载,窃取受害者的机密文件。新 FTP 型木马还加上了密码功能,这样,只有攻击者本人才知道正确的密码,从而进入对方计算机。

(6) 即时通信类木马。常见的即时通信类木马一般有 3 种。第一种是发送消息型,通过即时通信软件自动发送含有恶意网址的消息,目的在于让收到消息的用户单击网址而计算机中毒,用户计算机中毒后又会向更多好友发送病毒消息。此类病毒常用的技术是搜索聊天窗口,进而控制该窗口自动发送文本内容。发送消息型木马常常充当网络游戏木马的广告,如"武汉男生 2005"木马,可以通过 MSN、QQ、UC 等多种聊天软件发送带毒网址,其主要功能是盗取传奇游戏的账号和密码。第二种是盗号型木马,它的主要目标在于盗取即时通信软件的登录账号和密码,这样可能偷窥聊天记录等隐私内容,在各种通信软件内向好友发送不良信息、广告推销等语句,或将账号卖掉赚取利润。第三种是传播自身型木马。2005 年年初,"MSN 性感鸡"等通过 MSN 传播的蠕虫泛滥了一阵之后,MSN 推出新版本,禁止用户传送可执行文件。2005 年上半年,"QQ 龟"和"QQ 爱虫"这两个国产病毒通过 QQ 聊天软件发送自身进行传播,感染用户数量极大,在江民公司统计的 2005 年上半年十大病毒排行榜上分列第一和第四名。从技术角度分析,发送文件类的 QQ 蠕虫是以前发送消息类 QQ 木马的进化,采用的基本技术都是搜寻到聊天窗口后,对聊天窗口进行控制,来达到发送文件或消息的目的。

(7) 网页单击类木马。它会恶意模拟用户单击广告等动作,在短时间内可以产生数以万计的单击量。编写病毒的目的大都是赚取高额的广告推广费用。此类病毒的技术简单,一般只是向服务器发送 HTTP GET 请求。

3. 木马的防范措施

(1) 检测和寻找木马隐藏的位置。木马侵入系统后,需要找一个安全的地方选择适当时机进行攻击,只有了解和掌握木马藏匿的位置,才能最终清除木马。木马经常会集成到程序中、藏匿在系统中、伪装成普通文件、添加到计算机操作系统中的注册表中和嵌入在启动文件中,一旦计算机启动,这些木马程序就会运行。

(2) 防范端口。了解计算机端口状态,哪些端口目前是连接的,特别注意这种开放是否是正常;检查计算机用到哪些端口,正常运用的是哪些端口,而哪些端口不是正常开启的;查看当前的数据交换情况,重点注意那些数据交换比较频繁的,看是否属于正常数据交换。建议关闭一些不常用的端口。

(3) 删除可疑程序。对于非系统的程序,如果不必要,完全可以删除;如果不能确定,可以利用一些查杀工具进行检测。

(4) 安装防火墙。防火墙在计算机系统中起着不可替代的作用,它保障计算机的数据流通,保护着计算机的安全通道,对数据进行管控,可以根据用户需要自定义,防止不必要的数据流通。安装防火墙有助于对计算机病毒木马程序的防范与拦截。

(5) 健全网站和网络游戏的管理。网站和网络游戏开发商要加大对于网站和网络游戏的管理与监督,争取从源头上阻止木马病毒,让它没有扩散的机会,这是防范网页病毒和网络游戏病毒的主要方式之一。另外,网络环境和设备的日常维护、维修和管理工作都要加强,内容包括网站的服务器每日检查、服务器内的数据和资料进行更新、操作和行为日志的核查等工作,还需要对服务器的网络配置和安全配置等情况进行严格的检查等。针对网站中携带的木马病毒问题,用户还可以利用防火墙在木马盗取用户账号和隐私之前,就将其拦截并歼灭。如果用户的计算机不幸中了木马,建议马上更改所有的账号和密码,例如,拨号连接的网络账号、QQ、微信、个人站点和免费邮箱等,凡是需要密码和账号的地方,都要尽快修改。

12.4 防火墙的概念及作用

防火墙技术是通过有机结合各类用于安全管理与筛选的软件和硬件设备,帮助计算机网络与其内外网之间构建一道相对隔绝的保护屏障,以保护用户资料与信息安全性的一种技术。在互联网上防火墙是一种非常有效的网络安全模型,通过它可以隔离风险区域与安全区域(局域网)的连接,同时也不会妨碍人们对风险区域的访问。防火墙可以监控进出网络的数据流量,从而完成看似不可能的任务;仅让安全、核准了的信息进入,同时又抵制对企事业构成威胁的数据。随着安全性问题上的失误和缺陷越来越普遍,对网络的入侵不仅有可能来自高超的攻击手段,也有可能来自配置上的低级错误或不合适的口令选择。因此,防火墙是在两个网络通信时执行的一种访问控制尺度,它能允许用户"同意"的人和数据进入自己的网络,同时将"不同意"的人和数据拒之门外,最大限度地阻止网络中的黑客来访问网络。一般的防火墙都可以达到以下目的:一是可以限制他人进入内部网络,过滤掉不安全服务和非法用户；二是防止入侵者接近用户的防御设施；三是限定用户访问特殊站点；四是为监视 Internet 安全提供方便。

12.4.1 防火墙的分类

防火墙是现代网络安全防护技术中的重要构成内容，可以有效地防护外部的侵扰与影响。随着网络技术手段的完善，防火墙技术的功能也在不断地完善，可以实现对信息的过滤，保障信息的安全性。防火墙就是一种在内部与外部网络的中间过程中发挥作用的防御系统，具有安全防护的价值与作用。通过防火墙可以实现内部与外部资源的有效流通，及时处理各种安全隐患问题，进而提升信息数据资料的安全性。防火墙技术具有一定的抗攻击能力，对于外部攻击具有自我保护的作用，随着计算机技术的进步防火墙技术也在不断发展。防火墙发展到今天，分类的方式林林总总，常用的分类方式总结如下。

1. 从软硬件角度分类

从防火墙的软硬件角度来分，防火墙可以分为软件防火墙和硬件防火墙。最初的防火墙与用户平时所看到的集线器、交换机一样，都属于硬件产品，其在外观上与平常所见到的集线器和交换机类似，只是接口比较少，分别用于连接内外部网络。随着防火墙应用的逐步普及和计算机软件技术的发展，为了满足不同层次用户对防火墙技术的需求，许多网络安全软件厂商开发出了基于纯软件的防火墙，被称为个人防火墙。之所以说它是"个人防火墙"，是因为其安装在主机中，只对一台主机进行防护，而不是对整个网络。

2. 从防火墙技术分类

(1) 包过滤(packet filtering)型。包过滤型防火墙工作在 OSI 参考模型的网络层和传输层，其根据数据包头源地址、目的地址、端口号和协议类型等标志确定是否允许通过。只有满足过滤条件的数据包才被转发到相应的目的地，其余数据包则从数据流中丢弃。

(2) 应用代理(application proxy)型。应用代理型防火墙工作在 OSI 参考模型的最高层，即应用层。其特点是完全阻隔了网络数据流，通过对每种应用服务编制专门的代理程序，以实现监视和控制应用层数据流的作用。

3. 依据防火墙结构分类

(1) 单一主机防火墙。这是比较传统的防火墙，其独立于其他网络设备，位于网络边界。这种防火墙其实与一台计算机结构差不多，同样包括 CPU、内存和硬盘等基本组件。它与一般计算机最主要的区别就是一般防火墙都集成了两个以上的以太网卡，因为其需要连接一个以上的内外部网络。这里的硬盘就是用来存储防火墙所用的基本程序，如包过滤程序和代理服务器程序等，有的防火墙还把日志记录也记录在此硬盘上。

(2) 路由器集成式防火墙。随着防火墙技术的发展及应用需求的提高，原来作为单一主机的防火墙已发生了许多变化。最明显的变化就是现在许多中档、高档的路由器中已集成了防火墙功能。有的防火墙已不再是一个独立的硬件实体，而是由多个软件和硬件组成的系统，这种防火墙被称为路由器集成式防火墙。

(3) 分布式防火墙。分布式防火墙不只是位于网络边界，而是渗透于网络的每一台主机，对整个内部网络的主机实施保护。在网络服务器中，通常会安装一个用于防火墙系统的管理软件，并在服务器及各主机上安装有集成网卡功能的 PCI 防火墙卡。这样一块防火墙卡同时兼有网卡和防火墙的双重功能，可以彻底保护内部网络。各主机把任何其他主机发送的通信连接都看作不可信的，都需要严格过滤，而不是像传统边界防火墙那样，仅对外部网络发出的通信请求不信任。

4. 按照应用的部署位置分类

(1) 边界防火墙。边界防火墙是最传统的防火墙，其位于内部网络与外部网络的边界。它的作用是对内部网络与外部网络实施隔离，保护边界内部网络。这类防火墙一般都是硬件类型的，价格较贵，性能较好。

(2) 个人防火墙。它安装于单台主机中，也只是防护单台主机。这类防火墙应用于广大的个人用户，通常为软件防火墙，价格最便宜，性能也最差。

(3) 混合式防火墙。可以说它就是分布式防火墙或者嵌入式防火墙，是一整套防火墙系统，由若干软硬件组成，分布于内部网络与外部网络边界和内部各主机之间。它既对内部网络与外部网络之间的通信进行过滤，又对网络内部各主机间的通信进行过滤。它属于最新的防火墙技术之一，性能最好，价格也最贵。

12.4.2 Ubuntu 下安装 iptables

iptables 组成了 Ubuntu 操作系统下的包过滤防火墙，与大多数的 Linux 操作系统下的软件一样，这个包过滤防火墙是免费的，它可以代替昂贵的商业防火墙解决方案，实现对网络数据包进出设备以及转发控制，完成封包过滤、封包重定向和网络地址转换等多种功能。

1. iptables 基础理论

防火墙系统 iptables 在做数据包过滤决定时，有一套遵循和组成的规则，这些规则存储在专用的数据包过滤表中，而这些表集成在 Linux 内核中。在数据包过滤的 4 个表中，规则被分组放在 5 个链中。iptables 组件是一种工具，也称为用户空间(user space)，它使插入、修改和除去信息包过滤表中的规则变得容易。这里要说明一下 iptables 和 netfilter 的关系，较多的用户知道 iptables 却不知道 netfilter。其实 iptables 只是 Linux 防火墙的管理工具，存储在"/sbin/iptables"目录下。真正实现防火墙功能的是 netfilter，它是 Linux 内核中实现包过滤的内部结构。虽然"netfilter/iptables"信息包过滤系统被称为单个实体，但它实际上由 netfilter 和 iptables 两个组件组成。netfilter 组件也称为内核空间(kernel space)，是内核的一部分，由一些信息包过滤表组成，这些表包含内核用来控制信息包过滤处理的规则集。规则(rule)其实就是网络管理员预定义的条件。规则的一般定义为"如果数据包头符合这样的条件，就这样处理这个数据包"。规则存储在内核空间的信息包过滤表中，这些规则分别指定了源地址、目的地址、传输协议(如 TCP、UDP、ICMP)和服务类型(如 HTTP、FTP 和 SMTP)等。当数据包与规则匹配时，iptables 就根据规则所定义的方法来处理这些数据包，如接收(accept)、拒绝(reject)和丢弃(drop)等。配置防火墙的主要工作就是添加、修改和删除这些规则。

图 12-2 为 iptables 传输数据包的过程。当客户端需要访问服务器的 Web 服务时，客户端发送报文到网卡，而 TCP/IP 属于内核的一部分，所以，客户端的信息会通过内核的 TCP 传输到用户空间中的 Web 服务中，而此时，客户端报文的目标终点为 Web 服务所监听的套接字上，当 Web 服务需要响应客户端请求时，Web 服务发出的响应报文的目标终点则为客户端，这时，Web 服务所监听的 IP 地址与端口反而变成了原点，因为 netfilter 才是真正的防火墙，它是内核的一部分，所以想要防火墙能够达到"防火"的目的，则需要在内核中设置

过滤，所有进出的报文都要通过这些过滤关口，经过检查后，符合收发条件的才能放行，符合阻拦条件的则需要被阻止，于是，就出现了 INPUT 过滤和 OUTPUT 过滤，这些过滤在 iptables 中不被称为过滤，而被称为链。其实上面描述的场景并不完善，因为客户端发来的报文访问的目标地址可能并不是本机，而是其他服务器，当本机的内核支持 FORWARD 时，用户可以将报文转发给其他服务器，所以，就会提到 iptables 中的其他的链，如 PREROUTING、FORWARD 和 POSTROUTING。当启用了 iptables 防火墙功能后，报文就需要经过多种过滤，根据实际情况的不同，报文经过的链可能不同。如果报文需要转发，那么报文则不会经过 INPUT 链发往用户空间，而是直接在内核空间中经过 FORWARD 链和 POSTROUTING 链转发出去。具体过程如下。

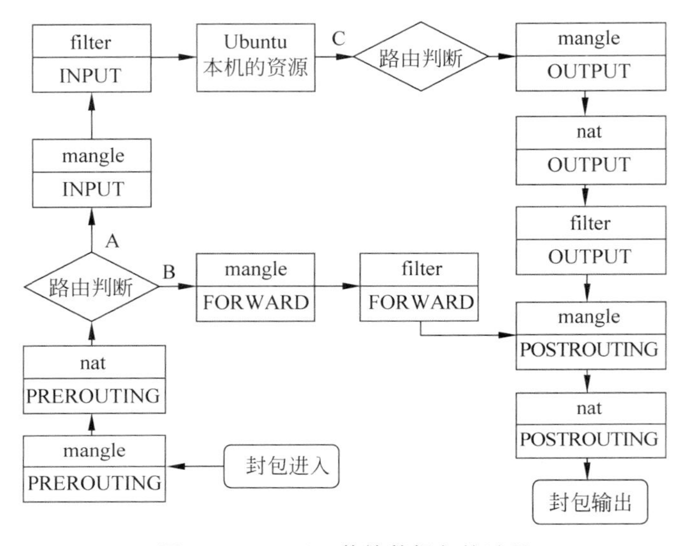

图 12-2　iptables 传输数据包的过程

（1）当一个数据包进入网卡时，它首先进入 PREROUTING 链，内核根据数据包的目的 IP 判断是否需要转送出去。

（2）如果数据包就是进入本机，它就会沿着图向上移动到 Ubuntu 本地资源，到达 INPUT 链。数据包到了 INPUT 链后，任何进程都会收到它。本机上运行的程序可以发送数据包，这些数据包会经过 OUTPUT 链，然后到达 POSTROUTING 链输出。

（3）如果数据包是要转发出去的，且内核允许转发，数据包就会如图 12-2 所示向右移动，经过 FORWARD 链，然后到达 POSTROUTING 链输出。

图 12-3 所示为 iptables 的规则表和链结构。表提供特定的功能，iptables 内置了 4 个表，即 filter 表、nat 表、mangle 表和 raw 表，分别用于实现包过滤、网络地址转换、包重构或者修改和数据跟踪处理。

链是数据包传播的路径，其实每条链就是规则中的一个检查清单，每条链中可以有一条或多条规则，规则也可以被认为是要检查的关卡。当一个数据包到达一个链时，iptables 就会从链中第一条规则开始检查，查寻该数据包是否满足规则所定义的条件。如果满足，系统就会根据这条规则所定义的方法处理该数据包，否则 iptables 将继续检查下一条规则。如果该数据包不符合链中任一条规则，iptables 就会根据该链预先定义的默认策略来处理

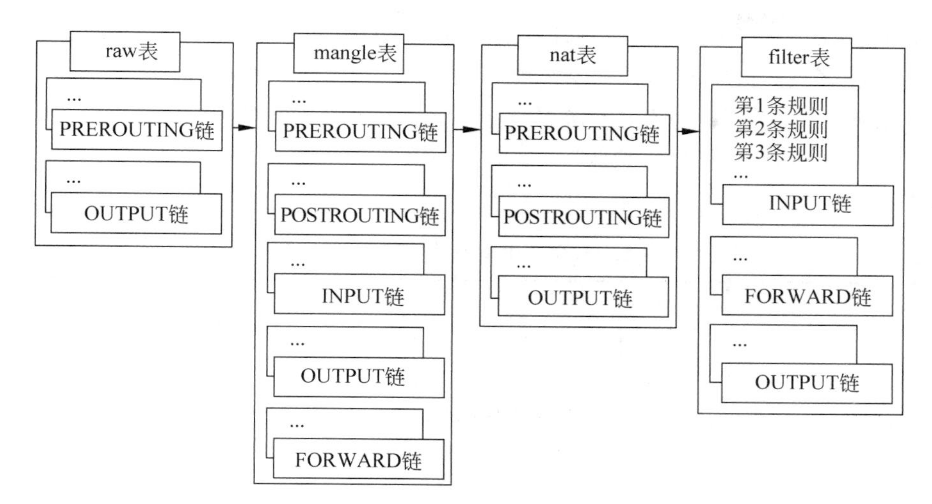

图 12-3 iptables 的规则表和链结构

数据包。其中 filter 表包括 INPUT、FORWARD、OUTPUT 3 个链，它的功能是过滤数据包，在内核模块 iptables_filter 中。nat 表也包括 PREROUTING、POSTROUTING 和 OUTPUT 3 个链，其用于网络地址转换，在内核模块 ptable_nat 中。mangle 表包括 PREROUTING、POSTROUTING、INPUT、OUTPUT 和 FORWARD 5 个链，其作用是修改数据包的服务类型和 TTL，并且可以配置路由实现 QoS，在内核模块 iptable_mangle 中。raw 表包括 OUTPUT 和 PREROUTING 两个链，其作用是决定数据包是否被状态跟踪机制处理，在内核模块 iptable_raw 中。

这些规则表之间的优先顺序是 raw、mangle、nat 和 filter。另外，规则链之间的优先顺序还分成 3 种情况。第一种情况是入站数据流向。从外界到达防火墙的数据包，先被 PREROUTING 规则链处理(是否修改数据包地址等)，之后会进行路由选择(判断该数据包应该发往何处)，如果数据包的目标主机是防火墙本机，如互联网用户访问防火墙主机中的 Web 服务器的数据包，那么内核将其传给 INPUT 链进行处理(决定是否允许通过等)，通过以后再交给系统上层的应用程序(例如 Apache 服务器)进行响应。第二种情况是转发数据流向。来自外界的数据包到达防火墙后，首先被 PREROUTING 规则链处理，之后会进行路由选择，如果数据包的目标地址是其他外部地址，如局域网用户通过网关访问 QQ 站点的数据包，则内核将其传递给 FORWARD 链进行处理(是否转发或拦截)，然后再交给 POSTROUTING 规则链(是否修改数据包的地址等)进行处理。第三种情况是出站数据流向。防火墙本机向外部地址发送的数据包，如在防火墙主机中测试公网 DNS 服务器时，首先被 OUTPUT 规则链处理，之后进行路由选择，然后传递给 POSTROUTING 规则链(是否修改数据包的地址等)进行处理。iptables 的最大优点是它可以配置有状态的防火墙，有状态的防火墙能够指定并记住为发送或接收信息包所建立的连接的状态。防火墙可以从信息包的连接跟踪状态获得该信息。在决定新的信息包过滤时，防火墙所使用的这些状态信息可以增加其效率和速度。

2. 配置 iptables

配置 iptables 一般有两种方式：一种是直接在 iptables 后面跟一些命令，然后执行 service iptables save 命令将配置信息保存到配置文件夹；另一种是直接修改配置文件

“/etc/iptables. rules”，建议始终都修改配置文件，因为使用自动保存功能会把配置顺序打乱，一些备注也会丢失。iptables 命令选项的输入顺序是“iptables -t 表名 <-A/I/D/R> 规则链名 [规则号] <-i/o 网卡名> -p 协议名 <-s 源 IP/源子网> --sport 源端口 <-d 目标 IP/目标子网> --dport 目标端口 -j 动作”。表 12-1 所示为 iptables 命令中常见的选项参数及其含义说明。

表 12-1　iptables 命令中常见的选项参数及其含义说明

选项参数	含义说明
-t	指定要操纵的表
-A	向规则链中添加条目
-D	从规则链中删除条目
-i	向规则链中插入条目
-R	替换规则链中的条目
-L	显示规则链中已有的条目
-F	删除规则链中已有的条目
-Z	清空规则链中的数据包计算器和字节计数器
-N	创建新的用户自定义规则链
-P	定义规则链中的默认目标
-h	显示帮助信息
-p	指定要匹配的数据包协议类型
-s	指定要匹配的数据包源 IP 地址
-j	指定要跳转的目标
-i	指定数据包进入本机的网络接口
-o	指定数据包要离开本机所使用的网络接口

表 12-2 所示为 iptables 命令匹配选项参数及其含义说明。

表 12-2　iptables 命令匹配选项参数及其含义说明

参数匹配选项	含义说明
-p	匹配协议，！表示取反
-s	匹配源地址
-d	匹配目标地址
-i	匹配入网网卡接口
-o	匹配离开网络网卡接口
-sport	匹配源端口
-dport	匹配目标端口
-src-range	匹配源地址范围
-dst-range	匹配目标地址范围
-limit	匹配数据表速率
-mac-source	匹配源 MAC 地址
-sports	匹配源端口
-dports	匹配目标端口
-state	匹配状态(INVALID、ESTABLISHED、NEW、RELATED)
-string	匹配应用层字串

表 12-3 所示为 iptables 命令触发动作以及各自的功能。处理动作在 iptables 中被称为 target，动作也可以分为基本动作和扩展动作。

表 12-3　iptables 命令触发动作和功能

命令触发动作	功　　能
ACCEPT	允许数据包通过
DROP	直接丢弃数据包，不给任何回应信息，过了超时时间才会有反应
REJECT	拒绝数据包通过，必要时会给数据发送端一个响应的信息，客户端刚请求就会收到拒绝的信息
SNAT	源地址转换，解决内网用户用同一个公网地址上网的问题
MASQUERADE	SNAT 的一种特殊形式，适用于动态的、临时的 IP 地址上
DNAT	目标地址转换
REDIRECT	在本机做端口映射
LOG	在“/var/log/messages”文件中记录日志信息，然后将数据包传递给下一条规则。也就是说，除了记录以外不对数据包做任何其他操作，仍然让下一条规则去匹配

3. 配置实例

（1）查看系统是否安装了 iptables，在字符界面输入 s 或者 where is iptables，如果显示出版本号表示已经安装，执行结果如图 12-4 所示。如果没有，则运行 sudo apt-get install iptables。

```
xwj@xwj-virtual-machine:~$ iptables -V
iptables v1.6.1
xwj@xwj-virtual-machine:~$
```

图 12-4　查看已安装 iptables 的版本信息

（2）查看当前操作系统中已经配置好的 iptables 信息，如图 12-5 所示。注意，对 iptables 命令的操作都必须有 root 权限。

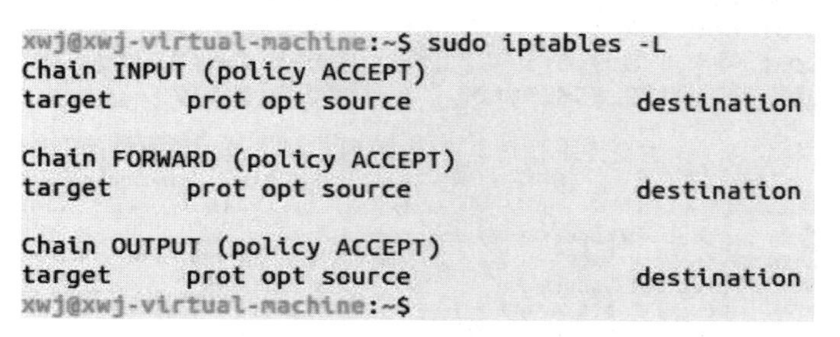
xwj@xwj-virtual-machine:~$ sudo iptables -L
Chain INPUT (policy ACCEPT)
target prot opt source destination
Chain FORWARD (policy ACCEPT)
target prot opt source destination
Chain OUTPUT (policy ACCEPT)
target prot opt source destination
xwj@xwj-virtual-machine:~$

图 12-5　查看已经配置好的 iptables 信息

（3）简单修改默认策略的命令 sudo iptables -P INPUT DROP，如图 12-6 所示，这条命令的意思是对进入的数据包默认情况下做丢弃处理。

（4）在 root 模式下添加一条过滤规则的命令 iptables -A INPUT -p icmp -j ACCEPT，执行结果如图 12-7 所示。

（5）添加一条允许来自指定 IP 地址 192.168.0.100 的数据包进入的规则的命令，如图 12-8 所示。

（6）添加查看当前规则序号的命令 sudo iptables-nL，执行结果如图 12-9 所示。

```
xwj@xwj-virtual-machine:~$ sudo iptables -P INPUT DROP
xwj@xwj-virtual-machine:~$ sudo iptables -L
Chain INPUT (policy DROP)
target     prot opt source               destination

Chain FORWARD (policy ACCEPT)
target     prot opt source               destination

Chain OUTPUT (policy ACCEPT)
target     prot opt source               destination
xwj@xwj-virtual-machine:~$
```

图 12-6　修改默认策略的命令

```
xwj@xwj-virtual-machine:~$ ping 127.0.0.1
PING 127.0.0.1 (127.0.0.1) 56(84) bytes of data.
^C
--- 127.0.0.1 ping statistics ---
87 packets transmitted, 0 received, 100% packet loss, time 88054ms
```

```
root@xwj-virtual-machine:/home/xwj# iptables -A INPUT -p icmp -j ACCEPT
```

```
root@xwj-virtual-machine:/home/xwj# ping 127.0.0.1
PING 127.0.0.1 (127.0.0.1) 56(84) bytes of data.
64 bytes from 127.0.0.1: icmp_seq=1 ttl=64 time=0.015 ms
64 bytes from 127.0.0.1: icmp_seq=2 ttl=64 time=0.027 ms
64 bytes from 127.0.0.1: icmp_seq=3 ttl=64 time=0.026 ms
64 bytes from 127.0.0.1: icmp_seq=4 ttl=64 time=0.026 ms
^C
--- 127.0.0.1 ping statistics ---
4 packets transmitted, 4 received, 0% packet loss, time 3053ms
rtt min/avg/max/mdev = 0.015/0.023/0.027/0.006 ms
```

图 12-7　添加过滤规则的命令

```
root@xwj-virtual-machine:/home/xwj# iptables -A INPUT -s 192.168.0.100
root@xwj-virtual-machine:/home/xwj# sudo iptables -nL
Chain INPUT (policy DROP)
target     prot opt source               destination
ACCEPT     icmp --  0.0.0.0/0            0.0.0.0/0
           all  --  192.168.0.100        0.0.0.0/0
```

图 12-8　添加允许来自指定 IP 地址的数据包进入的规则的命令

```
root@xwj-virtual-machine:/home/xwj# sudo iptables -nL
Chain INPUT (policy DROP)
target     prot opt source               destination
ACCEPT     icmp --  0.0.0.0/0            0.0.0.0/0
           all  --  192.168.0.100        0.0.0.0/0
```

图 12-9　添加查看当前规则序号的命令

(7) 添加删除一条规则的命令 sudo iptables -D INPUT 2，执行结果如图 12-10 所示。

```
root@xwj-virtual-machine:/home/xwj# sudo iptables -D INPUT 2
root@xwj-virtual-machine:/home/xwj#  sudo iptables -L -n --line-number
Chain INPUT (policy DROP)
num  target     prot opt source               destination
1    ACCEPT     icmp --  0.0.0.0/0            0.0.0.0/0
```

图 12-10　添加删除一条规则的命令

(8) 如果要保存当前过滤规则到文件,可以切换到 root 用户权限,采用命令 iptables - save > /etc/iptables. rule,执行结果如图 12-11 所示。有时候 Ubuntu 默认没有 iptables 配置文件,需通过 iptables-save > /etc/network/iptables. up. rule 命令生成,这个命令跟前面是一样的,只是存储文件的位置和名字不一样。

```
Try `iptables -h' or 'iptables --help' for more information.
root@xwj-virtual-machine:/home/xwj# iptables-save > /etc/network/iptables.up.ru
les
root@xwj-virtual-machine:/home/xwj# iptables-save > /etc/iptables.rule
root@xwj-virtual-machine:/home/xwj# cat /etc/iptables.rule
# Generated by iptables-save v1.6.1 on Wed Aug 18 20:06:21 2021
*filter
:INPUT DROP [50:3832]
:FORWARD ACCEPT [0:0]
:OUTPUT ACCEPT [50:3832]
-A INPUT -p icmp -j ACCEPT
COMMIT
# Completed on Wed Aug 18 20:06:21 2021
root@xwj-virtual-machine:/home/xwj#
```

图 12-11 保存当前过滤规则到文件

(9) 在后续的使用过程中,如果需要,可以采用命令 sudo vim /etc/iptables. rule 添加规则,图 12-12 表示重新编辑"/etc/iptables. rule"文件。

```
root@xwj-virtual-machine:/home/xwj# cat /etc/iptables.rule
# Generated by iptables-save v1.6.1 on Wed Aug 18 20:06:21 2021
*filter
:INPUT DROP [50:3832]
:FORWARD ACCEPT [0:0]
:OUTPUT ACCEPT [50:3832]
-A INPUT -p icmp -j ACCEPT
-A INPUT -m state --state RELATED,ESTABLISHED -j ACCEPT
-A INPUT -p tcp -m state --state NEW -m tcp --dport 22 -j ACCEPT
-A INPUT -p tcp -m state --state NEW -m tcp --dport 80 -j ACCEPT
-A INPUT -p tcp -m state --state NEW -m tcp --dport 3306 -j ACCEPT
-A INPUT -p tcp -m state --state NEW -m tcp --dport 443 -j ACCEPT
-A INPUT -p icmp -m limit --limit 100/sec --limit-burst 100 -j ACCEPT
-A INPUT -p icmp -m limit --limit 1/sec --limit-burst 10 -j ACCEPT
-A INPUT -j REJECT --reject-with icmp-host-prohibited

COMMIT
# Completed on Wed Aug 18 20:06:21 2021
```

图 12-12 重新编辑"/etc/iptables. rule"文件

(10) 采用命令 iptables-restore < /etc/iptables. rules 从文件中启用过滤规则,使规则生效,执行结果如图 12-13 所示。

```
root@xwj-virtual-machine:/home/xwj# iptables-restore < /etc/iptables.rule
```

图 12-13 从文件中启用过滤规则

(11) 查看规则是否生效,采用命令 iptables -L -n,执行结果如图 12-14 所示。

在 Ubuntu 操作系统内核中,内核会按照顺序依次检查 iptables 定义好的防火墙规则,如果发现有匹配的规则条件,则立刻执行相关的动作,停止继续向下查找规则;如果所有的防火墙规则都未能匹配成功,则按照默认策略处理。另外,iptables 防火墙提供了 iptables-save 和 iptables-restore 两个强大的工具,可以实现防火墙规则的保存和还原,并且处理规则集的速度也非常快。

```
root@xwj-virtual-machine:/home/xwj# sudo iptables -L -n
Chain INPUT (policy DROP)
target     prot opt source               destination
ACCEPT     icmp --  0.0.0.0/0            0.0.0.0/0
ACCEPT     all  --  0.0.0.0/0            0.0.0.0/0            state RELATED,ESTA
BLISHED
ACCEPT     tcp  --  0.0.0.0/0            0.0.0.0/0            state NEW tcp dpt:
22
ACCEPT     tcp  --  0.0.0.0/0            0.0.0.0/0            state NEW tcp dpt:
80
ACCEPT     tcp  --  0.0.0.0/0            0.0.0.0/0            state NEW tcp dpt:
3306
ACCEPT     tcp  --  0.0.0.0/0            0.0.0.0/0            state NEW tcp dpt:
443
ACCEPT     icmp --  0.0.0.0/0            0.0.0.0/0            limit: avg 100/sec
 burst 100
ACCEPT     icmp --  0.0.0.0/0            0.0.0.0/0            limit: avg 1/sec b
urst 10
REJECT     all  --  0.0.0.0/0            0.0.0.0/0            reject-with icmp-h
ost-prohibited

Chain FORWARD (policy ACCEPT)
target     prot opt source               destination
```

图 12-14　查看规则是否生效

12.4.3　UFW 防火墙

简单防火墙(Uncomplicated Fire Wall,UFW)是一个 Ubuntu、Arch Linux 和 Debian 操作系统中管理防火墙规则的前端。UFW 通过命令行使用,目前也能用 GUI 配置,它的目的是使防火墙配置变得简单。这是因为 iptables 的规则有些复杂,以简化 iptables 的某些设定,其后台运行的仍然是 iptables 配置规则。

1. 安装 UFW

UFW 防火墙应该默认安装在 Ubuntu 18.04 中,但是如果它没有安装在用户的系统上,可以通过输入命令 sudo apt install ufw 来安装,执行结果如图 12-15 所示。

```
root@xwj-virtual-machine:/home/xwj# sudo apt install ufw
正在读取软件包列表... 完成
正在分析软件包的依赖关系树
正在读取状态信息... 完成
ufw 已经是最新版 (0.36-0ubuntu0.18.04.1)。
ufw 已设置为手动安装。
下列软件包是自动安装的并且现在不需要了:
  gir1.2-geocodeglib-1.0 libegl1-mesa libwayland-egl1-mesa
  ubuntu-web-launchers
使用'sudo apt autoremove'来卸载它(它们)。
升级了 0 个软件包,新安装了 0 个软件包,要卸载 0 个软件包,有 20 个软件包未被升
级。
```

图 12-15　安装 UFW

安装完成后,可以使用 sudo ufw status verbose 命令检查 UFW 的状态,如图 12-16 所示。

UFW 在默认情况下是禁用状态,如果是刚刚安装或从未激活过 UFW,则输出如图 12-16 所示,输出没有被激活状态;如果 UFW 被激活,则输出状态是激活,日志是 on (low),默认是 deny (incoming),allow (outgoing),disabled (routed),新建配置文件是 skip。

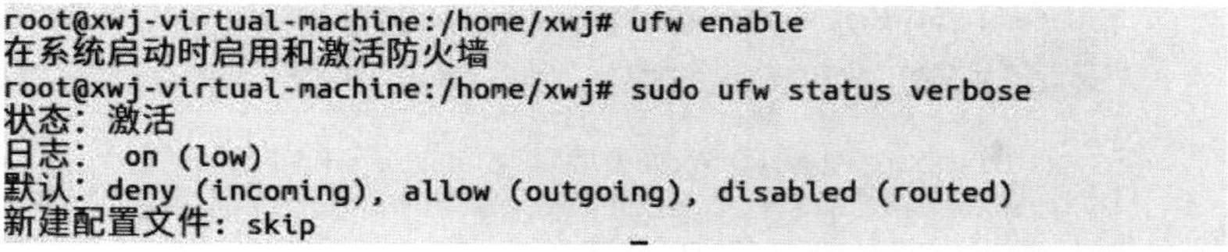

```
root@xwj-virtual-machine:/home/xwj# ufw enable
在系统启动时启用和激活防火墙
root@xwj-virtual-machine:/home/xwj# sudo ufw status verbose
状态: 激活
日志:  on (low)
默认: deny (incoming), allow (outgoing), disabled (routed)
新建配置文件: skip
```

图 12-16　检查 UFW 的状态

2. UFW 默认策略

默认情况下,UFW 将阻止所有传入连接并允许所有出站连接。这意味着任何试图访问设置的服务器的用户都将无法连接,除非专门打开该端口,而服务器上运行的所有应用程序和服务都将能够访问外部世界。默认策略在"/etc/default/ufw"文件中定义,可以使用 sudo ufw default < policy > < chain >命令更改。防火墙策略是构建更详细和用户定义规则的基础。在大多数情况下,最初的 UFW 默认策略是一个很好的模板。

3. 应用程序配置

使用 apt 安装软件包时,它将向"/etc/ufw/applications. d"目录中添加应用程序配置文件,该目录描述该服务并包含 UFW 设置。可以输入 sudo ufw app list 命令列出服务器上可用的所有应用程序配置文件,执行结果如图 12-17 所示。

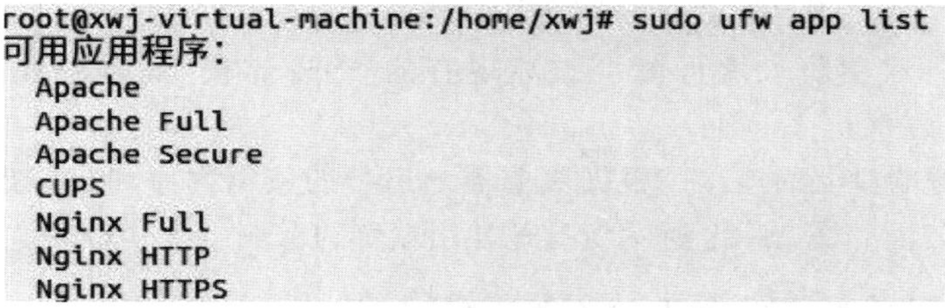

```
root@xwj-virtual-machine:/home/xwj# sudo ufw app list
可用应用程序:
  Apache
  Apache Full
  Apache Secure
  CUPS
  Nginx Full
  Nginx HTTP
  Nginx HTTPS
```

图 12-17　列出要配置服务器上可用的应用程序

根据系统上安装的软件包,可以输出可用的应用程序,如 Apache 和 Nginx 等。如果想要查找有关配置文件和包含规则的更多信息,可以使用 sudo ufw app info 'Nginx Full'命令进行查看。执行结果如图 12-18 所示。可以看到 Nginx Full 配置文件打开了端口 80 和 443。

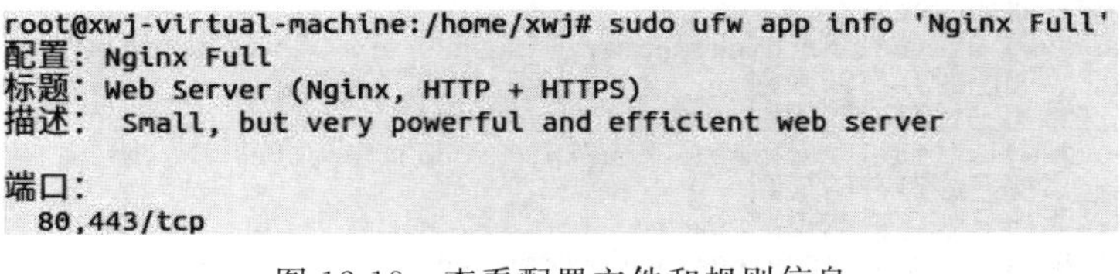

```
root@xwj-virtual-machine:/home/xwj# sudo ufw app info 'Nginx Full'
配置: Nginx Full
标题: Web Server (Nginx, HTTP + HTTPS)
描述:  Small, but very powerful and efficient web server

端口:
  80,443/tcp
```

图 12-18　查看配置文件和规则信息

4. 配置 Nginx Full

允许 SSH 连接。在启用 UFW 防火墙之前,需要添加一个允许传入 SSH 连接的规则。如果运维人员从远程位置连接到服务器,几乎总是允许的,并且在明确允许传入 SSH 连接之前启用 UFW 防火墙,则将不再能够连接到 Ubuntu 服务器。要配置 UFW 防火墙以允许传入 SSH 连接,输入 sudo ufw allow ssh 命令。执行结果如图 12-19 所示。

```
root@xwj-virtual-machine:/home/xwj# sudo ufw allow ssh
规则已添加
规则已添加 (v6)
```

图 12-19　配置 UFW 防火墙以允许传入 SSH 连接

另外，如果运维人员将 SSH 端口更改为自定义端口而不是端口 22，则需要打开该端口。例如，如果 SSH 守护进程在端口 5522 上侦听，那么可以使用 sudo ufw allow 5522/tcp 命令允许该端口上的连接。执行结果如图 12-20 所示。

```
root@xwj-virtual-machine:/home/xwj# sudo ufw allow 5522/tcp
规则已添加
规则已添加 (v6)
```

图 12-20　配置 UFW 防火墙 SSH 守护进程在端口 5522 上侦听

5. 启用 UFW

现在 UFW 防火墙已配置为允许传入 SSH 连接，可以通过输入 sudo ufw enable 命令启用它。执行结果如图 12-21 所示，输出在系统启动时启用和激活防火墙。

```
root@xwj-virtual-machine:/home/xwj# sudo ufw enable
在系统启动时启用和激活防火墙
```

图 12-21　启用 UFW 防火墙最新的配置

如果输出警告启用防火墙可能会破坏现有的 SSH 连接，只需输入 y 并按 Enter 键即可。

(1) 允许其他端口上的连接。根据服务器上运行的应用程序和特定需求，需要允许对其他端口的传入访问。图 12-22 所示为打开常用端口的示例。

```
root@xwj-virtual-machine:/home/xwj# sudo ufw allow http
规则已添加
规则已添加 (v6)
root@xwj-virtual-machine:/home/xwj# sudo ufw allow 80/tcp
跳过添加已经存在的规则
跳过添加已经存在的规则 (v6)
root@xwj-virtual-machine:/home/xwj# sudo ufw allow 'Nginx HTTP'
规则已添加
规则已添加 (v6)
root@xwj-virtual-machine:/home/xwj# sudo ufw allow https
规则已添加
规则已添加 (v6)
root@xwj-virtual-machine:/home/xwj# sudo ufw allow 443/tcp
跳过添加已经存在的规则
跳过添加已经存在的规则 (v6)
root@xwj-virtual-machine:/home/xwj# sudo ufw allow 'Nginx HTTP'
跳过添加已经存在的规则
跳过添加已经存在的规则 (v6)
root@xwj-virtual-machine:/home/xwj# sudo ufw allow 8080/tcp
规则已添加
规则已添加 (v6)
```

图 12-22　打开常用端口的示例

打开端口 80 - HTTP，使用 sudo ufw allow http 命令可以允许 HTTP 连接；
使用端口号 80 而不是 HTTP 可以使用 sudo ufw allow 80/tcp 命令；
使用应用程序配置文件，可以使用 sudo ufw allow 'Nginx HTTP'命令；
打开端口 443 - HTTPS，使用 sudo ufw allow https 命令可以允许 HTTP 连接；

使用端口号 443 而不是 HTTPS,可以使用 sudo ufw allow 443/tcp 命令;

打开端口 8080,如果运行 Tomcat 或在端口 8080 上侦听的任何其他应用程序以允许传入连接,可以使用 sudo ufw allow 8080/tcp 命令;

UFW 允许访问端口范围,而不允许访问单个端口。使用 UFW 允许端口范围时,必须指定协议,即 TCP 或 UDP。例如,如果要允许 TCP 和 UDP 上的端口范围为 8000~8100,可以使用 sudo ufw allow 8000:8100/tcp 和 sudo ufw allow 8000:8100/udp 两条命令。

(2) 允许特定的 IP 地址。如果希望允许用户的计算机上的所有端口使用 IP 地址 192.156.45.58 访问,则需要在 IP 地址之前指定,可以使用 sudo ufw allow from 192.156.45.58 命令,设置允许特定端口上的特定 IP 地址;如果要允许在特定端口上访问,可以使用 IP 地址为 192.156.45.58 的工作计算机上的端口 22,然后需要指定 IP 地址后面的端口号,可以使用 sudo ufw allow from 192.156.45.58 to any port 22 命令。

(3) 允许子网。允许连接到 IP 地址的子网的命令与使用单个 IP 地址时相同,唯一的区别是需要指定网络掩码。

(4) 允许连接到特定的网络接口。为了允许在特定端口上访问,假设端口 3306 仅适用于特定的网络接口 eth2,那么需要指定允许输入以及网络接口的名称,可以使用 udo ufw allow in on eth2 to any port 3306 命令。

(5) 拒绝连接。所有传入连接的默认策略设置为拒绝,如果没有更改它,UFW 将阻止所有传入连接,除非专门打开连接。写入拒绝规则与编写允许规则相同,只需将允许替换为拒绝。

6. 删除 UFW 规则

可以通过规则编号和指定实际规则来删除 UFW 规则。通过规则编号删除 UFW 规则更容易,尤其是对于 UFW 的新手。要通过规则编号删除规则,首先需要按数字列出规则,可以使用 sudo ufw status numbered 命令,执行此操作的结果如图 12-23 所示。

```
root@xwj-virtual-machine:/home/xwj# sudo ufw status numbered
状态: 激活

     至                         动作          来自
     -                          --          --
[ 1] 22/tcp                     ALLOW IN    Anywhere
[ 2] 5522/tcp                   ALLOW IN    Anywhere
[ 3] 80/tcp                     ALLOW IN    Anywhere
[ 4] Nginx HTTP                 ALLOW IN    Anywhere
[ 5] 443/tcp                    ALLOW IN    Anywhere
[ 6] 8080/tcp                   ALLOW IN    Anywhere
[ 7] 22/tcp (v6)                ALLOW IN    Anywhere (v6)
[ 8] 5522/tcp (v6)              ALLOW IN    Anywhere (v6)
[ 9] 80/tcp (v6)                ALLOW IN    Anywhere (v6)
[10] Nginx HTTP (v6)            ALLOW IN    Anywhere (v6)
[11] 443/tcp (v6)               ALLOW IN    Anywhere (v6)
[12] 8080/tcp (v6)              ALLOW IN    Anywhere (v6)
```

图 12-23 列出 UFW 的规则编号

如果要删除规则编号 3,允许连接到端口 8080 的规则,可以使用 sudo ufw delete 2 命令。也可以通过指定实际规则来删除规则,例如,如果添加了一条规则要求打开端口 8081,则可以使用 sudo ufw delete allow 8081 命令将其删除。

7. 禁用 UFW

如果由于任何原因想停止 UFW,可以使用 sudo ufw disable 命令禁用所有规则。稍后如果想要重新启用 UFW 并激活所有规则,可以使用 sudo ufw enable 命令启用所有规则。

8. 重置 UFW

如果想恢复所有更改并重新开始,要重置 UFW,只需输入 sudo ufw reset 命令即可,执行结果如图 12-24 所示,所有规则将被重设为安装时的默认值。

```
root@xwj-virtual-machine:/home/xwj# sudo ufw reset
所有规则将被重设为安装时的默认值。要继续吗 (y|n)?
```

图 12-24　UFW 所有规则将被重设为安装时的默认值

12.5　入侵检测系统

因为服务器对互联网提供多类型服务,所以面临着各种各样的安全问题。例如,木马入侵并窜改文件是比较常见的服务器风险。因此,对于系统的重要文件进行完整性监视并及时发出预警是确保服务器安全的一个重要手段。对于大型公司要安装入侵检测系统,建议使用知名的工具,如 Tripwire Enterprise。然而,许多中小型公司可能无法负担这一费用,可以使用高级入侵检测环境 AIDE 和轻量级的入侵检测系统 Snort。在基于 Ubuntu 或 Debian 的系统上,可以通过安装入侵检测系统,其被安全领域称为是继防火墙之后保护网络安全的第二道闸门。

12.5.1　入侵检测系统简介

入侵检测系统(Intrusion Detection System,IDS)是一种对网络传输进行实时监视,在发现可疑传输时发出警报或者采取主动隔离措施的网络安全设备。IDS 与其他网络安全设备的不同之处在于它是一种积极主动的安全防护技术。IDS 最早出现在 1980 年,后来 IDS 分化为基于网络分布式的 IDS 和基于主机的 IDS。因此,IDS 应当挂接在所有来自高危网络区域的访问流量和需要进行统计、监视的网络报文,这些所关注的流量都必须在流经的链路上。IDS 在交换式网络中尽可能靠近攻击源或者尽可能靠近受保护资源的位置。这些位置分别是服务器区域的交换机上、Internet 接入路由器之后的第一台交换机上和重点保护网段的局域网交换机上。通常来说,其具有如下几个功能。

(1) 监控、分析用户和系统的活动。

(2) 核查系统配置和漏洞。

(3) 评估关键系统和数据文件的完整性。

(4) 识别攻击的活动模式并向网管人员报警。

(5) 对异常活动的统计分析。

(6) 操作系统审计跟踪管理,识别违反政策的用户活动。

1. 入侵检测系统的结构

入侵检测系统的结构如图 12-25 所示。其中,信息收集是从网络上抓取数据包;分析引擎对数据包做简单处理,如 IP 重组、TCP 流重组,并根据规则库判断是否为可疑或入侵的数据包;规则库是入侵检测系统的知识库,定义各种入侵的知识;报警响应是当系统发现一个可疑的数据包时所采取的响应手段；入侵分析是整个系统的核心所在，对入侵特征的检测也是在这个模块完成。

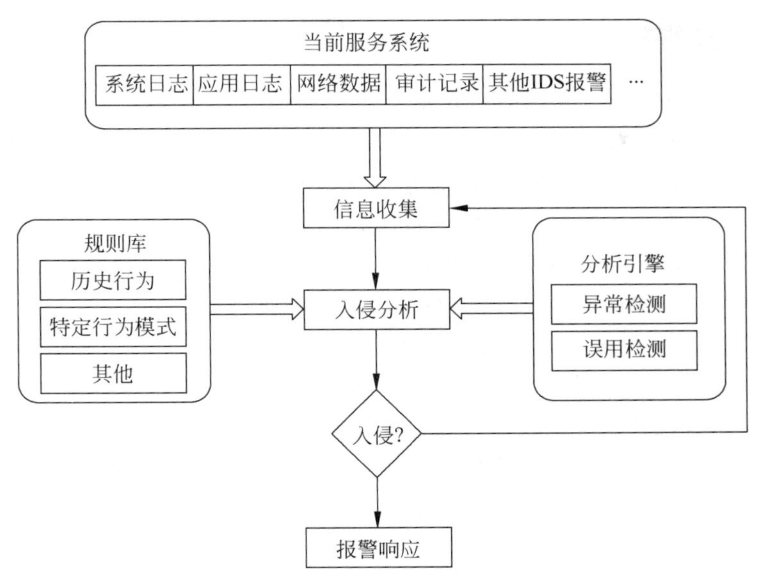

图 12-25　入侵检测系统的结构

入侵检测系统根据入侵检测的行为分为两种模式，分别是异常检测和误用检测。前者先要建立一个系统访问正常行为的模型，凡是访问者不符合这个模型的行为将被断定为入侵；反之，先要将所有可能发生的不利的不可接受的行为进行归纳建立一个模型，凡是访问者符合这个模型的行为将被断定为入侵。这两种模式的安全策略是完全不同的，而且，它们各有长处和短处：异常检测的漏报率很低，但是不符合正常行为模式的行为并不见得就是恶意攻击，因此这种策略误报率较高；误用检测由于直接匹配比对异常的不可接受的行为模式，因此误报率较低。但恶意行为千变万化，可能没有被收集在行为模式库中，因此漏报率就很高。这就要求用户必须根据本系统的特点和安全要求来制定策略，目前大都采取两种模式相结合的策略。

2. 入侵检测系统的分类

按照技术以及功能来划分，入侵检测系统可以分为如下 3 类。

(1) 基于主机的入侵检测系统。其输入数据来源于系统的审计日志，一般只能检测该主机上发生的入侵。

(2) 基于网络的入侵检测系统。其输入数据来源于网络的信息流，能够检测该网段上发生的网络入侵。

(3) 采用上述两种数据来源结合的分布式入侵检测系统。其能够同时分析来自主机系统审计日志和网络数据流的入侵检测系统，一般为分布式结构，主要由 4 个部件组成，分别是事件产生器(event generator)，它的目的是从整个计算环境中获得事件，并向系统的其他部分提供此事件；事件分析器(event analyzer)，它经过分析得到数据，并产生分析结果；响应单元(response unit)，是对分析结果做出反应的功能单元，它可以做出切断连接、改变文件属性等强烈反应，也可以只是简单地报警；事件数据库(event database)，事件数据库是存放各种中间和最终数据的地方的统称，它可以是复杂的数据库，也可以是简单的文本文件。

12.5.2 Snort 简介

1998 年，Martin Roesch 用 C 语言开发了开放源码的入侵检测系统 Snort。直至今天，Snort 已发展成为一个具有多平台、实时流量分析和网络 IP 数据包日志记录能力的入侵检测系统，同时还能够进行协议分析，对内容进行搜索和匹配，能够检查各种不同的攻击方式，并进行实时的报警。Snort 能够对网络上的数据包进行抓包分析，它能根据所定义的规则进行响应及处理。Snort 通过对获取的数据包进行各类型规则分析后，根据规则链，可采取 activation(报警并启动另外一个动态规则链)、dynamic(由其他的规则包调用)、alert(报警)、pass(忽略)、log(不报警但记录网络流量)5 种响应机制。Snort 有数据包嗅探、数据包分析、数据包检测、响应处理等多种功能，每个模块实现不同的功能，各模块都是用插件的方式和 Snort 相结合，功能扩展方便。该入侵检测系统的预处理插件功能是在规则匹配误用检测之前运行，完成 TIP 碎片重组、HTTP 解码、Telnet 解码等功能，处理插件完成检查协议各字段、关闭连接、攻击响应等功能，输出插件将处理后的各种情况以日志或警告的方式输出。

1. Snort 命令

1）格式

```
snort -[options]
snort -[选项参数]
```

2）常见选项参数

表 12-4 较为详细地列出了 Snort 命令的常见选项参数及其含义说明。

表 12-4 Snort 命令的常见选项参数及其含义说明

选项参数	含义说明
-A	设置的模式是 full、fast、none 中的任意一个，其中 full 模式是记录标准的 alert 模式到 alert 文件中；fast 模式只写入时间戳、信息、IP 地址和端口到文件中；none 模式关闭报警
-a	显示 ARP 包
-C	在信息包中的信息使用 ASCII 码来显示，而不是十六进制的方式
-d	解码应用层
-D	把 Snort 以守护进程的方法来运行，默认情况下 alert 记录发送到“var/log/snort.alert”文件中去
-e	显示并记录 2 个信息包头的数据
-s LOG	将报警记录到 syslog 中。在安装有 Linux 操作系统的计算机上，这些警告信息会出现在“/var/log/secure”中，在 Windows 等其他操作系统上将出现在“/var/log/message”中
-S	设置变量值，可以用来在命令行定义 snort rules 文件中的变量，如要在 snort rules 文件中定义变量 HOME_NET，就在命令行中给它预定义值
-v	verbose 模式，把信息包打印在 console 中。这个选项使用后会使速度很慢，这样结果在记录多时会出现丢包现象
-?	显示使用列表并退出

配置 Snort 的输出方式有很多，在默认的情况下，Snort 以 ASCII 码格式记录日志，使用 full 报警机制，Snort 会在包头之后打印报警消息。如果不需要日志包，可以使用-N 选项。Snort 有 6 种报警机制，分别为 full、fast、socket、syslog、smb 和 none，其中如表 12-5 所示的 4 种报警机制可以在命令行状态下使用-A 选项设置。

表 12-5　报警机制及其含义说明

报警机制	含义说明
fast	报警消息包括一个时间戳、源和目的 IP 地址和端口
full	默认的报警方式
socket	把报警消息发送到一个 UNIX 套接字，需要一个程序进行监听，这样就可以实现适时报警
none	关闭报警机制

还有使用-s 选项可以使 Snort 把报警消息发送到 syslog，默认的设备是 LOG_AUTHPRIV 和 LO_GALERT，可以通过 snort. conf 文件修改配置。Snort 可以使用 smb 报警机制，通过 samba 把消息发送到安装有 Windows 操作系统的主机。为了使用这个选项，必须在运行“. /configure”脚本时使用--enable-smbalerts 选项。

2. 配置 Snort 规则

Snort 最重要的用途是作为网络入侵检测系统，其具有自己的规则语言。从语法上看，这种规则语言非常简单，但是对于入侵检测来说其足够强大，并且有厂商以及 Linux 爱好者的技术支持。用户只要能够较好地使用这些规则，就能较好地保证 Linux 网络系统的安全。Snort 的每条规则都可以分成逻辑上的两部分，其分别是规则头和规则选项。规则头包括规则动作（rule's action）、协议（protocol）、源和目的 IP 地址、子网掩码以及源和目的端口。规则选项包含报警消息和异常包的信息以及特征码，使用这些特征码来决定是否采取规则规定的行动。最基本的规则包含 4 个域，分别是处理动作、协议、端口号和方向操作符。

（1）处理动作。对于匹配特定规则的数据包，Snort 有 3 种处理动作，分别是 pass（通过数据包）、log（把数据包记录到日志文件中）、alert（生成报警消息并记录到日志数据包）。

（2）协议。每条规则的第二项是协议项。当前，Snort 能够分析的协议是 TCP、UDP 和 ICMP。后续还可能提供对 ARP、ICRP、GRE、OSPF、RIP 和 IPX 等协议的支持。

（3）IP 地址。规则头下面的部分是 IP 地址和端口信息，关键词 any 可以用来定义任意的 IP 地址。Snort 不支持对主机名的解析，所以地址只能使用“/数字”的形式。例如“/24”表示一个 C 类网络；“/16”表示一个 B 类网络；而“/32”表示一台特定的主机地址。在规则中，可以使用否定操作符对 IP 地址进行操作。它告诉 Snort 除了列出的 IP 地址外，匹配所有的 IP 地址。否定操作符使用“!”表示。当然也可以定义一个 IP 地址列表，IP 地址列表之间不能用空格。

（4）端口号。在规则中，可以有几种方式来指定端口号，其中包括 any、静态端口号（static port）定义、端口范围以及使用非操作定义。any 表示任意合法的端口号；静态端口号表示单个的端口号，例如 111（PortMapper）、23（Telnet）和 80（HTTP）等。使用范围操作符可以指定端口号范围，有几种方式来使用范围操作符“:”达到不同的目的。还可以通过使用逻辑非操作符“!”对端口进行逻辑非操作，逻辑非操作符可以用于其他的规则类型，除了 any 类型。

(5) 方向操作符(direction operator)。方向操作符"->"表示数据包的流向。它的左边是数据包的源地址和端口,右边是目的地址和端口。此外,还有一个双向操作符"< >",该操作符使 Snort 两个 IP 地址或者端口之间双向的数据传输进行记录分析。

(6) activate 和 dynamic 规则对扩展了 Snort 功能。使用 activate 和 dynamic 规则对,能够使用一条规则激活另一条规则。当一条特定的规则启动,如果想要 Snort 接着对符合条件的数据包进行记录时,使用 activate 和 dynamic 规则对非常方便。除了一个必需的选项 activates 外,激活规则(activate rule)非常类似于报警规则(alert rule)。动态规则(dynamic rule)和日志规则(log rule)也很相似,不过它需要一个选项 activated_by。动态规则还需要另一个选项 count。当一个激活规则启动时,其就打开由 activate 和 activated_by 选项之后的数字指示的动态规则,记录 count 个数据包。

例如,规则"activate tcp ! $HOME_NET any -> $HOME_NET 143 (flags: PA; content: "|E8C0FFFFFF|/bin"; activates: 1; msg: "IMAP buffer overflow!";)dynamic tcp ! $HOME_NET any -> $HOME_NET 143 (activated_by: 1; count: 50;)"使 snort 在检测到 IMAP 缓冲区溢出时发出报警,并且记录后续的 50 个从 $HOME_NET 之外,发往 $HOME_NET 的 143 号端口的数据包。如果缓冲区溢出成功,那么接下来 50 个发送到这个网络同一个服务端口的数据包中,143 号端口在数据包中会有很重要的数据,这些数据对以后的分析很有用处。在 Snort 中有 23 个规则选项关键词,随着 Snort 不断地加入对更多协议的支持及功能的扩展,会有更多的功能选项加入其中。这些功能选项可以以任意的方式进行组合,以对数据包进行分类和检测。现在,Snort 支持的选项包括 msg、logto、ttl、tos、id、ipoption、fragbits、dsize、flags、seq、ack、itype、icode、icmp_id、content、content-list、offset、depth、nocase、session、rpc、resp、react。每条规则中,各规则选项之间是逻辑"与"的关系。只有规则中的所有测试选项(例如 ttl、tos、id、ipoption 等)都为真,Snort 才会采取规则动作。

(7) include 允许由命令行指定的规则文件包含其他的规则文件。使用时注意在该行结尾处没有分号。被包含的文件会把任何预先定义的变量值替换为自己的变量引用。

(8) variables 变量可以在 Snort 中定义。例如"var MY_NET 192.168.1.0 /24"和"alert tcp any any -> $MY_NET any (flags: S; msg: "SYN packet";)"。可见规则变量名可以用多种方法修改,也可以在"$"操作符之后定义变量。"?"和"-"可用于变量修改操作符。

(9) config 规则。Snort 的很多配置和命令行选项都可以在配置文件中设置。config 规则的选项参数及其含义说明如表 12-6 所示。

表 12-6　config 规则的选项参数及其含义说明

选项参数	含义说明
order	改变规则的顺序(snort -o)
alertfile	设置报警输出文件,例如 config alertfile: alerts
classification	创建规则分类
decode_arp	开启 ARP 解码功能(snort -a)
dump_chars_only	开启字符倾卸功能(snort -C)
dump_payload	倾卸应用层数据(snort -d)
decode_data_link	解码第二层数据包头(snort -e)
bpf_file	指定 BPF 过滤器(snort -F),例如 config bpf_file: filename.bpf

续表

选项参数	含义说明
set_gid	改变 GID (snort -g),例如 config set_gid: snort_group
daemon	以后台进程运行(snort -D)
reference_net	设置本地网络(snort -h),例如 config reference_net:192.168.1.0/24
interface	设置网络接口(snort -i),例如 config interface: xl0
alert_with_interface_name	报警时附加上接口信息(snort -I)
logdir	设置记录目录 (snort -l),例如 config logdir: /var/log/snort
umask	设置 snort 输出文件的权限位(snort -m),例如 config umask: 022
pkt_count	处理 n 个数据包后就退出(snort -n),例如 config pkt_count: 13
nolog	关闭记录功能,报警仍然有效(snort -N)
obfuscate	使 IP 地址混(snort -O)
no_promisc	关闭混杂模式(snort -p)
quiet	安静模式,不显示标志和状态报告(snort -q)
checksum_mode	计算校验和的协议类型,类型值分别是 none、noip、notcp、noicmp、noudp 和 all
utc	在时间戳上用 UTC 时间代替本地时间(snort -U)
verbose	将详细记录信息打印到标准输出 (snort -v)
dump_payload_verbose	倾卸数据链路层的原始数据包 (snort -X)
show_year	在时间戳上显示年份(snort -y)
stateful	为 stream4 设置保证模式
min_ttl	设置一个 Snort 内部的 TTL 值,以忽略所有的流量
disable_decode_alerts	关闭解码时发出的报警
disable_tcpopt_experimental_alerts	关闭 TCP 实验选项所发出的报警
disable_tcpopt_obsolete_alerts	关闭 TCP 过时选项所发出的报警
disable_tcpopt_ttcp_alerts	关闭 TCP 选项所发出的报警
disable_tcpopt_alerts	关闭 TCP 选项长度确认报警
disable_ipopt_alerts	关闭 IP 选项长度确认报警
Detection	配置检测引擎,例如 search-method lowmem
reference	给 Snort 加入一个新的参考系统

(10) PHP Upload 溢出攻击的检测。PHP 语言为用户提供了上传文件的功能,用户可以使用提供的类进行各类文件、档案的上传并传送数据给服务器。然而,该类由于没有对上传文件的大小或者类型做严格的判断,在程序执行过程当中,有可能造成服务器端的缓冲区溢出。Snort 提供防范溢出攻击的检测规则,例如在规则中定义了提交给服务器的 HTTP 请求中是否包含"Content-Disposition"和"form-data"。如果含有上述字符串,那对于某些没有打补丁的系统来说会造成缓冲区溢出攻击。通过定义类似的规则,一旦发现客户端有这样的操作,则 Snort 将会报警。

(11) SNMP 口令溢出漏洞规则。SNMP(Simple Network Management Protocol,简单网络管理协议)是所有基于 TCP/IP 网络上管理不同网络设备的基本协议,例如防火墙、计算机和路由器。如果攻击者发送带有恶意的信息给 SNMP 的信息接收处理模块,就会引起服务停止,即拒绝服务;或者通过向运行 SNMP 服务的系统发送一个畸形的管理请求,此时就存在一个缓冲区溢出漏洞,造成拒绝服务影响。一旦缓冲区溢出,可以获取部分 SNMP 口令和在本地运行任意的代码,并让攻击者进行任意的操作。因为 SNMP 的程序一般需要系统权限来运行,所以缓冲区溢出攻击可能会造成系统权限被夺取,而形成严重的安全漏洞。

(12)"/etc/passwd"文件的访问权限。在 Linux 系统中,"/etc/passwd"是一个重要的文件,它包含用户名、群组成员关系和为用户分配的 shell 等信息。黑客或者不法用户一旦获得了该文件的访问权,就有可能针对该文件进行暴力攻击或者字典攻击,获得系统的用户名和密码,从而获得系统的使用权,将对系统造成极大的威胁。因而,必须要对"/etc/passwd"文件的访问进行检测,一旦发现非法访问,Snort 立刻进行报警。

3. 配置 Snort 实例

Snort 官方网站地址是 http://www.snort.org,可以从该网站下载最新版源码和安装方式帮助文档。完整的 Snort 配置实例需要 4 个基本使用软件,分别是 barnyard2(Snort 专用的处理程序)、pulledpork(Snort 规则集更新程序)、BASE(snort 的 Web 前端)以及 MySQL 和 DAQ 软件的安装。为了减少 Snort 进程的负担,Snort 将符合规则的二进制数据日志保存在本地,而不进行处理。barnyard2 进行异步处理并保存至 MySQL。pulledpork 是一个 Perl 脚本,用来自动下载最新的 Snort 规则集。BASE 用于查询和分析 Snort 警报的 Web 前端。

1)在 Ubuntu 18.04 LTS 系统下安装库

```
sudo apt-get update -y
sudo apt-get dist-upgrade -y
sudo apt-get install -y zlib1g-dev liblzma-dev openssl libssl-dev
sudo apt-get install -y build-essential bison flex
sudo apt-get install -y libpcap-dev libpcre3-dev libdumbnet-dev libnghttp2-dev
sudo apt-get install -y mysql-server libmysqlclient-dev mysql-client autoconf libtool
sudo apt-get install -y libcrypt-ssleay-perl liblwp-useragent-determined-perl libwww
-perl
sudo add-apt-repository ppa:ondrej/php
sudo apt-get update -y
sudo apt-get install -y apache2 libapache2-mod-php5.6 php5.6 php5.6-common
php5.6-gd php5.6-cli php5.6-xml php5.6-mysql
sudo apt-get install -y php-pear libphp-adodb
```

2)软件下载

```
wget https://www.snort.org/downloads/snort/daq-2.0.7.tar.gz
wget https://www.snort.org/downloads/snort/snort-2.9.16.tar.gz
wget https://github.com/firnsy/barnyard2/archive/v2-1.13.tar.gz -O barnyard2-2-1.13.
tar.gz
wget https://github.com/shirkdog/pulledpork/archive/v0.7.3.tar.gz -O pulledporkv0.7.3.
tar.gz
wget https://sourceforge.net/projects/adodb/files/adodb-php5-only/adodb-520-forphp5/
adodb-5.20.8.tar.gz
wget http://sourceforge.net/projects/secureideas/files/BASE/base-1.4.5/base-1.4.5.
tar.gz
```

3）安装 Snort 以及编译测试

```
tar xvzf snort-2.9.16.tar.gz
cd snort-2.9.16
./configure --enable-sourcefire && make && sudo make install
~/Downloads/snort-2.9.16$ snort -V
,,_ -*> Snort! <*- o" )~ Version 2.9.16 GRE (Build 118) '''' By Martin Roesch & The Snort
Team: http://www.snort.org/contact # team Copyright (C) 2014 - 2020 Cisco and/or its
affiliates. All rights reserved.
Copyright (C) 1998-2013 Sourcefire, Inc., et al.
Using libpcap version 1.8.1
Using PCRE version: 8.43 2019-02-23
Using ZLIB version: 1.2.11
```

4）创建用户环境

```
# Create the snort user and group:
sudo groupadd snort
sudo useradd snort -r -s /sbin/nologin -c SNORT_IDS -g snort
# Create the Snort directories:
sudo mkdir /etc/snort
sudo mkdir /etc/snort/rules
sudo mkdir /etc/snort/rules/iplists
sudo mkdir /etc/snort/preproc_rules
sudo mkdir /usr/local/lib/snort_dynamicrules
sudo mkdir /etc/snort/so_rules
# Create some files that stores rules and ip lists
sudo touch /etc/snort/rules/iplists/black_list.rules
sudo touch /etc/snort/rules/iplists/white_list.rules
sudo touch /etc/snort/rules/local.rules
sudo touch /etc/snort/sid-msg.map
# Create our logging directories:
sudo mkdir /var/log/snort
sudo mkdir /var/log/snort/archived_logs
# Adjust permissions:
sudo chmod -R 5775 /etc/snort
sudo chmod -R 5775 /var/log/snort
sudo chmod -R 5775 /var/log/snort/archived_logs
sudo chmod -R 5775 /etc/snort/so_rules
sudo chmod -R 5775 /usr/local/lib/snort_dynamicrules
# Change Ownership on folders:
sudo chown -R snort:snort /etc/snort
sudo chown -R snort:snort /var/log/snort
sudo chown -R snort:snort /usr/local/lib/snort_dynamicrules
```

5）配置文件目录

Snort 配置文件：

```
/etc/snort/snort.conf
```

Snort 日志数据：

```
/var/log/snort/
```

Snort 规则目录：

```
/etc/snort/rules/;/etc/snort/so_rules/;/etc/snort/preproc_rules/;/usr/local/lib/snort_
dynamicrules/
```

Snort IP 列表目录：

```
/etc/snort/rules/iplists/
```

Snort 动态预处理程序：

```
/usr/local/lib/snort_dynamicpreprocessor/
```

6）复制和配置文件

```
cd ~/snort-2.9.11/etc/
sudo cp *.conf* /etc/snort
sudo cp *.map /etc/snort
sudo cp *.dtd /etc/snort
cd ~/snort-2.9.11/src/dynamicpreprocessors/
build/usr/local/lib/snort_dynamicpreprocessor/
sudo cp * /usr/local/lib/snort_dynamicpreprocessor/
```

注释掉 snort.conf 中引用的规则文件，使用 pulledpork 管理规则集：

```
sudo sed -i "s/include \$RULE\_PATH/#include \$RULE\_PATH/" /etc/snort/snort.conf
```

手动修改 snort.conf 配置：

```
sudo vi /etc/snort/snort.conf
#第 45 行，ipvar HOME_NET 修改为本机的内部网络
ipvar HOME_NET 192.168.146.130/24
```

```
#第 104 行,设置以下配置文件路径
var RULE_PATH /etc/snort/rules
var SO_RULE_PATH /etc/snort/so_rules
var PREPROC_RULE_PATH /etc/snort/preproc_rules
var WHITE_LIST_PATH /etc/snort/rules/iplists
var BLACK_LIST_PATH /etc/snort/rules/iplists
#第 521 行添加
# output unified2: filename merged.log, l imit 128, nostamp, mpls event types, vlan event
types }
output unified2: filename snort.u2, limit 128
#第 546 行取消注释,启用 local.rules 文件
include $RULE_PATH/local.rules
```

添加本地规则 1：

```
sudo vi /etc/snort/rules/local.rules
alert icmp any any -> $HOME_NET any (msg:"ICMP Test detected!!!"; classtype:icmp-event;
sid:10000001; rev:001; GID:1; )
```

添加本地规则 2：

```
sudo vi /etc/snort/sid-msg.map
1 || 10000001 || 001 || icmp-event || 0 || ICMP Test detected || url,tools.ietf.org/
html/rfc792
```

测试配置文件：

```
sudo snort -T -c /etc/snort/snort.conf -i ens33
```

测试功能：

```
sudo snort -A console -q -u snort -g snort -c /etc/snort/snort.conf -i ens33
```

此时从外面 ping 网口 ens33 的 IP，Snort 会记录受到的攻击，信息保存在“/var/log/snort”中，文件名为 snort.log.xxx。

7）安装 Barnyard2

首先安装 MySQL：

```
sudo apt-get install -y mysql-server libmysqlclient-dev mysql-client autoconf libtool
```

解压编译：

```
tar zxvf barnyard2-2-1.13.tar.gz;cd barnyard2-2-1.13;autoreconf -fvi -I ./
# Choose ONE of these two commands to run
./configure --with-mysql --with-mysql-libraries=/usr/lib/x86_64-linux-gnu
./configure --with-mysql --with-mysql-libraries=/usr/lib/i386-linux-gnu
sudo make && sudo make install
```

安装完成后测试：

```
~/Downloads/barnyard2-2-1.13$ barnyard2 -V
____ -*> Barnyard2 <*- / ,,_ \ Version 2.1.13 (Build 327) |o" )~| By Ian Firns
(SecurixLive): http://www.securixlive.com/ + '''' + (C) Copyright 2008-2013 Ian Firns <
firnsy@securixlive.com>
```

8）设置配置文件

```
sudo cp ~/barnyard2-2-1.13/etc/barnyard2.conf /etc/snort/
# the /var/log/barnyard2 folder is never used or referenced
# but barnyard2 will error without it existing
sudo mkdir /var/log/barnyard2
sudo chown snort.snort /var/log/barnyard2
sudo touch /var/log/snort/barnyard2.waldo
sudo chown snort.snort /var/log/snort/barnyard2.waldo
```

配置数据库：

```
~$ mysql -u root -p
mysql> create database snort; mysql> use snort; mysql> source ~/barnyard2-2-1.13/
schemas/create_mysql;
mysql> CREATE USER 'snort'@'localhost' IDENTIFIED BY '123456';
mysql> grant create, insert, select, delete, update on snort.* to 'snort'@'localhost';
mysql> exit;
```

添加数据库配置：

```
sudo vi /etc/snort/barnyard2.conf
#在末尾添加数据库配置：
output database: log, mysql, user=snort password=123456 dbname=snort host=localhost
sensor name=sensor01
```

修改 barnyard2.conf 权限，防止被修改：

```
sudo chmod o-r /etc/snort/barnyard2.conf
```

安装完成后测试：

```
#开启 Snort,并向 eth1 发送 ping 数据包
sudo snort -q -u snort -g snort -c /etc/snort/snort.conf -i ens33
#开启 barnyard2,将日志信息存入数据库
# 1.连续处理模式,设置 barnyard2.waldo 为书签
sudo barnyard2 -c /etc/snort/barnyard2.conf -d /var/log/snort -f snort.u2 -w /var/log/snort/barnyard2.waldo -g snort -u snort
# 2.文件处理模式,处理单个日志文件
sudo barnyard2 -c /etc/snort/barnyard2.conf -o /var/log/snort/snort.log.xxx
# 查看数据库条目数量,看是否增加
mysql -u snort -p -D snort -e "select count(*) from event"
```

9）安装 pulledpork

解压并安装：

```
tar xzvf pulledpork-v0.7.3.tar.gz;cd pulledpork-v0.7.3/;sudo cp pulledpork.pl /usr/local/bin
sudo chmod +x /usr/local/bin/pulledpork.pl;sudo cp etc/*.conf /etc/snort
```

安装完后测试：

```
~$ pulledpork.pl -V
PulledPork v0.7.3 - Making signature updates great again!
```

安装完后配置：

```
sudo vi /etc/snort/pulledpork.conf
```

第 19 行输入注册账户生成的 oinkcode，若没有则注释掉。

第 29 行取消注释可下载针对新兴威胁的规则。

第 74 行更改为：

```
rule_path = /etc/snort/rules/snort.rules
```

第 89 行更改为：

```
local_rules = /etc/snort/rules/local.rules
```

第 92 行更改为：

```
sid_msg = /etc/snort/sid-msg.map
```

第96行更改为：

```
sid_msg_version = 2
```

第119行更改为：

```
config_path = /etc/snort/snort.conf
```

第133行更改为：

```
distro = Ubuntu-12-04
```

第141行更改为：

```
IPRVersion = /etc/snort/rules/iplists
```

第150行更改为：

```
black_list = /etc/snort/rules/iplists/black_list.rules
```

再次配置Snort：

```
sudo vi /etc/snort/snort.conf
```

第548行添加：

```
include $RULE_PATH/snort.rules
```

更新规则：

```
sudo /usr/local/bin/pulledpork.pl -c /etc/snort/pulledpork.conf -l
```

测试规则：

```
sudo snort -T -c /etc/snort/snort.conf -i eth0
```

10）创建Snort服务

创建服务配置文件：

```
sudo vi /lib/systemd/system/snort.service
1.[Unit]:Description=Snort NIDS Daemon;After=syslog.target network.target
```

```
2.[Service]:Type = simple;Restart = always;ExecStart = /usr/local/bin/snort -q -u snort -
  g snort -c /etc/snort/snort.conf -i ens33
3.[Install]:WantedBy = multi-user.target
```

设置开机启动：

```
sudo systemctl enable snort
```

启动服务：

```
sudo systemctl start snort
```

检查服务状态：

```
sudo systemctl status snort
```

11）创建 barnyard2 服务

创建服务配置文件：

```
sudo vi /lib/systemd/system/barnyard2.service
1.[Unit]:Description = Barnyard2 Daemon;After = syslog.target network.target
2.[Service]:Type = simple;Restart = always
3.ExecStart = /usr/local/bin/barnyard2 -c /etc/snort/barnyard2.conf -d /var/log/snort -f
4.snort.u2 -q -w /var/log/snort/barnyard2.waldo -g snort -u snort -D -a
5./var/log/snort/archived_logs --pid-path = /var/run
6.[Install]:WantedBy = multi-user.target
```

设置开机启动：

```
sudo systemctl enable barnyard2
```

启动服务：

```
sudo systemctl start barnyard2
```

检查服务状态：

```
sudo systemctl status barnyard2
```

12）安装 base

解压并安装：

```
tar xzvf base-1.4.5.tar.gz;sudo mv base-1.4.5 /var/www/html/base/
```

配置：

```
cd /var/www/html/base
sudo cp base_conf.php.dist base_conf.php
sudo vi /var/www/html/base/base_conf.php
1. $BASE_Language = 'simplified_chinese'; # line 27
2. $BASE_urlpath = '/base'; # line 50
3. $DBlib_path = '/usr/share/php/adodb/'; #line 80
4. $alert_dbname = 'snort'; # line 102
5. $alert_host = 'localhost';
6. $alert_port = '';
7. $alert_user = 'snort';
8. $alert_password = '123456';
9. $graph_font_name = "";
sudo chown -R www-data:www-data /var/www/html/base
sudo chmod o-r /var/www/html/base/base_conf.php
sudo service apache2 restart
```

最后完成上述12个基本的步骤，可以完成Snort的基本应用。但是每次改完规则记得重启一下Snort服务，否则规则不会生效。

网络信息安全的发展任重而道远，物联网和移动互联网等新网络的快速发展给信息安全带来更大的挑战。物联网中的业务认证机制和加密机制是安全上最重要的两个环节，也是信息安全产业中保障信息安全的薄弱环节。移动互联网快速发展带来的是移动终端存储的隐私信息的安全风险越来越大。传统的网络安全技术已经不能满足新一代信息安全产业的发展，传统的信息安全更关注防御、应急处置能力，但是，随着云安全服务的出现，基于软硬件提供安全服务模式的传统安全产业开始发生变化。在物联网、移动互联网和云计算兴起的新形势下，简化客户端配置和维护成本，成为企业对新的网络安全需求，也成为信息安全产业发展面临的新挑战。随着互联网的发展，传统的网络边界不复存在，给未来的互联网应用和业务带来巨大改变，也给信息安全带来了新挑战。融合开放是互联网发展的特点之一，网络安全也因此变得正在向分布化、规模化、复杂化和间接化等方向发展，信息安全产业也将在融合开放的大安全环境中探寻发展。

习　　题

一、选择题

1. 计算机网络的安全是指(　　)。
   A. 网络中设备设置环境的安全　　B. 网络用户的安全
   C. 网络中信息的安全　　D. 网络的财产安全
2. 以下(　　)不是保证网络安全的要素。
   A. 信息的保密性　　B. 发送信息的不可否认性

C. 数据交换的完整性　　D. 数据存储的唯一性

3. 信息不泄露给非授权的用户和实体,指的是信息(　　) 的特性。

A. 保密性　　B. 完整性　　C. 可用性　　D. 可控性

4. 拒绝服务攻击(　　)。

A. 用超出被攻击目标处理能力的海量数据包消耗可用系统、带宽资源等方法的攻击

B. 全称是 Distributed Denial of Service

C. 拒绝来自一个服务器所发送回应请求的指令

D. 入侵控制一个服务器后的远程主机

5. 当感觉到操作系统运行速度明显减慢,打开任务管理器后发现 CPU 的使用率达到100%时,最有可能受到(　　)攻击。

A. 特洛伊木马　　B. 拒绝服务　　C. 欺骗　　D. 中间人攻击

6. 对于发弹端口型的木马,(　　)主动打开端口,并处于监听状态。

Ⅰ. 木马的客户端　　Ⅱ. 木马的服务器端　　Ⅲ. 第三服务器

A. Ⅰ　　B. Ⅱ　　C. Ⅱ　　D. Ⅰ或Ⅲ

7. DDoS 攻击破坏了(　　)。

A. 可用性　　B. 保密性　　C. 完整性　　D. 真实性

8. 在网络攻击活动中,死亡之 ping 是(　　)类的攻击程序。

A. 拒绝服务　　B. 字典攻击　　C. 网格监听　　D. 病毒

9. 下列关于防火墙的说法正确的是 (　　)。

A. 防火墙的安全性能是根据系统安全的要求而设置的

B. 防火墙的安全性能是一致的,一般没有级别之分

C. 防火墙不能把内部路由隔离为可信任网络

D. 一个防火墙只能用来对两个网络之间互相访问实行强制性管理的安全性

10. (　　)不是防火墙的功能。

A. 过滤进出网络的数据包　　B. 保护存储数据安全

C. 防火墙禁止的访问行为　　D. 记录通过防火墙的信息内容和活动

11. 防火墙技术可分为(　　)等 3 大类型。

A. 包过滤、入侵检测和数据加密　　B. 包过滤、入侵检测和应用代理

C. 包过滤、数据代理和入侵检测　　D. 包过滤、状态检测和应用代理

二、填空题

1. 安全威胁分为________和________。

2. 保护、监测、________、________涵盖了对现代网络信息系统保护的各个方面,构成了一个完整的体系,使网络信息安全构建在更坚实的基础之上。

3. 通过非直接技术攻击称作________攻击方法。

4. 计算机病毒是一种________,其特性主要有________、________ 、________。

5. ________是作为加密输入的原始信息,即消息的原始形式,通常用 m 或 p 表示。

6. 从工作原理角度看,防火墙主要可以分为________和________。

7. ________类型的软件能够阻止外部主机对本地计算机的端口扫描。

8. HTTP默认端口号为________。

9. 计算机病毒指________________________。

10. 从防火墙的软硬件形式来分，防火墙可以分为________和________；从防火墙技术进行分类，可分为________型和________型。

三、简答题

1. 目前生活中存在的信息系统安全问题主要表现在哪几方面？
2. 可以把网络信息安全归纳为哪几方面？它们各自都有什么作用？
3. 计算机病毒可以按哪几种类型进行分类？
4. 计算机病毒的传输方式有哪些？
5. 常见的计算机病毒有哪些？它们各有什么特点？
6. 简述防范计算机病毒的方法。
7. 常见的木马类型有哪些？列举防范木马病毒的措施。
8. 按照技术以及功能来划分，入侵检测系统可以分为哪3类？
9. 简述防火墙的定义及分类。
10. 如何配置Snort入侵检测系统软件？

第 13 章 服务器的配置和搭建

Linux 操作系统作为一种流行的开源服务器平台，在业界得到了普遍认可。目前，以 Linux 为操作系统的服务器市场占有率逐年增长。本章将主要介绍 Linux 下的 Apache 服务器、Nginx 网站服务器、FTP 服务器、邮件服务器和 samba 服务器的配置与使用方法。

13.1 Apache 服务器

13.1.1 HTTP

文本传输协议（Hyper Text Transfer Protocol，HTTP）是一个简单的请求与响应协议，它通常运行在 TCP 上。它指定了客户端可能发送给服务器什么样的消息以及得到什么样的响应。请求和响应消息的头以 ASCII 码形式给出，而消息内容则具有一个类似 MIME 的格式。HTTP 是应用层协议，同其他应用层协议一样，是为了实现某一类具体应用的协议，并由某一运行在用户空间的应用程序来实现其功能。HTTP 是一种协议规范，这种规范记录在文档上，为真正通过 HTTP 进行通信的 HTTP 的实现程序。HTTP 服务器一般指网站服务器，是指驻留于因特网上某种类型计算机的程序。可以处理浏览器等 Web 客户端的请求并返回相应的响应；也可以放置网站文件，让全世界浏览；还可以放置数据文件，让全世界下载。目前最主流的 3 个 Web 服务器是 Apache、Nginx 和 Lighttpd 等。Web 服务器是互联网上人们使用最多的一种服务器，它已经成了当今社会不可缺少的一种信息传播方式，目前市场上最流行的运行在 Linux 上的 Web 服务器是 Apache 服务器。

Apache HTTP Server 是 Apache 软件基金会的一个开放源码的网页服务器，可以在大多数计算机操作系统中运行，由于其多平台和安全性被广泛使用，是最流行的 Web 服务器端软件之一。它快速、可靠并且可通过简单的 API 扩展，将 Perl/Python 等解释器编译到服务器中。Apache 起初由伊利诺伊大学香槟分校的国家超级计算机应用中心（NCSA）开发。此后，Apache 被开放源码团体的成员不断发展和加强。Apache 服务器拥有牢靠可信的美誉，已在超过半数的互联网站中使用，特别是最热门的和访问量最大的网站。

起初 Apache 只是 Netscape 网页服务器之外的开放源码选择，随后它开始在功能和速度超越其他的基于 UNIX 的 HTTP 服务器。自 1996 年 4 月以来，Apache 一直是互联网上最流行的 HTTP 服务器，到 1999 年 5 月，它在 57%的网页服务器上运行；经过多年的发展，到 2005 年 11 月时接近 70%的市场占有率。随着微软公司的强大，拥有大量域名数量的主机域名商转换为微软 IIS 平台，Apache 市场占有率近年来呈现微滑。而谷歌自己的网页服务器平台 GWS 推出后，再加上 Lighttpd 这个轻量化网页服务器软件使用的网站慢慢增加，导致 Apache 的市场占有率已经降为 30%左右，不过在最活跃的站点中，Apache 依然排老大。

纵观 Apache，它为网络管理员提供了丰富多彩的功能，包括目录索引、目录别名、内容协商、可配置的 HTTP 错误报告、CGI 程序的 SetUID 执行、子进程资源管理、服务器端图像映射、重写 URL 和 URL 拼写检查等。Apache 支持许多特性，大部分通过编译的模块实现。这些特性从服务器端的编程语言支持到身份认证方案，通用的语言接口支持 Perl、Python、TCL 和 PHP 等。其中，认证模块包括 mod_access、mod_auth、mod_digest、SSL、TLS 支持 mod_ssl、代理服务器模块、mod_rewrite 实现 URL 重写、定制日志文件以及过滤支持 mod_include 和 mod_ext_filter。Apache 日志可以通过网页浏览器使用免费的脚本 AWStats 或者 Visitors 来进行分析。

13.1.2 安装 Apache 服务

Ubuntu 操作系统中，如果没有安装 Apache 服务器，可以采用两种方式进行安装，一种是直接联网系统自动解析安装，另一种是到 Apache 的首页 http://httpd.apache.org 下载最新的 Apache 网页服务器程序，手动配置进行编译安装。

1. 联网安装 Apache

首先要更新 Ubuntu 存储库的本地包索引，下载最新版本的软件。在字符界面并输入 sudo apt-get update 命令以执行此操作，图 13-1 所示为执行结果

```
virtual-machine:~# sudo apt-get update
命中:1 http://mirrors.aliyun.com/ubuntu bionic InRelease
获取:2 http://mirrors.aliyun.com/ubuntu bionic-updates InRelease [88.7 kB]
命中:3 http://dl.google.com/linux/chrome/deb stable InRelease
获取:4 http://mirrors.aliyun.com/ubuntu bionic-backports InRelease [74.6 kB]
命中:5 http://dl.winehq.org/wine-builds/ubuntu bionic InRelease
获取:6 http://mirrors.aliyun.com/ubuntu bionic-security InRelease [88.7 kB]
获取:7 http://mirrors.aliyun.com/ubuntu bionic-backports/universe amd64 DEP-11 Metadata [9,288 B]
获取:8 http://mirrors.aliyun.com/ubuntu bionic-security/main amd64 DEP-11 Metadata [48.5 kB]
获取:9 http://mirrors.aliyun.com/ubuntu bionic-security/universe amd64 DEP-11 Metadata [60.3 kB]
获取:10 http://mirrors.aliyun.com/ubuntu bionic-security/multiverse amd64 DEP-11 Metadata [2,464 B]
已下载 373 kB，耗时 2秒 (217 kB/s)
正在读取软件包列表... 完成
```

图 13-1 更新 Ubuntu 操作系统软件

接下来使用 sudo apt install apache2 命令安装 Apache2，同时安装 Apache2 及其所需的依赖项，执行结果的部分结果如图 13-2 所示。Ubuntu 操作系统可能会提示使用 y/n 选项继续安装。输入 y，然后开始安装程序。

```
-virtual-machine:~# sudo apt-get install apache2
正在读取软件包列表... 完成
正在分析软件包的依赖关系树
正在读取状态信息... 完成
```

图 13-2 联网安装 Apache2

安装完成后，可以检查版本号，通过输入 apache2-version 命令验证系统上是否确实安装了 Apache2，如果成功安装，就会显示完整的版本号。例如，输出 Server version：Apache/2.4.29 (Ubuntu)和 Server built：2018-10-10T18:59:25 信息。

2. 源码编译安装 Apache 服务器

对于有一定计算机知识的用户，可以自行编译 Apache 服务器，相对于已经编译好的二

进制文件版本，最大差异在于模块的数量。编译源码版本的 Apache 服务器，默认并不会产生任何模块。如果需要用到这些模块，那么在设定 Apache 编译状态时，通过加上需要的参数添加相应模块。参数说明可执行.“/configure--help”指令查询。如果执行过程正确无误，在“/usr/local/apache/libexec”目录中，生成 Apache 服务器内建的动态载入模块。

(1) 下载软件包。Apache 采用源码安装，因此在安装 Apche HTTP Server 之前需要下载一些依赖软件包，有些可以使用 apt-get 进行直接安装，但还有些需要在 Apache 官方网站下载源码软件。Linux 中源码的安装主要分为 3 个步骤，分别是配置(configure)、编译(make)、安装(make install)。./configure 是源码安装的第一步，它的作用是检测系统配置，生成 makefile 文件，从而可以使用 make 和 make install 命令来编译和安装程序。因此可以先输入命令，查看是否有 configure 或者 makefile 文件。

(2) 安装包 gcc 或者 g++。首先查看是否已经有安装包 gcc 或者 g++，可以使用 gcc-version 命令。如果没有安装包，可以使用 sudo apt-get install gcc 命令安装 gcc 包。

(3) 安装包 apr 和 apr-util。查看安装包 apr 和 apr-util，然后进行解压。可以使用如下命令组：

```
ls apr *
tar.gz apr - util - 1.6.1.tar.gz
tar  - zxvf apr - 1.7.0.tar.gz
cd apr - 1.7.0
ls
```

输入命令 ls，查看是否有 configure 或者 makefile 文件。

然后新建安装目录“/usr/localapr”，同时检测系统配置，最后再进行安装操作。可以使用如下命令组：

```
mkdir /usr/local/apr
./configure  -- prefix = /usr/local/apr
make
make install
make clean
```

对 apr-util-1.6.1 软件包的解压、配置及安装操作，可以使用如下命令组：

```
tar  - zxvf apr - util - 1.6.1.tar.gz
cd apr - util - 1.6.1
mkdir /usr/local/apr - util
./configure  -- prefix = /usr/local/apr - util  -- with - apr = /usr/local/
apr/bin/apr - 1 - config
make
make install
make clean
```

(4) 安装包 Pcre，需要对 pcre2-10.33.zip 软件包进行解压和配置及安装操作。可以使用如下命令组：

```
unzip pcre2 - 10.33.zip
cd pcre2 - 10.33
mkdir /usr/local/pcre2
./configure -- prefix = /usr/ocal/pcre2 -- with - apr - /usr/local/apr/ bin/apr - 1 - config
make
make install
make clean
```

(5) 安装 Apache，需要对 httpd-2-2.4.tar.gzg 软件包进行解压和配置，最后再进行安装操作。可以使用如下命令组：

```
tar -zxvf httpd - 2.4. 41.tar.gz
cd httpd - 2.4.41
./configure -- prefix = /usr/local/apache -- with - pcre2 - /usr/ local/
pcre2 -- with - apr = /usr/1oca1/apr -- with - apr - util - /usr/1ocal/apr - uti1
make
make install
make clean
```

configure 脚本主要用来检查系统环境、查找依赖文件和设置安装路径等，常用选项参数及其含义说明如表 13-1 所示。另外，还可以通过./configure -help 查看该脚本支持的所有选项。

表 13-1　configure 常用选项参数及其含义说明

选项参数	含义说明
-prefix	指定 Apache httpd 程序的安装主目录
-enable-so	开启模块化功能，支持动态共享对象(DSO)
-enable-ssl	支持 SSL 地址加密
- enable-rewrite	支持地址重写
-with-mpm	设置 Apache httpd 工作模式
-with-suexec-bin	支持 SUID 和 AGID
-with-apr	指定 APR 程序的绝对路径

(6) 启动 Apache 服务，可以使用 apachectl start 命令启动服务。安装完成后，Apache 会提供 apachectl 的启动脚本，apachectl 脚本在“usr/local/apache/bin”目录下，该脚本用来进行 Apache httpd 的启动、关闭以及测试功能。apachectl 脚本的选项参数及其功能说明如表 13-2 所示。

表 13-2　apachectl 脚本的选项参数及其功能说明

选项参数	功能说明
start	启动 httpd 程序，如果已经启动过该程序，则会报错
stop	关闭 httpd 程序
restart	重启 httpd 程序
graceful	启动 httpd，不中断现有的 HTTP 连接请求
graceful-stop	关闭 httpd，不中断现有的 HTTP 连接请求
status	查看 httpd 程序当前状态
configtest	查看 httpd 主配置文件语法

启动 Apache 可以分为手动启动和开机自动启动两种。手动启动 Apache 也可以直接使用 apache2 start 命令。执行结果如图 13-3 所示。

```
-virtual-machine:~# sudo /etc/init.d/apache2 start
[ ok ] Starting apache2 (via systemctl): apache2.service.
```

图 13-3　Apache2 启动后信息

进一步通过 sudo systemctl status apache2 命令验证 Apache2 服务是否在系统上启动，当然上面的启动命令仍然兼容，执行结果如图 13-4 所示。

```
-virtual-machine :~# systemctl status apache2
●apache2.service - The Apache HTTP Server
   Loaded: loaded (/lib/systemd/system/apache2.service; disabled; vendor preset: enabled)
  Drop-In: /lib/systemd/system/apache2.service.d
           └─apache2-systemd.conf
   Active: active (running) since Thu 2021-05-20 16:12:22 CST; 3min 32s ago
  Process: 3833 ExecStart=/usr/sbin/apachectl start (code=exited, status=0/SUCCESS)
 Main PID: 3844 (apache2)
    Tasks: 6 (limit: 2293)
   CGroup: /system.slice/apache2.service
           ├─3844 /usr/sbin/apache2 -k start
           ├─3862 /usr/sbin/apache2 -k start
           ├─3863 /usr/sbin/apache2 -k start
           ├─3864 /usr/sbin/apache2 -k start
           ├─3865 /usr/sbin/apache2 -k start
           └─3866 /usr/sbin/apache2 -k start
```

图 13-4　查看启动后 Apache2 状态

如果有如图 13-4 所示的类似信息，代表 Apache 服务已经启动。启动以后，检测一下 Apache 服务器是否已经成功运行，可打开浏览器后在地址栏中输入本机地址 127.0.0.1 或者 localhost 进行访问。如果访问成功，即可看到如图 13-5 所示的页面。

有些操作系统也可以设置自动启动，例如在 Red Hat Enterprise 操作系统中，可以使用图形化工具 ntsysv，也可以使用比较通用的命令行 chkconfig。使用 ntsysv 的方法很简单，在命令行中输入 ntsysv，在图形界面中选中 httpd. service 项即可。还可以使用 chkconfig 修改 Apache 服务器的执行等级，让 Apache 随机启动。在没有修改配置文件的情况下，有时候使用 start 启动 httpd 程序，可能会出现错误提示“Could not reliably determine the server's fully qualified domain name”，这说明 httpd 无法确定服务器域名称，这时可以通过修改主配置文件的 ServerName 项来解决。该提示也可以忽略，通过 netstat 命令查看

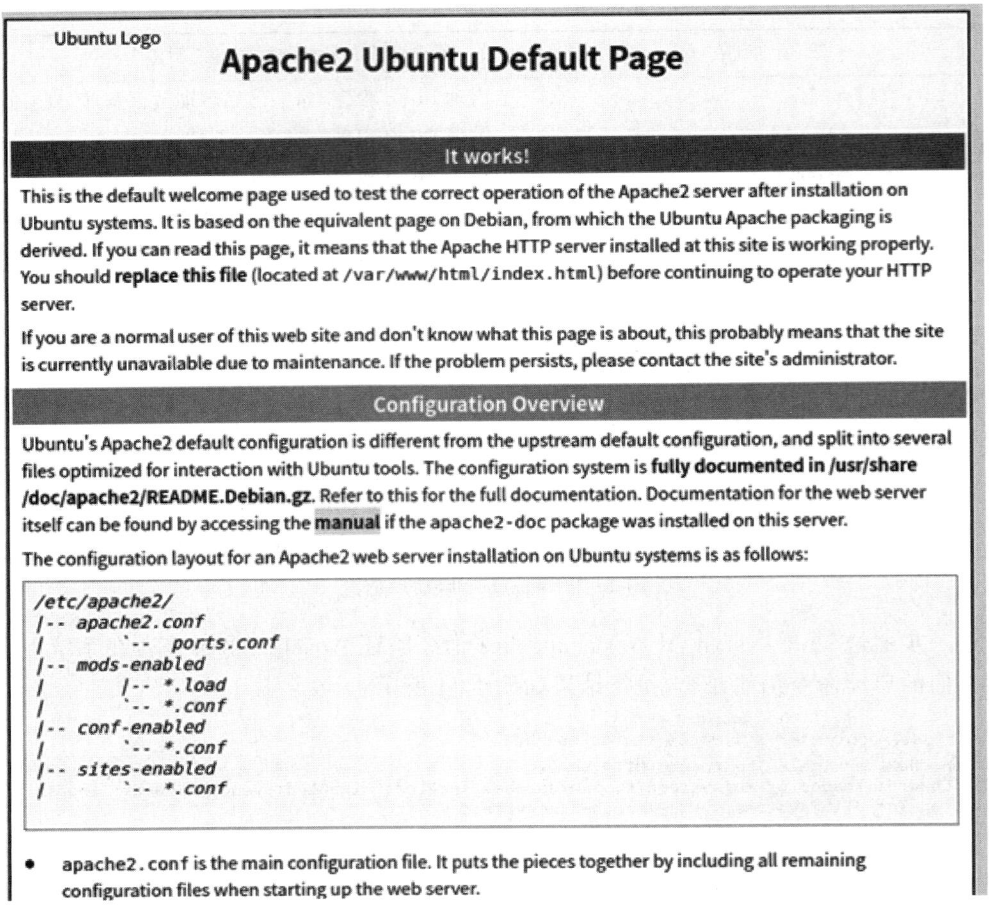

Ubuntu Logo

Apache2 Ubuntu Default Page

It works!

This is the default welcome page used to test the correct operation of the Apache2 server after installation on Ubuntu systems. It is based on the equivalent page on Debian, from which the Ubuntu Apache packaging is derived. If you can read this page, it means that the Apache HTTP server installed at this site is working properly. You should **replace this file** (located at /var/www/html/index.html) before continuing to operate your HTTP server.

If you are a normal user of this web site and don't know what this page is about, this probably means that the site is currently unavailable due to maintenance. If the problem persists, please contact the site's administrator.

Configuration Overview

Ubuntu's Apache2 default configuration is different from the upstream default configuration, and split into several files optimized for interaction with Ubuntu tools. The configuration system is **fully documented in /usr/share /doc/apache2/README.Debian.gz**. Refer to this for the full documentation. Documentation for the web server itself can be found by accessing the **manual** if the apache2-doc package was installed on this server.

The configuration layout for an Apache2 web server installation on Ubuntu systems is as follows:

```
/etc/apache2/
|-- apache2.conf
|       `--  ports.conf
|-- mods-enabled
|       |-- *.load
|       `-- *.conf
|-- conf-enabled
|       `-- *.conf
|-- sites-enabled
|       `-- *.conf
```

- apache2.conf is the main configuration file. It puts the pieces together by including all remaining configuration files when starting up the web server.

图 13-5　测试 Apache 服务浏览器页面

httpd 是否已经成功启动。在客户端使用浏览器访问该 Web 服务器，当看到如图 13-4 所示的“active(running)”时，说明服务器可以正常访问了。

3. 停止与重启 Apache

停止与重启 Apache 和手动启动 Apache 使用同一个命令，只是参数不同。如果需要停止 WWW 服务，则需要使用 stop 参数；类似地，重启 Apache 需要使用 restart 参数。图 13-6 为停止 Apache 服务器的操作结果。

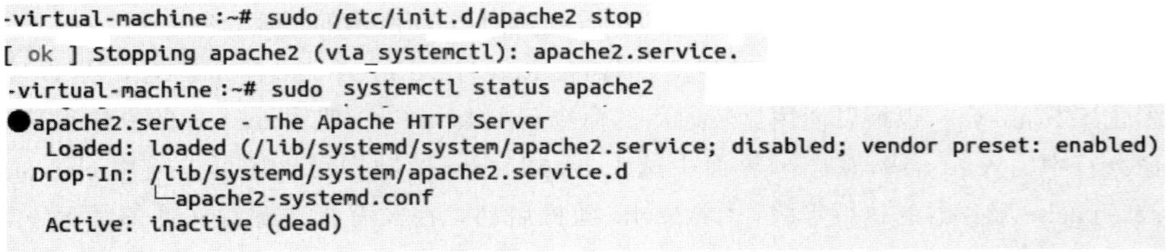

```
-virtual-machine:~# sudo /etc/init.d/apache2 stop
[ ok ] Stopping apache2 (via systemctl): apache2.service.
-virtual-machine:~# sudo systemctl status apache2
●apache2.service - The Apache HTTP Server
  Loaded: loaded (/lib/systemd/system/apache2.service; disabled; vendor preset: enabled)
 Drop-In: /lib/systemd/system/apache2.service.d
          └─apache2-systemd.conf
  Active: inactive (dead)
```

图 13-6　停止 Apache 服务器显示信息

13.1.3 配置 Apache 服务器

Apache 服务器的设置文件位于"/etc/conf"目录下，传统的是使用 3 个配置文件 httpd. conf、access. conf 和 srm. conf 来配置 Apache 服务器。但是在 1. 3. 20 版之后，Apache 将原来的 httpd. conf、access. conf 和 srm. conf 中的所有配置参数都放在一个配置文件 httpd. conf 中，只是为了与以前版本兼容才使用 3 个配置文件，而提供的 access. conf 和 srm. conf 文件中并没有具体的设置内容。

1. httpd. conf 配置文件

httpd. conf 提供了最基本的服务器设置，如守护程序 httpd 运行的技术描述。它还包含了以前的 srm. conf 和 acess. conf 文件的配置参数，记录了服务器各种文件的 MIME 类型，以及如何支持这些文件，还有用于配置服务器的访问权限，以控制不同用户和计算机的访问限制等。在 httpd. conf 文件中有一系列标记命令，这些命令指示 Apache Web 服务器应该如何配置它本身和模块。当然，其中大多数有默认值，通常不需要改动。除了空行和以字符"#"开头的行，文件中的每一行都可以看作一个命令。该配置文件内容由以下 3 个主要部分组成，分别是全局环境配置部分、主服务器配置部分和虚拟主机配置部分。httpd. conf 配置文件的格式中，第一个字符为"#"符号的是注释行，服务器在进行语法分析时会忽略掉所有的注释行；除了注释和空行外，服务器把其他的行认为是完整的或部分的指令。指令又分为与 shell 命令类似的命令和伪 HTML 标记。与 HTML 不同，伪 HTML 标记必须各占一行，把命令组成一组放在某个伪 HTML 标记中，在 Apache 配置文件中有很多类似这样的模块。

(1) ServerType standalone：ServerType 定义服务器的启动方式，默认值为独立方式 standalone，httpd 服务器将由其本身启动并驻留在主机中监视连接请求。

(2) ServerRoot：用来存放服务器的配置、出错和记录文件的最底层目录。如果使用 APACI 接口编译和安装 Apache，那么默认 ServerRoot 为在配置脚本中提供的 prefix 值；否则需要修改默认值为一个合适的目录。由于 httpd 会经常进行并发的文件操作，就需要使用加锁的方式来保证文件操作不冲突。由于 NFS 在文件加锁方面能力有限，因此这个目录应该是本地磁盘文件系统，而尽量避免使用 NFS。

(3) LockFile：指定了 httpd 守护进程的加锁文件，一般不需要设置这个参数，Apache 服务器将自动在 ServerRoot 下面的路径中进行操作，但如果 ServerRoot 为 NFS，便需要使用这个参数指定本地文件系统中的路径。

(4) PidFile：指定的文件将记录 httpd 守护进程的进程号。由于 httpd 能自动复制其自身，因此系统中有多个 httpd 进程，但只有一个进程为最初启动的进程，它为其他进程的父进程，对这个进程发送信号将影响所有的 httpd 进程。PidFile 定义的文件中就记录 httpd 父进程的进程号。

(5) ScoreBoardFile：httpd 使用 ScoreBoardFile 来维护进程的内部数据，通常不需要改变这个参数，除非运维人员想在一台计算机上运行几个 Apache 服务器，这时每个 Apache 服务器都需要独立的设置文件 httpd. conf，并使用不同的 ScoreBoardFile。

(6) esourceConfig 和 AccessConfig 这两个参数是为了与使用 srm. conf 和 acess. conf

设置文件的老版本 Apache 兼容。如果没有兼容的需要,可以将对应的设置文件指定为"/dev/null",这将表示不存在其他设置文件,而仅使用 httpd.conf 一个文件来保存所有的设置选项。

(7) Timeout:定义客户程序和服务器连接的超时间隔,超过这个时间间隔(秒)后服务器将断开与客户机的连接。

(8) KeepAlive:在 HTTP 1.0 中,一次连接只能传输一次 HTTP 请求,而 KeepAlive 参数用于支持 HTTP 1.1 版本的一次连接、多次传输功能,这样就可以在一次连接中传递多个 HTTP 请求。只有较新的浏览器才支持这个功能。

(9) MaxKeepAliveRequests:一次连接可以进行的 HTTP 请求的最大请求次数。将其值设为 0,将支持在一次连接内进行无限次的传输请求。事实上没有客户程序在一次连接中请求太多的页面,通常达不到这个上限就完成连接了。

(10) KeepAliveTimeout:测试一次连接中的多次请求传输之间的时间。如果服务器已经完成了一次请求,但一直没有接收到客户程序的下一次请求,在间隔超过了这个参数设置的值之后,服务器就断开连接。

(11) MinSpareServers 和 MaxSpareServers:在使用子进程处理 HTTP 请求的 Web 服务器上,由于要生成子进程才能处理客户的请求,因此反应时间就有一点延迟。但是 Apache 服务器使用了一个特殊技术来摆脱这个问题,这就是预先生成多个空余的子进程驻留在系统中,一旦有请求出现,就立即使用这些空余的子进程进行处理,这样就不存在生成子进程造成的延迟了。在运行中随着客户请求的增多,启动的子进程会随之增多,但这些服务器副本在处理完一次 HTTP 请求之后并不立即退出,而是停留在计算机中等待下次请求。但是空余的子进程副本不能光增加不减少,太多的空余子进程没有处理任务,也占用服务器的处理能力,因此也要限制空余副本的数量,使其保持一个合适的数量,以便既能及时回应客户请求,又能减少不必要的进程数量。因此,可以使用参数 MinSpareServers 来设置最少的空余子进程数量,以及使用参数 MaxSpareServers 来限制最多的空闲子进程数量,多余的服务器进程副本就会退出。根据服务器的实际情况来进行设置,如果服务器性能较高,并且也被频繁访问,就应该增大这两个参数的设置。对于高负载的专业网站,这两个值应该大致相同,并且等同于系统支持的最多服务器副本数量,也减少了不必要的副本退出。

(12) StartServers:用来设置 httpd 启动时启动的子进程副本数量。这个参数与 MinSpareServers 和 MaxSpareServers 参数相关,都是用于启动空闲子进程以提高服务器的反应速度的。这个参数应该设置为前两个值之间的一个数值,小于 MinSpareServers 或者大于 MaxSpareServers 都没有意义。

(13) MaxClients:服务器的能力毕竟是有限的,不可能同时处理无限多的连接请求,因此参数 MaxClients 就是用于规定服务器支持的最多并发访问的客户数,如果这个值设置得过大,系统在繁忙时不得不在过多的进程之间进行切换来为太多的客户进行服务,这样对每个客户的反应就会减慢,并降低了整体的效率。如果这个值设置得较小,那么系统繁忙时就会拒绝一些客户的连接请求。当服务器性能较高时,可以适当增加这个值的设置。对于专业网站,应该使用提高服务器效率的策略,因此这个参数不能超过硬件本身的限制,如果频繁出现拒绝访问现象,就说明需要升级服务器硬件。对于非专业网站,不太在意客户浏览器的反应速度，或者认为反应速度较慢，也比拒绝连接好，也就可以略微超过硬件条件来设置这个参数。

（14）MaxRequestsPerChild：使用子进程的方式提供服务的 Web 服务，常用的方式是一个子进程为一次连接服务，这样造成的问题就是每次连接都需要生成和退出子进程的系统操作，使得这些额外的处理过程占据了计算机的大量处理能力。因此，最好的方式是一个子进程可以为多次连接请求服务，这样就不需要这些生成和退出进程的系统消耗。Apache 采用了这样的方式，一次连接结束后，子进程并不退出，而是停留在系统中等待下一次服务请求，这样就极大地提高了性能。但是由于在处理过程中子进程要不断地申请和释放内存，次数多了会造成一些内存垃圾，就会影响系统的稳定性，并且影响系统资源的有效利用。因此，在一个副本处理过一定次数的请求之后，就可以让这个子进程副本退出，再从原始的 httpd 进程中重新复制一个干净的副本，这样就能提高系统的稳定性。由此，每个子进程处理服务请求的次数由 MaxRequestPerChild 定义。默认的设置值为 30，这个值对于具备高稳定性特点的 Linux 系统来讲是过于保守的设置，实际上可以设置得更高，如果设置为 0 时支持每个副本进行无限次的服务处理。

（15）Listen：可以指定服务器除了监视标准的 80 端口之外，还可以监视其他端口的 HTTP 请求。

（16）Port：定义了 standalone 模式下 httpd 守护进程使用的端口，标准端口是 80。这个选项只对于以独立方式启动的服务器有效。

（17）User 和 Group：Apache 的安全保证，Apache 在打开端口之后，就将其本身设置为这两个选项，根据所设置的 User 和 Group 的权限进行运行，这样就降低了服务器的危险性。这个选项也只用于 standalone 模式。默认设置为 nobody 和 nogroup。这个 User 和 Group 在系统中不拥有文件，保证了服务器本身和由它启动的 CGI 进程没有权限更改文件系统。

（18）ServerAdmin：配置文件中大都可以保持默认的设置，而应该改变的只有 ServerAdmin。这一项用于配置 Web 服务器的管理员的 E-mail 地址，这将在 HTTP 服务出现错误的条件下返回给浏览器，以便让 Web 用户和运维人员联系，报告错误。习惯上使用服务器上的 webmaster 作为 Web 服务器的运维人员，通过邮件服务器的别名机制，将发送到 webmaster 的电子邮件发送给真正的 Web 运维人员。

（19）ServerName：默认情况下，并不需要指定这个 ServerName 参数，服务器将自动通过名字解析过程来获得自己的名字，但如果服务器的名字解析有问题，通常在反向解析不正确或者没有正式的 DNS 名称时，也可以在这里指定 IP 地址。当 ServerName 设置不正确时，服务器不能正常启动。

（20）DocumentRoot：定义服务器对外发布的网页文档存放的路径，客户程序请求的 URL 就被映射为这个目录下的网页文件。这个目录下的子目录以及使用符号连接指出的文件和目录都能被浏览器访问，只是要在 URL 上使用同样的相对目录名。当然用户可以根据自己的实际情况来决定把网页放在哪个目录。

（21）UserDir：当在一台 Linux 上运行 Apache 服务器时，这台计算机上的所有用户都可以有自己的网页路径，如 http://www.Ubuntu.com/～user，使用波浪符号加上用户名就可以映射到用户自己的网页目录上。映射目录为用户个人主目录下的一个子目录，其名字就用 UserDir。对这个参数进行定义，默认为 public_html。

（22）DirectoryIndex：很多情况下，URL 中并没有指定文档的名称，而只是给出了一个目录名，Apache 服务器就自动返回到这个目录下由 DirectoryIndex 定义，当然可以指定多个文件名称，系统会在这个目录下顺序搜索。当所有由 DirectoryIndex 指定的文件都不存在时，Apache 服务器可以根据系统设置，生成这个目录下的所有文件列表，提供用户选择。此时该目录的访问控制选项中的 Indexes 选项必须处于打开状态，以使得服务器能够生成目录列表，否则 Apache 将拒绝访问。

（23）ErrorLog：用来存放 Web Server 的出错信息的文件，默认使用相对路径。

（24）ErrorLogFormat：设置错误日志的格式。

（25）ServerSignature：在一些情况下，例如当客户请求的网页并不存在时，服务器将产生错误文档，默认情况下由于打开了 ServerSignature 选项，错误文档的最后一行将包含服务器的名称和 Apache 的版本等信息。有的运维人员更倾向于不对外显示这些信息，就可以将这个参数设置为 Off，或者设置为 E-mail，最后一行将替换为对 ServerAdmin 的 E-mail 提示。

（26）Alias：用于将 URL 与服务器文件系统中的真实位置进行直接映射，一般的文档将在 DocumentRoot 中进行查询，然而使用 Alias 定义的路径将其直接映射到相应目录下，而不再到 DocumentRoot 下面进行查询。因此，Alias 可以用来映射一些公用文件的路径，例如，保存了各种常用图标的 icons 路径。这样使得除了使用符号连接之外，DocumentRoot 外的目录也可以通过使用 Alias 映射，以提供给浏览器访问。

（27）ScriptAlias：也是用于 URL 路径的映射，但其与 Alias 的不同在于，ScriptAlias 是用于映射 CGI 程序的路径，这个路径下的文件都被定义为 CGI 程序，通过执行它们来获得结果，而非由服务器直接返回其内容。默认情况下 CGI 程序使用 cgi-bin 目录作为虚拟路径。

（28）LoadFile：类似于 LoadModule。LoadFile 可以通过绝对路径加载 modules 目录下的模块文件。

（29）LoadModule：加载模块。语法格式是 LoadModule 模块文件名称。

（30）CustomLog：设置客户端的访问日志文件名及日志格式。语法格式是 CustomLog 文件名格式。

（31）LogFormat：描述用户日志文件格式。先为 LogFormat 指令设置的日志格式创建别名，再通过 CustomLog 调用该日志格式的别名。

（32）Include：允许 Apache 在主配置文件中加载其他的配置文件。

（33）Options：为特定目录设置选项，None 代表不启用任何额外功能，All 代表开启除 MultiViews 之外的所有选项；ExecCGI 代表允许执行 Options 指定目录下的所有 CGI 脚本；FollowSymlinks 代表允许 Options 指定目录下的文件连接到目录外的文件或目录。

（34）order：控制默认访问状态以及 allow 与 deny 的次序。使用 order deny，allow，先检查拒绝，再检查允许，当拒绝与允许有冲突时，允许优先，默认规则为允许；使用 order allow，deny，先检查允许，再检查拒绝，当允许与拒绝有冲突时，拒绝优先，默认规则为拒绝。

(35) IfDefine 容器：封装的指令仅在启动 Apache 时，测试条件为真才会被处理，测试条件需要在启动 Apache 时通过 httpd-D 定义。

(36) IfModule 容器：封装仅在满足条件时才会处理的指令，根据指定的模块是否加载，决定条件是否满足。

(37) Directory 容器：该容器内的指令仅应用于特定的文件系统目录、子目录以及目录下的内容。路径可以使用～匹配正则表达式。

(38) Files 容器：类似于 Directory 容器，但 Files 内的指令仅应用于特定的指令。

(39) FilesMatch 容器：仅使用需要匹配正则表达式的文件，容器内的指令仅应用于匹配成功的特定文件。

(40) Location 容器：该容器内定义的指令，仅对特定的 URL 有效，如果需要使用正则表达式匹配 URL，可以使用～符号。

(41) LocationMatch 容器：仅使用正则表达式匹配 URL，等同于使用了～符号匹配的 Location。

(42) 用户个人主页：现在许多网站都允许用户有自己的主页空间，而用户可以很容易地管理自己的主页目录。Apache 服务器中同样可以实现用户的个人主页，用户个人主页的 URL 的格式一般是 http://www.mydomain.com/～username，用户的主页存放的目录由文件 httpd.conf 服务器的主要设置参数 UserDir 设定，一般情况下 UserDir 的值是 public_html，当然用户可以根据自己的需要来设定。

(43) 虚拟主机：Apache 的配置文件 httpd.conf 的第三部分是关于实现虚拟主机的。虚拟主机在一台 Web 服务器上，可以为多个单独域名提供 Web 服务，并且每个域名都完全独立，包括具有完全独立的文档目录结构及设置，这样域名之间完全独立，不但使每个域名访问到的内容完全独立，并且使另一个域名无法访问其他域名所提供的网页内容。虚拟主机的概念对于 ISP 来讲非常有用，虽然一个组织可以将自己的网页挂在具备其他域名的服务器上的下级网址上，但使用独立的域名和根网址更为正式，易为众人接受。ISP 没有必要为一个机构提供一个单独的服务器，完全可以使用虚拟主机，使服务器为多个域名提供 Web 服务，而且不同的服务互不干扰，对外就表现为多个不同的服务器。

(44) 代理服务器：英文全称是 Proxy Server，其功能就是代理网络用户去取得网络信息。形象地说，它是网络信息的中转站。在一般情况下，用户使用网络浏览器直接去连接其他的互联网站点并取得网络信息时，须送出 Request 信号来得到回答，然后对方再把信息以位方式传送回来。代理服务器是介于浏览器和 Web 服务器之间的一台服务器，有了它之后，浏览器不再直接到 Web 服务器去取回网页而是向代理服务器发出请求，Request 信号会先送到代理服务器，由代理服务器取回浏览器所需要的信息并传送给用户的浏览器。而且，大部分代理服务器都具有缓冲的功能，就好像一个大的 Cache，它有很大的存储空间，不断将新取得数据储存到它本机的存储器上，如果浏览器所请求的数据在它本机的存储器上已经存在而且是最新的，那么它就不再重新从 Web 服务器取数据，而直接将存储器上的数据传送给用户的浏览器，这样就能显著提高浏览速度和效率。同时它还建立起内部网和外部网之间的一道屏障，对内部网的用户起到了保护作用。Apache 同样具有代理服务的功能，它的 Proxy 支持来自 mod_proxy 模块，在默认条件下，它不能被编译生成，需要添加

mod_proxy 模块,然后进行编译和安装,最后进行配置。

2. access. conf 文件

该文件负责基本的读取文件控制,限制目录所能执行的功能及访问目录的权限设置。定义格式如下:

(1) <Directory /home/httpd/html>:语法格式指令,该容器内的指令仅应用于特定的文件系统目录、子目录以及目录下的内容权限。

(2) -order deny,allow:先检查拒绝规则,再检查允许规则,默认为允许。

(3) -deny from all:这里代表拒绝所有。

(4) -allow from localhost:允许从本地主机。

(5) -Allow Override None:仅对所有/home 目录下包含所有子目录有效。

(6) -Options ExecCGI:定义所能执行的操作 ExecCGI,表示允许执行 CGI。

(7) -</Directory>:语法格式指令。

3. srm. conf 文件

srm. conf 文件为数据配置文件,在这个文件中主要设置 Web 服务器读取文件的目录、目录索引时的画面、CGI 执行时的目录等。定义格式如下:

(1) -DocumentRoot /home/httpd/html:设置网站文件根目录。

(2) -UserDir public_html:设置用户目录。

(3) -DirectoryIndex index. html index. shtml index. cgi:设置目录索引。

(4) -FancyIndexing on:如果没有找到 index. html 等文件,则创建一个 html 目录清单,列出该目录所有文件,包括最后修改时间等内容,否则只有一个文件列表。

(5) -AddIcon:设置目录索引上文件旁边的图标。

(6) -ReadmeName README:文件内容加到索引底部。

(7) -HeaderName HEADER:文件内容加到索引头部。

(8) -IndexIgnore:制作索引要忽略的文件类型,以空格分开。

(9) -AccessFileName . htaccess:设置控制目录访问权限的文件的文件名。

(10) -TypesConfig /etc/mime. types:设置 mime. types 文件在系统中的位置。

(11) -DefaultType text/plain:默认(或未知)文件类型。

(12) -AddEncoding x-compress Z:设置一些使用压缩的 MIME 类型,可以让浏览器进行解压缩操作。

(13) -AddEncoding x-gzip gz:允许浏览器浏览压缩文件。

(14) -AddLanguage en . en:设置文档语言(多语言适应)。

(15) -LanguagePriority en fr de:优先级。

(16) -Redirect fakename url:重定向。

(17) -Alias /icons/ /home/httpd/icons/:定义别名。

(18) -ScriptAlias /cgi-bin/ /home/httpd/cgi-bin/:定义脚本目录的别名。

(19) -AddType type/subtype ext1:添加 Mine 类型,例如 AddType application/x-httpd-php3. php3。

(20) -AddHandler action-name ext1:定义 CGI 脚本的格式,约定以 cgi 为扩展名,例

如 AddHandler cgi-script. cgi。

(21) -Action media/type/cgi-script/location：定义媒体类型，任何时候一个匹配的文件被调用时将执行相应的脚本。

(22) -MimeMagicFile /etc/httpd/conf/：定义设置没有扩展名的 MIME 类型的文件。

13.2 Nginx 网站服务器

Nginx 和 Apche 类似，也是一个 Web 服务器。Nginx 汇集了 Apache 的优点，并在 Apache 的基础上实现进一步的研发。Nginx (engine x) 是一个高性能的 HTTP 和反向代理 Web 服务器，同时也提供了 IMAP、POP3 和 SMTP 服务。Nginx 是由伊戈尔·赛索耶夫为俄罗斯访问量第二的 Rambler. ru 站点所开发的，第一个公开版本 0.1.0 发布于 2004 年 10 月 4 日，直到 2020 年已经累计发行 40 多个版本。它将源码以类 BSD 许可证的形式发布，因稳定性、丰富的功能集、简单的配置文件和低系统资源的消耗而闻名。Nginx 的特点是占有内存少，并发能力强，在同类型的网页服务器中表现较好。国内使用 Nginx 服务器的用户有百度、京东、新浪、网易、腾讯和淘宝等。

13.2.1 Nginx 简介

1. 优点

Nginx 可以在大多数 UNIX 和 Linux 操作系统上编译运行，并有 Windows 操作系统下的成功移植版。Nginx 1.20.0 稳定版已经于 2021 年 4 月 20 日发布，一般情况下，对于新建站点，建议使用最新稳定版。在连接高并发的情况下，Nginx 是 Apache 服务器不错的替代品，Nginx 能够支持高达 50 000 个并发连接数的响应，既可以在内部直接支持 Rails 和 PHP 程序对外进行服务，也可以支持作为 HTTP 代理服务对外进行服务。模块化的结构，包括 gzipping、byte ranges、chunked responses、TLSSNI 以及 SSI-filter 等功能。如果由 FastCG 或其他代理服务器处理单页中存在的多个 SSI，则这项处理可以并行运行，而不需要相互等待。

2. 代码

Nginx 采用 C 语言编写，不论是系统资源开销还是 CPU 使用效率都比 Perl 语言要好很多，包括处理静态文件、索引文件以及自动索引、打开文件描述符缓冲。无缓存的反向代理加速，简单的负载均衡和容错。Nginx 代码完全用 C 语言从头写成，已经移植到许多体系结构和操作系统，包括 Linux、FreeBSD、Solaris、Mac OS X、AIX 以及 Microsoft Windows。Nginx 有自己的函数库，并且除了 zlib、PCRE 和 OpenSSL 之外，标准模块只使用系统 C 库函数。而且，如果不需要或者考虑潜在的授权冲突，可以不使用这些第三方库。

3. 代理服务器

Nginx 是一个非常优秀的邮件代理服务器，最早开发这个产品的目的之一，也是作为邮件代理服务器。Nginx 是一个安装非常简单、配置文件非常简洁，还能够支持 Perl 语法、缺陷非常少的服务器。Nginx 启动特别容易，几乎可以做到一周 24 小时不间断运行，即使运行数个月也不需要重新启动，同时还能够在不间断服务的情况下进行软件版本的升级。

13.2.2 安装 Nginx 服务器

在 Ubuntu 18.04 操作系统下安装 Nginx 服务，主要分为 3 部分，分别是安装依赖文件、安装 Nginx 主程序和安装编辑器。操作系统中如果已经安装了编辑器，就可以为后面的配置工作做好准备。

1. 安装依赖文件

（1）安装 egit，执行命令：

```
sudo apt - get install egit
```

（2）安装 aptitude，执行命令：

```
sudo apt - get install aptitude
```

（3）安装 gcc 和 g++的依赖库 build-essential，执行命令：

```
sudo apt - get install build - essential
```

如果操作系统中已经安装，可以跳过这一步。

（4）安装 gcc 和 g++的依赖库 libtool，执行命令：

```
sudo apt - get install libtool
```

（5）安装 pcre 依赖库，执行命令：

```
sudo apt - get install libpcre3 libpcre3 - dev
```

（6）安装 zlib 依赖库，执行命令：

```
sudo apt - get install zlib1g - dev
```

（7）安装 OpenSSL，执行命令：

```
sudo apt - get install openssl libssl - dev
```

2. 安装 Nginx 主程序

（1）在 http://nginx.org/en/download.html 下载源码，选择 stable version 条目下的稳定版。例如下载稳定版 nginx-1.14.0.tar.gz。

（2）解压缩源码，执行命令：tar -zxvf nginx-1.14.0.tar.gz。解压缩的部分信息如图 13-7 所示。

```
[root@VM-0-5-centos ~]# tar -zxvf nginx-1.14.0.tar.gz
nginx-1.14.0/
nginx-1.14.0/auto/
nginx-1.14.0/conf/
nginx-1.14.0/contrib/
nginx-1.14.0/src/
nginx-1.14.0/configure
nginx-1.14.0/LICENSE
nginx-1.14.0/README
nginx-1.14.0/html/
nginx-1.14.0/man/
nginx-1.14.0/CHANGES.ru
nginx-1.14.0/CHANGES
nginx-1.14.0/man/nginx.8
nginx-1.14.0/html/50x.html
nginx-1.14.0/html/index.html
nginx-1.14.0/src/core/
nginx-1.14.0/src/event/
nginx-1.14.0/src/http/
nginx-1.14.0/src/mail/
nginx-1.14.0/src/misc/
nginx-1.14.0/src/os/
nginx-1.14.0/src/stream/
nginx-1.14.0/src/stream/ngx_stream_geo_module.c
nginx-1.14.0/src/stream/ngx_stream.c
nginx-1.14.0/src/stream/ngx_stream.h
nginx-1.14.0/src/stream/ngx_stream_limit_conn_module.c
nginx-1.14.0/src/stream/ngx_stream_access_module.c
nginx-1.14.0/src/stream/ngx_stream_core_module.c
nginx-1.14.0/src/stream/ngx_stream_geoip_module.c
nginx-1.14.0/src/stream/ngx_stream_handler.c
nginx-1.14.0/src/stream/ngx_stream_proxy_module.c
nginx-1.14.0/src/stream/ngx_stream_log_module.c
nginx-1.14.0/src/stream/ngx_stream_map_module.c
nginx-1.14.0/src/stream/ngx_stream_split_clients_module.c
nginx-1.14.0/src/stream/ngx_stream_realip_module.c
nginx-1.14.0/src/stream/ngx_stream_return_module.c
nginx-1.14.0/src/stream/ngx_stream_script.c
nginx-1.14.0/src/stream/ngx_stream_script.h
nginx-1.14.0/src/stream/ngx_stream_ssl_preread_module.c
nginx-1.14.0/src/stream/ngx_stream_ssl_module.c
nginx-1.14.0/src/stream/ngx_stream_ssl_module.h
nginx-1.14.0/src/stream/ngx_stream_upstream.c
nginx-1.14.0/src/stream/ngx_stream_upstream.h
nginx-1.14.0/src/stream/ngx_stream_upstream_least_conn_module.c
nginx-1.14.0/src/stream/ngx_stream_upstream_zone_module.c
nginx-1.14.0/src/stream/ngx_stream_upstream_hash_module.c
nginx-1.14.0/src/stream/ngx_stream_upstream_round_robin.c
```

图 13-7　解压 nginx-1.14.0.tar.gz 文件的信息

(3) 将源码文件夹移动到～/目录，执行命令：

```
sudo mv ~/下载/nginx-1.14.0 ./nginx
```

(4) 执行命令：

```
cd nginx
```

(5) 执行命令：

```
sudo ./configure --prefix=/opt/nginx --with-http_stub_status_module --with-http_ssl_module --with-file-aio --with-http_realip_module
```

configure 脚本确定系统所具有的一些特性，特别是 Nginx 用来处理连接的方法。然后，它创建 Makefile 文件。configure 支持的选项参数及其含义说明如表 13-3 所示。

表 13-3 Nginx 的 configure 支持的选项参数及其含义说明

选项参数	含义说明
-prefix=	Nginx 安装路径。如果没有指定，默认为"/usr/local/nginx"
-sbin-path=	Nginx 可执行文件安装路径。只能安装时指定，如果没有指定，默认为"/sbin/nginx"
-conf-path=	在没有给定-c 选项下默认的 nginx. conf 的路径。如果没有指定，默认为"/conf/nginx. conf"
-pid-path=	在 nginx. conf 中没有指定 pid 指令的情况下默认的 nginx. pid 的路径。如果没有指定，默认为"/logs/nginx. pid"
-lock-path=	nginx. lock 文件的路径
-error-log-path=	在 nginx. conf 中没有指定 error_log 文件的情况下默认的错误日志路径。如果没有指定，默认为"/logs/error. log"
-http-log-path=	在 nginx. conf 中没有指定 access_log 文件的情况下默认的访问日志路径。如果没有指定，默认为"/logs/access. log"
-user=	在 nginx. conf 中没有指定 user 指令的情况下默认的 Nginx 使用的用户。如果没有指定，默认为 nobody
-group=	在 nginx. conf 中没有指定 group 指令的情况下，默认的 Nginx 使用的组。如果没有指定，默认为 nobody
-builddir=DIR	指定编译的目录
-with-rtsig_module	启用 rtsig 模块
-with-select_module -without-select_module	允许或不允许开启 SELECT 模式，如果 configure 没有找到更合适的模式，例如 kqueue(Sun Os)、epoll (Linux Kernel 2. 6+)、rtsig(实时信号)或者"/dev/poll"，一种类似 SELECT 的模式，底层实现与 SELECT 基本相同，都是采用轮训方法，SELECT 模式将是默认安装模式
-with-poll_module -without-poll_module	是否启用 poll 模块。如果配置没有发现更合适的方法，例如 kqueue、epoll、rtsig 或者"/dev/poll"，则默认启用此模块
-with-http_ssl_module - Enable ngx_http_ssl_module	开启 HTTP SSL 模块，使 Nginx 可以支持 HTTPS 请求。这个模块需要已经安装了 OpenSSL，在 Debian 上是 libssl
-with-http_realip_module	启用 ngx_http_realip_module
-with-http_addition_module	启用 ngx_http_addition_module
-with-http_sub_module	启用 ngx_http_sub_module
-with-http_dav_module	启用 ngx_http_dav_module
-with-http_flv_module	启用 ngx_http_flv_module
-with-http_stub_status_module	启用 server status 页
-without-http_charset_module	禁用 ngx_http_charset_module
-without-http_gzip_module	禁用 ngx_http_gzip_module。如果启用，需要 zlib
-without-http_ssi_module	禁用 ngx_http_ssi_module
-without-http_userid_module	禁用 ngx_http_userid_module
-without-http_access_module	禁用 ngx_http_access_module
-without http_auth_basic_module	禁用 ngx_http_auth_basic_module
-without-http_autoindex_module	禁用 ngx_http_autoindex_module
-without-http_geo_module	禁用 ngx_http_geo_module
-without-http_map_module	禁用 ngx_http_map_module

续表

选项参数	含义说明
-without-http_referer_module	禁用 ngx_http_referer_module
-without-http_rewrite_module	禁用 ngx_http_rewrite_module。如果启用,需要 PCRE 库
-without-http_proxy_module	禁用 ngx_http_proxy_module
-without-http_fastcgi_module	禁用 ngx_http_fastcgi_module
-without-http_memcached_module	禁用 ngx_http_memcached_module
-without-http_limit_zone_module	禁用 ngx_http_limit_zone_module
-without-http_empty_gif_module	禁用 ngx_http_empty_gif_module
-without-http_browser_module	禁用 ngx_http_browser_module
-without-http_upstream_ip_hash_module	禁用 ngx_http_upstream_ip_hash_module
-with-http_perl_module	启用 ngx_http_perl_module
-with-perl_modules_path=PATH	指定 perl 模块的路径
-with-perl=PATH	指定 perl 执行文件的路径
-http-log-path=PATH	设置 HTTP 访问日志 access log 的路径
-http-client-body-temp-path=PATH	设置 HTTP 客户端请求正文临时文件的路径
-http-proxy-temp-path=PATH	设置 HTTP 客户端请求代理临时文件的路径
-http-fastcgi-temp-path=PATH	设置 HTTP 客户端请求通用网关接口 fastcgi 临时文件的路径
-without-http	禁用 HTTP 服务
-with-mail	启用 IMAP4、POP3 和 SMTP 代理模块
-with-mail_ssl_module	启用 ngx_mail_ssl_module
-with-cc=PATH	指定 C 编译器的路径
-with-cpp=PATH	指定 C 预处理器的路径
-with-cc-opt=OPTIONS	将添加到变量 CFLAGS 的附加参数。在 FreeBSD 中使用系统库 PCRE,需要注明-with-cc-opt="-I /usr/local/include"。如果用户使用 select()并且需要增加文件描述符的数量,那么也可以在这里赋值-with-cc-opt="-D FD_SETSIZE=2048"
-with-ld-opt=OPTIONS	传递给链接器的附加参数。随着 FreeBSD 中系统库 PCRE 的使用,需要注明-with-ld-opt="-L/usr/local/lib"
-with-cpu-opt=C	为特定的 CPU 编译,有效的值包括 PENTIUM、PENTIUMPRO、PENTIUM3、PENTIUM4、ATHLON、OPTERON、AMD64、SPARC32、SPARC64 和 PPC64
-without-pcre	禁止 PCRE 库的使用。同时也会禁止 HTTP rewrite 模块。在"location"配置指令中的正则表达式也需要 PCRE 库
-with-pcre=DIR	指定 PCRE 库的源码的路径
-with-pcre-opt=OPTIONS	为 PCRE 库构建设置附加选项
-with-md5=DIR	设置加密信息摘要算法 md5 库源的路径
-with-md5-opt=OPTIONS	设置加密信息摘要算法 md5 构建的附加选项
-with-md5-asm	使用加密信息摘要算法 md5 汇编源
-with-sha1=DIR	设置加密安全散列算法 sha1 库源路径
-with-sha1-opt=OPTIONS	设置加密安全散列算法 sha1 的附加选项
-with-sha1-asm	使用加密安全散列算法 sha1 汇编源
-with-zlib=DIR	设置 zlib 库源的路径

续表

选项参数	含义说明
-with-zlib-opt=OPTIONS	设置 zlib 构建的附加选项
-with-zlib-asm=CPU	使用针对指定 CPU 优化的 zlib 汇编源，有效值为 PENTIUM 和 PENTIUMPRO
-with-openssl=DIR	设置 OpenSSL 库源的路径
-with-openssl-opt=OPTIONS	设置 OpenSSL 构建的附加选项
-with-debug	启用调试日志
-add-module=PATH	添加在目录 PATH 中找到的第三方模块

在不同版本间，选项可能会有些许变化，可使用“./configure-help”命令来检查一下当前的选项列表。

(6) 执行命令 sudo make && sudo make install，完成 Nginx 的安装。

(7) 获取证书。并将证书复制至“/opt/nginx/certs/”路径下，包括.crt 文件和.key 文件。

(8) 获取 Nginx 网页文件，并将 Nginx 网页文件复制至“/opt/WebClient/”路径下。

3. 安装编辑器

用户可根据自己的习惯，使用 Ubuntu 操作系统自带的编辑器或者安装使用 vim。执行命令为 sudo apt-get install vim，可以完成 Vim 编辑器的安装。

13.2.3 配置文件解析

配置 Nginx，首先要打开“/etc/nginx/conf.d/”文件夹，然后创建配置文件。接着在“/etc/nginx/nginx.conf”文件中修改配置项。最后重新启动 Nginx 就可以完成配置工作。Nginx 默认的配置文件内容主要包括全局指令、event、HTTP 和 server 设置，其中全局块配置影响 Nginx 全局的指令，一般有运行 Nginx 服务器的用户组、进程 PID 存放的路径、日志存放路径、配置文件引入和允许生成 worker process 数等。event 主要用于定义 Nginx 的工作模式，有每个进程的最大连接数、选取哪种事件驱动模型处理连接请求、是否允许同时接受多个网络连接、开启多个网络连接序列化等。HTTP 提供了 Web 的功能，可以嵌套多个 server，配置代理、缓存和日志定义等绝大多数功能和第三方模块的配置。server 主要用于设置虚拟主机，但是 server 必须在 HTTP 的内部，并且一个配置文件中也可以有多个 server。Nginx 的主配置文件 nginx.conf 是一个纯文本类型的文件，整个文件是以区块的形式组织的，每个区块以一对“{}”来表示开始与结束。可以使用“sudo cat /usr/local/nginx/conf/nginx.conf”命令查看和使用“sudo vim /usr/local/nginx/conf/nginx.conf”命令进行配置。Nginx 的配置文件内容如下。

(1) remote_addr 与 http_x_forwarded_for：用来记录客户端的 IP 地址。

(2) remote_user：用来记录客户端用户名称。

(3) time_local：用来记录访问时间与时区。

(4) request：用来记录请求的 URL 与 HTTP。

(5) status：用来记录请求状态。

(6) body_bytes_s ent：用来记录发送给客户端文件主体内容大小。

(7) http_referer：用来记录从哪个页面链接访问。

(8) http_user_agent：用来记录客户端浏览器的相关信息，并且每个指令必须有分号结束。

(9) worker_rlimit_nofile：改变 Nginx worker 进程可打开的最大文件描述符限制。

(10) worker_processes：定义 Nginx worker 进程的数量，系统默认为 1，通常设定这个值时，应该与 CPU 核的数目一致，即使比 CPU 核数目多，也不会带来很明显的效益。在测试时发现，增加这个数字，会立即提高 CPU 的使用率，但更多是因为进程的调度引起，并没有有效利用 CPU。此外，还应考虑读取文件的大小以及负载模式。如果业务逻辑有大量的阻塞 I/O 操作，可以适当提高这个值。

(11) worker_connections：某 worker 进程在某时刻可维持的连接数，Nginx 的最大客户端连接数为 worker_connections * worker_processes 值。很多人建议尽量调大这个值，特别是当业务高并发连接时。实际使用时，可根据自己的情况适当调整，毕竟描述符的使用也需要更多的系统资源。

(12) worker_cpu_affinity：绑定 worker 进程到某特殊的 CPU 上，仅允许 FressBSD 和 Linux 操作系统使用，这是操作系统层次的调度算法，会比实际手工分配在负载均衡上做得更出色。

(13) sendfile：在传输 TCP 帧时，可以将数据直接从内存写到网络芯片的缓存中，避免数据在内核态到用户态之间反复上下文切换，降低 CPU 消耗等，一般建议开启。当读取文件大于 4MB 时，建议关闭这个选项，调整其他指令的值，特别是输出缓冲区，使用异步 I/O 等，但是 Linux 操作系统的许多版本还不支持它。

(14) tcp_nopush 与 tcp_nodelay：与 socket 选项有关，决定操作系统如何处理网络缓存以及何时将数据发送给终端用户。tcp_nopush 避免传输数据包量小，网络带宽无法有效利用的问题，它将多个数据组包一起发送，采用 Nagle's 算法，仅能与 sendfile 一起使用，方便在调用 sendfile 之前准备头部信息或者优化网络吞吐率，减少传输过程中总的网络数据包。但是 HTTP 的数据更多是偏向流处理，而不是类似 Telnet 等待用户输入数据，且这个算法会有最高达 200ms 的延迟上限。tcp_nodelay 则是禁用 Nagle's 算法，仅被包含在 keep_alive 连接中启用，Linux 内核 2.5.17 之后已经允许两个指令可以组合在一起使用。默认是 tcp_nodelay 开启，tcp_nopush 关闭。

(15) keepalive_timeout：涉及 HTTP 的特性，允许客户端与服务端建立的连接持续到所设置的时间为止，允许客户端发起多个请求，而不再进行多次握手协议，节省 socket 建立的时间，这跟 Nginx 自身的优化无关，更多体现在客户端加载页面多个资源的响应速度，影响用户的体验。根据业务适当设置，以免被恶意的客户端占用，造成性能的影响。

(16) open_file_cache：缓存打开的文件描述符和文件大小以及修改时间，还有存在的目录信息等其他信息。

(17) access_log：记录正常的访问请求，可用于统计和安全检查等，但是却要频繁地读写文件，且 buffer 不工作，对于任何的日志项打开文件，写完后就会迅速关闭文件。如果没有特殊需求，建议关闭。在 Nginx 中也需要调整 buffer 的大小，设置过小，某些请求或者后端返回的数据就会存储在临时文件中，造成磁盘的读写。

(18) error _log：与 access_log 一样是日志记录，但是因为出错的请求并不是很多，因而开启影响不大。

(19) client_body_buffer_size：请求体的缓存大小，如果请求体的数据大于设置的这个值，将会被写入临时文件中，因而在处理post请求的数据时，需要注意这个选项。

(20) fastcgi_buffers：用于缓存后端fastcgi进程返回的数据，当返回的数据过大时就会写入临时文件，因而运行PHP程序时，可以适当调整此值，默认是32KB或64KB，取决于当前计算机操作系统的页配置的大小。

(21) client_header_buffer_size与large_client_header_buffers：缓存请求头，当请求头的大小超出这两个指令指定的缓存限制时，就会返回相关错误码，因而采用默认配置，并不影响Nginx的性能。

(22) client_body_timeout与client_header_timeout：设置服务器端在读取客户端发送的请求时设置的超时时间，避免客户端恶意或者网络状况不佳造成连接长期占用，影响服务器端的可处理的能力。client_body_timeout是设置在两个连续的读取操作之间的超时，并不是传输整个请求体的超时时间设置。

(23) send_lowat与send_timeout：侧重与客户端的交互。当设置send_lowat为非零值时，Nginx就会试图减少对客户端socket的发送操作，默认设置为0。而send_timeout是设置服务器端传送回应包时的超时时间，针对两个连续的写操作，而不是整个回应过程的超时设置，默认设置为60s。

(24) gzip：用于设置开启或者关闭gzip模块。gzip on表示开启gzip压缩，实时压缩输出数据流。

(25) gzip_min_length：设置允许压缩的页面最小字节数，页面字节数从header头的Content-Length中获取。默认值是0，不管页面多大都进行压缩。建议设置为大于1KB，小于1KB可能会越压越大。

(26) gzip_buffers：设置申请4个单位为16KB的内存作为压缩结果流缓存，默认值是申请与原始数据大小相同的内存空间来存储gzip压缩结果。

(27) gzip_http_version：用于设置识别HTTP版本。

(28) gzip_comp_level：用来指定gzip压缩比。1代表压缩比最小，处理速度最快；9代表压缩比最大，传输速度快，但处理最慢，也比较消耗CPU资源。

(29) gzip_types：用来指定压缩的类型，无论是否指定，“text/html”类型总是会被压缩的。

在Nginx中还有很多其他指令，可能会影响浏览器的行为，如某些模块的指令可有效利用浏览器的本地缓存，能够影响用户浏览网页的体验效果。在实际使用中，如果没有特殊需求，可直接采用使用Nginx源码安装后给出的默认配置。在Nginx配置中，参数指令较多，除非有特殊的性能需求，才会考虑Nginx的默认配置是否对性能有影响，如果有影响则更改默认设置，多数情况下采取默认设置。

13.2.4 HTTP响应状态码

当通过浏览器访问站点页面时，首先发送页面请求给服务器，然后服务器会根据请求内容做出回应。如果没有问题，服务器会返回客户端成功状态码，同时将相应的页面传送给客户端浏览器。当服务器出现故障时，服务器通常会发送客户端错误状态码，并根据错误状态码向客户端浏览器发送错误页面。常见的状态码及其含义说明如表13-4所示。

表 13-4 常见的状态码及其含义说明

状态码	含义说明
100	请求已接收,客户端可以继续发送请求
101	Switching Protocols 服务器根据客户端的请求切换协议
200	正常
201	服务器已经创建文档
202	已接受请求,但处理还没有完成
203	文档正常返回,但有些头部信息可能不正确
300	客户端请求的资源可以在多个位置找到
301	客户端请求的资源可以在其他位置找到
305	使用代理服务
400	请求语法错误
401	访问被拒绝
401.1	登录失败
403	资源不可用
403.6	IP 地址被拒绝
403.9	用户数过多
404	无法找到指定资源
406	指定资源已找到,但 MIME 类型与客户端要求不兼容
407	要求进行代理身份验证
500	服务器内部错误
500.13	服务器忙碌
501	服务器不支持客户端请求的功能
502	网关错误
503	服务不可用
504	网关超时,服务器处于维护或者负载过高无法响应
505	服务器不支持客户端请求的 HTTP 版本

13.3 FTP 服务器

在众多的网络服务应用中,文件传输协议(File Transfer Protocol,FTP)有着非常重要的地位。20世纪末,各种各样的资源大多数都是放在 FTP 服务器中的,FTP 与 Web 服务几乎占据了整个互联网应用的80%以上。目前虽然随着 P2P 技术的发展,FTP 应用已经逐步减少,但是在大学校园和科研单位等网络中,FTP 仍然是较为重要的文件传输服务方式。

13.3.1 FTP

FTP 是 TCP 和 IP 协议簇中的协议之一。FTP 包括两个组成部分,其一为 FTP 服务器端,其二为 FTP 客户端。其中 FTP 服务器端用来存储文件,用户可以使用 FTP 客户端通过 FTP 访问位于 FTP 服务器端上的资源。在开发网站时,通常利用 FTP 把网页或程序传到 Web 服务器上。此外,由于 FTP 传输效率非常高,在网络上传输大的文件时,一般也采用该协议。默认情况下 FTP 使用 TCP 端口中的 20 和 21 这两个端口,其中 20 用于传输数据,21 用于传输控制信息。但是,是否使用 20 作为传输数据的端口与 FTP 使用的传输模式有关,如果采用主动模式,那么数据传输端口就是 20;如果采用被动模式,则具体最终使用哪个端口要服务器端和客户端协商决定。

FTP 服务器可以根据服务对象的不同分为两类:一类是系统 FTP 服务器,只允许系统上的合法用户使用;另一类是匿名 FTP 服务器(anonymous FTP server),允许任何人登录到 FTP 服务器上去获取文件。匿名文件传输能够使用户与远程主机建立连接,并以匿名身份从远程主机上复制文件,而不必是该远程主机的注册用户。用户使用特殊的用户名 anonymous 登录 FTP 服务器,就可访问远程主机上公开的文件。许多系统要求用户将 E-mail 地址作为口令,以便更好地对访问进行跟踪。匿名 FTP 服务器一直是互联网上获取信息资源的最主要方式,在互联网上有成千上万的匿名 FTP 服务器主机中存储着无以计数的文件,这些文件包含了各种各样的信息、数据和软件。人们只要知道特定信息资源的主机地址,就可以用匿名 FTP 服务器登录获取所需的信息资料。

FTP 服务器的特征如下。

(1) FTP 服务器使用两个平行连接,分别是控制连接和数据连接。控制连接在两主机间传送控制命令,如用户身份、口令和改变目录命令等,数据连接只用于传送数据。

(2) 在一个会话期间,FTP 服务器必须维持用户状态,也就是说,和某一个用户的控制连接不能断开。另外,当用户在目录树中活动时,服务器必须追踪用户的当前目录,这样 FTP 服务器就限制了并发用户的数量。

(3) FTP 服务器支持文件沿任意方向传输。当用户与一远程计算机建立连接后,用户可以获得一个远程文件,也可以将一本地文件传输至远程机器。

(4) 在主动模式下,FTP 客户端的 1024 端口首先与 FTP 服务器端的 21 端口建立连接,通过这个通道发送命令,客户端需要接收数据时在这个通道上发送 port 命令。port 命令包含了客户端用什么端口接收数据。在传送数据时,服务器端通过其 20 端口连接到客户端的指定端口发送数据。FTP 服务器端必须与客户端建立一个新的连接用来传送数据。

(5) 在被动模式 pasv 下,建立控制通道时与主动模式类似,但建立连接后发送的不是 port 命令,而是 pasv 命令。FTP 服务器端收到 pasv 命令后,随机打开一个高端端口,一般端口号大于 1024,并且通知客户端在这个端口上传送数据的请求,客户端连接 FTP 服务器端上的这个端口,然后 FTP 服务器端将通过这个端口传送数据。在这种情况下,FTP 服务器端不再需要与客户端建立一个新的连接。主动 FTP 对 FTP 服务器端的管理有利,但对客户端的管理不利。因为 FTP 服务器端企图与客户端的高位随机端口建立连接,而这个端口很有可能被客户端的防火墙阻塞掉。被动 FTP 对 FTP 客户端的管理有利,但对服务器端的管理不利。因为客户端要与服务器端建立两个连接,其中一个连到一个高位随机端口,而这个端口很有可能被服务器端的防火墙阻塞掉。

(6) ASCII 传输模式。如果用户正在复制的文件包含简单 ASCII 码文本,而在远程计算机上运行的是不同的操作系统,当文件传输时 FTP 通常会自动地调整文件的内容,以便于把文件解释成另外那台计算机存储文本文件的 ASCII 格式。但是常常有这样的情况,用户正在传输的文件包含的不是文本文件,它们可能是程序、数据库、字处理文件和压缩文件等。在复制任何非文本文件之前,用 binary 命令设置 FTP 逐字复制,不要对这些文件进行处理。

(7) 二进制传输模式。在二进制传输中,保存的是文件的二进制位序,以便源文件与目标文件逐位一一对应,从而保证二进制文件的正确传输。如果在 ASCII 方式下传输二进制文件,则系统会自动将二进制数据转译为 ASCII 信息。这样不仅会使传输速度变慢,还会损坏数据,从而使文件变得无法使用。所以一般在使用 FTP 传输文件时,通常建议使用二进制传输模式。例如,Macintosh 操作系统的计算机以二进制方式传送可执行文件到 Windows 操作系统上,此文件就不能执行。

13.3.2 安装 vsftpd 服务

安装在 Ubuntu 操作系统下的 FTP 软件有很多,最常见的有 vsftp、vsftpd、wu-ftp 和 proftpd 等。vsftp 是一个基于 GPL 发布的类 UNIX 系统上使用的 FTP 服务器软件,它的全称是 Very Secure FTP,从此名称可以看出来,编制者的初衷是要保证代码的绝对安全。安全性是编写 vsftp 的初衷,除了这个安全特性以外,高速和稳定性也是 vsftp 的两个重要特点。在速度方面,使用 ASCII 代码的模式下载数据时,vsftp 的速度是 wu-ftp 的两倍。在稳定性方面,vsftp 的表现更加出色,在单机上支持 4000 个以上的并发用户同时连接,在 FTP 服务器上,其可以支持 15 000 个并发用户。安装 vsftpd 的方法和 Apache 类似,可以使用 sudo apt-get install vsftpd 命令直接联网安装,也可以采用源码包进行安装,vsftpd 的首页位于 http://vsftpd.beasts.org/,可在其官方网站下载源码进行编译。安装完成后,可以检查 FTP 服务是否开启,可以使用 service vsftpd status 命令查看,如果 FTP 服务已经开启,则会显示 Active running 信息,可知 FTP 服务正在运行。

13.3.3 配置 vsftpd 服务

vsftpd 的配置文件"/et/vsftpd/vsftpd.conf"是一个文本文件。以"#"字符开始的行是注释行,每个选项设置为一行,格式为 option=value,注意,"="号两边不能留空白符。除了这个主配置文件外,还可以给特定用户设定个人配置文件。vsftpd.conf 文件的配置相对较简单,用户可以根据实际情况对其进行一些简单的设置,大多保留默认设置,很快就可以用上 vsftpd 服务。

1. 监听地址与控制端口

(1) ftpd_banner:设置登录 FTP 欢迎信息。

(2) listen_address:此参数在 vsftpd 使用 standalone 模式下有效。此参数定义了在主机的哪个 IP 地址上监听 FTP 请求,即在哪个 IP 地址上提供 FTP 服务。对于只有一个 IP 地址的主机,不需要使用此参数。对于多址主机,若不设置此参数,则监听所有 IP 地址,默认值为 0。

(3) listen_port:指定 FTP 服务器监听的控制端口号,默认值为 21。此选项在 standalone 模式下有效。

2. FTP 模式与数据端口

配置 FTP 的模式有主动模式 port ftp 和被动模式 pasv ftp 两类,port ftp 是一般形式的 FTP。这两种 FTP 模式在建立控制连接时操作是一样的,都是由客户端首先和 FTP 服务器端的控制端口21建立控制连接，并通过此连接进行传输操作指令。port ftp由FTP服务器端指定数据传输所使用的端口，默认值为20。pasv ftp由FTP客户端决定数据传输的端口，其主要是考虑存在防火墙的环境下，由客户端与服务器端进行沟通，这样决定两者之间的数据传输端口更为方便一些。

(1) port_enable参数：如果用户要在数据连接时取消port ftp模式时，可以设选项为NO，默认值为YES。

(2) connect_from_port_20：设置控制以port ftp模式进行数据传输时是否使用20端口，YES表示使用，NO表示不使用。默认值为NO，但是有些操作系统自带的vsftpd.conf文件中此参数设为YES。

(3) ftp_data_port：设定FTP数据传输端口号，默认为20，此参数用于port ftp模式。

(4) port_promiscuous：如果为YES，则取消port ftp模式安全检查，该检查确保外出的数据只能连接到客户端上。

(5) pasv_enable：若为YES，则允许数据传输时使用pasv ftp模式。若为NO，则不允许使用pasv ftp模式。默认值为YES。

(6) pasv_min_port和pasv_max_port：设定在pasv ftp模式下，建立数据传输时可以使用port ftp范围的下界和上界。其中，0为默认值，表示任意。把端口范围设在比较高的一段范围内，例如6000～8000，将有助于安全性的提高。

(7) pasv_promiscuous：该选项被激活时，将关闭pasv ftp模式的安全检查。该检查确保数据和控制连接是来自同一个IP地址。此选项唯一合理的用法是存在于由安全隧道方案构成的组织中，默认值为NO。

(8) pasv-address：该选项为一个数字IP地址，作为pasv命令的响应。默认值为none，即地址是从呼入的连接套接字(incoming connected socket)中获取的。

3. ASCII模式

默认情况下，vsftpd是禁止使用ASCII传输模式的。即使FTP客户端使用asc命令指明要使用ASCII模式，虽然vsftpd表面上接受了asc命令，而在实际传输文件时，还是使用二进制模式。如果允许服务器以ASCII方式传输数据，这样可能会导致由“size/big/file”方式引起的DoS攻击。

(1) ascii_upload_enable：控制是否允许使用ASCII模式上传文件，YES表示允许，NO表示不允许，默认为NO。

(2) ascii_download_enable：控制是否允许使用ASCII模式下载文件，YES表示允许，NO表示不允许，默认为NO。

4. 超时选项设置

(1) idle_session_timeout：空闲用户会话的超时时间，若是超出这个时间没有数据的传送或是指令的输入，则会强迫断开连接，以释放服务器的资源。单位为秒，默认值为300。

(2) data_connection_timeout：空闲的数据连接的超时时间，同样以释放服务器的资源，单位为秒。默认值为300。

(3) accept_timeout：接收建立联机的超时设定。单位为秒，默认值为60。

(4) connect_timeout：响应port ftp模式的数据联机的激活时间设定。单位为秒，默认值为60。

(3)和(4)这两个选项是针对客户端的,如果采用默认配置将使客户端空闲 1min 后自动中断连接,并在中断 1min 后自动激活数据连接。

5. 负载控制

在 FTP 服务器的管理中,无论对本地用户还是匿名用户,对于 FTP 服务器资源的使用都需要进行控制,避免由于服务负担过大,造成 FTP 服务器运行异常,可以添加以下配置项对 FTP 客户机使用 FTP 服务器资源进行控制。

(1) max_client:该参数在 vsftpd 使用 standalone 模式下有效。此参数定义了 FTP 服务器最大控制连接数,当超过此连接数时,服务器拒绝客户端连接。默认值为 0,表示不限最大连接数。例如,max_client=100 表示 FTP 服务器的所有客户端最大连接数不超过 100 个。

(2) max_per_ip:该参数在 vsftpd 使用 standalone 模式下有效。此参数定义同一个 IP 地址最大的并发连接数目,超过这个数目将会拒绝连接。此选项的设置将影响像网际快车这类的多进程下载软件进行下载。默认值为 0,表示不限制。例如,max_per_ip=5 表示同一 IP 地址的 FTP 客户机与 FTP 服务器建立的最大连接数不超过 5 个。

(3) anon_max_rate:设定匿名用户的最大数据传输速率,以 b/s 为单位。默认值为 0 时表示不限制。

(4) local_max_rate:设定本地用户的最大数据传输速率,以 b/s 为单位。默认值为 0 时表示不限制。此外,也可以在用户个人配置文件中使用此选项,以指定特定用户可获得的最大数据传输速率。对于数据速率控制的变化范围大致为 80%~120%,例如限制最高传输速率为 100kb/s,但是实际速率可能为 80~120kb/s。当然,若是线路带宽不足时,速率自然会低于此限制。

6. 匿名用户

匿名用户就是用户不需要提供账号和密码就可以对 FTP 服务器进行访问。匿名用户的相关设置如下。

(1) anonymous_enable:控制是否允许匿名用户登录,YES 表示允许,NO 表示不允许,默认值为 YES。

(2) ftp_username:定义匿名用户所使用的系统用户名,此参数在配置文件中不出现,默认值为 ftp。

(3) no_anon_password:控制匿名用户登录时是否需要密码,YES 表示不需要,NO 表示需要。默认值为 NO。

(4) deny_email_file:该参数默认值为 NO。当值为 YES 时,拒绝使用 banned_email_file 参数指定文件中所列出的 E-mail 地址进行登录的匿名用户。换句话说,当匿名用户使用 banned_email_file 文件中所列出的 E-mail 进行登录时,将被拒绝。显然,这对于阻击某些 DoS 攻击有效。如果定义此参数有效时,需要增加 banned_email_file 参数。

(5) banned_email_file:指定包含被拒绝的 E-mail 地址的文件,默认文件为"/etc/vsftpd.banned_emails"。

(6) anon_root:设定匿名用户的根目录,即匿名用户登录后,被定位到此目录下。主配置文件中默认无此项,默认值为"/var/ftp/"。

(7) anon_word_readable_only:控制是否只允许匿名用户下载可阅读文档。如果为

YES,只允许匿名用户下载可阅读的文件。如果为 NO,允许匿名用户浏览整个服务器的文件系统。默认值为 YES。

(8) anon_upload_enable:控制是否允许匿名用户上传文件,YES 表示允许,NO 表示不允许,默认设置为 NO。除了这个参数外,匿名用户要能上传文件,还需要两个条件:一是 write_enable 参数为 YES;二是在文件系统上,FTP 匿名用户对某个目录有写权限。

(9) anon_mkdir_write_enable:控制是否允许匿名用户创建新目录,YES 表示允许,NO 表示不允许,默认设置为 NO。当然在文件系统中,FTP 匿名用户必须对新目录的上层目录拥有写权限。

(10) anon_other_write_enable:控制置名用户是否拥有除了上传和新建目录之外的其他权限,如删除和更名等。YES 拥有,NO 不拥有,默认值为 NO。

(11) chown_uploads:用于确定是否修改匿名用户所上传文件的所有权。YES 表示匿名用户所上传的文件的所有权将改为另外一个不同的用户所有,用户由 chown_username 参数指定。此选项默认值为 NO。

(12) chown_username:指定拥有股名用户上传文件所有权的用户,此参数与 chown_uploads 联用,不推荐使用 root 用户。

7. 本地和虚拟用户

在使用 FTP 服务的用户中,除了匿名用户外,还有一类在 FP 服务器所属服务器主机上拥有账号的用户。vsftpd 中称此类用户为本地用户(local user),其等同于其他 FTP 服务器中的 real 用户。

(1) local_enable:控制 vsftpd 所在的系统的用户是否可以登录 vsftpd。默认值为 YES。

(2) local_root:定义所有本地用户的根目录,当本地用户登录时,将被更换到此目录下。默认值为 0。

(3) user_config_dir:定义用户个人配置文件所在的目录。用户的个人配置文件为该目录下的同名文件。个人配置文件的格式与 vsftpd. conf 格式相同。例如,定义"user_config_dir=/etc/vsftpd/user. conf",并且主机上有用户 longdi 和 lishu,则可以在 user_config_dir 的目录新增名为 longdi 和 lishu 的两个文件。当用户 lishu 登录时,vsftpd 就会读取 user_config_dir 下 lishu 这个文件中的设定值,应用于用户 lishu。默认值为 0。

(4) guest_enable:如果启动这项功能,所有的非匿名登录用户都看作 guest,默认值为关闭。

(5) guest_username:定义 vsftpd 的 guest 用户在系统中的用户名,默认值为 ftp。

8. 用户登录控制

用户登录控制的相关设置属于访问权限的控制。

(1) pam_service_name:设置 PAM 外挂模块提供的认证服务所使用的配置文件名,即"/etc/pam. d/vsftpd 文件"。此文件中"file=/etc/vsftpd/ftpusers"字段,说明了 PAM 模块能阻止的账号内容来自文件"/etc/vsftpd/ftpusers"中。vsftpd 禁止列在该文件中的用户登录 FTP 服务器。这个机制是在"/etc/pam. d/vsftpd"中默认设置的。

(2) userlist_enable:该选项被激活后,vsftpd 将读取 userlist_file 参数所指定的文件中的用户列表。当列表中的用户登录 FTP 服务器时,该用户在提示输入密码之前就被禁止了。也就是说，该用户名输入后，vsftpd 查到该用户名在列表中，vsftpd 就直接阻止该用户登录，不会再进行询问密码等后续步骤。默认值为 NO。

(3) userlist_file：指出 userlist_enable 选项生效后，被读取的包含用户列表的文件。默认值是"/etc/vsftpd.user_list"。

(4) userlist_deny：决定禁止还是只允许由 userlist_file 指定文件中的用户登录 FTP 服务器。此选项在由 userlist_enable 选项启动后才生效。YES 为默认值，阻止文件中的用户登录，同时也不向这些用户发出输入口令的提示；NO 表示只允许在文件中的用户登录 FTP 服务器。

(5) tcp_wrappers：设置在 vsftpd 中使用 tcp_wrappers 远程访问控制机制，默认值为 YES。tcp_wrappers 可以实现 Linux 系统中网络服务的基于主机地址的访问控制，在 etc 目录中的 hosts.allow 和 hosts.deny 两个文件用于设置 tcp_wrappers 的访问控制，前者设置允许访问记录，后者设置拒绝访问记录。

9. 目录和文件访问控制

(1) chroot_list_enable：锁定某些用户在自己目录中。即当这些用户登录后，不可以转到系统的其他目录，只能在自己目录及其子目录下，具体的用户在 chroot_list_file 参数所指定的文件中列出。默认值为 NO。

(2) chroot_list_file：指出被锁定在自己目录中的用户的列表文件。文件格式为一行一用户。通常该文件是"/etc/vsftpd/chroot_list"。此选项默认不设置。

(3) chroot_local_users：将本地用户锁定在自己目录中。当此项被激活时，chroot_list_enable 和 chroot_local_users 参数的作用将发生变化，chroot_list_file 所指定文件中的用户将不被锁定在自己目录中。本参数被激活后，可能带来安全上的冲突，特别是当用户拥有上传和 shell 访问等权限时。因此，只有在确实了解的情况下，才可以打开此参数。默认值为 NO。

(4) passwd_chroot_enable：该选项激活时，与 chroot_local_users 选项配合。chroot 容器的位置可以在每个用户的基础上指定。每个用户的容器来源于"/etc/passwd"中每个用户的自己目录字段。默认值为 NO。

(5) hide_ids：确定是否隐藏文件的所有者和组信息。YES 表示当用户使用 ls-al 之类的指令时，在目录列表中所有文件的拥有者和组信息都显示为 ftp。默认值为 NO。

(6) ls_recurse_enable：该参数的命令行中，YES 代表允许使用 ls-R 指令。这个选项有一定的安全风险，因为在一个大型 FTP 站点的根目录下使用 ls-R 会消耗大量系统资源。默认值为 NO。

(7) write_enable：该参数控制是否允许使用任何可以修改文件系统的 FTP 的指令，例如 stor、dele、rnfr、rnto、mkd、rmd、appe 以及 site。默认值为 NO。不过自带的简单配置文件中打开了该选项。

(8) secure_chroot_dir：该参数指向一个空目录，并且 FTP 用户对此目录无写权限。当 vsftpd 不需要访问文件系统时，这个目录将被作为一个安全的容器，用户将被限制在此目录中。默认目录为"/usr/share/empty"。

(9) anon_umask：匿名用户新增文件的 umask 数值，默认值为 077。

(10) file_open_mode：上传文档的权限，与 chmod 所使用的数值相同。如果希望上传的文件可以执行，设置选项值为0777。默认值为0666。

(11) local_umask：该参数定义本地用户新增文档时的umask数值。默认值为077。不过，其他大多数的FTP服务器都使用022。如果用户有需要，可以将其修改为022。在默认的配置文件中此项就设置为022。

10. 日志设置

日志设置设定是否让系统自动维护上传和下载的日志文件，默认情况下，该日志文件为“/var/log/vsftpd.log”，也可以通过xferlog_file选项对其进行设定。

(1) xferlog_enable：控制是否启用一个日志文件，用于详细记录上传和下载。该日志文件由xferlog_file选项指定。默认值为NO，在默认配置文件中设置此选项。

(2) xferlog_file：该选项用于设定记录传输日志的文件名。默认值为“/var/log/vsftpd.log”。

(3) xferlog_std_format：控制日志文件是否用xferlog的标准格式，如同wu-ftpd一样。使用xferlog格式，可以重新使用已经存在的传输统计生成器。然而，默认的日志格式为可读。默认值为NO，在默认的配置文件中设置了此选项。

(4) log_ftp_protocol：该选项设置后，所有的FTP请求和响应都被记录到日志中。提供此选项时，xferlog_std_format不能被设置。该选项有助于调试，默认值为NO。

(5) dual_log_enable：设置是否生成两个相似的日志文件，默认在“/var/log/xferlog”和“/var/log/vsftpd.log”目录下。前者是wu_ftpd类型的传输日志，可以利用标准日志工具对其进行分析；后者是vsftpd类型的日志。

(6) syslog_enable：设置是否将原本输出到“/var/log/vsftpd.log”中的日志输出到系统日志中。

13.3.4 FTP响应状态码

当通过浏览器访问FTP站点页面时，首先发送页面请求给服务器，然后服务器会根据请求内容做出回应。如果没有问题，服务器会返回客户端成功状态码，同时将相应的页面传送给客户端浏览器。当服务器出现故障时，FTP服务器通常会发送客户端错误状态码，并根据错误状态码向客户端浏览器发送错误页面。常见的状态码及其含义说明如表13-5所示。

表13-5 常见的状态码及其含义说明

状态码	含义说明
110	重新启动标记应答
120	服务器在多长时间内准备好
125	数据链路端口开启，准备传送
150	文件状态正常，开启数据连接端口
200	命令执行成功
202	命令执行失败
211	系统状态或者系统求助响应
212	目录的状态
213	文件的状态

续表

状 态 码	含 义 说 明
214	求助的信息
215	名称系统类型
220	服务器就绪,可以执行新用户的请求
221	服务器关闭
225	数据连接开启,但无传输动作
226	关闭数据连接端口,请求的文件操作成功
227	进入被动模式
230	用户登录
250	请求命令完成
257	显示目前的路径名称
331	用户名称正确,需要密码
332	登录时需要账号信息
350	请求的操作需要进一步的命令
421	服务器不可用
425	无法开启数据链路
426	关闭联机,终止传输
450	请求的操作未执行
451	命令终止,有本地错误
452	未执行命令,磁盘空间不足
500	格式错误,命令无法识别
501	参数语法错误
502	命令执行失败
503	命令顺序错误
504	命令所接的参数不正确
530	未登录
532	存储文件需要账户登录
550	未执行请求的操作
551	请求的命令终止,类型未知
552	请求的文件终止,存储位溢出
553	未执行请求的命令,名称不正确

13.3.5 网盘系统的搭建

网盘又称网络U盘或者网络硬盘,是由互联网公司推出的在线存储服务。服务器机房为用户划分一定的磁盘存储空间,为用户免费或者收费提供文件的存储、访问、备份和共享等文件管理等功能,不管是在家中、单位或者其他任何地方,只要连接到网络,就可以管理和编辑网盘里的文件。网盘的实质是将服务器的硬件资源分配给注册用户使用,免费网盘一般容量比较小。此外,为了防止用户滥用网盘资源,通常限制单个文件大小和上传文件大小。而收费网盘则具有速度快、安全性能好、容量高、允许大文件存储等优点,适合有较高要求的用户。

1. 云盒子私有云企业网盘

如果要实现企业内部文档的权限共享,FTP和Windows网络共享应该是不错的解决方案。时代在进步,很多针对企业文档共享细分领域的产品已经取代了 FTP 等工具,这些产品拥有好看的外观、简单的操作,以及完善的权限管理方式。云盒子私有云企业网盘突破了用户对搭建网盘系统的固有的麻烦的观念,采用企业网盘的搭建相对较容易。搭建私有云企业网盘系统步骤如下。

(1) 准备一台服务器,要求服务器最低配置为 4 核 CPU、8GB 内存、500GB 硬盘。可以根据企业自身的使用情况灵活提高配置,配置越高,服务器的性能就好,同样价格也高。特别是硬盘,需要满足日益增长的数据存储需求。

(2) 下载云盒子服务器安装包,建议到官方网站下载最新的服务器安装包版本。

(3) 运行安装包,傻瓜式地一步步安装,安装完毕启动云盒子服务器控制台,就完成了整个服务器的搭建过程,这个过程仅需要十分钟。内网计算机访问这台服务器地址就能进入云盒子登录界面。

要真正使用起来,还需要云盒子管理员进行网盘系统的初始化工作,例如导入人员账号、文档架构,设置文档管理员和文档权限等。

2. seafile 云存储平台

seafile 是一个开源、专业和可靠的云存储平台,解决文件集中存储、共享和跨平台访问等问题,由北京海文互知网络有限公司开发,发布于 2012 年 10 月。除了网盘所提供的云存储以及共享功能外,seafile 还提供消息通信和群组讨论等辅助功能,帮助更好地围绕文件展开协同工作。类似的软件系统还有 bedrive、owncloud、迷你云、filerun 和 box 等。下面给出 seafile 在 Ubuntu 操作系统下的搭建步骤。

(1) 安装此 seafile 依赖的服务软件包。可以使用命令"sudo apt-get install python2.7 python-setuptools python-ldap python-mysqldb python-memcache python-urllib3"和"sudo apt-get install python-imaging"安装。如果安装过程中出现错误,那就是没有安装成功,可以根据具体情况进行解决。

(2) 安装数据库服务,并对其进行安全初始化。可以使用命令"sudo apt-get install MySQL-python""sudo apt-get install mysql-server""sudo service mysql start"和"sudo mysql_secure_installation"安装。

(3) 先建立 seafile 文件夹,然后下载 seafile 软件包到该文件夹,为后面的安装做好准备工作。可以使用命令"mkdir -p /server/seafile""cd /server/seafile/"和"wget https://www.seafile.com/download/seafile-server_8.0.7_x86-64.tar.gz"。

(4) 进行安装和启动,并进行相关的设置。可以使用命令"./setup-seafile-mysql.sh""./seahub.sh start"和"./seahub.sh start"进行安装和启动,同时注意按提示进行对应的输入配置。seafile 启动后,在云平台设置安全组规则,测试浏览器,登录到所设置的 IP 进行访问。

3. 安装 owncloud 搭建云盘

首先在购置的服务器上安装 Ubuntu 18.04 以上版本的操作系统,然后再是安装 Apache-网页服务、MySQL 数据库和 PHP 开发环境,这就构成了 LAMP 架构,最后安装 owncloud 安装包。由于所采用的软件系统均在前面章节中有介绍,这里就不再给出具体的安装步骤。

4. 网盘的主要评价指标

(1) 网盘要能方便地管理文件。即要支持尽量多的文件类型,实现在线集中管理。能够支持断点续传,单个文件上传大小无限制。尽量要支持在线预览功能,无须下载直接查看文件内容。

(2) 网盘要能够实现多平台数据同步。支持 Web 客户端、计算机客户端和手机客户端操作。共享文件能够自动同步,并实时查看最新修改内容。

(3) 网盘要实现高效的协同共享。当多人共同编辑一份文档时,无须借助其他工具就能实现文档同步更新,能够自动保存最新版本,并随时找回历史版本进行还原。对共享文件夹的访问权限可基于角色进行动态设定。如果可以,还能通过邮件通知文件夹的修改动态。

(4) 网盘要能实现快捷的文件分享功能。同时能实现和其他应用的无缝链接。

(5) 网盘要有灵活的权限管理功能。可以按照需要分配子账号空间,按群组管理部门或者团队的文件。支持详细日志查询使用记录。支持回收站误删恢复。

(6) 网盘要有全方位安全机制。如果需要,可以采用必要的加密措施。完善的数据备份和容灾机制,保障稳定运营。当然还有其他的功能,例如上传文件内存的大小、上传资源和下载资源的速度、资源存放的时间长短等。

13.4 邮件服务器

电子邮件服务是整个互联网业务重要的组成部分。据统计,34%以上的用户上网是为了收发邮件,大概每天有数十亿封电子邮件在全球传递,可见电子邮件已成为网络用户不可或缺的服务项目。

13.4.1 电子邮件发送的过程

电子邮件发送的过程主要是基于 SMTP、POP3、IMAP 和 MIME 协议,电子邮件收发的过程如图 13-8 所示。电子邮件系统主要包括三大部分,分别是邮件用户代理(Mail User Agent,MUA)、邮件传送代理(Mail Transport Agent,MTA)和邮件投递代理(Mail Delivery Agent,MDA)。MUA 是邮件系统为用户提供的可以读写部件的界面,MTA 运行在 SMTP 底层,负责把邮件由一个邮件服务器传到另一个邮件服务器,而 MDA 则负责把邮件放到用户的邮箱中,也就是将信件分发到户。

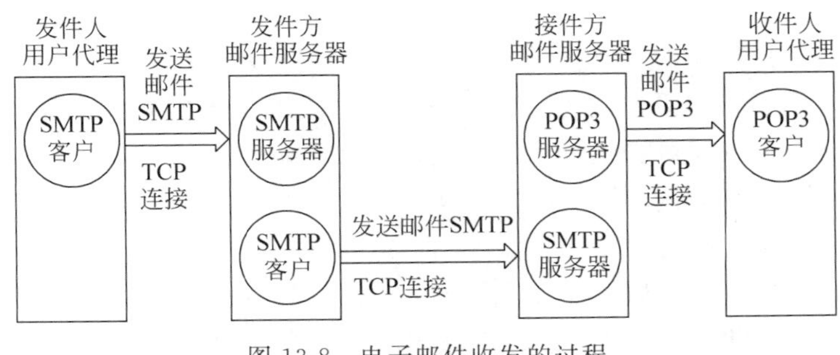

图 13-8 电子邮件收发的过程

首先发件人调用MUA编辑要发送的邮件，单击邮箱上的“发送”按钮，把发送邮件的工作全部交给MUA来完成。MUA通过SMTP将邮件发送给发送方的邮件服务器，在这个过程中，MUA充当SMTP的客户，而发送方的邮件服务器则充当SMTP服务器。接着发送方的邮件服务器收到MUA发来的邮件后，就把收到的邮件临时存放在邮件缓存队列中，等待时间成熟时再发送到接收方的邮件服务器，而等待时间的长短，取决于邮件服务器的处理能力和队列中待发送的信件的数量。如果时机到了，发送方的邮件服务器则向接收方的邮件服务器发送邮件缓存中的邮件。在发送邮件之前，发送方的邮件服务器的SMTP客户与接收方的邮件服务器的SMTP服务器需要事先建立TCP连接，通过查询DNS来确定需要把信件投递给某个服务器，之后再将队列中的邮件发送出去。在互联网中，邮件不会在网络中的某个中间邮件服务器落地。最后接收邮件服务器中的SMTP服务器进程在收到邮件后，把邮件放入收件人的用户邮箱中，等待收件人进行读取。收件人在准备收信时，就运行自己计算机机中的MUA，使用POP3或者IMAP读取发送给自己的邮件。在这个过程中，收件人是POP3客户，而接收邮件服务器则是POP3服务器，箭头的方向是从邮件服务器指向接收用户，反之，收件人如果发送邮件，又成为发件人。

1. MUA

MUA是一个软件包或者应用程序，它能够提供撰写、阅读、回复和转发报文，还能处理邮箱，如创建收信箱和发信箱等。共有两种类型的用户代理：一种是字符命令行操作；另一种是GUI操作。命令行字符操作属于早期的电子邮件MUA，通过命令发送和接收邮件；而GUI则是使用图形界面操作，允许用户使用键盘和鼠标与软件进行交互。

2. SMTP

SMTP(Simple Mail Transfer Protocol，简单邮件传输协议)是一组用于从源地址到目的地址传输邮件的规范，通过它来控制邮件的中转方式。SMTP属于TCP/IP协议簇，它帮助每台计算机在发送或中转信件时找到下一个目的地。SMTP服务器的TCP端口号为25，其操作模式跟Telnet协议和FTP类似，它们的客户端和服务器端都是通过命令和响应的形式进行交互。sendmail是最早使用SMTP的邮件传输代理之一，目前有较多的程序将SMTP实现为一个客户端(邮件的发送方)或一个服务器(邮件的接收方)，主要的SMTP服务器程序包括Philip Hazel的exim、IBM的Postfix、D. J. Bernstein的Qmail以及Microsoft Exchange Server等。由于这个协议开始是基于ASCII文本的，它在二进制文件上处理得并不好。后来出现用MIME协议来编码二进制文件以使其通过SMTP来传输，现在大多数SMTP服务器都支持8位MIME扩展，它使二进制文件的传输变得几乎和纯文本一样简单。

SMTP提供了可靠且有效的电子邮件传输服务，它是建立在FTP文件传输服务上的一种邮件服务，主要用于传输系统之间的邮件信息，并提供与来信有关的通知。SMTP能够跨越网络传输邮件，可以通过中继器或网关实现某处理机与其他网络之间的邮件传输，是具有域名服务系统功能的邮件交换服务器，还可以用来识别出传输邮件的下一中转的IP地址。最初的SMTP的局限之一在于它没有对发送方进行身份验证的机制，后来定义了SMTP-AUTH扩展协议。尽管有了身份认证机制，垃圾邮件仍然是一个主要的问题。因此，出现了一些辅助SMTP工作的协议，反垃圾邮件研究小组也在研究一些建议方案，以提供简单、灵活、轻量级和可升级的源端认证方案。

电子邮件传送主要包括 3 个阶段，分别是建立连接、报文传送和连接释放。

1）建立连接

（1）SMTP 客户端每隔一段时间对邮件缓存扫描一次，如发现有邮件，就使用 SMTP 的 TCP 端口号 25 与接收方的邮件服务器的 SMTP 服务器建立 TCP 连接。

（2）接收方 SMTP 服务器发出 220（服务器已经准备好）告诉客户端它已经准备好接收邮件。若服务器未就绪，它就发送代码 421（服务器不可用）。

（3）客户发送 HELLO 报文，并使用它的域名地址标识自己，目的是把客户的域名通知服务器。在 TCP 的连接建立阶段，发送方和接收方都是通过它们的 IP 地址来告诉对方的。HELLO 报文是最初的，用户名和密码都不加密。服务器响应代码 250（请求命令完成）或者根据异常情况来响应其他一些代码。

2）报文传送

（1）在 SMTP 客户与服务器之间建立连接后，发件人就可以与一个或多个收件人交换单个的报文了。若收件人超过一个，则下面的步骤（4）和步骤（5）将重复进行。

（2）客户发送 MAIL FROM 报文介绍报文的发送人，它包括发送人的邮件地址，如邮箱名和域名（zhangsan@jsut）等，可以给服务器在返回错误或者报文信息时的返回邮件地址。

（3）服务器响应代码 250（请求命令完成）或者根据异常情况来响应其他一些代码。

（4）客户发送 RCPT（收件人）报文，包括收件人的邮件地址。RCPT 命令的作用是先弄清接收方系统是否已经准备好接收邮件，然后才发送邮件，这样做避免了浪费通信资源，不至于发送了很长时间的邮件以后没有收到，才知道是地址错误。

（5）服务器响应代码 250（请求命令完成）或者根据异常情况来响应其他一些代码。

（6）客户发送 DATA 报文，并对报文的传送进行初始化。DATA 命令表示要开始传送邮件的内容了。

（7）服务器响应代码 354（开始信息输入）或者其他的报文如 500（命令无法识别）等。

（8）客户用连续的行发送报文的内容。每一行的行结束时输入“< CRLF >”，表示邮件内容结束。

虽然 SMTP 使用 TCP 连接使邮件的传送可靠，但它并不能保证不丢失邮件。也就是说，使用 SMTP 传送邮件可以可靠地传送到接收方的邮件服务器，在往后的情况就不知道了。在收件人读取邮件之前，如果接收方的邮件服务器出现故障，会使收到的邮件全部丢失。

3）连接释放

在报文传送成功后，客户就终止连接。

（1）客户发送 QUIT 命令。

（2）服务器响应 221（服务关闭）或其他代码。在连接释放阶段后，TCP 连接必须关闭。

3. POP3

POP3（Post Office Protocol-Version 3，邮局协议的第 3 个版本）是 TCP/IP 协议簇中的一员，由 RFC1939 定义。它规定怎样将个人计算机连接到互联网的邮件服务器和下载电子邮件的电子协议，主要用于支持使用客户端远程管理在服务器上的电子邮件。POP3 支持离线邮件处理，邮件发送到服务器上，电子邮件客户端调用邮件客户机程序以连接服务器，并下载所有未阅读的电子邮件。这种离线的访问模式是一种存储转发服务，将邮件从邮件服务器端送到个人终端机器上。如果邮件发送到个人终端机器上，邮件服务器上的邮件将会被删除。但是POP3邮件服务器大都可以“只下载邮件,服务器端并不删除”,也就是改进的POP3。服务器允许符合POP3的邮件客户端连接邮件服务器,这些邮件客户端软件包括 Outlook Express、Outlook、NetscapeMessenger、Eudora、Pegasus、NuPOP、Z-mail、Foxmail、TheBat、Kmail和Unixmail等。

POP3客户向POP3服务器发送命令并等待响应,POP3命令采用命令行形式,用ASCII码表示。服务器响应由一个单独的命令行组成或多个命令行组成,响应第一行以“ASCII文本OK”或“ASCII文本ERR”指出相应的操作状态是成功还是失败。POP3有3种状态,分别是认证状态、处理状态和更新状态。当客户机与服务器建立连接时,客户机向服务器发送自己的身份信息,主要是账户和密码,并由服务器成功确认,即客户端由认证状态转入处理状态,在完成列出未读邮件等相应的操作后客户端发出释放退出命令,退出处理状态进入更新状态,开始下载未阅读过的邮件到计算机本地之后,最后重返认证状态确认身份后断开与服务器的连接。大多数POP3客户端和服务端都是采用ASCII码报文来发送用户名和密码,在认证状态下服务端等待客户端连接时,客户端发出连接请求,并把由命令构成的user/pass用户身份信息数据报文发送给服务端。服务端确认客户端身份以后,连接状态由认证状态转入处理状态。为了避免发送报文口令的安全问题,有一种新的更为安全的认证方法,命名为APOP(Authentication Post Office Protrol),使用APOP口令在传输之前就被加密,当客户端与服务端第一次建立连接时,POP3服务器向客户端发送一个ASCII码文本的问候,这个问候是由一串字符组成,且对每个客户机是唯一的,内容一般都是当地时间之类的信息。然后客户端把它的纯文本口令附加到刚才接收的字符串之后,接着计算出新的字符串的MD5函数值的消息数据,最后客户机把用户名和MD5加密后的消息摘要作为APOP的参数一起发送到服务器。但是大多数Windows操作系统上的邮件客户端不支持APOP。表13-6所示为POP3命令码以及功能描述。

表13-6 POP3命令码以及功能描述

命 令 码	功 能 描 述
USER [username]	处理用户名
PASS [password]	处理用户密码
APOP [Name,Digest]	认可Digest是MD5消息摘要
STAT	处理请求服务器发回关于邮箱的统计资料,如邮件总数和总字节数
UIDL [Msg#]	处理返回邮件的唯一标识符,POP3会话的每个标识符都将是唯一的
LIST [Msg#]	处理返回邮件数量和每个邮件的大小
RETR [Msg#]	处理返回由参数标识的邮件的全部文本
DELE [Msg#]	处理服务器将由参数标识的邮件标记为删除,由QUIT命令执行
RSET	处理服务器将重置所有标记为删除的邮件,用于撤销DELE命令
TOP [Msg# n]	处理服务器将返回由参数标识的邮件前n行内容,n必须是正整数
NOOP	处理服务器返回一个肯定的响应
QUIT	终止会话

POP3有两种工作方式,分别是删除方式和保存方式。删除方式就在每一次读取邮件后就把邮箱中的这封邮件删除;保存方式就是在读取邮件后仍然在邮箱中保存这封邮件,该方式是通过对之前的POP工作方式的缺点进行弥补和对之前的功能进行扩充。

4. IMAP

IMAP(Interactive Mail Access Protocol 或 Internet Message Access Protocol,交互邮件访问协议)是一个应用层协议,用来从本地邮件客户端,如 Microsoft Outlook、Outlook Express、Foxmail 和 Mozilla Thunderbird 等上访问远程服务器上的邮件。IMAP 是斯坦福大学在 1986 年开发的一种邮件获取协议,当前的协议定义是 RFC 3501。IMAP 运行在 TCP/IP 上,使用的端口号是 143。它与 POP3 的主要区别是 POP3 客户端通常采用离线方式(off-line)访问邮件服务器,会定时地访问邮件服务器,下载邮件到客户的计算机上,然后与邮件服务器断开。这样邮件就被临时存储在服务器上,当客户端下载这些邮件后,它们将被服务器删除,不再保留。对于那些总是在同一台计算机上阅读邮件的用户来说,这种方式是十分适合的。另外一种方式称为在线方式(online)访问邮件服务器,即邮件客户端总是和服务器保持连接。这样邮件被保持在服务器上,客户端不用下载邮件到客户机上,用户可以在线阅读保留在服务器上的邮件。因此,那些经常使用不同计算机的用户适合用这种方式查看邮件。IMAP 改进了 POP3 的不足,比 POP3 复杂得多,是按照 C/S 的工作方式,现在较新的版本是 IMAP4。用户可以通过浏览信件头来决定是否收取、删除和检索邮件的特定部分,还可以在服务器上创建或更改文件夹或邮箱。它除了支持 POP3 的在线方式操作模式外,还支持离线操作。它为用户提供了有选择地从邮件服务器接收邮件的功能、基于服务器的信息处理功能和共享信箱功能。IMAP4 的离线模式不同于 POP3,它不会自动删除在邮件服务器上已取出的邮件,MAP4 支持多个邮箱。

IMAP 由 Mark Crispin 设计,对于邮件访问提供了相对于广泛使用的 POP3 的另外一种选择。两者虽然都允许一个邮件客户端访问邮件服务器上存储的信息,但是 IMAP 中增加了一些重要方面。

(1) 支持在线和离线两种操作模式。当使用 POP3 时,客户端只会在一段时间内连接到服务器,直到它下载完所有新信息,客户端即断开连接。在 IMAP 中,只要用户界面是活动的、下载信息内容是需要的,客户端就会一直连接服务器。对于有很多或者很大邮件的用户来说,使用 IMAP4 模式可以获得更快的响应时间。

(2) 支持多个客户同时连接到一个邮箱。POP3 假设当前邮箱的连接是唯一的连接。相反,IMAP4 允许多个用户同时访问邮箱,同时提供一种机制让客户能够感知其他当前连接到这个邮箱的用户所做的操作。

(3) 支持访问消息中的 MIME 部分和部分获取。几乎所有的互联网邮件都是以 MIME 标准格式传输,MIME 允许消息包含一个树形结构,这个树形结构的叶子节点都是单一内容类型,而非叶子节点都是多块类型的组合。IMAP4 允许客户端获取任何独立的 MIME 部分和获取信息的一部分或者全部。这些机制使得用户无须下载附件就可以浏览消息内容或者在获取内容的同时浏览。

(4) 支持在服务器保留消息状态信息。通过使用在 IMAP4 中定义的标识客户端,可以跟踪消息状态,例如邮件是否被读取、回复和删除。这些标识存储在服务器中,所以多个客户在不同时间访问一个邮箱可以感知其他用户所做的操作。

(5) 支持在服务器上访问多个邮箱。IMAP4 客户端可以在服务器上创建、重命名和删除邮箱,这些通常以文件夹形式显现给用户。支持多个邮箱还允许服务器提供对于共享和公共文件夹的访问。

（6）支持服务器端搜索。IMAP4 提供了一种机制给客户，使客户可以要求服务器搜索匹配多个标准的信息。在这种机制下客户端就无须下载邮箱中所有信息来完成这些搜索。

（7）IMAP 的扩展定义了一个明确的机制，很多对于原始协议的扩展已被提议并广泛使用。无论使用 POP3 还是 IMAP4 来获取消息，客户端均使用 SMTP 发送消息。邮件客户端可能是 POP 客户端或者 IMAP 客户端，但都会使用 SMTP。

（8）IMAP4 支持加密注册机制。IMAP4 中也支持报文传输密码。加密机制的使用需要客户端和服务器双方的一致，报文密码的使用是在一些客户端和服务器类型不同的情况下，例如 Windows 操作系统客户端和其他操作系统的服务器。

最后不要把邮件的发送协议 SMTP 与邮件的读取协议 POP3 或者 IMAP 弄混淆了。发送人的 MUA 向发送邮件服务器发送邮件，以及发送方的邮件服务器向接收方的邮件服务器发送邮件都是采用 SMTP，而收件人的 MUA 从邮件接收服务器中接收文件则采用的是 POP3 或者 IMAP。表 13-7 所示为网易 163 免费邮箱相关服务的信息，包括服务器名称、服务器地址，以及 SSL 协议端口号和非 SSL 协议端口号。另外网易邮箱已经默认开启这 3 种服务，方便用户收发邮件，当然通过相关设置也可以关闭某项服务。

表 13-7　网易 163 免费邮箱相关服务的信息

服务器名称	服务器地址	SSL 协议端口号	非 SSL 协议端口号
IMAP	imap.163.com	993	143
SMTP	smtp.163.com	465/994	25
POP3	pop.163.com	995	110

13.4.2　通用互联网邮件扩展标准 MIME

多目的互联网邮件扩展类型（Multipurpose Internet Mail Extensions，MIME）是设定某种扩展名的文件，采用一种应用程序来打开的方式类型，当该扩展名文件被访问时，浏览器会自动使用指定应用程序来打开；多用于指定一些客户端自定义的文件名，以及一些媒体文件打开方式。MIME 是一个互联网标准，扩展了电子邮件标准，使其能够支持非 ASCII 码文本和非文本格式附件（二进制、声音、图像等）。这个标准被定义在 RFC 2045、RFC 2046、RFC 2047、RFC 2048、RFC 2049 等 RFC 中。此外，在万维网中使用的 HTTP 也使用了 MIME 的框架，标准被扩展为互联网媒体类型。MIME 的体系结构如图 13-9 所示。

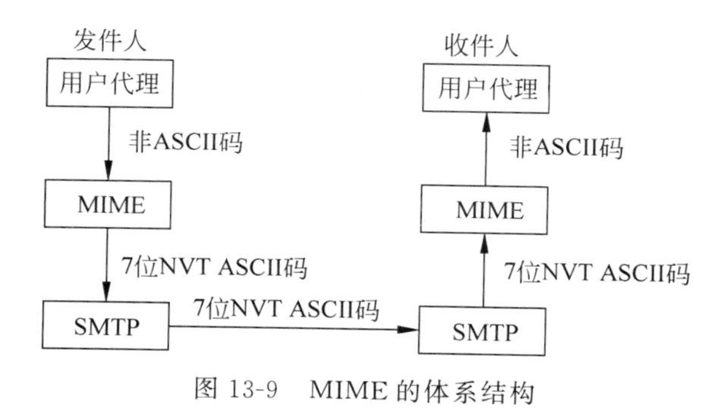

图 13-9　MIME 的体系结构

为了克服 SMTP 只能发送使用虚拟网络终端 NVT 7 位 ASCII 码格式的报文，不支持多国语言(如汉语、日语、德语等)，便引入了 MIME，MIME 定义了 5 种头部字段，用来加在原始的电子邮件部分以定义参数的转换，这些头部分别是 MIME-Version(MIME 版本)、Constent-Type(内容类型)、Content-Transfer-Encoding(内容-传送-编码)、Content-Id(内容-标识)、Content-Description(内容-描述)和 Content-Disposition(内容布局)等。

(1) MIME-Version 提供了所用 MIME 的版本号，定义为 1.0。

(2) Content-Type 定义报文主体使用的数据类型和子类型，用<数据类型/子类型>表示，以便数据能被适当地处理。有效的类型有 text、image、audio、video、application、multipart 和 message。

(3) Content-Transfer-Encoding 定义了邮件的主体在传送时是如何编码的，说明了对数据所执行的编码方式。MUA 将用它对附件进行解码。对于每个附件，可以使用 7b、8b、binary、quoted-printable、base64 和 custom 中的一种编码方式。7b 编码是用在 US ASCII 字符集上的常用的一种编码方式，也就是，保持它的原样。8b 和 binary 编码一般不用。如果传输要经过对格式有影响的网关时对其进行保护，可以使用 quoted printable。base64 是一种通用方法，在需要决定使用哪一种编码方法时，通常用在二进制非文本数据上。同时任何非 7b 数据必须用一种模式编码，这样它就可以通过互联网邮件网关了。

(4) Content-ID 是在多报文的环境中唯一地标识报文。如果 Content-Type 是 message/external-body 或者 multipart/alternative 时，这个头就有用了，它超出了本书的范围。

(5) Content-Description 定义了主体是否为图像、音频或视频，这是一个可选的报文。它是任何信息段内容的自由文本描述。描述必须使用 ASCII 码。

(6) Content-Disposition 是一个试验性的报文，它用于给客户程序 MUA 提供提示，来决定是否在行内显示附件或作为单独的附件。

MIME 报头即出现在实际的 MIME 附件部分的头，除了 MIME-Version 头，可以拥有以上任何头字段。如果一个 MIME 头是信息块的一部分，它将作用于整个信息体。如果 Content-Transfer-Encoding 显示在整个信息头中，它则应用于整个信息体，但是如果它显示在一个 MIME 段中，则只能用于那个段中。

13.4.3 安装 sendmail 服务器

自从加州大学伯克利分校完成 sendmail 的最初版本以来，sendmail 作为一个免费的邮件服务器软件，已被广泛应用于各种服务器中，它在 UNIX 和 Linux 下属于老牌邮件服务器。同时它在稳定性、轻量级、命令行操作、可移植性以及确保没有缺陷等方面具有一定的特色，且可以在网络中搜索到大量的使用资料。如果需要使用命令行方式发送邮件，那么 sendmail 是非常完美的选择。sendmail 为 Linux 提供 SMTP 连接所需的服务，它除了对邮件信息进行分析并把它传送到目的地外，还有信件转递处理、积存(待送)信件处理、不同传输工具判断及退信处理等。sendmail 采用开放源码的开放方式编写，其所需源码可以免费得到并自由发布。它只提供了邮件路由功能，将发送留给管理员选择的本地代理。sendmail 可以通过源码安装和直接联网安装，跟前面 Apache 和 vsftpd 的安装方法类似。

1. 安装sendmail

在Ubuntu操作系统下使用sendmail功能，可以使用命令sudo apt-get install sendmail和sudo apt-get install sendmail-cf安装sendmail；接着需要安装mailutils，可以使用命令sudo apt-get install mailutils安装；如果要使用带附件的功能，则还需要安装sharutils，可以使用命令sudo apt-get install sharutils安装。软件顺利安装完成后，可以使用命令ps aux |grep sendmail查看安装结果，如果输出如下两行信息：

```
root 20978 0.0 0.3 8300 1940 ? Ss 06:34 0:00 sendmail: MTA: accepting connections
root 21711 0.0 0.1 3008 776 pts/0 S+  06:51 0:00 grep sendmail
```

则说明sendmail已经安装成功并启动了。当sendmail软件得到一封要发送的邮件时，它需要根据目标地址确定将信件投递给对应的服务器，这是通过DNS实现的。例如一封邮件的目标地址是zhangsan@jsut.edu.cn，那么sendmail首先确定这个地址是用户名zhangsan和机器名jsut.edu.cn的格式，然后，通过查询DNS来确定需要把信件投递给某个服务器。在DNS数据中，与电子邮件相关的是MX记录，在命令行中执行nslookup命令可以查询相关的是MX记录。如果DNS查询无法找出某个地址的MX记录，通常是因为对方没有信件交换主机，那么sendmail将试图直接与对方的主机对话，并且发送邮件。例如zhangsan@jsut.edu.cn这个在DNS中没有对应的MX记录，sendmail在确定MX交换器失败后，将从DNS取得对方的IP地址，并直接和对方对话试图发送邮件。当然sendmail发送邮件时，如果经过设定的时间后仍然未能将信件投递到目的主机，那么它将返回一个错误信息，间隔一段时间后，重新尝试投递，如果连续多次失败，sendmail最终将放弃投递，并将错误信息投递给发送邮件的用户。

2. 配置sendmail

sendmail默认只会为本机用户发送邮件，只有把它扩展到整个互联网，才会成为真正的邮件服务器。sendmail是一个极为复杂的程序，其配置操作依赖于“/etc/sendmail.cf”配置文件。一般情况下，大部分用户都使用m4宏来处理sendmail.cf配置文件。虽然m4程序和sendmail.cf一样复杂，但是Linux操作系统自带有一个模板文件位于“/etc/mail/sendmail.mc”，故可以直接通过修改sendmail.mc模板来达到定制sendmail.cf文件的目的。先用模板文件sendmail.mc生成sendmail.cf配置文件，并导出到“/etc/mail/”目录下，再用命令行重启sendmail。sendmail.cf是sendmail的核心配置文件，有关sendmail参数的设定大都需要修改这个文件，例如sendmail.cf文件可以定义邮件服务器为哪个域工作、是否开启验证机制来增强安全性等。但是sendmail的配置文件和其他服务的主配置文件略有不同，其内容为特定宏语言所编写，这导致大多数人对它都抱有畏惧心理，这是因为文件中的宏代码实在是太多。为了降低设置的复杂度，用户使用修改的sendmail.mc文件来代替直接修改sendmail.cf文件，因为sendmail.mc文件可读性远远大于sendmail.cf文件。通过这种方法可以大大降低配置复杂度，并且可以满足环境配置要求。完整的sendmail配置应该包括以下7部分。配置文件的每一行都以一个单一的命令字开头，这个字符用来指明这行的功能和语法，以“#”开始的行是注释行；空行被忽略；以空格或制表符开始的行是上一行的续行，通常应避免续行。

(1) Local Info(本地信息)：定义了本地主机的信息。

(2) Options(选项)：用来设置定义 sendmail 环境的优先级。

(3) Message Precedence(消息的优先级)：设置 sendmail 消息的优先级。

(4) Trusted Users(信任用户)：定义发送邮件时允许改变地址的用户。

(5) Format of Headers(头文件)：定义在 sendmail 中插入的邮件头信息。

(6) Rewriting Rules(改写规则)：保存着改写邮件地址命令，使用该命令可以将邮件地址从用户邮件程序的地址形式改写为邮件发送程序所需要的地址形式。

(7) Mailer Definition(邮寄者说明)：定义发送邮件的程序，改写规则是邮件者使用的规则，在本部分定义。

建立电子邮件新账号的步骤相对简单，只需在 Ubuntu 操作系统中新增一个用户或者多个用户就可以了。如果希望对用户邮件所占空间进行限制，还可以使用磁盘配额进行控制。另外，还可以为邮箱账户添加别名。

经过上述的配置，就已经可以用 Outlook Express 等客户端发送邮件或者登录服务器使用 mail 和 pine 命令收取和管理邮件。但是还不能用 Outlook Express 等客户端从服务器上下载邮件，这是因为 sendmail 并不具备 POP3 或者 IMAP 的功能。需要 POP3 和 IMAP 支持，还需要安装这两个服务。安装成功后启动 POP3 和 IMAP 服务器，首先要确定这些服务存在于"/etc/services"文件。对于 POP3 服务而言，必须修改"/etc/xinetd. d/ipop3"配置文件，将其中的"disable-yes"改为"disable = no"，并保存该文件。类似地，对于 IMAP 服务而言，必须修改"/etc/xinetd. d/imap"配置文件，将其中的"disable = yes"改为"disable= no"，并保存该文件。最后必须重新启动 xinetd 程序来读取新的配置文件，使得设定内容生效。经过上述几步，完成了一个简单的 sendmail 服务器的设置工作。

13.4.4 其他邮件服务器

(1) postfix 是一种电子邮件服务器，它是由任职于 IBM 华生研究中心的荷兰籍研究员 Wietse Venema 设计的，其目的是改良 sendmail 邮件服务器。postfix 试图影响大多数用户的互联网上的电子邮件系统，在性能上大约比 sendmail 快 3 倍。当系统运行超出了可用的内存或磁盘空间时，postfix 会自动减少运行进程的数目。当处理的邮件数目增长时，postfix 运行的进程不会跟着增加。postfix 具有多层防御结构，可以有效地抵御恶意入侵者，如大多数的 postfix 程序可以运行在较低的权限之下、不可以通过网络访问安全性相关的本地投递程序等。

(2) EMOS 是一个基于 CentOS 操作系统下的集成 ExtMail 邮件系统，只需 10min 就可安装配置完毕的小型邮件系统，使安装不再有压力。

(3) ExtMail 邮件系统最初以 WebMail 软件为主，后逐步完善配套，并形成了 ExtMail 邮件系统，提供完整的 SMTP、POP、IMAP、Web 和管理支持。

(4) iRedMail 是一套基于 GPL 发布的 shell 脚本，目的是全自动安装和配置邮件服务所需要的组件，以减轻系统运维人员的负担。它提供了一个基本的命令行下的用户交互界面，使用 dialog 程序实现。用户只需要简单地选择其希望使用的组件，就可以在几分钟内部署好一台功能强大的邮件服务器。

(5) Tmail 最初以 postfix 后台管理软件为主，后逐步完善配套并形成了 Tmail 邮件系统，提供完整的 SMTP、POP、IMAP、Web 和管理支持。

13.5　samba 服务器

samba 是在 UNIX 和 Linux 系统上实现服务器消息块(Server Messages Block,SMB)协议的一个免费软件,由服务器端及客户端程序构成。SMB 是一种在局域网上共享文件和打印机的通信协议,它为局域网内的不同计算机操作系统(如 DOS、Windows、UNIX 和 Linux)之间提供文件以及打印机等资源的共享服务。samba 是用来实现 SMB 的一种软件,它的工作原理是让 NETBIOS(Windows 网络邻居的通信协议)和 SMB 这两个协议运行在 TCP 和 IP 上,并使用 Windows 的 NETBEUI 协议让 Linux 计算机可以在网络邻居上被 Windows 计算机看到,所以,通过 samba 协议让 Linux 和 Windows 等操作系统可以在网络邻居上沟通,互相浏览共享的文件。

13.5.1　samba 协议

在早期的互联网世界中,文件数据在不同主机之间的传输大多使用 FTP 服务器软件。但是使用 FTP 传输文件却有一些问题,那就是用户无法直接修改主机上面的文件数据。也就是说,如果用户想要更改 Linux 主机上的某个文件时,必须要由服务器端将该文件下载到用户端后才能修改,因此该文件在服务器端与用户端都会存在。这个时候,如果有一天用户修改了某个文件,却忘记将数据上传回服务器主机,那么又过了一段时间之后,如何知道哪个文件才是最新的呢?既然有这样的问题,可不可以在用户端的机器上面直接取用服务器端的文件,如果可以在用户端直接进行服务器端文件的存取,那么在用户端就不需要存在该文件数据。也就是说,只要有服务器上面的文件资料存在就可以了。有没有这样的文件系统?答案是肯定的,网络文件系统(Network File System,NFS)就是这样的文件系统之一,只要在用户端将服务器所提供分享的目录挂载进来,那么在用户的机器上面就可以直接取用服务器上的文件数据,而且该数据就像用户端上面的分区一样。同样在 Windows 操作系统上面也有类似的文件系统,那就是公用因特网文件系统(Common Internet File System,CIFS)的共享协议。CIFS 最简单的应用就是目前常见的"网上邻居",Windows 操作系统的计算机可以通过桌面上的"网上邻居"来分享别人所提供的文件数据。这样问题就来了,NFS 仅能让 UNIX 和 Linux 操作系统的计算机互传,CIFS 只能让 Windows 操作系统的计算机互传,那么有没有让 Windows 与类 UNIX 的操作系统平台相互分享文件数据的文件系统呢?

1991 年一个名叫 Andrew Tridgwell 的大学生就有这样的困扰,他手上有 3 台计算机,分别是个人计算机的 DOS 系统、DEC 公司的 Digital UNIX 系统以及 Sun 公司的 UNIX 系统。在当时,DEC 公司又开发出一套称为 pathworks 的软件,这套软件可以用来分享 DEC 的 UNIX 与个人计算机的 DOS 这两个操作系统的文件数据,可惜让 Tridgwell 觉得较困扰的是 Sun 公司的 UNIX 无法利于这个软件来达到数据分享的目的。为了解决这样的问题,Tridgwell 就自行写了个程序去侦测当 DOS 与 DEC 的 UNIX 系统在进行数据分享传送时所使用到的通信协议信息,然后将这些重要的信息撷取下来,并且基于上述所找到的通信协议而开发出 SMB 这个文件系统,因此 Tridgwell 就去申请了 SMB Server 这个名字来作为他撰写的这个软件的商标,可惜的是因为 SMB 是没有意义的文字,没有办法达成注册。那么能不能在字典里面找到相关的字词，可以作为商标来注册呢？最后找到这个 samba 刚好含有 SMB，这就成为今天所使用的 samba 名称的由来。

13.5.2 安装 samba 服务器

（1）可以使用 sudo apt-get install samba samba-common 命令安装 samba 服务器。

（2）可以使用 sudo mkdir /home/share 命令创建一个用于分享的 samba 目录，然后可以使用命令 sudo chmod 777 /home/share 给创建的这个目录设置权限，方便后续存储文件。

（3）安装完 samba 后，可以查看“/etc/samba”目录下存放和 samba 相关的一些配置文件，其中最重要的是配置 smb. conf 文件。

（4）workgroup 定义 samba 服务器所在的工作组或域。

（5）server string 设定机器的描述，当通过网络邻居访问时，可以在备注中看到这个内容，而且还可以使用 samba 设定变量。

（6）hosts allow 控制可以访问共享的主机和子网及配置允许访问的网络和主机 IP 地址，例如允许 192. 168. 1. 0 和 192. 168. 2. 1 访问，就用 host allow=192. 168. 1. 0 192. 168. 2. 1 127. 0. 0. 1，设置时各个项目间用空格隔开，本机地址也要加进去。

（7）printcap name 定义到 printcapFile 文件中获得打印机的描述。

（8）load printers 设定是否自动共享打印机，默认值是 YES。

（9）printing 定义打印系统的类型，默认是 lpmg，可选项有 bsd、sysv、plp、lprng、aix、hpux 和 qnx。

（10）guest account 定义访客账号，而且要把这个账号记录在“/etc/passwd”文件中，默认设置为 nobody。

（11）encrypt passwords 设置是否对密码进行加密。samba 本身有一个密码“/etc/samba/smbpasswd”文件，如果不设置密码，则在验证会话期间客户机和服务器之间传递的是没有密码；如果设置了密码，samba 直接把这个密码和 Linux 中的/“/etc/samba/smbpasswd”密码文件进行验证。默认值为 NO。

（12）smb passwd file 设置存放 samba 用户密码的文件 smbPasswordFile，一般放在“/etc/samba/smbpasswd”文件夹。默认值为 smbPasswordFile。

（13）path 指定共享的路径，可以配合 samba 变量使用。

（14）valid users 指定能够使用该共享资源的用户和组。

（15）invalid users 指定不能够使用该共享资源的用户和组。

（16）public 和 guest ok 指明该共享资源是否能被访客账号访问，这个设置有时候也称为 guest. ok，所以有的配置文件中出现 guest ok 和 public 设置是一样的作用。

（17）security 定义 samba 的安全级别，按照安全级别从高到低分成 4 级，分别是 share、user、server 和 domain。其中，share 没有安全性的级别，不设防，任何用户都可以不要用户名和口令访问服务器上的资源。user 安全级别是 samba 的默认配置，要求用户在访问共享资源之前，用户必须先提供用户名和密码进行验证，通过之后才可以使用文件。server 安全级别和 user 安全级别类似，但是用户名和密码是递交给另外一个服务器去验证，如果递交失败，就退到 user 安全级别。最后 domain 这个安全级别要求网络上存在一台 Windows 的主域控制器，samba 把用户名和密码递交给它去验证。可见后面 3 种安全级别都要求用户即使在自己 Linux 计算机上也需要系统账户，否则不能访问共享的资源。

(18) password server：当(17)的安全级别设定为 server 或者 domain 安全级别时，才有必要设置这个参数。

(19) password level 和 username level 两个参数设定大小写无关的用户名和口令比较的级别。默认值为 0，表明客户端提供的口令或者用户名，首先与服务器上的记录进行大小写比较，如果失败，则客户端的用户名或口令转换为小写，然后和服务器上的记录进行比较。

设置完成后，可以使用 sudo service smbd restart 命令重启 samba 服务器。可以把 samba 当成一个局域网络上的文件和打印服务器，它可以提供文件系统、共享打印机和其他信息，共享访问时要求提供 IP 地址、用户名和密码。

习　题

一、选择题

1. 在下列名称中，不属于 DNS 服务器类型的是(　　)?
   A. 主域名服务器　　B. 辅助域名服务器
   C. samba 服务器　　D. 专用缓存域名服务器
2. (　　)命令可以用于配置 Linux 操作系统启动时自动启动 httpd 服务。
   A. service　　B. ntsysv　　C. useradd　　D. startx
3. 在 Linux 操作系统中手工安装 Apache 服务器时，默认的 Web 站点的目录为(　　)。
   A. /etc/httpd　　B. /var/www/html
   C. /etc/home　　D. /home/httpd
4. 对于 Apache 服务器，提供的子进程的默认的用户是(　　)。
   A. root　　B. apached　　C. httpd　　D. nobody
5. 世界上排名第一的 Web 服务器软件是(　　)。
   A. Apache　　B. IIS　　C. SunONE　　D. NCSA
6. Apache 服务器默认的工作方式是(　　)。
   A. inetd　　B. xinetd　　C. standby　　D. stand alone
7. 用户的主页存放的目录由文件的参数(　　)设定。
   A. UserDir　　B. Directory　　C. public_ html　　D. DocumentRoot
8. 以下(　　)状态码代表服务器已接受请求，但处理还没有完成。
   A. 200　　B. 201　　C. 202　　D. 203

二、填空题

1. 停止与重启 Apache 和手动启动 Apache 使用同一个命令，只是参数不同。如果需要停止 Web 服务，则需要使用________参数，类似地，重启 Apache 需要使用________参数。

2. ServerRoot 用来存放服务器的________、________和________的最底层目录。

3. 在 Ubuntu 18.04 操作系统下安装 Nginx 服务，主要分为 3 部分，分别是安装________、安装________和安装________。

4. FTP服务可以根据服务对象的不同分为两类：一类是________，只允许系统上的合法用户使用；另一类是________，允许任何人登录到FTP服务器上去获取文件。

5. 电子邮件传送主要包括3个阶段，分别是________、________和________。

三、简答题

1. 简述常用服务器的类型和特点。
2. 要配置DNS服务器需要修改哪些配置文件？
3. 什么是Apache服务器？安装Apache服务器的方法有哪些？
4. 网盘的主要评价指标有哪些？
5. 适当修改samba配置，查看系统有何不同。
6. 如何架设Ubuntu操作系统下的FTP服务器？
7. 如何架设Ubuntu操作系统下的Web服务器？
8. 如何架设Ubuntu操作系统下的域名服务器？
9. 如何架设Ubuntu操作系统下的邮件服务器？
10. 如何架设Ubuntu操作系统下的其他服务器？如samba服务器等。

上机实验

实验：邮件服务器配置

实验目的

了解Linux操作系统下邮件服务器的基本概念，熟练掌握邮件服务器的配置及使用。

实验内容

广州某信息服务公司内部需要建立使用邮件服务器。准备在Linux系统上搭建sendmail。现在内部所使用的网段是192.168.1.0/24网段，公司内部采用gdhy.col作为内部域名进行管理，并配置DNS服务器。DNS服务器的地址是192.168.1.3，sendmail服务器的地址也是192.168.1.3。现要求内部人员使用sendmail自由收发内部信件。

参考文献

[1] BENJAMIN M H，JONO B，COREY B，et al. Ubuntu官方指南[M]. 宋吉广，译. 北京：人民邮电出版社，2007.

[2] ELLIE Q. Linux Shell 实例精解[M]. 吴雨浓，译. 北京：中国电力出版社，2003.

[3] SOBELL M. Ubuntu Linux 指南：基础篇[M]. 北京：人民邮电出版社，2009.

[4] STEVENS W R，RAG S A. UNIX 环境高级编程[M]. 3 版. 北京：人民邮电出版社，2014.

[5] 陈莉君，康华. Linux 操作系统原理与应用[M]. 北京：清华大学出版社，2006.

[6] 崔继，邓宁宁，陈孝如，等. Linux 操作系统原理与实践教程[M]. 北京：清华大学出版社，2020.

[7] 杜焱，廉哲，李全，等. Ubuntu Linux 操作系统实用教程[M]. 北京：人民邮电出版社，2017.

[8] 高俊峰. 循序渐进 Linux：基础知识、服务器搭建、系统管理、性能调优、集群应用[M]. 北京：人民邮电出版社，2009.

[9] 何绍华，臧玮，孟学奇. Linux 操作系统[M]. 北京：人民邮电出版社，2017.

[10] HUDSON A. 深入解析 Ubuntu 操作系统[M]. 陈钢，译. 北京：清华大学出版社，2008.

[11] 刘贤志，江泳，梭溪. 大学信息技术：Linux 操作系统及其应用[M]. 北京：清华大学出版社，2005.

[12] 刘忆智. Linux 从入门到精通[M]. 北京：清华大学出版社，2010.

[13] 马丽梅，郭晴，张林伟. Ubuntu Linux 操作系统与实验教程[M]. 北京：清华大学出版社，2016.

[14] MOLAY B. Unix/Linux 编程实践教程[M]. 杨宗源，黄海涛，译. 北京：清华大学出版社，2004.

[15] 鸟哥，王世江. 鸟哥的 Linux 私房菜：基础学习篇[M]. 北京：人民邮电出版社，2010.

[16] 彭英慧，刘建卿，梁仲杰. Linux 操作系统案例教程[M]. 北京：机械工业出版社，2016.

[17] 陶松. Ubuntu Linux 从入门到精通[M]. 北京：人民邮电出版社，2014.

[18] 天津滨海迅腾科技集团公司. Linux 操作系统[M]. 天津：南开大学出版社，2019.

[19] 吴军，周转运. 嵌入式 Linux 系统应用基础与开发范例[M]. 北京：人民邮电出版社，2007.

[20] 杨宗德，邓玉春，曾庆华. Linux 高级程序设计[M]. 北京：人民邮电出版社，2008.

[21] 张春晓. Ubuntu Linux 系统管理实战[M]. 北京：清华大学出版社，2018.

[22] 章卫国，李爱军. UNIX 系统基础与 SHELL 编程[M]. 西安：西北工业大学出版社，2004.

[23] 周湘贞，曾宪权. 操作系统原理与实践教程[M]. 北京：清华大学出版社，2006.

[24] 朱华生，冯祥胜. Linux 基础教程[M]. 北京：清华大学出版社，2005.

附录 A Java 编程实例

1. Eclipse 简介

Eclipse 是著名的跨平台的自由集成开发环境(IDE)。最初主要用来 Java 语言开发,但是目前已经通过插件可以使用其他计算机语言(如 C++ 和 Python 等多种语言)来开发。Eclipse 是一个开放源码的软件,专注于为高度集成的工具开发提供一个全功能的、具有商业品质的工业平台。它主要由 Eclipse 项目、Eclipse 工具项目和 Eclipse 技术项目 3 个项目组成,具体由 4 部分组成,分别是 Eclipse Platform、JDT、CDT 和 PDE。JDT 支持 Java 开发,CDT 支持 C 开发,PDE 用来支持插件开发,Eclipse Platform 则是一个开放的可扩展的 IDE,提供了一个通用的开发平台。Eclipse Platform 提供建造块和构造,并运行集成软件开发工具的基础,同时允许工具建造者独立开发,并且可以与其他工具无缝集成,从而无须分辨一个工具的功能在哪里结束,而另一个工具的功能在哪里开始。

Eclipse 最初由 OTI 和 IBM 两家公司的 IDE 产品开发组创建,起始于 1999 年 4 月。IBM 公司提供了最初的 Eclipse 代码基础,包括 Eclipse Platform、JDT 和 PDE。围绕着 Eclipse 项目 Eclipse 已经发展成为了一个庞大的 Eclipse 联盟,有 150 多家软件公司参与到 Eclipse 项目中,其中包括 Borland、Rational Software、Red Hat 及 Sybase 等。Eclipse 其实是 Visual Age for Java 的替代品,其界面跟先前的 Visual Age for Java 差不多,但由于其开放源码,任何人都可以免费得到,并可以在此基础上开发各自的插件,因此越来越受人们关注。随后还有包括 Oracle 在内的许多大公司也纷纷加入了该项目,Eclipse 的目标是成为可进行任何语言开发的 IDE 集成者,用户只需下载各种语言的插件即可。2001 年 11 月,Eclipse 贡献给开源社区,现在它由非营利软件供应商联盟 Eclipse 基金会 Eclipse Foundation 管理。

Eclipse 采用的技术是 IBM 公司开发的可移植构件工具包(SWT),这是一种基于 Java 的窗口组件,类似 Java 本身提供的 AWT 和 Swing 窗口组件。不过 IBM 公司声称 SWT 比其他 Java 窗口组件更有效率。Eclipse 的用户界面还使用了 GUI 中间层 JFace,从而简化了基于 SWT 的应用程序的构建。Eclipse 的插件机制是轻型软件组件化架构,在富客户机平台(Rich Client Platform,RCP)上,Eclipse 使用插件来提供所有的附加功能,例如支持 Java 以外的其他语言。目前已有的分离的插件已经能够支持 C/C++(CDT)、Perl、Ruby、Python、Telnet 和数据库开发。插件架构能够支持将任意的扩展加入到现有的环境中,例如配置管理,而绝不仅仅限于支持各种编程语言。Eclipse 由各种不同的计划组成。以下列出了部分计划。

(1) Eclipse 计划,本身包括 Eclipse 平台、Eclipse 富客户端平台(RCP)和 Java 开发工具(JDT)。

(2) 测试和性能工具平台(TPTP),提供一个允许软件开发者构建,如测试调试、概况分析、基准评测和性能等工具的平台。

(3) Eclipse Web工具平台计划(WTP),用Java企业版Web应用程序开发工具来扩展Eclipse平台。它由以下部分组成,分别是HTML、JavaScript、CSS、JSP、SQL、XML、DTD、XSD和WSDL的源码编辑器。

(4) 商业智能和报表工具计划(BIRT),提供Web应用程序,特别是基于Java企业版的报表开发工具。

(5) 可视化界面编辑器计划(VEP),一个Eclipse下创建图形用户界面代码生成器的框架。

(6) 建模框架(EMF),依据使用XML描述的建模规格,生成结构化数据模型的工具和其他应用程序的代码。

(7) 图形化编辑器框架(GEF),能让开发者采用一个现成的应用程序模型,轻松地创建富图形化编辑器。

(8) UML2,Eclipse平台下的一个UML 2.0元模型的实现,用以支持建模工具的开发。

(9) AspectJ,一种针对Java的面向侧面语言扩展。

(10) Eclipse通信框架(ECF),专注于在Eclipse平台上创建通信应用程序的扩展。

(11) Eclipse数据工具平台计划(DTP)。

(12) Eclipse设备驱动软件开发计划(DSDP)。

(13) C/C++开发工具计划(CDT),为Eclipse平台提供一个全功能C和C++的集成开发环境(IDE),其使用GCC作为编译器。

(14) Eclipse平台,COBOL集成开发环境,构建一个Eclipse平台上的全功能COBOL集成开发环境。

(15) 并行工具平台(PTP),为开发一个在并行计算机架构下的集成工具,而且这个平台是基于标准的可移植和可伸缩的工具。

(16) 嵌入式富客户端平台(eRCP),在Eclipse富客户端平台扩展到嵌入式设备上。这个平台主要是一个RCP组件子集的集合。它能让桌面环境下的应用程序模型能够同样地运用在嵌入式设备上。

2. 安装和配置 Eclipse

在Ubuntu操作系统下安装和配置Eclipse,跟netbeans一样。Eclipse的运行需要JDK软件系统,可以到"http://www.eclipse.org/downloads/"下载最新的版本Eclipse软件包"eclipse-inst-jre-linux64.tar.gz"。

(1) 创建Java的目标路径文件夹,这里放在"usr/lib/java"下面。在字符界面可以输入sudo mkdir /usr/lib/java命令建立java文件夹。

(2) 解压下载的eclipse-inst-jre-linux64.tar.gz压缩文件到创建的目录java,可以采用sudo tar -C /usr/lib/java -zxvf eclipse-inst-jre-linux64.tar.gz命令。

(3) 配置环境变量,可以使用sudo gedit ~/.bashrc命令,在最后添加以下代码:

```
export JAVA_HOME = "/usr/lib/java/jdk1.8.0_131"(这个是安装 JDK 的版本,要修改为最新的)
export JRE_HOME = " $ {JAVA_HOME}/jre"   (JAVA_HOME 是自己定义的路径)
export CLASSPATH = ".: $ {JAVA_HOME}/lib: $ {JRE_HOME}/lib"
export PATH = " $ {JAVA_HOME}/bin: $ PATH"
```

在 PATH 中添加 $JAVA_HOME/bin,注意与 PATH 原有的值之间用英文冒号“:”分隔,切勿把原来的值删除。

(4) 可以输入 java -version 命令,查看是否配置成功。如果成功,可以运行 Java 软件编程系统,如图 A-1 所示为 Java 运行界面。

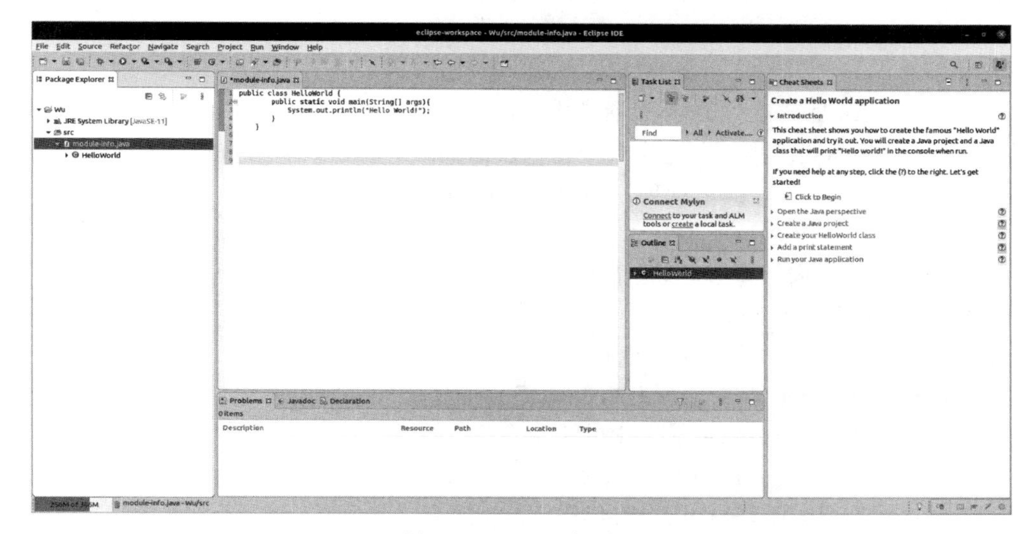

图 A-1　Java 运行界面

3. 常用快捷键

Eclipse 有较多的快捷键,熟悉快捷键可以帮助开发事半功倍,节省更多的时间。

(1) Ctrl+1: 快速修复。

(2) Ctrl+D: 删除当前行。

(3) Ctrl+Alt+↓: 复制当前行到下一行。

(4) Ctrl+Alt+↑: 复制当前行到上一行。

(5) Alt+↓: 当前行和下面一行交互位置,可以省去先剪切再粘贴。

(6) Alt+↑: 当前行和上面一行交互位置。

(7) Alt+←: 前一个编辑的页面。

(8) Alt+→: 下一个编辑的页面。

(9) Alt+Enter: 显示当前选择资源的属性,如工程或者文件等。

(10) Alt+/: 补全当前所输入代码。

(11) Shift+Enter: 在当前行的下一行插入空行,这时鼠标可以在当前行的任一位置,不一定是最后。

(12) Shift+Ctrl+Enter: 在当前行插入空行。

(13) Ctrl+Q：定位到最后编辑的地方。

(14) Ctrl+L：定位在某行。

(15) Ctrl+M：最大化当前的Edit或者View,再按则反之。

(16) Ctrl+/：注释当前行,再按则取消注释。

(17) Ctrl+O：快速显示。

(18) Ctrl+T：快速显示当前类的继承结构。

(19) Ctrl+W：关闭当前Editor。

(20) Ctrl+K：参照选中的Word快速定位到下一个。

(21) Ctrl+E：快速显示当前Editor的下拉列表,如果当前页面没有则显示的用黑体表示。

(22) Ctrl+/(小键盘)：折叠当前类中的所有代码。

(23) Ctrl+×(小键盘)：展开当前类中的所有代码。

(24) Ctrl+Space：代码助手,完成一些代码的插入,注意跟输入法的热键冲突。

(25) Ctrl+Shift+E：显示管理当前打开的所有的View的管理器,可以选择关闭和激活操作。

(26) Ctrl+J：正向增量查找,按下Ctrl+J快捷键后,对所输入的每个字母,编辑器都提供快速匹配定位到某个单词。

(27) Ctrl+Shift+J：反向增量查找,这个是从后往前查找。

(28) Ctrl+Shift+F4：关闭所有打开的Editor。

(29) Ctrl+Shift+X：把当前选中的文本全部变为大写。

(30) Ctrl+Shift+Y：把当前选中的文本全部变为小写。

(31) Ctrl+Shift+F：格式化当前代码。

(32) Ctrl+Shift+P：定位到对应的匹配符,例如“{}”,从前面定位到后面时,光标要在匹配符中,如果从后面到前面,则反之。

(33) Alt+Shift+R：重命名。

(34) Alt+Shift+M：抽取方法。

(35) Alt+Shift+C：修改函数结构。

(36) Alt+Shift+L：抽取本地变量,可以直接把一些字符串抽取成一个变量,特别是在多处调用时。

(37) Alt+Shift+F：把Class中的local变量变为field变量。

附录B Python 编程实例

现在 Python 是较受欢迎的编程语言，使用 Python 开发软件应用效率较高，相比其他语言有不可比拟的优势。Python 是一种跨多平台的计算机程序设计语言，其免费开源，最初被设计用于编写自动化脚本 shell 程序，随着版本的不断更新和语言新功能的增加，越来越多地被用于独立的、大型项目的开发，它是一个高层次的结合了解释性、编译性、互动性和面向对象的脚本语言。Python 安装教程步骤如下。

(1) 从官方网站或一些镜像网站下载 Python 最新版，其官方地址为 www.python.org。建议安装最新的版本，一般情况下，Ubuntu 操作系统自带最新版本的软件。如图 B-1 所示，输入 python -v 命令即可看到，Ubuntu 操作系统自带 Python 2.7 版本。

```
[hadoop@localhost ~]$ python -v
# installing zipimport hook
import zipimport # builtin
# installed zipimport hook
# /usr/lib64/python2.7/site.pyc matches /usr/lib64/python2.7/site.py
import site # precompiled from /usr/lib64/python2.7/site.pyc
# /usr/lib64/python2.7/os.pyc matches /usr/lib64/python2.7/os.py
import os # precompiled from /usr/lib64/python2.7/os.pyc
import errno # builtin
import posix # builtin
# /usr/lib64/python2.7/posixpath.pyc matches /usr/lib64/python2.7/posixpath.py
import posixpath # precompiled from /usr/lib64/python2.7/posixpath.pyc
# /usr/lib64/python2.7/stat.pyc matches /usr/lib64/python2.7/stat.py
import stat # precompiled from /usr/lib64/python2.7/stat.pyc
# /usr/lib64/python2.7/genericpath.pyc matches /usr/lib64/python2.7/genericpath.py
import genericpath # precompiled from /usr/lib64/python2.7/genericpath.pyc
# /usr/lib64/python2.7/warnings.pyc matches /usr/lib64/python2.7/warnings.py
import warnings # precompiled from /usr/lib64/python2.7/warnings.pyc
# /usr/lib64/python2.7/linecache.pyc matches /usr/lib64/python2.7/linecache.py
import linecache # precompiled from /usr/lib64/python2.7/linecache.pyc
# /usr/lib64/python2.7/types.pyc matches /usr/lib64/python2.7/types.py
import types # precompiled from /usr/lib64/python2.7/types.pyc
# /usr/lib64/python2.7/UserDict.pyc matches /usr/lib64/python2.7/UserDict.py
import UserDict # precompiled from /usr/lib64/python2.7/UserDict.pyc
# /usr/lib64/python2.7/_abcoll.pyc matches /usr/lib64/python2.7/_abcoll.py
import _abcoll # precompiled from /usr/lib64/python2.7/_abcoll.pyc
```

图 B-1 查看 Python 的版本

(2) 编程也可以实现，如图 B-2 所示，通过简单的字符输出 ycw。

(3) 检查 Python 的安装路径，首先进入"/usr/bin"路径下，可以依次输入命令"cd /usr/local"和"ls -al python *"，然后就可以看到，可执行文件 python 指向 python2，python2 又指向 python2.7。也就是说，Python 命令执行的系统预装的 Python2.7。查询结果如图 B-3 所示。

```
Type "help", "copyright", "credits" or "license" for more information.
dlopen("/usr/lib64/python2.7/lib-dynload/readline.so", 2);
import readline # dynamically loaded from /usr/lib64/python2.7/lib-dynload/readline.so
>>>
>>> print('ycw')
ycw
>>>
```

图 B-2 Python 输出测试

```
[hadoop@localhost ~]$ cd /usr/bin
[hadoop@localhost bin]$ ls python*
python  python2  python2.7
[hadoop@localhost bin]$ ls -al python*
lrwxrwxrwx. 1 root root    7 2月  28 2020 python -> python2
lrwxrwxrwx. 1 root root    9 2月  28 2020 python2 -> python2.7
-rwxr-xr-x. 1 root root 7216 10月 31 2018 python2.7
[hadoop@localhost bin]$
```

图 B-3 查询 Python 安装路径

（4）在使用的过程中，如果发现有新的版本，也可以升级到最新版本。

（5）这里给几个简单的 Python 小程序，分别是猜拳小游戏、猜数字小游戏和登录账户功能。

猜拳小游戏代码：

```
1.  import random
2.  court = 1
3.  while court < 10:
4.      person = int(input('请出手:[0 石头,1 剪刀,2 布]'))
5.      computer = random.randint(0,22)
6.      if person == 0 and computer == 1:
7.          print('你赢了')
8.          pass
9.      elif person == 1 and computer == 2:
10.         print('你赢了')
11.         pass
12.     elif person == 2 and computer == 0:
13.         print('你赢了')
14.         pass
15.     elif person == computer:
16.         print('平手')
17.         pass
18.     else:
19.         print('你输了')
20. court += 1
```

猜拳小游戏执行结果如图 B-4 所示。

```
    else:
        print('你输了')
    court+=1
>>> >>> ... ... ... ... ... ... ...
请出手:[0石头，1剪刀，2布]0
你输了
请出手:[0石头，1剪刀，2布]0
平手
请出手:[0石头，1剪刀，2布]0
你输了
请出手:[0石头，1剪刀，2布]0
你输了
请出手:[0石头，1剪刀，2布]0
你赢了
请出手:[0石头，1剪刀，2布]
```

图 B-4　猜拳小游戏执行结果

猜数字小游戏代码：

```
1.  times = 0
2.  count = 3
3.  while times <= count:
4.      age = int(input('请输入年龄: '))
5.      if age == 25:
6.          print('猜对了!')
7.          break
8.          pass
9.      elif age > 25:
10.         print('猜大了!')
11.         pass
12.     else:
13.         print('猜小了!')
14.         pass
15.     times += 1
16.     if times == 3:
17.         choose = input('想不想继续猜呢?')
18.         if choose == 'Y' or choose == 'y':
19.             times = 0
20.             pass
21.         elif choose == 'N' or choose == 'n':
22.             times = 4
23.             pass
24.         else:
25.             print('请不要乱输入!')
```

猜数字小游戏执行结果如图 B-5 所示。

```
    else:
        print('请不要乱输入！')>>> >>> ... ... .
... ... ... ... ... ... ... ... ... ... ...
...
请输入年龄：35
猜大了！
请输入年龄：25
猜对了！
>>>
```

图 B-5　猜数字小游戏执行结果

登录账户功能代码：

```
1.  usrName = 'youchangwei'
2.  password = '123456'
3.  for i in range(3):
4.      zh = input('请输入账号: ')
5.      mm = input('请输入密码: ')
6.      if zh == usrName and mm == password:
7.          print('登录成功')
8.          break
9.          pass
10.     pass
11. else:
12.     print('超过 3 次,已锁定')
```

登录账户功能执行结果如图 B-6 所示。

```
else:
    print('超过三次，已锁定')
>>> >>> ... ... ... ... ... ... .
请输入账号：youchangwei
请输入密码：123456
登录成功
>>>
```

图 B-6　登录账户功能执行结果

附录 C 嵌入式 Linux 开发环境的建立

嵌入式系统(Embedded System)是用于控制、监视或者辅助操作机器和设备的装置,其定义以应用为中心,以计算机技术为基础,并且软硬件是可剪裁的,适应应用系统对功能、可靠性、成本、体积和功耗有等严格要求的专用计算机系统。从广义上讲,凡是带有微处理器或者可编程的专用硬件系统都可以称为嵌入式系统,如各类单片机、ARM、DSP 和 FPGA 系统。这些系统在完成较为单一的专业功能时具有简洁高效的特点,但是也可以构成复杂的微处理系统,如智能手机和笔记本计算机等。所以,一个嵌入式系统就是一个硬件和软件的集合体,它包括硬件和软件两部分。其中硬件包括嵌入式处理器、数字信号处理器、存储器及多类型总线接口和输入输出设备。由于应用领域的多样化,导致应用程序的复杂多变。

1. 嵌入式系统简介

嵌入式计算机的真正发展是在微处理器问世之后。1971 年 11 月,算术运算器和控制器电路成功地被集成在一起,推出了第一款微处理器,其后各厂家陆续推出了 8 位和 16 位微处理器。以这些微处理器为核心所构成的系统广泛地应用于仪器仪表、汽车主控系统、医疗设备、机器人和家用电器等领域。微处理器的广泛应用形成了一个广阔的嵌入式应用市场,计算机厂家开始大量地以插件方式向用户提供 OEM 产品,再由用户根据自己的需要选择一套适合的 CPU 板、存储器板及各式 I/O 插件板,从而构成专用的嵌入式计算机系统,并将其嵌入自己的系统设备中。20 世纪 80 年代,随着微电子工艺水平的提高,集成电路制造商开始把嵌入式计算机应用中所需要的微处理器、I/O 接口、A/D 转换器、D/A 转换器、串行接口以及 RAM、ROM 等部件全部集成到一个 VLSI 中,从而制造出面向 I/O 设计的微控制器,即俗称的单片机。单片机成为嵌入式计算机中异军突起的一支新秀。20 世纪 90 年代,在分布控制、柔性制造、数字化通信和信息家电等巨大需求的牵引下,嵌入式系统进一步快速发展。面向实时信号处理算法的 DSP 产品向着高速、高精度、低功耗的方向发展。21 世纪是一个网络盛行的时代,将嵌入式系统应用到各类网络中是其发展的重要方向。嵌入式系统的发展大致经历了以下 3 个阶段。

(1) 嵌入式技术的早期阶段。嵌入式系统以功能简单的专用计算机或单片机为核心的可编程控制器形式存在,具有监测、伺服、设备指示等功能。这种系统大部分应用于各类工业控制和飞机、导弹等武器装备中。

(2) 以高端的嵌入式 CPU 和嵌入式操作系统为标志。这个阶段出现了高可靠、低功耗的嵌入式 CPU,如 ARM 和 PowerPC 等,且支持操作系统,支持复杂应用程序的开发和运行。

(3) 以芯片技术和 Internet 技术为标志。微电子技术发展迅速,SOC(片上系统)使嵌入式系统越来越小,功能却越来越强。随着物联网、互联网技术的发展和普及,嵌入式系统应用的领域越来越广泛，逐渐渗透到人们日常生活的方方面面，小到手机、手环、MP3、可视电话等电子产品，大到汽车电子、医疗器械、航空航天等，无一能离开嵌入式系统。

2. 典型开发板

在要开发一个产品之前，需要综合考虑各种因素，首先要选择所采用的微处理器型号，接着要认真阅读它的数据手册，知道它有多少资源给用户进行编写程序使用。图C-1所示是基于STM32MP157微处理器的开发板，其是基于灵活的双ArmCortex-A7内核（运行频率为650MHz）和Cortex-M4（运行频率为209MHz）架构，并配有专用3D图形处理单元（GPU）和MIPI-DSI显示界面以及CAN FD接口，除了LCD-TFT显示控制器外，STM32MP157系列还嵌入了多达37种通信外设，其中包括10/100M或千兆位以太网、3个USB 2.0 Host/OTG和29个定时器以及高级模拟电路。

图C-1 基于STM32MP157微处理器的开发板

图C-2所示为比较经典的mini2440开发板，采用的主要是三星的S3C2440微处理器。

3. 嵌入式Linux操作系统环境下的开发步骤

在一个嵌入式Linux操作系统环境下进行开发，根据应用需求的不同有不同的配置开发方法，但是一般都要经过如下几个步骤。

(1) 建立开发环境。操作系统一般使用Linux类的免费操作系统，可以选择Ubuntu操作系统，版本最新的比较好，接着通过网络下载相应的GCC交叉编译器进行安装，例如arm-linux-gcc和arm-uclibc-gcc等，或者根据开发板的特征，安装产品厂家提供的交叉编译器。

(2) 配置开发主机，配置Minicom。一般的参数为波特率115 200b/s，开始为1位，数据位为8位，停止位为1位，无奇偶校验位，软硬件流控设为无。同样，在Windows操作系统下的超级终端的配置也是这样。Minicom软件的作用是作为调试嵌入式开发板的信息输出的监视器和键盘输入的工具。配置网络主要是配置NFS，需要关闭防火墙，尽可能地简化嵌入式网络调试环境的设置过程。

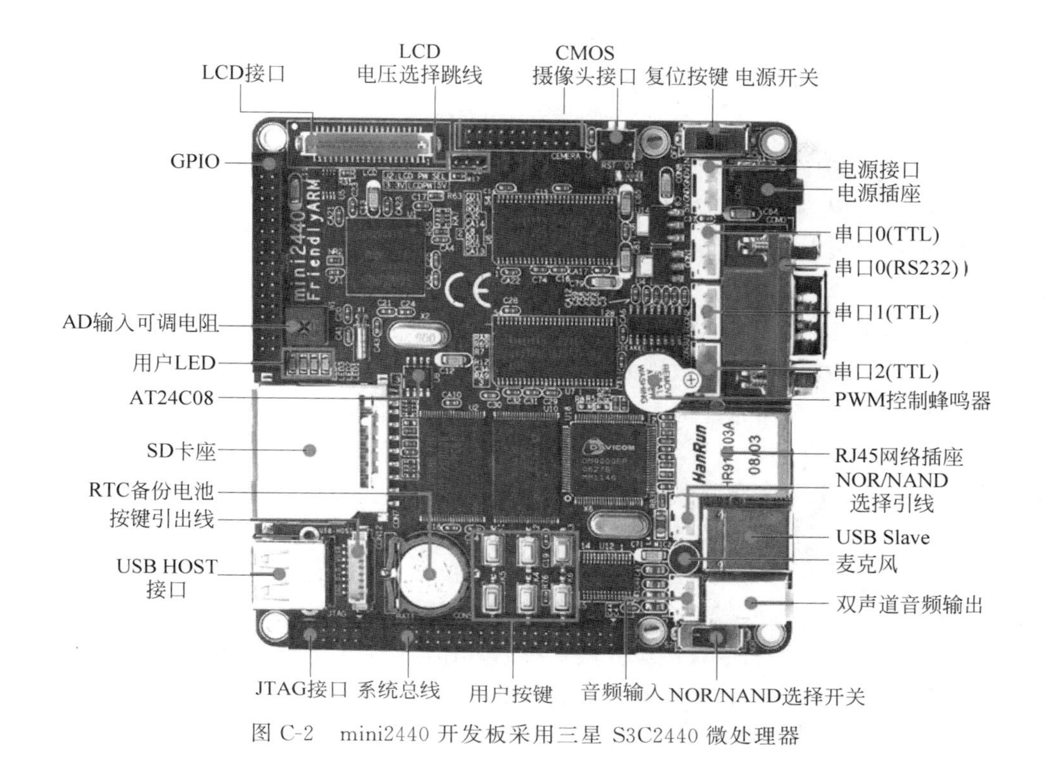

图 C-2　mini2440 开发板采用三星 S3C2440 微处理器

(3) 建立引导装载程序 bootloader。从网络上下载一些公开源码的 bootloader，例如 u-boot、blob、vivi、lilo、arm-boot 和 red-boot 等，根据自己开发板上具体芯片的型号进行移植修改。有些芯片没有内置引导装载程序，如三星的 ARM7 和 ARM9 系列芯片，这样就需要编写烧写开发板上 Flash 的烧写程序，网络上有免费下载的 Windows 操作系统下，通过 JTAG 并口仿真器烧写 ARM 外围 Flash 芯片的烧写程序。也有 Linux 操作系统下的公开源码的 J-Flash 烧写程序。如果遇到不能烧写自己的开发板，就需要根据自己的具体开发板硬件电路进行源码修改。这是让开发板硬件系统能够正常运行的第一步，如果购买了开发板厂家的仿真器比较容易烧写 Flash，这对于需要迅速开发自己应用的用户，可以极大提高开发速度，但是对其中的核心技术是无法了解的。

(4) 下载厂家已经移植好的嵌入式 Linux 操作系统，如 μClinux 和 ARM-Linux 等。如果有专门针对自己所使用的开发板 CPU 移植好的 Linux 操作系统，下载后添加自己需要的特定硬件的驱动程序，进行调试修改，对于带 MMU 的 CPU 可以使用模块方式调试驱动，对于不带 MMU 管理的 CPU，如 μClinux 这样的系统，只能编译进内核进行调试。

(5) 建立根文件系统。从 www. busybox. net 下载使用 Busybox 软件进行功能裁减，产生一个最基本的根文件系统，再根据自己的应用需要添加其他程序。默认的启动脚本一般都不会符合应用的需要，所以就要修改根文件系统中的启动脚本，它的存放位置位于"/etc"目录下，包括"/etc/init. d/rc. S""/etc/profile"和"/etc/. profile"等，自动挂装文件系统的配置文件/是"etc/fstab"，具体情况会随系统不同而不同。根文件系统在嵌入式系统中一般设为只读，需要使用 mkcramfs 和 genromfs 等工具产生烧写映像文件。

(6) 建立应用程序的 Flash 磁盘分区。一般使用 JFFS2 或者 YAFFS 文件系统，这需要在内核中提供这些文件系统的驱动,有的系统使用线性 Flash(如 NOR 型),有的系统使用非线性 Flash(如 NAND 型),也有的两个同时使用,这就需要根据应用规划 Flash 的分区方案。

(7) 开发应用程序。可以放入根文件系统中,也可以放入 YAFFS 和 JFFS2 文件系统中,有的应用不使用根文件系统,直接将应用程序和内核设计在一起,整个软件和硬件系统调试完成,就可以根据自己用到的开发板资源,自己画电路原理图和 PCB 图,将软件系统写入自己的电路中实现产品化。

4. 开发软件系统安装

大多数 Linux 操作系统下软件的开发都以原始的方式进行,即宿主机 Host 开发、调试和运行的方式。这种方式通常不适合于在开发板上对嵌入式系统的软件开发,因为对于嵌入式系统的开发,没有足够的资源在开发板上运行开发工具和调试工具,所以嵌入式系统的软件开发采用一种交叉编译调试的方式,交叉编译调试环境建立在宿主机上,对应的开发板叫作目标板。而运行 Linux 操作系统的计算机(即宿主机)开发时,使用宿主机上的交叉编译、汇编及连接工具生成可执行的二进制代码,这种可执行代码并不能在宿主机上执行,而只能在目标板上执行,然后把这个生成的可执行文件下载到目标机上运行。最后下载调试的方法很多,可以使用 USB 串口、以太网口等。具体使用哪种调试方法,可以根据目标机处理器提供的支持做出选择,宿主机和目标板的处理器一般不相同。

(1) 安装 Linux 类操作系统,也可以在 Windows 操作系统下安装 VMware 软件。嵌入式开发通常要求宿主机配置有网络,支持 NFS,然后要在宿主机上建立交叉编译调试的开发环境。环境的建立需要许多软件模块协同工作,这将是一个比较繁杂的工作。

(2) 目前多数是 64 位的 Ubuntu 操作系统,需要安装 64 位的 arm-linux-gcc 交叉编译器,直接安装即可。到网上下载 arm-linux-gcc-4.6.4-arm-x86_64.tar.bz2 安装包。先把下载好的安装包移动到根目录下的 tmp 目录中,使用 tar 命令解压安装包。再在"/usr/local"中创建一个新目录 arm,还需要给它全部权限,可以输入 sudo chmod 777 /usr/local/arm 命令完成操作。最后在解压出来的目录中找到并把整个 gcc-4.6.4 目录复制到刚刚建好的 arm 目录中。

(3) 打开"/etc/profile"配置环境变量和库变量,目的是以后可以在任何位置使用该交叉编译器,可以使用命令"sudo vi /etc/profile"编辑 profile 文件,在文件最后添加两行,并输入以下代码:

```
export PATH = $PATH:/usr/local/arm/gcc-4.6.4/bin(第一行是添加执行程序的环境变量)
export LIBRARY_PATH = $LIBRARY_PATH:/usr/local/arm/gcc-4.6.4/lib(第二行是库文件的路径)
```

然后保存退出。可以使用 source /etc/profile 命令重新加载生效该配置文件,最后可以使用 arm-linux-gcc -v 命令检验是否安装成功,如果安装成功则会输出版本信息。

附录D Linux 常用命令

Linux 常用命令如表 D-1 所示。

表 D-1 Linux 常用命令

命令	含义说明	选项参数
ls	显示指定工作目录下的内容	-a;-l;-r;-t;-A
cd	切换当前工作目录	/;../
pwd	查看当前所在文件路径	-help;-version
uname	查看系统信息	-a;-m;-n;-r;-s
clear	清理屏幕	无
cat	查看某个指定文件夹中的内容	-n;-b;-s;-v;-e
sudo	切换用户身份为 root 用户(形式切换)	-v;-l;-k;-s;-V
cp	将某个文件复制成另一个文件	-a;-d;-f;-i;-p
su	切换用户身份为 root 用户(实际切换)	-f;-m;-c;-s;-help
mv	用于文件或者文件夹的重命名	-b;-i;-f;-n;-u
mkdir	创建文件夹	-p
touch	用来在当前命令创建文件	-a;-m;-c;-f;-r
rm	删除某个文件	-i;-f;-r
rmdir	删除当前目录下的某一个文件夹	-p
ifconfig	显示网络配置信息或者关闭指定网卡	up;down
reboot	重启计算机	-n;-d;-w;-f;-i
poweroff	关闭计算机	-n;-w;-d;-i;-p
man	输出一个命令的帮助信息	-a;-d;-f;-p;-w
sync	将缓冲器中的数据同步到磁盘	-help;-version
find	用来查找某种特征的文件	-name;-maxdepth
grep	查找指定文件夹下的指定文件中包含的指定内容的文件	-a;-b;-c;-d;-e
du	查看某个文件夹的大小	-a;-b;-c;-k;-l
df	检查磁盘	-a;-h;-i;-k;-l
free	显示系统内存的状态	-b;-k;-m;-h;-o
more	使文件中的内容分页显示	-num;-d;-l;-f;-p
file	通过查看文件的头部信息来识别文件的类型	-b;-c;-f;-l;-m
sort	将文件中的内容排序输出	-b;-c;-d;-f;-i
zip	用于压缩文件或者目录	-a;-b;-c;-d;-f
unzip	用于解压 zip 文件	-c;-f;-l;-p;-t
gzip	仅用于压缩文件,不能用于压缩目录	-a;-c;-d;-f;-l
gunzip	用于解压被 gzip 压缩过的文件	-a;-c;-f;-h;-k
tar	用来建立、还原备份文件的工具程序	-a;-b;-c;-d;-f
df	显示 Linux 系统中各文件系统的硬盘使用情况	-a;-h;-i;-k;-l
mount	手工安装文件系统	-a;-f;-n;-r;-w;-t ;-o
unmount	手工去除已经安装的文件系统	

图书资源支持

感谢您一直以来对清华版图书的支持和爱护。为了配合本书的使用，本书提供配套的资源，有需求的读者请扫描下方的“书圈”微信公众号二维码，在图书专区下载，也可以拨打电话或发送电子邮件咨询。

如果您在使用本书的过程中遇到了什么问题，或者有相关图书出版计划，也请您发邮件告诉我们，以便我们更好地为您服务。

我们的联系方式：

地　　址：北京市海淀区双清路学研大厦 A 座 714

邮　　编：100084

电　　话：010-83470236　010-83470237

客服邮箱：2301891038@qq.com

QQ：2301891038（请写明您的单位和姓名）

资源下载：关注公众号“书圈”下载配套资源。

资源下载、样书申请

书圈

图书案例

清华计算机学堂

观看课程直播